山溪ハンディ図鑑3

樹に咲く花
離弁花❶

写真
茂木　透

監修
高橋秀男・勝山輝男

解説
石井英美・太田和夫・勝山輝男・城川四郎
崎尾　均・高橋秀男・中川重年・吉山　寛

山と溪谷社

目次

被子植物 双子葉離弁花類 ①

ヤマモモ科　MYRICACEAE	16
クルミ科　JUGLANDACEAE	20
ヤナギ科　SALICACEAE	38
カバノキ科　BETULACEAE	122
ブナ科　FAGACEAE	208
ニレ科　ULMACEAE	282
クワ科　MORACEAE	312
イラクサ科　URTICACEAE	346
モクマオウ科　CASUARINACEAE	354
トチュウ科　EUCOMMIACEAE	355
ヤマモガシ科　PROTEACEAE	356
ボロボロノキ科　OLACACEAE	358
ビャクダン科　SANTALACEAE	359
ヤドリギ科　LORANTHACEAE	360
モクレン科　MAGNOLIACEAE	366
マツブサ科　SCHISANDRACEAE	388
シキミ科　ILLICIACEAE	391
クスノキ科　LAURACEAE	392
ロウバイ科　CALYCANTHACEAE	454
ヤマグルマ科　TROCHODENDRACEAE	456
フサザクラ科　EUPTELEACEAE	458
カツラ科　CERCIDIPHYLLACEAE	460
ハスノハギリ科　HERNANDIACEAE	466
フウチョウソウ科　CAPPARIDACEAE	467
コショウ科　PIPERACEAE	468
センリョウ科　CHLORANTHACEAE	469
バラ科　ROSACEAE	470

主な植物用語	4
学名索引	700
和名索引	706

●樹に咲く花2巻収録

被子植物 双子葉離弁花類 ②

- スズカケノキ科
- マンサク科
- ユキノシタ科
- トベラ科
- マメ科
- メギ科
- アケビ科
- ツヅラフジ科
- マタタビ科
- オトギリソウ科
- テリハボク科
- ツバキ科
- トウダイグサ科
- ユズリハ科
- ミカン科
- ニガキ科
- センダン科
- ウルシ科
- ドクウツギ科
- カエデ科
- ムクロジ科
- トチノキ科
- アワブキ科
- モチノキ科
- ニシキギ科
- ミツバウツギ科
- ツゲ科
- クロタキカズラ科
- クロウメモドキ科
- ブドウ科
- ホルトノキ科
- シナノキ科
- アオイ科
- アオギリ科
- ジンチョウゲ科
- グミ科
- イイギリ科
- キブシ科
- ミソハギ科
- フトモモ科
- ザクロ科
- ノボタン科
- ヒルギ科
- シクンシ科
- ギョリュウ科
- サガリバナ科
- ウリノキ科
- ハンカチノキ科
- ミズキ科
- ウコギ科

●樹に咲く花3巻収録

被子植物 双子葉合弁花類
被子植物 単子葉類
裸子植物

樹形と樹高

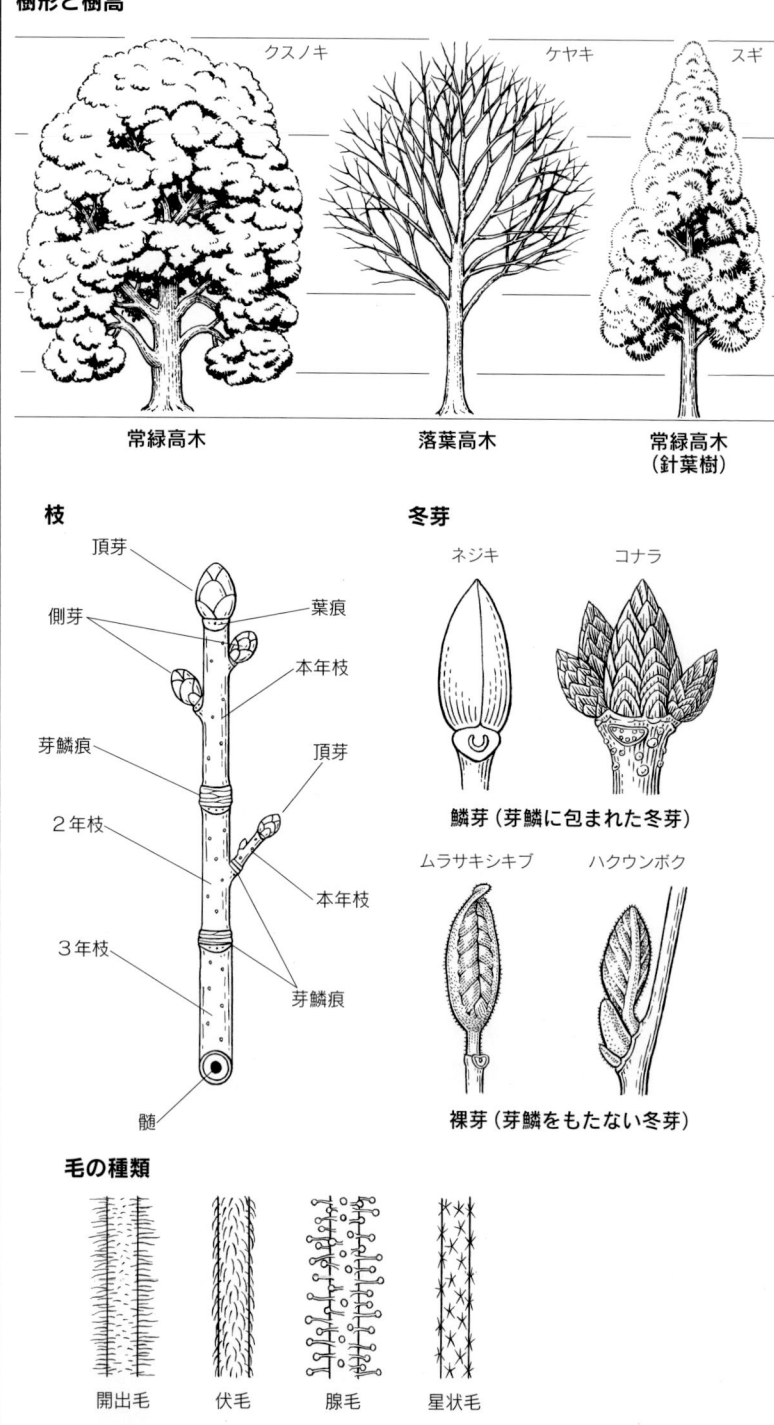

クスノキ　ケヤキ　スギ

10m

5m

1m

常緑高木　落葉高木　常緑高木（針葉樹）

枝

頂芽
側芽
葉痕
本年枝
芽鱗痕
頂芽
2年枝
本年枝
3年枝
芽鱗痕
髄

冬芽

ネジキ　コナラ

鱗芽（芽鱗に包まれた冬芽）

ムラサキシキブ　ハクウンボク

裸芽（芽鱗をもたない冬芽）

毛の種類

開出毛　伏毛　腺毛　星状毛

主な植物用語

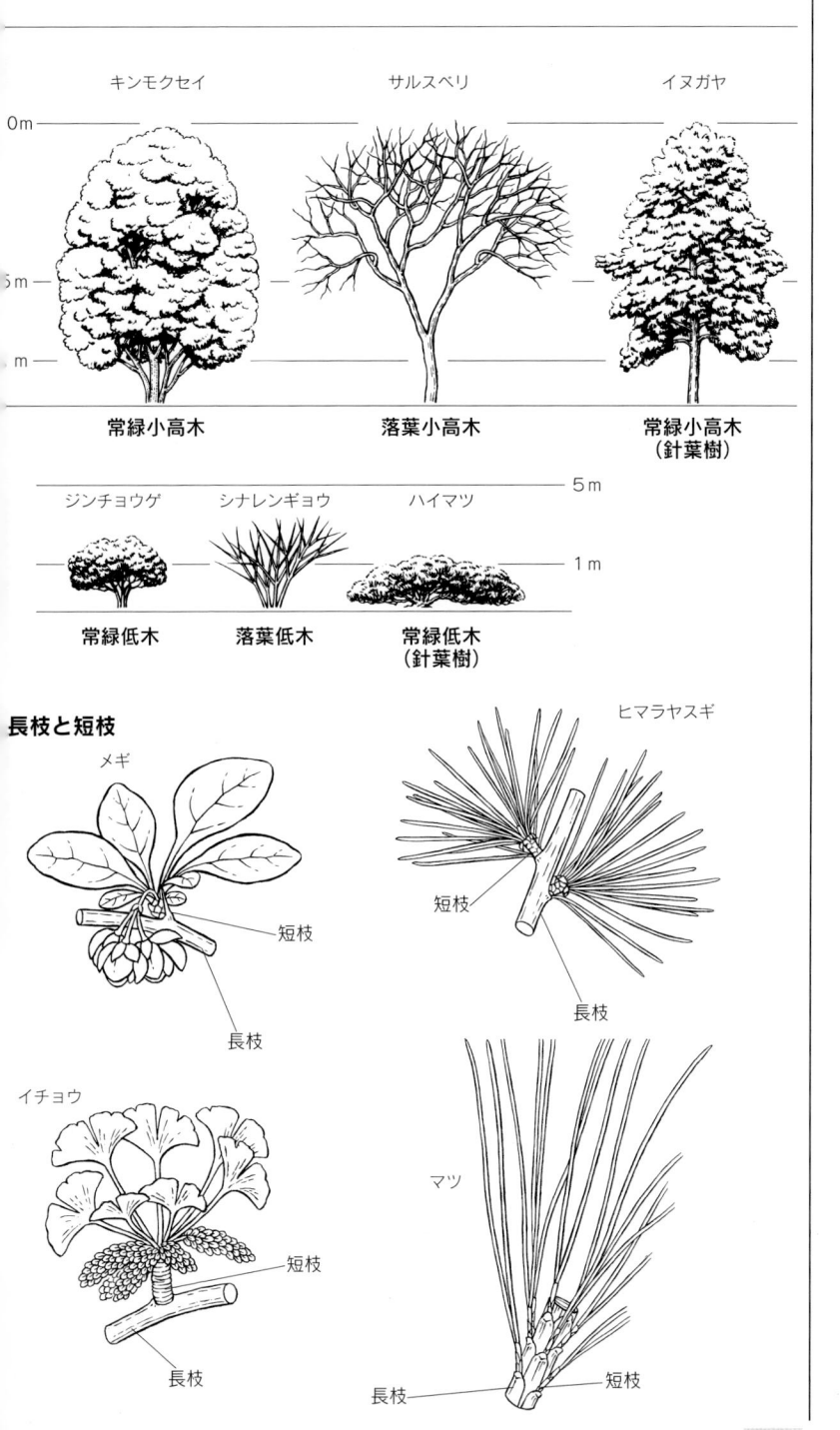

キンモクセイ	サルスベリ	イヌガヤ
常緑小高木	落葉小高木	常緑小高木（針葉樹）

ジンチョウゲ	シナレンギョウ	ハイマツ
常緑低木	落葉低木	常緑低木（針葉樹）

長枝と短枝

メギ — 短枝／長枝

ヒマラヤスギ — 短枝／長枝

イチョウ — 短枝／長枝

マツ — 長枝／短枝

主な植物用語

葉のつくり

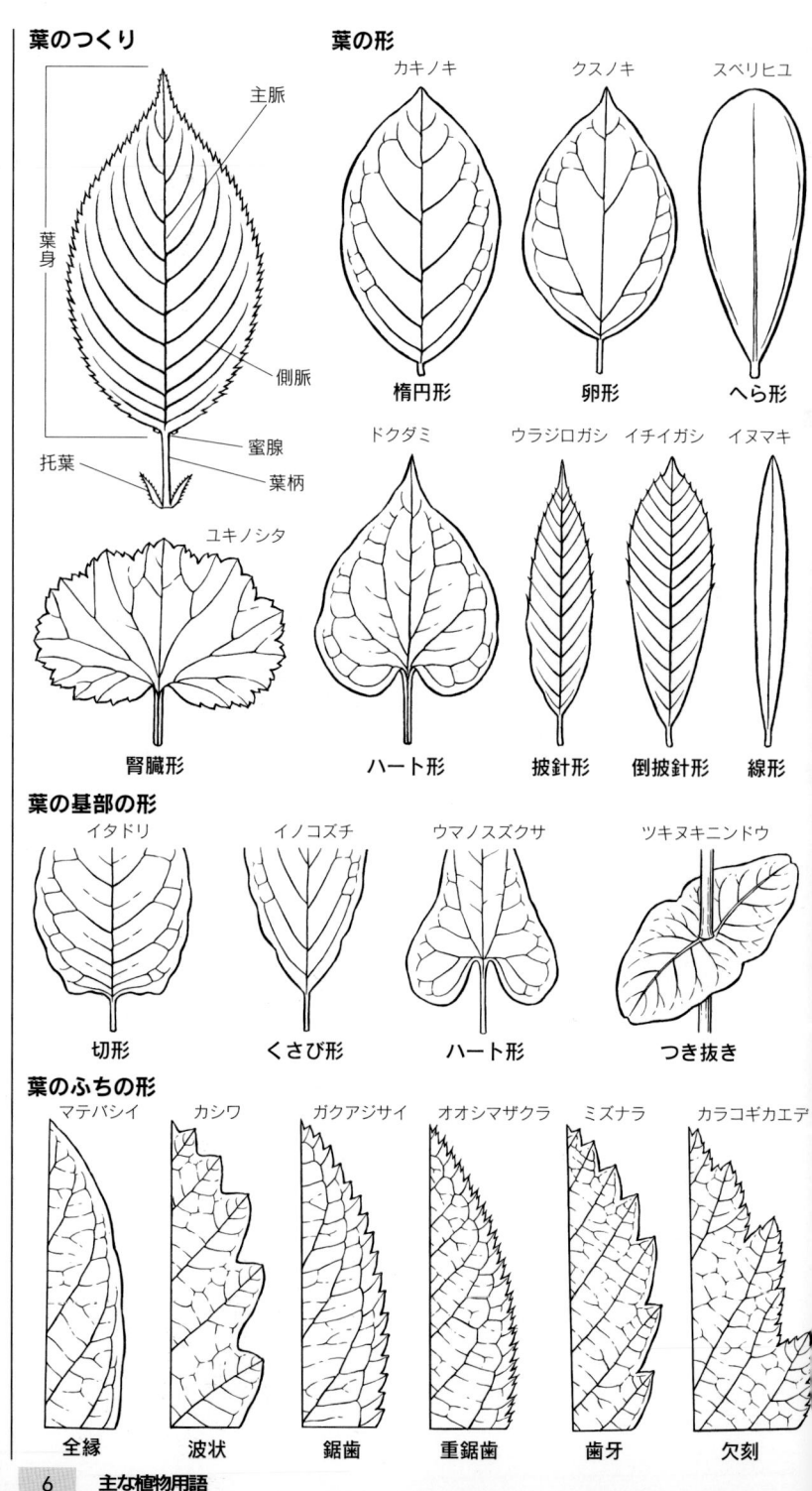

- 主脈
- 葉身
- 側脈
- 蜜腺
- 托葉
- 葉柄

葉の形

カキノキ　楕円形
クスノキ　卵形
スベリヒユ　へら形
ユキノシタ　腎臓形
ドクダミ　ハート形
ウラジロガシ　披針形
イチイガシ　倒披針形
イヌマキ　線形

葉の基部の形

イタドリ　切形
イノコズチ　くさび形
ウマノスズクサ　ハート形
ツキヌキニンドウ　つき抜き

葉のふちの形

マテバシイ　全縁
カシワ　波状
ガクアジサイ　鋸歯
オオシマザクラ　重鋸歯
ミズナラ　歯牙
カラコギカエデ　欠刻

主な植物用語

6

葉のつき形

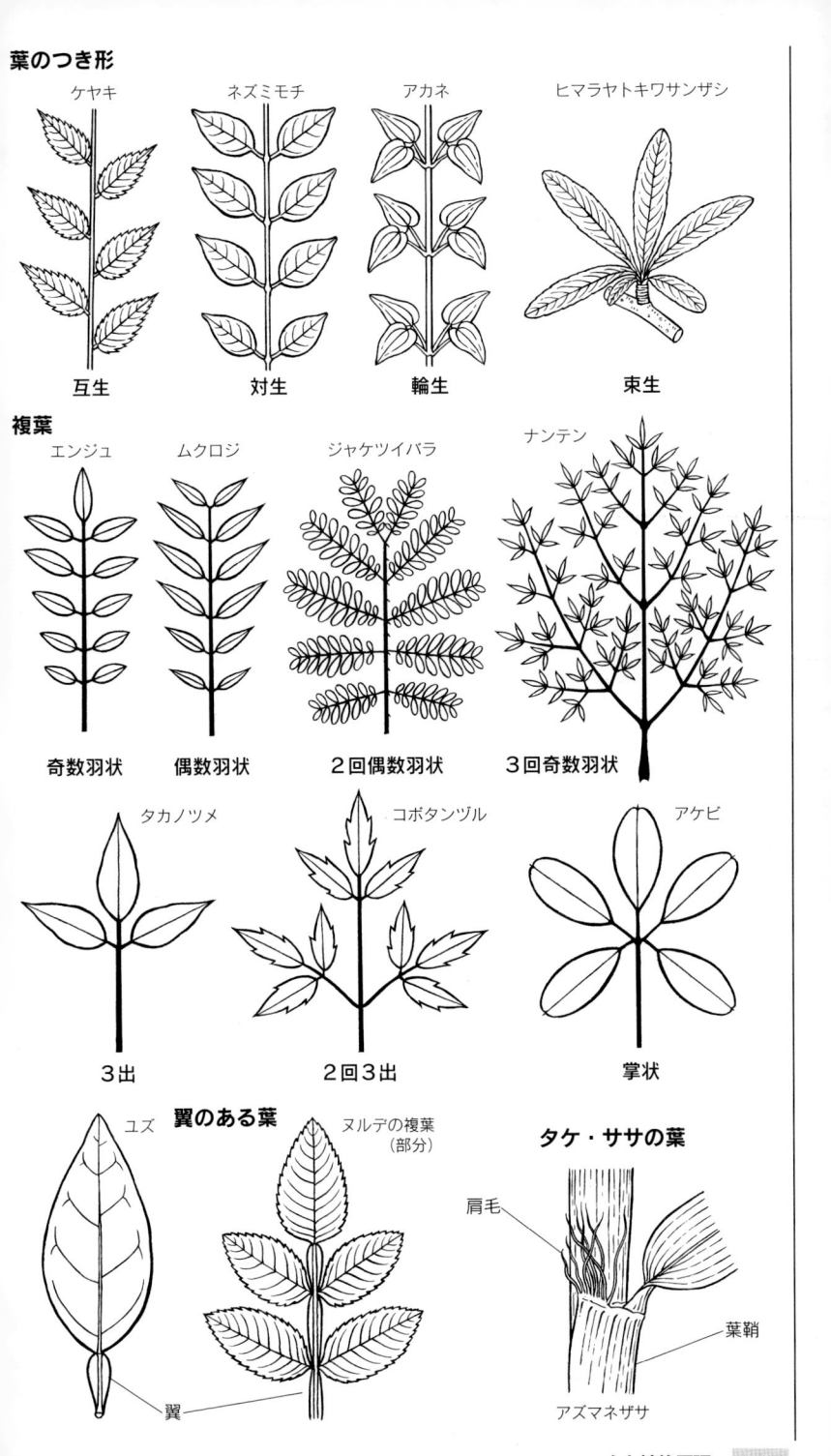

- ケヤキ — 互生
- ネズミモチ — 対生
- アカネ — 輪生
- ヒマラヤトキワサンザシ — 束生

複葉

- エンジュ — 奇数羽状
- ムクロジ — 偶数羽状
- ジャケツイバラ — 2回偶数羽状
- ナンテン — 3回奇数羽状
- タカノツメ — 3出
- コボタンヅル — 2回3出
- アケビ — 掌状

翼のある葉

- ユズ — 翼
- ヌルデの複葉（部分）

タケ・ササの葉

- 肩毛
- 葉鞘
- アズマネザサ

主な植物用語

花のつくり

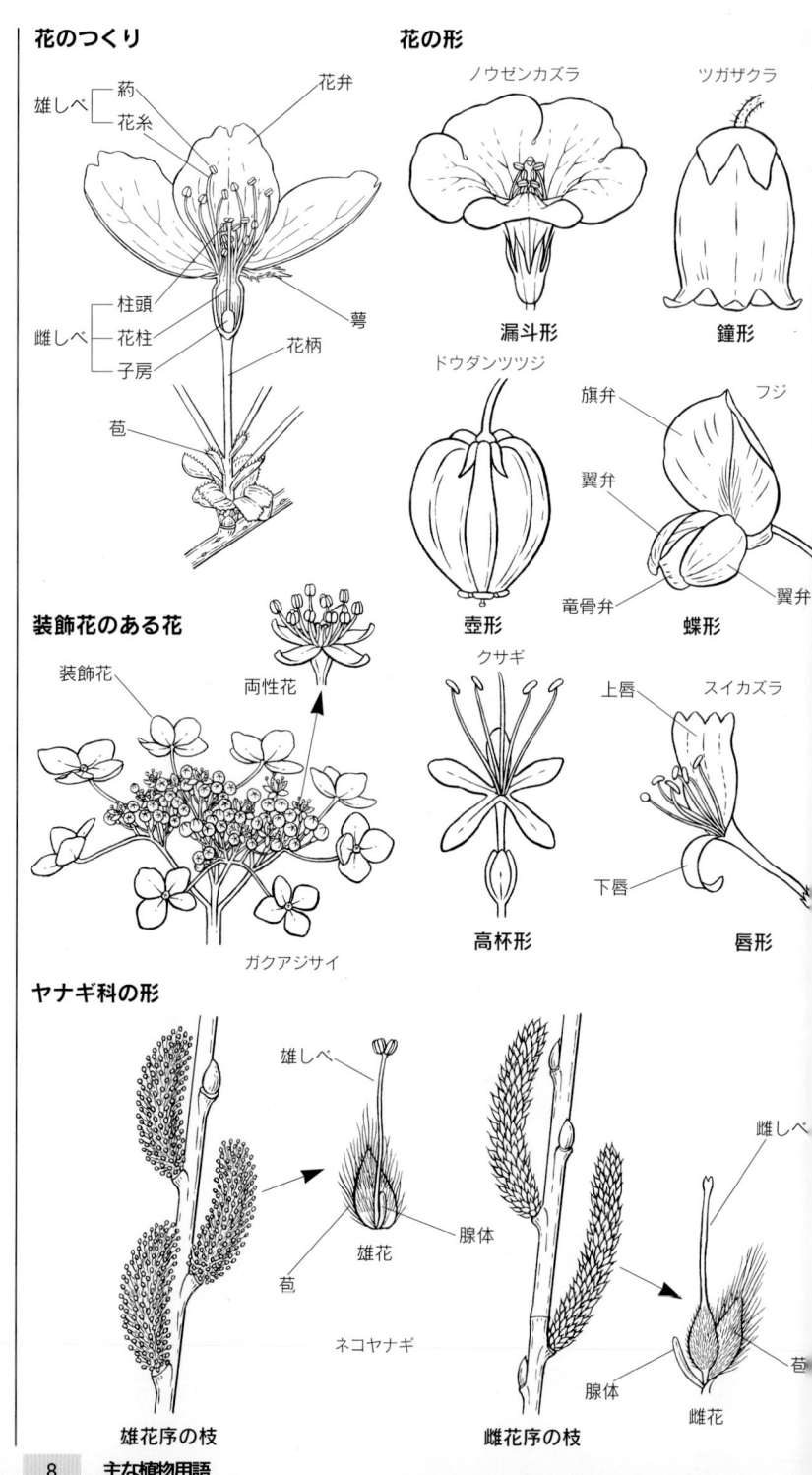

- 雄しべ ─ 葯
- 雄しべ ─ 花糸
- 花弁
- 雌しべ ─ 柱頭
- 雌しべ ─ 花柱
- 雌しべ ─ 子房
- 萼
- 花柄
- 苞

花の形

漏斗形 (ノウゼンカズラ)

鐘形 (ツガザクラ)

壺形 (ドウダンツツジ)

蝶形 (フジ) ─ 旗弁、翼弁、竜骨弁

高杯形 (クサギ)

唇形 (スイカズラ) ─ 上唇、下唇

装飾花のある花

- 装飾花
- 両性花
- ガクアジサイ

ヤナギ科の形

ネコヤナギ

雄花序の枝 ─ 雄しべ、雄花、苞、腺体

雌花序の枝 ─ 雌しべ、雌花、苞、腺体

主な植物用語

花序の形

ウワミズザクラ
総状

ナンテン
円錐状

オオシマザクラ
散房状

ヤマウコギ
散形状

ツリバナ
集散状

ナナカマド
複散房状

雌花序
雄花序
尾状
ヤシャブシ
アカシデ

子房の位置

子房上位　**子房中位**　**子房下位**

主な植物用語

果実のいろいろ

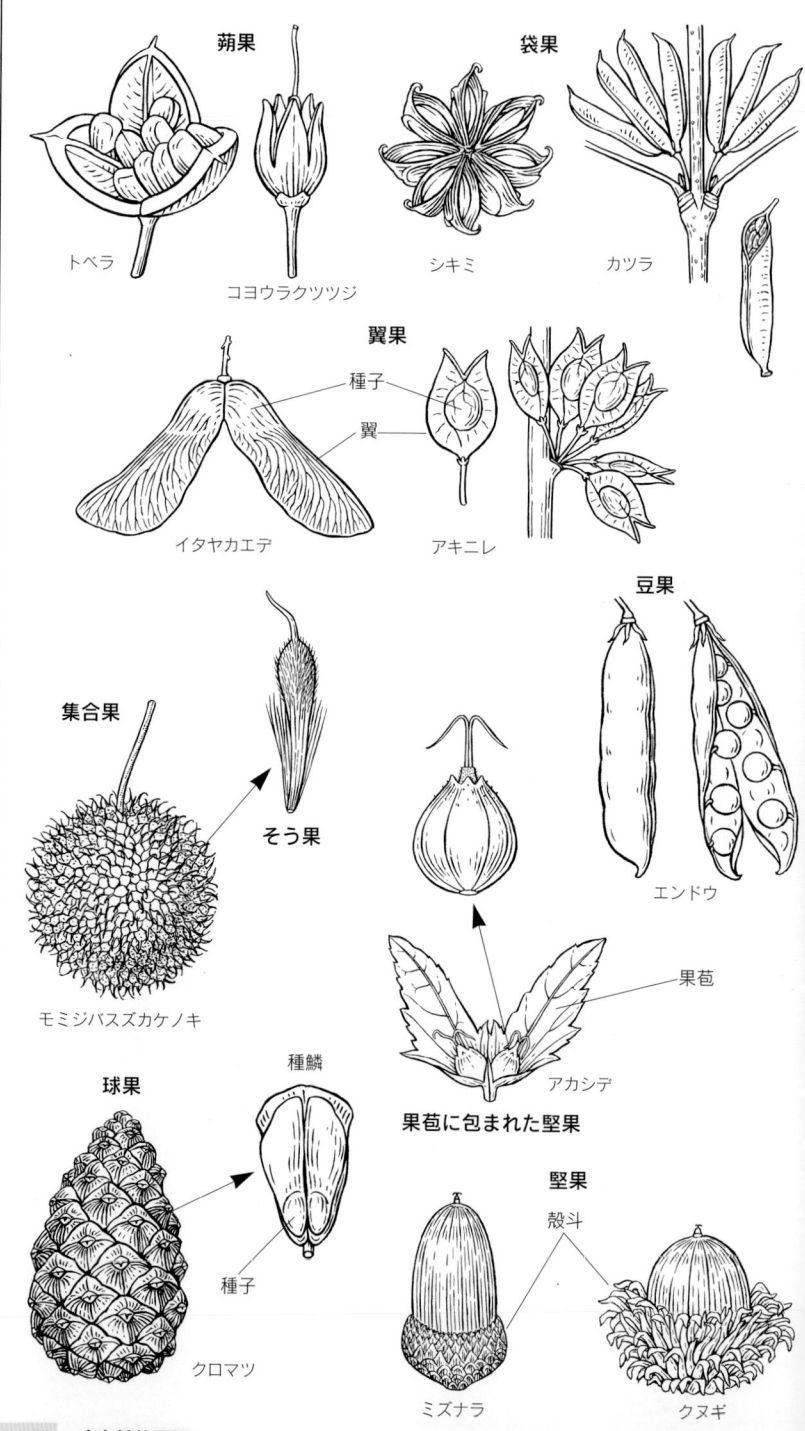

蒴果
トベラ
コヨウラクツツジ

袋果
シキミ
カツラ

翼果
種子
翼
イタヤカエデ
アキニレ

集合果
モミジバスズカケノキ

そう果

豆果
エンドウ

果苞
アカシデ

果苞に包まれた堅果

球果
種鱗
種子
クロマツ

堅果
殻斗
ミズナラ
クヌギ

主な植物用語

核果（石果）

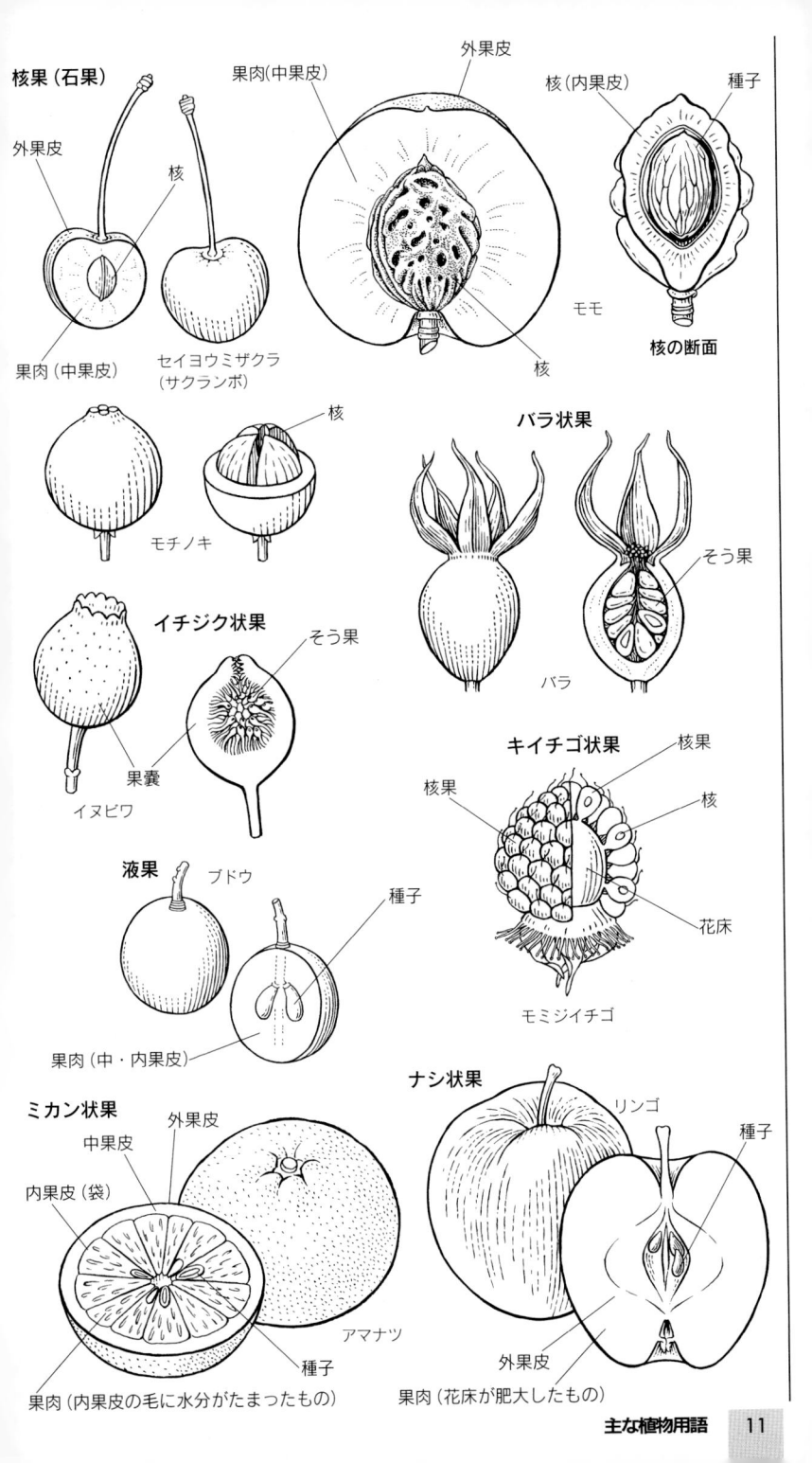

- 外果皮
- 核
- 果肉（中果皮）
- セイヨウミザクラ（サクランボ）

- 果肉（中果皮）
- 外果皮
- 核
- モモ

- 核（内果皮）
- 種子
- 核の断面

- 核
- モチノキ

バラ状果

- そう果
- バラ

イチジク状果

- そう果
- 果嚢
- イヌビワ

キイチゴ状果

- 核果
- 核
- 花床
- モミジイチゴ

液果

- ブドウ
- 種子
- 果肉（中・内果皮）

ミカン状果

- 外果皮
- 中果皮
- 内果皮（袋）
- アマナツ
- 種子
- 果肉（内果皮の毛に水分がたまったもの）

ナシ状果

- リンゴ
- 種子
- 外果皮
- 果肉（花床が肥大したもの）

はじめに

写真／茂木　透

「氷河期の寒さを避ける手段として，木の冬芽が地中に潜り，草になった」という説がある。木は大きなもの，草は小さなものという概念からすると，草が進化して大きくなり，木になった……と考えたくなるが，これが逆だというからおもしろい。一見とっぴに思えるこの説も，冬芽について勉強すると，なるほどと思えるようになる。よく「草と木の違いについて簡単に教えてほしい」という質問を受けることがある。そんなとき，私は「地上部に冬芽をつけるのが木，地表や地下につけるのが草」と答えることにしている。例外もあるにはあるが，これで正解と思う。とくにシステムとして植物をとらえようとするとき，この考え方だとわかりやすく，説明しやすい。きらきらと輝く木漏れ日を浴びて，ふた葉を展開しはじめたひと粒の種子……，よく目にする光景である。生命誕生の劇的瞬間であり，だれもが感動をおぼえる場面である。私たちはこの種の映像を，コマーシャルや写真集などで嫌というほど見せつけられてきた。そして数十年後，大木となり，緑葉を大きく広げ，花を咲かせ，果実を実らせて豊かな森を形成する。あんなに小さかった木がよくもここまで……。ふたたび感動，感動である。たしかに感動ものではあるし，こうしたことに鈍感ではいられないが，いつまでもこの手の美しさや意外さばかりに心をおどらせていて，はたしてよいものだろうか？　人間の一生においても入学式や結婚式，出産だけがすべてではない。これらに思い出や節目としての価値はあっても，その人となりを語る重要な証言とはなりにくい。むしろ本質的なものの多くは，日常の何気ない出来事の集積からなり立っていることが多い。こうした視点に立てば，木（植物）についてもまったく同じことで，生長のプロセスすなわち「木の生活史」にもっと目を向けることが重要なのではないだろうか。そんな思いを強く感じながらまとめたのが本書である。

木は四季を通じて地上部があるので，花や実の時期以外でも，その気にさえなれば，いつでも観察することができる。私が樹木の観察を長年にわたって続けてこられたのも，この気軽さのおかげである。ところが，いざ観察をはじめてみると，気軽さとは裏腹に，その多岐にわたる内容の豊富さに驚かされた。花や果実，新緑や紅葉をはじめ，冬姿，冬芽，芽だし，枝，樹皮，種子，葉形，鋸歯，葉脈と，じつに多彩であった。

ものには始まりがあり，そして結びがある。木では冬芽から始まり落葉にいたる。花や果実も1年の流れのなかでは，ひとつの通過点でしかない。木の観察はやはり出発点である冬芽からはじめ，その後の生長や変化を通して，1本1本の木の特徴をおぼえていただきたい。この図鑑がその手助けになれば幸いである。

本書の写真と樹木の観察の仕方

比較的大きな科や属のトップには，環境をとり入れたロングの写真を使い，樹木の季節感を楽しめるようにした。図鑑部のページの上部には基本的に花や果実の中ロングの写真を使い，観察者の肉眼に近い距離になるようにした。ページの下部にはアップ写真を中心に，5～10倍程度のルーペでの観察に匹敵する映像を載せている。とくに冬芽，花，種子，葉裏などの写真は高倍率のものが多く，実物と見比べながらの観察に便利だと思う。

以下に各ステージ別に，掲載した写真の見方やフィールドでの観察の仕方などについてあげてみた。

①冬芽

観察時期は落葉後の冬がふつうだが，8～9月にはすでに充実している樹種も多い。まず対生か互生か調べ，形や色，芽鱗の枚数や様子，葉痕と見ていく。樹木観察の基本なので，いろいろな角度から撮影した写真を載せたかったが，誌面の関係で1カットしか載せられなかったものもある。

②芽だし

樹種判定のもっともむずかしいステージ。美しいけれど，きわめて短い間に終了してしまうので，ほとんど詳しい観察がなされていない未開拓の分野である。本書でもとりあげたのは少数。

③花

もっとも関心を集める時期だが，草に比べると樹木では花が目立たないものも多い。花序の様子や花のつくり，形，色彩のおもしろさは写真からもわかるが，実際の観察では香り，手触りなど五感を使うのが重要。これはほかのステージでも同じ。本書では花のアップのほかに，断面写真も載せたが（サクラ属やヤナギ科，カバノキ科），近似種の同定に必要と考えられる範囲にとどめた。

④葉

葉のつき方（対生，互生）は冬芽のつき方とまったく同じ。冬芽の観察がここでものをいう。葉形は変異が大きく，個体が違えば差が大きいのは当然だが，同じ個体でも変異がある。観察は鋸歯の有無からはじめ，葉身の形，葉柄や托葉の様子に進む。同時に葉と枝の関係をよく観察することが重要で，枝と葉を切り離したのでは，情報は半減する。葉は枝に対して3次元的につく。たとえば対生といっても2列対生，十字対生，らせん対生など，樹種によって異なるので，その特徴をおぼえるのが重要なのである。さらに5～10倍のルーペで表面や裏面の毛の有無や毛の種類を調べる。毛の種類には直毛，縮れ毛，星状毛，鱗片状の毛などがあり，樹種によって一定のパターンを示し，同定の手がかりになる。

⑤果実

果実は人間だけでなく，野生生物にとっても重要な食料である。食用になる果実も多いが，有毒のものもあり注意が必要。観察は果序の様子をはじめ，味や香りなどもおぼえたい。ただ図鑑に有

毒の記述がなくても，野生の果実は強い成分を含んでいるのがふつうで，体質や体調によっては毒成分として影響を及ぼす可能性もあるので，くれぐれも注意してほしい。

⑥種子

一部の専門書を除けば，ほとんど紹介されていない。科や属の単位で決まった形を示すので，同定の一助になる。写真は極端に大きなものや小さなものを除き，等倍で撮影した。表面のディティールがわかるように，本書ではほとんどが1.33倍に拡大してある。種子の観察はとっつきにくいが，慣れるとなかなかおもしろい。種子にも有毒のものがあるので要注意。

⑦樹皮

いつでも観察できるので簡単そうだが，老木，若木，幼木で様子がかなり違うので，それぞれについておぼえる必要がある。また生育環境にも影響されるので，やっかいだ。

⑧枝

樹種によって枝の様子に違いがあるので，同定の判断材料になる。刺のあるものや皮目の目立つものなど，冬芽と並行して観察するといい。短枝と長枝があり，樹種によってはいちじるしく短枝を発達させるものがあり，そういった特徴のあるものからおぼえたい。観察にあたっては，日なた側と日陰側，本年枝と前年枝では枝の色が違うことに留意しておきたい。

⑨落葉樹の冬姿

人体の骨格見本に相当するもので，いわば木の設計図。葉がある時には気づかない大まかな枝の勢いや方向などを見定めやすい。あまり離れすぎず，樹皮や枝ぶりがわかるぐらいの距離が観察には適しているが，ときには漫然と遠目で観賞するのも悪くない。

⑩虫えい（ゴール）

虫と植物の関係は謎も多く，特殊な分野と思われている。しかし樹木観察の際には目にすることも多く，形や色の美しいものでは，果実だと見誤るものもあるので，本書でもとりあげた。

本書をお読みになる前に

＊本書「樹に咲く花」は日本に自生する樹木を中心に，主な外国産の樹木や園芸品種も含めて，全3巻にまとめたものです。全3巻の構成は，1巻と2巻が双子葉離弁花類，3巻が双子葉合弁花類と単子葉類，裸子植物です。

＊科の配列は，新エングラーの分類体系（1964年）に従っていますが，誌面の都合で一部変えたものもあります。また学名の表記でssp.は亜種，var.は変種，f.は品種，cv.は園芸品種を示します。

＊検索コラムは近似種の同定のために設けました。似た種類の写真がすぐ近くにあるので，比較しやすいはずです。

＊植栽用途や用途については各科の担当者のほか，中川重年との合作のものもあります。

被子植物
ANGIOSPERMAE

双子葉離弁花類 ①
DICOTYLEDONEAE CHORIPETALAE

ヤマモモ科
MYRICACEAE

常緑の高木または低木。熱帯を中心に分布し，3属およそ50種ほどが知られている。

（担当／太田和夫）

ヤマモモ属 Myrica

果実は核果で，外果皮が発達して液質になる。熱帯から暖帯に約35種が分布する。日本に自生するのはヤマモモ1種だけ。

ヤマモモ
M. rubra

〈山桃〉

分布／本州（関東地方南部以西），四国，九州，沖縄，朝鮮半島南部，中国，台湾，フィリピン

生育地／千葉県以西の照葉樹林に多く，庭や公園にもよく植えられている。

観察ポイント／香川県琴平山にはヤマモモが優占する森がある。

樹形／常緑高木。高さ5〜10㍍になる。大きいものは高さ25㍍，直径1㍍に及ぶものもある。幹は多数枝分かれし，ほぼ球形の樹冠をつくる。

樹皮／灰白色〜赤褐色。細かいちりめん状のしわがあり，老木では浅く縦に裂ける。

枝／本年枝はしばしば赤色を帯びるが，のちに灰白色になる。楕円形の皮目が多い。

葉／互生。葉身は長さ5〜10㌢，幅1.5〜3㌢の倒披針形で革質。先端は鈍く，基部はくさび形で葉柄に流れる。ふちは全縁か小さな鋸歯がまばらにある。若

雄花。花粉をだすまでは葯の赤い色が目立つ　1992.4.3　愛知県田原町

木の葉には鋭い鋸歯がある。両面とも無毛、裏面には淡黄色の透明な油点が散在し、芳香のある揮発成分を含む。

花／雌雄別株。3～4月、葉のわきに円柱形の花序をだす。雄花序は長さ2～3.5㌢、雌花序は長さ約1㌢。花には花被はなく、苞1個と小苞2個に包まれるが、雄花ではしばしば小苞を欠く。雄しべは5～8個。花柱は赤色で1個、2裂して花の外につきでる。

果実／核果。直径1.5～2㌢の球形で、6月に紅色から暗赤色に熟し、食べられる。食べる部分は外果皮が液質に肥大したもので、表面には密に粒状の突起がある。核はやや扁平な卵形で、淡褐色の毛におおわれる。

植栽用途／庭木、公園樹、街路樹

用途／果実は甘酸っぱく、生食のほか、砂糖漬け、ジャムなどにする。徳島県が有名な産地。樹皮にはタンニンが含まれ、漁網を染める染料や薬用に利用される。材は器具材。

東京近郊では写真のような見事な紅色にはならない　1995.6.18　津久見市

❶葯が裂開する前の雄花序。❷雄花序。花粉の散布はもう終了間近。❸雄花。葯は2室で、縦に裂ける。❹雌花の花柱は赤色で、深く2裂する。❺葉は枝先に集まる。革質でふちは裏にそる。❻葉裏の黄色い油点には芳香がある。❼密に枝を茂らせ、まるい樹冠をつくる。❽果実は食べられる。赤い液質の部分は外果皮。❾核。淡褐色の毛が密生する。なかに種子が1個入っている。❿樹皮は灰白色。ちりめん状のしわがある。

ヤマモモ科　MYRICACEAE

ヤチヤナギ属 Gale

北半球の亜寒帯から寒帯の湿原や湿地に生える落葉小低木。果実は堅果で，2個の小苞が発達して翼状にはりだす。1属1種。

ヤチヤナギ
G. belgica
〈谷地柳／別名エゾヤマモモ〉

分布／北海道, 本州(愛知県以北), 千島, サハリン, 東シベリア, 朝鮮半島北部

生育地／湿原や湿地

観察ポイント／尾瀬ガ原では随所に群落が見られる。愛知県の天然記念物に指定されている渥美半島の黒河湿地植物群落はヤチヤナギのほか, シデコブシやシラタマホシクサなど, 珍しい植物が見られる。

樹形／落葉小低木。高さ30〜80㌢になる。

樹皮／黒褐色。

枝／暗赤色。若い枝は白い軟毛がやや密に生える。淡黄色の油点がある。

葉／互生。葉身は長さ2〜5㌢, 幅8〜20㍉の倒披針形〜倒卵状長楕円形。先端はややまるく, 基部はくさび形

尾瀬ガ原が有名な自生地。北海道にも多い寒冷地の植物。しかし愛知県の渥美半島

ヤマモモ科 MYRICACEAE

で葉柄に流れる。上半部にすこし鋸歯がある。質はやや厚く、両面とも軟毛があり、淡黄色の油点が散在する。
花／雌雄別株。5〜6月、葉が展開する前に小さな花が密集した穂状花序をつける。雄花序は長さ7〜10㍉、雌花序は長さ5〜8㍉。花被はなく、雄花は苞1個、雌花は苞1個と小苞2個に包まれる。雄しべは6個。花柱は暗赤色で、2裂する。
果実／堅果。長さ約2㍉のやや扁平な広卵形。両側には翼状に肥大した小苞2個がある。
名前の由来／外観がヤナギに似ていて、低湿地(谷地)などに生えることからつけられた。

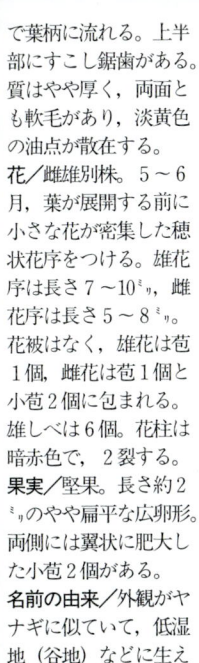

りような暖かいところにも自生があるのはちょっと不思議　1996.6.20　尾瀬ヶ原

◆冬芽。9月撮影。枝先は花芽に占領される。❷雄花序。長さ7〜10㍉。花粉の散布が終わると花糸は曲がる。❸雌花序は雄花序より短い。暗赤色の花柱が目立つ。❹新葉。❺夏姿。❻葉表。葉や若い枝には白い軟毛が多い。❼葉裏。淡黄色の油点が見える。油点は表にもある。❽果序。枝は果序のついた枝より下の葉のつきから伸びる。❾堅果の両側を翼状にはりだした小苞がはさむ。翼状の小苞は浮きの役目をもっていて、簡単にはとれない。❿小苞をはずした堅果。

ヤマモモ科 MYRICACEAE

クルミ科
JUGLANDACEAE

落葉または常緑の高木。葉は羽状複葉で互生する。花は単性で雄花も雌花も穂状の花序をつくる。ふつう雌雄同株。花には苞が1個，小苞が2個，花被片が2〜4個あり，雄花には雄しべが4〜20個，雌花には雌しべが1個ある。風媒花。果実は堅果で，小苞が発達して翼果状になるものや，花被片や苞が肉質に肥大して外側を包み，核果状になるものがある。北半球の熱帯から温帯に8属60種ほどあり，日本には3属3種が自生する。

（担当／崎尾　均＋高橋秀男）

ノグルミの花の最盛期。ノグルミを撮影しに淡路島へ行ったことがある。溜め池の周囲，道路わき，空き地な

こにやたらにあり，すっかり食傷。結局このときは何も撮影せずに帰ってきた　1995.6.19　愛媛県内子町

クルミ科 JUGLANDACEAE

ノグルミ属 Platycarya

花序は新枝の先に数個上向きにつく。果実は扁平な堅果で、果穂は直立する。堅果は翼状に発達した小苞2個に包まれる。

ノグルミ
P. strobilacea
〈野胡桃／別名ノブノキ〉

分布／本州（東海地方以西）、四国、九州、朝鮮半島、中国、台湾
生育地／日当たりのよい林縁
樹形／落葉高木。高さ5～10㍍、大きいものは30㍍になる。
樹皮／灰色～褐色。縦に浅く長く裂ける。
枝／若い枝には褐色の軟毛が密生するが、のち無毛になる。2年枝では小さな長楕円形の皮目が目立つ。
冬芽／頂芽は長さ7～10㍉の卵形で先端がとがる。側芽は小さい。葉痕はハート形または半円形。
葉／互生。奇数羽状複葉で長さ20～30㌢。葉柄と葉軸には軟毛が生え、小葉が5～7対つく。小葉は長さ5～10㌢、幅1～3㌢の披針形で、柄はほとんどない。先端は鋭くとがり、

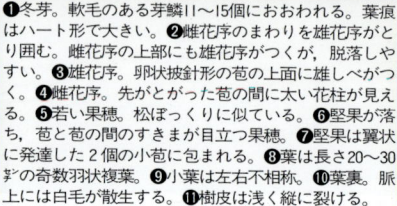

クルミ科で雄花序が直立するのは本種だけ　1995.6.19　愛媛県内子町

❶冬芽。軟毛のある芽鱗11～15個におおわれる。葉痕はハート形で大きい。❷雌花序のまわりを雄花序がとり囲む。雌花序の上部にも雄花序がつくが、脱落しやすい。❸雄花序。卵状披針形の苞の上面に雄しべがつく。❹雌花序。先がとがった苞の間に太い花柱が見える。❺若い果穂。松ぼっくりに似ている。❻堅果が落ち、苞と苞の間のすきまが目立つ果穂。❼堅果は翼状に発達した2個の小苞に包まれる。❽葉は長さ20～30㌢の奇数羽状複葉。❾小葉は左右不相称。❿葉裏。脈上には白毛が散生する。⓫樹皮は浅く縦に裂ける。

クルミ科 JUGLANDACEAE

ふちにはとがった鋸歯がある。基部は切形または円形で、左右不相称。裏面脈上には軟毛が散生し、油点が散在する。

花／雌雄同株。6月、新枝の先に穂状花序を数個直立する。頂生の1個が雌花序で長さ約2ギ、そのまわりに長さ4〜10ギの雄花序が10個ほどつく。雌花序の先にも雄花序がつくが脱落しやすい。雄花の苞は長さ約2.5ミリの卵状披針形で、上面に雄しべが8〜10個つく。雌花の苞は長さ約3ミリ、下部は卵状で上部は尾状にとがる。子房は苞の下部と合着し、周囲を翼状になった小苞がとり囲む。花柱は太く、2裂してそり返る。花には花被はない。

果実／堅果。果穂は長さ2〜3ギの卵状楕円形で、苞が密に重なる。堅果は小苞が翼状に発達した扁平な広倒卵形で、長さ幅ともに5ミリほど。苞の間につき、熟すと1個ずつ落ちる。果穂は残る。

植栽用途／庭木
用途／器具材。樹皮や葉を砕き、川に流して魚をとった（魚毒）。

果穂は越年し、翌年の花時まで残ることもある　1995.8.1　愛媛県内子町

クルミ科 JUGLANDACEAE　23

谷間の風通しのよいところに多く，新緑のころはハイカーの目を楽しませてくれる　1995.5.26　長野県小海町

クルミ科 JUGLANDACEAE

サワグルミ属
Pterocarya

花序は細く，垂れ下がってつく。堅果は花被に包まれ，小苞が翼状に発達する。アジアに8種分布する。

サワグルミ（1）
P. rhoifolia

〈沢胡桃／別名カワグルミ・フジグルミ〉

分布／北海道，本州，四国，九州，中国山東省

生育地／山地の川沿いの砂礫地。渓畔林の構成種のひとつで，トチノキ，カツラ，オヒョウ，シオジなどと混生する。生長が非常に速く，渓畔林の構成種のなかではパイオニア的な種類である。寿命はせいぜい150年ぐらい。

樹形／落葉高木。高さ10～20㍍，直径20～30㌢になる。大きいものは高さ30㍍，直径1㍍になる。

東北地方に多く，カワグルミとも呼ばれる　1996.9.19　長野県白馬村

❶まっすぐにすらりとのびるのがこの木の特徴。❷冬芽の芽鱗は秋に落ち，裸芽になって越冬する。11月中旬撮影。❸裸芽になった冬芽。茶褐色の毛に包まれている。4月撮影。❹雄花序の展開。❺葉芽の展開。小葉が蛇腹状に折りたたまれている。❻展開したての複葉。❼周囲の落葉樹よりひと足早く葉を展開する。

クルミ科 JUGLANDACEAE

サワグルミ属
Pterocarya

サワグルミ（2）
P. rhoifolia

樹皮／暗灰色。成木では縦に長く裂け、老木になるとはがれる。

枝／若い枝にははじめ褐色の毛があるが、のちに無毛。2年枝は光沢があり、小さなまるい皮目が多い。

冬芽／はじめは1個の大きな芽鱗に包まれているが、本格的な冬が訪れる前に芽鱗は脱落し、裸芽になる。裸芽は長さ1～2.5㌢の長楕円形で、やわらかい毛に包まれている。葉痕は大きく、ハート形またはまるみのある三角形。維管束痕は3個。

葉／互生。奇数羽状複葉で長さ20～30㌢。葉柄と葉軸には軟毛が密生し、小葉が5～10対つく。小葉は長さ5～12㌢、幅1.5～4㌢の長楕円形で、ほとんど無柄。先端はとがり、ふちには鋭い細鋸歯がある。基部は左右不相称。表面は長い毛を散生し、裏面脈上には短毛と油点が散在する。

花／雌雄同株。4月末から6月に開花する。新枝の先に長さ10～20

雄花序、雌花序ともに長さは20㌢くらい　1997.5.21　富士宮市

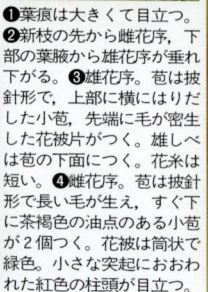

❶葉痕は大きくて目立つ。❷新枝の先から雌花序、下部の葉腋から雄花序が垂れ下がる。❸雄花序。苞は披針形で、上部に横にはりだした小苞、先端に毛が密生した花被片がつく。雄しべは苞の下面につく。花糸は短い。❹雌花序。苞は披針形で長い毛が生え、すぐ下に茶褐色の油点のある小苞が2個つく。花被は筒状で緑色。小さな突起におおわれた紅色の柱頭が目立つ。

クルミ科 JUGLANDACEAE

…の雌花序が垂れ下がってつき、その下部の葉腋に黄緑色の雄花序が数個垂れ下がる。雄花序はやや短い。雄花の苞は披針形で、上部の両側に小苞が2個つき、先端に花被片が1個つく。雄しべは苞の下面に8〜13個つく。雌花は長さ3㍉、苞は披針形で長い毛が密生し、下面に2個の小苞と筒状の花被がつく。花柱は2裂してそり返る。柱頭は紅色で大きく、表面には小さな突起が多い。花序の軸と小苞や花被には茶褐色の油点がある。

果実／堅果。果穂は長さ30〜40㌢で、堅果が10〜30個つく。堅果には小苞が発達した翼があり、7〜8月に熟す。翼は長さ幅とも1.5㌢ほどの腎臓形。堅果は直径8㍉ほど。

備考／葉の展開は周囲の樹木より早く、落葉する時期も早い。日当たりのよい場所では、8月まで枝をのばし、葉を次々と展開する。

用途／材は白色でやわらかく、家具の内貼りのほか、桶、下駄、経木、マッチの軸木などにも使われる。

…流沿いなど、湿ったところに生える　1992.5.11　埼玉県両神村

❼若い果穂。花のあと小苞が翼状に発達する。❻翼と…被をとり除いた堅果。ねじれ気味の溝がある。❼果…は長さ30〜40㌢もあり、果実が10〜30個つく。❽小…葉は左右不相称。❾葉裏。基部はゆがむ。❿樹皮。縦…割れ目が入る。地衣類などがつくことが多い。

クルミ科 JUGLANDACEAE

サワグルミ属
Pterocarya

シナサワグルミ
P. stenoptera
〈支那沢胡桃／別名カンポウフウ〉

分布／中国原産。明治時代初期に渡来した。
樹形／落葉高木。高さ25〜30㍍，直径1㍍ほどになる。生長が早く，大木になる。
樹皮／灰褐色。縦に深く裂けてはがれる。
冬芽／裸芽で，柄がある。頂芽は大きく，側芽には副芽がつく。葉痕はハート形〜半円形。
葉／互生。長さ20〜30㌢の偶数羽状複葉。葉軸にはふつうヌルデのような翼がある。小葉は5〜10対つき，長さ4〜10㌢の長楕円形で無柄。先端は鈍く，基部は左右不相称。ふちには先端が内側に曲がった鋸歯がある。
花／雌雄同株。花期は

淡緑色の若い果穂が多数垂れ下がっている。横枝が発達してまるい樹形になり，

クルミ科 JUGLANDACEAE

5月。雄花序も雌花序も垂れ下がり，小さな花が多数つく。雄花序は黄緑色で長さ5〜7㌢。雄花の苞は披針形で，上部の両側に小苞がつき，先端にやや赤みを帯びた花被片が1個つく。雄しべは苞の下面につく。雌花序は長さ5〜8㌢。雌花の花柱は2裂してそり返り，柱頭は紅色で小さな突起が多い。

果実／堅果。果穂は長さ20〜30㌢。堅果には小苞が発達した翼があり，7〜8月に熟す。翼はサワグルミに比べて細長く，長さ約2㌢。堅果は直径6〜7㍉。

類似種との区別点／サワグルミの葉軸には翼はない。シナサワグルミは葉軸に翼があるのが大きな特徴。

植栽用途／公園樹，街路樹

用途／器具材

り存在感のある姿になる。植物園や公園などに植えられる　1999.6.3　横浜市

❶冬芽は裸芽。褐色の毛におおわれる。❷葉痕。維管束痕の配置が顔を連想させる。❸葉の展開と同時に雄花序と雌花序も垂れ下がる。❹雄花序。雄しべは苞の下面につく。❺雌花序。紅色の柱頭が目立つ。❻葉は偶数羽状複葉。長さは15〜30㌢。❼小葉。鋸歯の先は内側に曲がる。❽葉軸には翼がある。❾小葉の裏面。❿⓫若い果穂。長さ20〜30㌢。堅果は花被に包まれ，左右に長さ約2㌢の翼がつく。⓬堅果。⓭樹皮。

クルミ科 JUGLANDACEAE

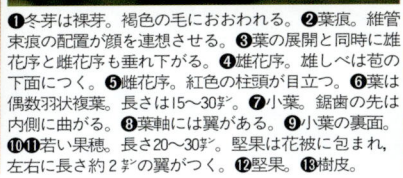

クルミ属 Juglans

雌花序は新枝の先に直立し、雄花序は垂れ下がる。果実は核果状の堅果。なかには子葉が肉質に肥大した種子が1個入っている。北半球の温帯に15種ほど分布する。

オニグルミ（1）
J. mandshurica var. sieboldiana

〈鬼胡桃〉

分布／北海道，本州，四国，九州，サハリン

生育地／川沿いや窪地など，湿り気の多いところに生える。

樹形／落葉高木。高さ7～10㍍になる。樹冠はまるい。

冬芽／裸芽。円錐形で先端はとがり，褐色の短毛が密生する。頂芽はとくに大きく，長さ1～1.6㌢。葉痕は隆起し，大きくてよく目立つ。維管束痕は3つのグループに分かれる。

冬姿。本年枝は太く，枝はまばらで樹形はまるい　1993.3.30　長野県小海町

クルミ科 JUGLANDACEAE

花はすでに終わり、小さな実がつきはじめている。河原に生えることが多い　1996.5.30　新潟県塩沢町

頂芽。裸芽で短い褐色の毛におおわれている。❷雄花序の花芽。これも裸芽。側芽正面（葉芽）。❹葉痕は特徴的な形維管束痕が目立つ。これは羊の顔を思せる。❺葉の展開と同時に開花する。花の最盛期だが、あまり目立たない。

黄葉は渋い味わいがある　1992.11.9　山梨市

クルミ科 JUGLANDACEAE

クルミ属 Juglans

オニグルミ（2）
J. mandshurica
　var. sieboldiana

樹皮／暗灰色。縦に割れ目が入る。

枝／若い枝には短毛と軟毛があり、直径約2ｾﾝﾁと太い。長楕円形の皮目が多い。

葉／互生。奇数羽状複葉で長さ40〜60ｾﾝﾁ。葉柄と葉軸には褐色の軟毛や腺毛が密生し、小葉が5〜9対つく。小葉は長さ8〜18ｾﾝﾁ、幅3〜8ｾﾝﾁの楕円形で、ほとんど無柄。先端は短くとがり、基部はややゆがんだ切形、ふちには細かい鋸歯がある。表面は無毛、裏面には星状毛が密生する。

花／雌雄同株。5〜6月、葉の展開と同時に開花する。雌花序は新枝の先端に直立し、雄花序は前年枝の葉腋から垂れ下がる。雄花序は長さ10〜22ｾﾝﾁ、小さな雄花が密集してつく。雄花には雄しべが12〜20個ある。雌花序は長さ6〜13ｾﾝﾁ、花軸には長毛と腺毛が密生し、7〜10個の花がまばらにつく。子房は苞と小

この株は雌花が少なかった。実りは期待薄　1997.5.13　山梨県敷島町

❶〜❹オニグルミ。❶樹皮。縦に割れ目が入る。❷雌花序は新枝の先に直立し、雄花序は前年枝の葉腋から垂れ下がる。❸雄花序。苞の下面に雄しべがつく。❹雌花序。子房は筒状の花床に包まれている。濃赤色の柱頭が目立つ。花軸には長毛と腺毛が混生する。

クルミ科 JUGLANDACEAE

苞，花被片が合着した筒状の花床に包まれる。花柱は2裂し、柱頭は濃赤色。
果実／核果状の堅果。長さ3～4㌢の卵球形で、堅果の外側を肥大して肉質になった花床が包む。表面は褐色の毛が密生する。9～10月に成熟する。堅果は長さ2.5～3.5㌢で、先端はとがり、表面にはしわがある。種子を食用にする。
備考／果実はげっ歯類やリスによって運ばれ、分布を拡大する。
植栽用途／庭木
用途／優良な家具材、建築材。銃床にも使われる。堅果を砕いてタイヤにまぜ、スリップ止めにする。
備考／よく栽培されている**ヒメグルミ** var. cordiformisは堅果が扁平で幅が広く、表面はなめらか。

⽪がかたくて割るのがたいへんだが、種子の味はよい　1994.7.6　群馬県長野原町

●葉は奇数羽状複葉で、枝先に集まってつく。❻小葉はまるっこい。葉柄や葉軸に褐色の軟毛や腺毛が密生する。❼小葉の裏面。星状毛が密生し、とくに脈上に多い。❽果実は核果状の堅果。花床が肥大して堅果を包む。❾堅果。非常にかたく、なかなか割れない。中に脂肪分に富んだ種子がある。❿⓫ヒメグルミ。❿果実。⓫堅果。中央にくぼみがあるほかはなめらか。長さ約3㌢。種子は美味。

クルミ科 JUGLANDACEAE　33

10数種の栽培種があり，長野県で栽培が盛ん　1992.7.2　長野県御代田町

雄花序は垂れ下がる。雌花序は直立するが目立たない　1988.5.26　河口湖町

クルミ科 JUGLANDACEA

クルミ属 Juglans

テウチグルミ
J. regia var. orientis
〈手打胡桃／別名カシグルミ〉

分布／ヨーロッパ東部からアジア西部の原産。東北地方や長野県で栽培されている。

樹形／落葉高木。高さ10〜20mになる。

樹皮／暗灰色。ほとんどなめらか。

枝／本年枝は灰褐色。2年枝には楕円形の皮目が多い。

冬芽／円錐形。芽鱗は2〜3個。頂芽は大きく長さ5〜10mm。側芽は小さい。葉痕はハート形で大きい。

葉／互生。奇数羽状複葉で長さ10〜40cm。小葉はオニグルミより少なく、1〜4対、長さ7〜12cmの楕円形。

花／雌雄同株。4〜5月、葉の展開とほぼ同時に開花する。雌花序は新枝の先に直立し、雄花序は前年枝の葉腋から垂れ下がる。雄花序は長さ10〜15cm。雌花序は短く、雌花が2〜3個つく。子房は苞、小苞、花被片が合着した卵形の花床に包まれる。花序や花床には軟毛と腺毛がある。花柱は2裂し、柱頭は黄色で小さな突起が多い。

果実／核果状の堅果。直径4〜5cmの球形で灰緑色。10月に成熟すると、肉質に肥大した花床が割れ、なかの堅果が落ちる。堅果は長さ4cmほどで。落ちたばかりの堅果は手で簡単に割れる。種子を食用にする。

10月頃熟し、果皮が割れて核がポロンと落ちる 1996.7.20 御代田町

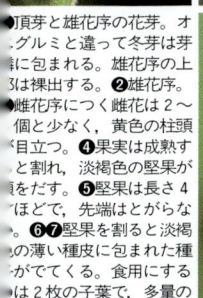

❸頂芽と雄花序の花芽。オニグルミと違って冬芽は芽鱗に包まれる。雄花序の上部は裸出する。❷雄花序。
雌花序につく雌花は2〜3個と少なく、黄色の柱頭が目立つ。❹果実は成熟すると割れ、淡褐色の堅果があらわれる。❺堅果は長さ4cmほどで、先端はとがらない。❻❼堅果を割ると淡褐色の薄い種皮に包まれた種子がでてくる。食用にするのは2枚の子葉で、多量の脂肪分を含んでいる。

クルミ科 JUGLANDACEA 35

クルミの仲間の見分け方

	冬芽	花序のつき方	雄花序	雌花序
ノグルミ P22				
サワグルミ P25				
シナサワグルミ P28				
オニグルミ P30				

クルミ科 JUGLANDACEA

| 果穂 | 堅果 | 複葉 | 小葉 |

クルミ科 JUGLANDACEA

ヤナギ科
SALICACEAE

落葉性で，高木から小低木まである。葉は単葉で互生，まれに対生するものがある。花は単性で，雌雄別株。小さな花が多数集まって尾状花序をつくる。ヤマナラシ属，ケショウヤナギ属以外はすべて虫媒花で，花に腺体がある。葉の展開前に開花するものや，葉の展開と同時かすこし遅れて開花するものとがある。果実は蒴果で，熟すと綿毛に包まれた小さな種子（柳絮（りゅうじょ））を多数だし，風に運ばれる。種子の寿命は1週間ぐらいで，水面に落ちるとすぐに発芽する。ヤナギ科は世界に4属，550種ほどある。種間雑種が非常に多い。なお本文に記した花期は，とくに断っていない場合は，東京における植栽品を基準にしている。

（担当／吉山 寛）

何の変哲もない緑一色の写真？。ところがこれがヤナギに興味をもっている人にはたまらなくおもしろい。ナ

ヤナギ，ネコヤナギ，シロヤナギをはじめ，何種ものヤナギがひしめいている　1990.7.9　山形県東根市

ヤナギ科 SALICACEAE

主なヤナギ属の検索

開花と葉の展開のタイミング
■花は葉の展開前に咲く
低木
①花糸は1個（2個が合着している）
ネコヤナギ，イヌコリヤナギ，コリヤナギ
②花糸は2個
ノヤナギ，タライカヤナギ，キツネヤナギ，オオキツネヤナギ，サイコクキツネヤナギ
高木
①花糸は1個（2個が合着している）
ユビソヤナギ，カワヤナギ，エゾノカワヤナギ
②花糸は2個
オノエヤナギ，バッコヤナギ，キヌヤナギ，エゾノキヌヤナギ，エゾヤナギ
■花は葉の展開とほぼ同時に咲く
低木
シバヤナギ，シライヤナギ，コマイワヤナギ，ミヤマヤナギ
高木
①雄花の腺体は1個，1個の花序に花糸が1個と2個の花がまじる
ヤマヤナギ
②雄花の腺体は2個，花糸は2個。枝は斜上する
コゴメヤナギ，シロヤナギ，ヨシノヤナギ，オオタチヤナギ，ジャヤナギ
③雄花の腺体は2個，花糸は2個。枝は下垂する
シダレヤナギ，ウンリュウヤナギ
④雄花の腺体は2個，花糸は3個
タチヤナギ
■花は葉の展開後に咲く
アカメヤナギ

葉身の形
■葉身が細長い種類
コリヤナギ，ノヤナギ，オノエヤナギ，ユビソヤナギ，カワヤナギ，エゾノカワヤナギ，エゾノキヌヤナギ，キヌヤナギ，エゾヤナギ，コゴメヤナギ，シロヤナギ，ヨシノヤナギ，タチヤナギ，オオタチヤナギ，ジャヤナギ，シダレヤナギ，ウンリュウヤナギ
■葉身が楕円形〜広楕円形の種類
ネコヤナギ，イヌコリヤナギ，タライカヤナギ，キツネヤナギ，オオキツネヤナギ，サイコクキツネヤナギ，バッコヤナギ，エゾノバッコヤナギ，シバヤナギ，シライヤナギ，コマイワヤナギ，ヤマヤナギ，アカメヤナギ

木の大きさ
■低木
ノヤナギ（極小），キツネヤナギ，オオキツネヤナギ，サイコクキツネヤナギ，シバヤナギ，シライヤナギ，コマイワヤナギ
■低木〜大低木
ネコヤナギ，イヌコリヤナギ，コリヤナギ，タライカヤナギ，ミヤマヤナギ
■小高木（株立ちになることもある）
カワヤナギ，エゾノカワヤナギ，キヌヤナギ，エゾノキヌヤナギ，ヤマヤナギ，タチヤナギ
■高木
オノエヤナギ，ユビソヤナギ，バッコヤナギ，エゾノバッコヤナギ，エゾヤナギ，コゴメヤナギ，シロヤナギ，ヨシノヤナギ，オオタチヤナギ，ジャヤナギ，シダレヤナギ，ウンリュウヤナギ，アカメヤナギ

●種間雑種が見られるヤナギ
ネコヤナギ，イヌコリヤナギ，キツネヤナギ，オオキツネヤナギ，サイコクキツネヤナギ，オノエヤナギ，ユビソヤナギ，カワヤナギ，バッコヤナギ，キヌヤナギ，シバヤナギ，シライヤナギ，コマイワヤナギ
とくにネコヤナギやイヌコリヤナギには雑種が多く，ネコヤナギとユビソヤナギ，イヌコ

樹皮をはぐと隆起条がある種類
ノヤナギ，タライカヤナギ（すこし），キツネヤナギ，オオキツネヤナギ，サイコクキツネヤナギ，バッコヤナギ，シライヤナギ，コマイワヤナギ

互生と対生の葉がまじる種類
イヌコリヤナギ，コリヤナギ，ノヤナギ

新葉のふちが巻く種類
オノエヤナギ，カワヤナギ，エゾノカワヤナギ，バッコヤナギ，キヌヤナギ，エゾノキヌヤナギ

花芽が大きい類類
ネコヤナギ，オオキツネヤナギ，ユビソヤナギ，バッコヤナギ，エゾノバッコヤナギ，エゾヤナギ

雌花の子房に毛が密生する種類
ネコヤナギ，イヌコリヤナギ，コリヤナギ，ノヤナギ，タライカヤナギ，オオキツネヤナギ，オノエヤナギ，カワヤナギ，エゾノカワヤナギ，バッコヤナギ，エゾノキヌヤナギ，ヤマヤナギ，シロヤナギ，ヨシノヤナギ，オオタチヤナギ，ジャヤナギ

雌花の子房に柄がある種類
タライカヤナギ，キツネヤナギ，サイコクキツネヤナギ，オノエヤナギ，ユビソヤナギ，バッコヤナギ（とくに長い），エゾノバッコヤナギ（とくに長い），エゾヤナギ，シライヤナギ，コマイワヤナギ，ヤマヤナギ，ミヤマヤナギ，タチヤナギ，アカメヤナギ

リヤナギとキツネヤナギやオノエヤナギ，バッコヤナギとシバヤナギなどの雑種は珍しくない。

オオキツネヤナギとオノエヤナギの雑種。樹皮をはぐと縦の隆起条が目立つ種類がいくつかある。雑種でも隆起条は優性遺伝する

クロヤナギの雄花序の横断面。花糸は1個。2個の花糸が合着したもので，葯が2個ついている。葯は2室なので，葯が4個あるように見える

サイコクキツネヤナギの雄花序横断面。花糸は2個

バッコヤナギの雌花序横断面。子房は有毛で，柄がある

ヤナギ科 SALICACEAE

ヤナギ属 Salix
ネコヤナギ（1）
S. gracilistyla
〈猫柳／別名タニガワヤナギ〉

分布／北海道，本州，四国，九州，ウスリー，朝鮮半島，中国東北部
生育地／渓流沿い
樹形／落葉低木。高さ1〜5㍍になる。横に広がる匍匐性のものと立ち性のものがある。
樹皮／暗灰色。裸材に隆起条はない。
枝／新枝は帯紫褐色で，はじめ軟毛が密生する。
冬芽／花芽は褐色で長さ1.1〜1.7㌢と大きく，軟毛が多い。葉が落ちる晩秋のころは，肥大した葉柄に包まれている。芽鱗は1個で，枝側で合着して帽子状になっている。葉芽は花芽より小さい。
葉／互生。葉身は長さ7〜13㌢，幅1.5〜3㌢の長楕円形。先端はと

ネコヤナギの雌花序。まだ風は冷たいが，早春の明るい光のなかで，春の訪れが

ヤナギ科 SALICACEAE

がり，ふちには基部を除いて細かい鋸歯がある。新葉のふちは巻かない。側脈は明瞭で，ほぼ等間隔に並ぶ。裏面には全面に絹毛がある。葉柄は長さ7～12㍉。托葉は大形。
花／雌雄別株。3月，葉の展開前に開花する。花序は長楕円形で無柄。雄花序は長さ3～5㌢。雄しべは2個。花糸は合着して1個，基部には腺体が1個ある。葯は紅色で，花粉は黄色。雌花序は長さ2.5～4㌢。子房はほとんど無柄，白い毛が密生する。花柱は長さ2.5～3㍉で，日本のヤナギ属ではもっとも長い。腺体は1個。苞は披針形で上部は黒色，下部は淡緑色。両面に長い白毛がある。
果実／蒴果。成熟すると裂開して，柳絮(りゅうじょ)と呼ばれる綿毛に包まれた種子をだす。

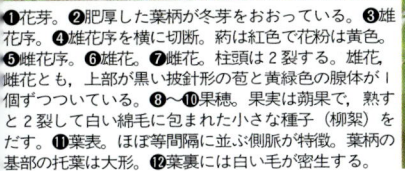

いことを告げてくれる　1990.3.14　東北大学植物園

❶花芽。❷肥厚した葉柄が冬芽をおおっている。❸雄花序。❹雄花序を横に切断。葯は紅色で花粉は黄色。❺雌花序。❻雄花。❼雌花。柱頭は2裂する。雄花，雌花とも，上部が黒い披針形の苞と黄緑色の腺体が1個ずつついている。❽～❿果穂。果実は蒴果で，熟すと2裂して白い綿毛に包まれた小さな種子(柳絮)をだす。⓫葉裏。ほぼ等間隔に並ぶ側脈が特徴。葉柄の基部の托葉は大形。⓬葉裏には白い毛が密生する。

ヤナギ科 SALICACEAE　43

ヤナギ属 Salix

ネコヤナギ（2）
S. gracilistyla

植栽用途／庭木
用途／切り花
名前の由来／ふっくらした花序を猫の尾に見立てたといわれる。

フリソデヤナギ
Salix × leucopithecia

〈振袖柳／別名アカメヤナギ〉

ネコヤナギとバッコヤナギとの雑種。栽培されているのは雄株だけだが、各地で雌雄ともに発見されている。

枝／灰紫褐色。枝の数は少ないが、太くて長くのびる。

冬芽／花芽は紅褐色で大きく、長さ1.7㌢ほどの卵形。

葉／葉身は長さ10～15㌢、幅3～4.5㌢の長楕円形。

花／雌雄別株。雄花序は長さ4～7㌢。雌花序は長さ2.5～3㌢。苞

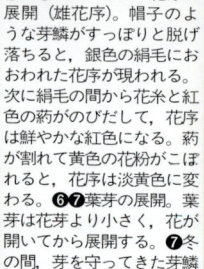

静かな芦ノ湖の湖畔で，横に広がってこんもりと葉を茂らせていた。ネコヤナギは

❶～❺ネコヤナギの花芽の展開（雄花序）。帽子のような芽鱗がすっぽりと脱げ落ちると、銀色の絹毛におおわれた花序が現われる。次に絹毛の間から花糸と紅色の葯がのびだして、花序は鮮やかな紅色になる。葯が割れて黄色の花粉がこぼれると、花序は淡黄色に変わる。❻❼葉芽の展開。葉芽は花芽より小さく、花が開いてから展開する。❼冬の間、芽を守ってきた芽鱗はまもなく落ちる。

ヤナギ科 SALICACEAE

の上部は黒色。雄花の苞の中部は紅色、下部は淡黄緑色。雌花の苞の中部は紅色を帯び、下部は淡緑色。

類似種との区別点／ネコヤナギより冬芽が赤くて大きい。花序もひとまわり大きい。葉は幅が広い。

用途／雄株の冬枝は切り花に用いられる。

名前の由来／振袖火事として知られる明暦の大火の出火元、江戸の本郷丸山町の本妙寺にあったことによる。

クロヤナギ
S. gracilistyla
　　var. melanostachys
〈黒柳〉

ネコヤナギの突然変異で、全体に無毛。雄株だけが知られている。花序は長さ3～5㌢。苞が黒色で、雄しべがのびるまで花序が黒いことから、黒柳の名がある。花材にされる。

この写真のような匍匐性のものと、立ち性のものがある　1998.6.17　芦ノ湖

❽～⓫フリソデヤナギ。❽花芽が赤くて大きいことからアカメヤナギとも呼ばれる。❾雌花序。苞の下部が淡緑色なので緑がかって見える。枝の右側で葉芽も開きはじめた。❿⓫雄花序。花糸は途中まで合着している。⓬～⓮クロヤナギ。⓬苞が黒く、毛もないので雄しべがのびるまで花序は黒い。⓭紅色の葯がのびてきて、黄色の花粉をだしはじめた。⓮雄花序の横断面。黄緑色の腺体が見える。

ヤナギ科 SALICACEAE

ヤナギ属 Salix

イヌコリヤナギ
S. integra
〈犬行李柳〉

分布／北海道, 本州, 四国, 九州, ウスリー, 朝鮮半島

生育地／乾燥した場所にも生えるが, 川沿いに多い。もっともふつうに見られるヤナギ。

樹形／落葉低木。高さはふつう1.5㍍ほど, まれに6㍍ほどになる。株立ちになる。

樹皮／暗灰色でなめらか。裸材に隆起条はない。

枝／新枝は黄褐色で細く, 密集してまっすぐにのびる。

冬芽／花芽は卵形で長さ5〜8㍉と小形。

葉／主に対生だが, 互生もまじる。葉身は長さ4〜10㌢, 幅1.3〜2㌢の長楕円形。ふちには浅い鋸歯がある。新葉のふちは巻かない。

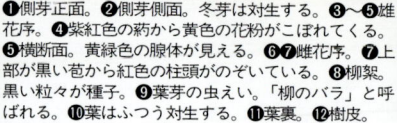

4月に開花してから1カ月, 白い柳絮が目をひく　1997.5.30　大町市

❶側芽正面。❷側芽側面。冬芽は対生する。❸〜❺雄花序。❹紫紅色の葯から黄色の花粉がこぼれてくる。❺横断面。黄緑色の腺体が見える。❻❼雌花序。❼上部が黒い苞から紅色の柱頭がのぞいている。❽柳絮。黒い粒々が種子。❾葉芽の虫えい。「柳のバラ」と呼ばれる。❿葉はふつう対生する。⓫葉裏。⓬樹皮。

ヤナギ科 SALICACEAE

両面とも無毛。葉柄はほとんどない。

花／雌雄別株。3月、葉の展開前に開花する。花序は細い円柱形でほとんど無柄。雄花序は長さ2〜3㌢。雄しべは2個。花糸は合着して1個、基部には腺体が1個ある。葯は紫紅色。雌花序は長さ1.5〜2.5㌢。子房は卵形で淡緑色。花柱は短く、柱頭は黄緑色〜紅色。腺体は1個。苞は倒卵形で、両面に長い白色の毛がある。雄花の苞の上部は黒色、中部は淡紅色、下部は淡緑色。雌花の苞の上部は黒褐色、中部は紅色、下部は淡緑色。

果実／蒴果。5月に成熟して裂開する。

類似種との区別点／コリヤナギより葉の幅が広い。

備考／明るい緑色の葉が特徴。虫えいがバラの花に似ていて、「柳のバラ」と呼ばれる。

植栽用途／繁殖力が強いので、小川の護岸などに植えられる。

名前の由来／役に立たないコリヤナギの意味だが、用途はある。

どこにでもあり、珍しくないが、黄葉は意外に美しい　1992.11.8　山梨県三富村

ヤナギ科 SALICACEAE　47

ヤナギ属 Salix

コリヤナギ
S. koriyanagi
〈行李柳〉

分布／朝鮮半島原産。枝で行李をつくったことから，行李柳の名がある。昔は水田でよく栽培されたが，今は少なくなった。

樹形／落葉低木。株立ちで，高さ2〜3㍍，直径3〜5㌢になる。

樹皮／灰色でなめらか。裸材に隆起条はない。

枝／新枝は淡黄褐色。

冬芽／花芽は黄褐色で長さ6〜8㍉の楕円形。

葉／対生と互生がまじる。葉身は長さ6〜11㌢，幅5〜12㍉の線形で全縁。裏面は粉白色で無毛。

花／雌雄別株。3月，葉の展開前に開花する。花序は細い円柱形。雄花序は長さ2〜3.5㌢。葯は濃紅色。雌花序は長さ1.5〜3㌢。柱頭は紅色。雄花の苞の上部は黒色。雌花の苞の上部は黒褐色，中部は淡紅色。

コリヤナギの雌株。樹皮をはいだ細い枝で柳行李をつくる　1989.3.2　横浜市

❶〜❼コリヤナギ。❶側芽正面。❷対生側芽側面。❸互生側芽側面。冬芽や葉は対生と互生がまじる。❹雄花序。葯が開く前の枝はアズキヤナギの名で切り花に使われる。❺雌花序。❻葉はイヌコリヤナギより細長い。❼裏面は粉白色。

ヤナギ科 SALICACEAE

ノヤナギ
S. subopposita
〈野柳／別名ヒメヤナギ〉

分布／九州（阿蘇山以北），済州島
生育地／草原
樹皮／暗褐色。裸材に隆起条がある。
枝／新枝は暗灰褐色できわめて細い。有毛。
冬芽／花芽は褐色で，長さ4〜5㍉の卵形。
葉／互生と対生がまじる。葉身は長さ3〜5㌢，幅5〜15㍉の長楕円形で全縁。ふちは裏側に巻く。裏面は粉白色で伏毛がある。
花／雌雄別株。4月，葉の展開前に開花する。花序は楕円形。雄花序は長さ1〜2㌢。雄花の葯は紅色または橙色。腺体は1個。雌花序は長さ8〜10㍉。雌花の腺体は1個。苞は上部が黒色で，両面に白または淡黄色の長い軟毛がある。雄花の苞の基部は淡黄緑色。雌花の苞の基部は淡黄色。
果実／蒴果。5月に成熟して裂開する。
備考／かつては中国地方西部や四国にも分布していたが，現在では見つからない。絶滅したものと思われる。

ノヤナギの雄株。まだ冬枯れの草原で花を咲かせていた　1996.4.20　阿蘇町

❽〜⓫ノヤナギ。❽高さはせいぜい50㌢，ススキなどが生い茂ると埋もれてしまう。6月上旬撮影。❾雄花序。❿雌花序。淡緑色の子房が目立ち，花序も緑っぽく見える。⓫果実。裂開して柳絮を飛ばしている。

ヤナギ科 SALICACEAE　49

ヤナギ属 Salix

タライヤナギ
S. taraikensis

分布／北海道東部（十勝、北見、紋別を結ぶ線より東）、サハリン、沿海州、アムール川流域、モンゴル

生育地／日当たりがよく適度に湿ったところ

樹形／落葉大低木。株立ちで、高さ5mほどになる。

樹皮／暗灰色。裸材に隆起条がある。

冬芽／長さ8mmの卵形。

葉／互生。葉身は長さ6.5〜10cm、幅2〜3.5cmの長楕円形。ふちには浅い鋸歯がまばらにある。生長の盛んな枝では大きな托葉がつく。

花／雌雄別株。北海道で5〜6月、葉の展開前に開花する。花序は太くて短い。雄花序は長さ2.3〜3.8cm、葯は黄色。雌花序は長さ2〜2.7cm、子房は狭卵形で白い絹毛が密生する。柱頭は淡黄緑色。苞は両面とも白色の長い軟毛がある。雄花の苞の上部は褐色または黒色、中部は紅色を帯びる。雌花の苞の上部は黒褐色を帯びる。

備考／絶滅危惧種。

名前の由来／タライカとはサハリンの地名。

タライカヤナギの雄花序。道東に分布　1997.5.9　北海道足寄町　撮影／梅沢俊

❶〜❸タライカヤナギ。❶雄花序横断面。苞の中部紅色を帯びる（撮影／梅沢俊）。❷❸葉は両面とも無毛。❹〜⓫キツネヤナギ。❹雄花序。❺雄花序横断面。❻雌花序。雄花序も雌花序も短い柄があり、基部に小さな葉がつく。❼雌花序横断面。子房はふつう無毛。❽若い果実。苞に鉄さび色の毛がある。キツネヤナギの特徴のひとつ。❾葉表。すこししわがある。❿葉裏。⓫葉芽。葉芽には毛がある。花芽は無毛。

ヤナギ科 SALICACEAE

キツネヤナギ
S. vulpina
〈狐柳／イワヤナギ〉

分布／北海道，本州（東北地方，関東地方東部），南千島

生育地／丘陵〜山地

観察ポイント／函館山，吾妻スカイラインなど。

樹形／落葉低木。株立ちで，高さ1〜2mになる。

樹皮／灰褐色，裸材に明瞭な隆起条がある。

枝／新枝はやや太く，褐緑色で無毛。枝はまばらにでる。

冬芽／花芽は黄褐色で，長さ約6㍉の長卵形。

葉／互生。葉身は長さ5〜12㌢，幅2〜5.5㌢の倒卵形。先端は急にとがり，ふちには浅い波状の鋸歯がある。

花／雌雄別株。平地では3〜4月，山地では6月，葉の展開前に開花する。花序は長さ3〜5㌢の円柱形。雄花の葯は黄色。雌花の子房はふつう無毛。苞は楕円形。上部は褐色または暗褐色，下部は淡黄緑色。両面に鉄さび色の長い毛がある。

名前の由来／花の苞に生えた鉄さび色の毛をキツネの毛の色に見立てたもの。

キツネヤナギの雄花序。日当たりのよい岩場や崩壊地に多い　1990.4.30　仙台市

ヤナギ科 SALICACEAE　51

ヤナギ属 Salix

オオキツネヤナギ
S. futura
〈大狐柳／別名オオネコヤナギ・キンメヤナギ〉

分布／本州（中部地方以北の日本海側、まれに関東地方）。日本固有。
生育地／丘陵～山地
観察ポイント／新潟県にとくに多い。群馬県土合周辺。
樹形／落葉低木。株立ちで、高さ1.5～2㍍になる。
樹皮／灰褐色。裸材には明瞭な隆起条がある。
枝／新枝は太く、黄褐色で無毛。枝の数は少ない。
冬芽／花芽は長卵形で長さ約1.5㌢と大きく、濁った黄色。鈍頭で無毛。
葉／互生。葉身は長さ8～18㌢、幅6～8㌢の楕円形。先は鋭くとがり、ふちに波状の浅

雄株には親指大の雄花序がびっしりとつく　1997.4.22　石川県白峰村

❶花芽正面。❷花芽側面。キツネヤナギより大きい。❸雄花序。花序はキツネヤナギより太く、ボリュームがある。❹花粉を放出する寸前の雄花序。❺雄花序横断面。葯のほとんどは花粉をだしている。苞に白色の長い毛が密生している。黄緑色の腺体も見える。

ヤナギ科 SALICACEAE

い鋸歯がある。新葉のふちは巻かない。表面はしわが多く、裏面の脈上に軟毛が密生する。葉柄は長さ1.5〜2.5㌢。托葉は明瞭。
花／雌雄別株。3〜4月、葉の展開前に開花する。花序は長さ3〜5㌢の円柱形。雄しべは2個、花糸は最下部で合着し、基部には腺体が1個ある。葯は黄色。雌花の腺体も1個。苞は楕円形で上部は暗褐色、下部は淡黄緑色。両面に白色の長い軟毛が密生する。
果実／蒴果。5月に成熟して裂開する。
類似種との区別点／キツネヤナギよりすべて大形で、子房に白い毛が密生する。太い枝と、ヤナギ属で最大の葉が特徴。
用途／冬芽のついた枝をキンメヤナギと呼んで、花材にする。

枝はやや太い。皮をはぐと隆起条がある　1999.3.26　多摩森林科学園

❻❼雌花序。花序の柄につく小さな葉には白色の長い毛が密生する。苞の上部は暗褐色。❽雌花序横断面。苞や子房には長い毛が密生し、子房の基部に黄緑色の腺体がある。❾❿葉は日本のヤナギのなかでもっとも大きい。表面にはすこししわがあり、裏面脈上には白い軟毛が生える。⓫白い柳絮に包まれた果穂。小さな種子が点々と見える。⓬樹皮をはぐと隆起条がある。

ヤナギ科 SALICACEAE　53

ヤナギ属 Salix
サイコクキツネヤナギ
S. alopochroa
〈西国狐柳〉

分布／本州（近畿地方以西），四国，九州（北部）。日本固有。
生育地／丘陵～山地
樹形／落葉低木。株立ちで，高さ2㍍ほどになる。
樹皮／灰褐色。裸材に隆起条がある
枝／新枝は褐緑色で，やや太くて無毛。枝は少ない。
冬芽／花芽は黄褐色で，長さ約6㍉のやや扁平な長卵形。すこし毛がある。
葉／互生。葉身は長さ5～12㌢，幅2～5.5㌢の倒卵形。先端は急にとがり，ふちには浅い波状の鋸歯がある。新葉のふちは巻かない。裏面の脈上には鉄さび色の軟毛が生える。葉柄は長さ5～13㍉。托葉は明瞭。
花／雌雄別株。3～4月，葉の展開前に開花する。花序は長さ3～4㌢。雄しべは2個。雄花，雌花とも腺体は1個。苞は楕円形で先は鈍く，上部は褐色または暗褐色，下部は淡黄緑色。両面とも白色の長い軟毛が生える。
果実／蒴果。5月に成熟して裂開する。

葉はキツネヤナギに酷似。雄花序はこちらが太く短い 1999.3.26 多摩森林科学

ヤナギ科 SALICACEAE

キツネヤナギ3種の見分け方

キツネヤナギ，サイコクキツネヤナギ，オオキツネヤナギの3種を識別するのはむずかしい。とくにキツネヤナギとサイコクキツネヤナギは花序がない時期は無理で，産地が決め手になる。

オオキツネヤナギはヤナギ属最大の葉をもち，冬芽も3種のなかでもっとも大きい。葉の最大幅の位置は中央部に近い。表面の主脈と裏面には伏した軟毛が散生し，裏面主脈には密生する。キツネヤナギの葉は小さく，最大幅の位置が中央より先端寄りにある。また毛は少なく，裏面脈上に軟毛がすこし生えるだけ。サイコクキツネヤナギは花序の下部に葉がないものが多く，花序が太くて短いのが特徴。

雌花序。花序の下に葉がないものが多い　1998.3.28　多摩森林科学園

❶雄花序横断面。ひとつの花に雄しべが2個あり，基部に黄緑色の腺体がつく。苞には長い毛が密生する。
❷❸雄花序はキツネヤナギより太くて短い。葯がはじけて，黄色の花粉をだす。
❹雌花序。上部が暗褐色の苞が目立つ。花序の下に葉がないものが多い。❺雌花序横断面。子房は無毛で，基部に黄緑色の腺体が1個つく。❻葉の表面は無毛。
❼葉裏。脈上に鉄さび色の毛がある。これをキツネの毛に見立てて名がついた。

ヤナギ科 SALICACEAE

ヤナギの葉の展開と開花のタイミング

①葉の展開前に開花するグループ。42ページのネコヤナギから73ページのエゾヤナギまでがこの仲間。花序の大きいものが多い。葉のないうちに花を咲かせるので，花が目立ち，より多くの昆虫を招き寄せる効果がある。

②葉の展開と同時に開花するグループ。76ページのシバヤナギから103ページのウンリュウヤナギまでがこの仲間。花序は小さくてあまり目立たない。

③葉の展開後に花が咲くのはアカメヤナギ1種。開花時期も遅い。いずれにしても，ヤナギ属のように花弁がない花は，ハチなどをまず香りで呼び寄せ，花粉と蜜のおみやげをもたせることで受粉を成功させている。

雪解け水を背景に枝いっぱいに花をつけていた　1997.4.26　群馬県水上町

ヤナギ科 SALICACEAE

ヤナギ属 Salix

オノエヤナギ（1）
S. sachalinensis
〈尾上柳／別名カラフトヤナギ・ナガバヤナギ〉

分布／北海道，本州，四国，千島，サハリン，カムチャッカ，アムール川流域，中国東北部

生育地／丘陵〜亜高山。日当たりのよい谷間や河原，林道わきなど。まれに乾いた場所にも生える。

樹形／落葉高木。高さ8〜15㍍，直径10〜20㌢になる。

葉／互生。葉身は長さ10〜15㌢，幅1〜2.3㌢の線形。先端は細長くとがり，ふちには波状の鋸歯がある。新葉のふちは裏側に巻く。表面は光沢がある。裏面は淡緑色または粉白色を帯び，無毛または短毛が生える。葉柄は長さ5〜7㍉。

繁殖力が強くどこにでも生え，高木群落もよく見られる　1996.7.4　長野県安曇村

❶新葉のふちは裏側に巻く。❷葉の表面は光沢がある。ふちには波状の鋸歯がある。❸❹葉裏。有毛タイプ。主脈以外にも短毛が散生している。無毛のものもある。葉裏は粉白色を帯びるものが多い。❺❻色づきはじめた葉。標高の高いところでは9月半ばから黄葉しはじめる。❼すっかり黄葉するとけっこう目立つ。

ヤナギ科 SALICACEAE

ヤナギ属 Salix
オノエヤナギ（2）
S. sachalinensis

樹皮／暗灰色で縦に浅く割れる。樹皮の内面は白っぽい。樹材に隆起条はない。

枝／新枝は赤黄褐色で，無毛のものと有毛のものがある。

冬芽／花芽は濃褐色で，長さ7㍉ほどの卵形。表面は無毛またはすこし短毛が生える。

花／雌雄別株。平地では3月，標高の高いところや寒いところでは4〜5月，葉の展開前に開花する。花序は長さ2〜4㌢の円柱形。雄花序は雌花序よりやや太い。雄花には雄しべが2個あり，花糸は離生する。基部に腺体が1個つく。葯は黄色で，先端は紅色を帯びる。雌花の子房には短毛が生え，基部に腺体が1個つく。苞は長楕

雄花はやや終盤。葉芽がやっと展開しはじめた　1996.5.13　山梨県河口湖町

❶側芽正面。葉痕はV字形
❷側芽側面。芽鱗は1個で枝側で合着している。❸雌花序。日の当たる側の花が早く展開するので花序は湾曲する。❹上部が暗褐色の苞と棒状の腺体が見える。苞は両面とも白い毛が多い❺裂開前の葯の先端は紅色を帯びる。❻雄花序横断面。雄しべの基部についている黄緑色の棒が腺体。蜜を分泌している。先端が黒いのは苞。❼雌花序。雄花序に比べてほっそりしている。

ヤナギ科 SALICACEAE

円形で，上半部は暗褐色，両面とも白色の長い毛が生える。

果実／蒴果。平地では4月，山地では5〜6月に成熟して裂開し，白い綿毛に包まれた種子をだす。

類似種との区別点／北海道ではエゾノキヌヤナギと間違えやすい。エゾノキヌヤナギは葉裏に白い絹毛が密生し，強い光沢があるので区別できる。

備考／新葉のふちは裏側に巻き，先端が鋭くとがるのが特徴。繁殖力が旺盛で，大群落を形成することが多い。

名前の由来／牧野富太郎が四国の山中で採取し，尾の上（山の上）に生えるヤナギという意味でつけた和名だが，四国には少なく，中部地方以北の山地の水辺に近いところにふつうに見られる。

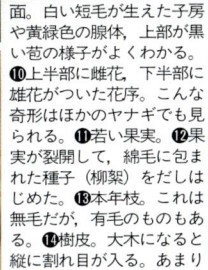

裂開した果実。裏側に巻いた若葉も見える　1991.5.26　軽井沢植物園

❽雌花序。❾雌花序の横断面。白い短毛が生えた子房や黄緑色の腺体，上部が黒い苞の様子がよくわかる。❿上半部に雌花，下半部に雄花がついた花序。こんな奇形はほかのヤナギでも見られる。⓫若い果実。⓬果実が裂開して，綿毛に包まれた種子（柳絮）をだしはじめた。⓭本年枝。これは無毛だが，有毛のものもある。⓮樹皮。大木になると縦に割れ目が入る。あまり太くはならない。

ヤナギ科 SALICACEAE　59

ヤナギ属 Salix

ユビソヤナギ
S. hukaoana
〈湯檜曽柳〉

分布／岩手・宮城・福島・群馬県。日本固有。
生育地／上流部の河原
観察ポイント／上越線土合駅周辺の川辺。湯檜曽温泉のはずれに、解説板のついたユビソヤナギの大木がある。
樹形／落葉高木。大きいものは高さ10㍍を超える。
樹皮／黒褐色。裸材に隆起条はない。
枝／新枝ははじめ軟毛があるが、のち無毛。
冬芽／花芽は卵形で、長さ1～1.5㌢と大形。
葉／互生。長さ12～17㌢、幅1.7～2.5㌢の線形。先端にいくにしたがって細くなり、ふちには波状の鋸歯がある。新葉のふちはすこし巻く。裏面は灰青色で、はじめは縮れた毛があるが、やがて落ちる。葉柄は長さ1～1.6㌢。托葉は小さい。
花／雌雄別株。自生地では4月上旬、葉の展開前に開花する。花序は円柱形で無柄。雄花序は長さ3.5～5㌢。雄

開花予想のたてにくいヤナギで、雪解けとともに咲く　1997.4.26　群馬県水上町

❶花芽。展開しかけている。❷雄花序。❸雄花序横面。花糸は1個。苞の先はまるく、上部は黒い。❹雌花序。葉芽も展開しはじめている。❺雌花序縦断面。❻雌花序横断面。白毛が密生した苞、子房、腺体の様子がよくわかる。苞の先はまるい。❼若い果実。❽新葉の展開。ふちが腺になるのが特徴。❾葉表。❿葉裏。縮れた毛があるが、やがて落ちる。⓫樹皮。樹皮の内面。左はユビソヤナギ、右はオノエヤナギ。

ヤナギ科 SALICACEAE

しべは2個あり、花糸は合着して1個。基部には腺体が1個ある。葯は赤黄色。雌花序は長さ2.6〜3.8㌢。子房は無毛で卵形。腺体は1個。苞は倒卵形で淡黄緑色、上部は黒色。両面に白色の長い軟毛が密生する。

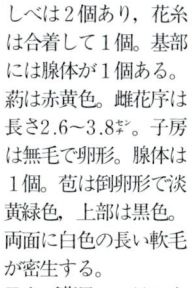

果実／蒴果。5月に成熟して裂開する。

類似種との区別点／自生地ではオノエヤナギとまじって生えているが、葉の裏面の色が異なり、樹皮がオノエヤナギより黒っぽいので区別できる。

備考／まだ雪の残るころ、真っ先に顔をだす大きな花序が特徴。樹皮の内面は黄色で、この特徴はユビソヤナギを片親とする雑種にも受け継がれる。絶滅危惧種。

名前の由来／湯檜曽川で発見されたため。

とにかく徹底して水辺を好み、川岸に沿って生える　1998.7.23　群馬県水上町

ヤナギ科 SALICACEAE

ヤナギ属 Salix

カワヤナギ
S. gilgiana

〈川柳／別名ナガバカワヤナギ〉

分布／北海道（南部），本州，ウスリー，朝鮮半島，中国東北部
生育地／河原
樹形／落葉小高木。高さ3〜6㍍，直径3〜30㌢になる。
樹皮／褐灰色で縦に割れる。裸材に隆起条はない。
枝／新枝は淡灰褐色。灰色の軟毛が密生する。
冬芽／花芽は褐色で，長さ7〜10㍉の卵形。
葉／互生。長さ7〜16㌢，幅8〜20㍉の線形。先端近くのほうが幅が広い。ふちには浅い波状の鋸歯がある。新葉のふちは裏側に巻く。裏面は白緑色で無毛。葉柄は長さ5〜10㍉。托葉は小さい。
花／雌雄別株。3月，

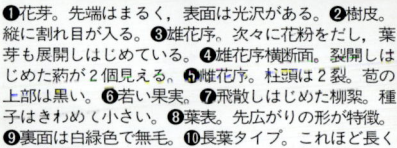

湖面を渡る春風に乗ってカワヤナギが盛んに柳絮を飛ばしていた。綿毛のなかに

❶花芽。先端はまるく，表面は光沢がある。❷樹皮。縦に割れ目が入る。❸雄花序。次々に花粉をだし，葉芽も展開しはじめている。❹雄花序横断面。裂開しはじめた葯が2個見える。❺雌花序。柱頭は2裂。苞の上部は黒い。❻若い果実。❼飛散しはじめた柳絮。種子はきわめく小さい。❽葉表。先広がりの形が特徴。❾裏面は白緑色で無毛。❿長葉タイプ。これほど長くない短葉タイプもある。新葉のふちは裏側に巻く。

ヤナギ科 SALICACEAE

葉の展開前に開花する。花序は円柱形。雄花序は長さ4〜6㎝で無柄。雄しべは2個。花糸はふつう合着しているが、先端が分かれていることもある。腺体は1個。葯は黄色。雌花序は長さ3.5〜5.5㎝。子房柄があり、白い毛が密生する。花柱は短い。腺体は1個。苞は倒卵状へら形、上部は黒色、中部はときに紅色、下部は淡黄緑色。両面に白色の長い軟毛がある。
果実／蒴果。4月に成熟して裂開する。
類似種との区別点／エゾノカワヤナギより葉の幅が広い。
備考／葉は乾くと黒くなる。晩秋にはほかのヤナギより濃い黄色になり、遠くからでも識別できる。
用途／花材（雄花）
名前の由来／川沿いに多いため。

たくさんの小さな種子がまじっている　1997.5.7　山梨県河口湖町

ヤナギ科 SALICACEAE　63

ヤナギ属 Salix

エゾノカワヤナギ
S. miyabeana
〈蝦夷の川柳〉

分布／北海道。日本固有。

生育地／河原

樹形／落葉小高木。高さ6～7㍍になる。

樹皮／灰褐色で、縦に割れる。裸材に隆起条はない。

枝／新枝は黄褐色毛。

冬芽／花芽は長さ7～10㍉。

葉／互生。長さ7～16㌢、幅7～20㍉の線形。ふちには先端が腺になる浅い波状の鋸歯がある。新葉のふちは裏側に巻く。裏面は白緑色で無毛。葉柄は長さ1～1.5㌢。

花／雌雄別株。北海道で4月、葉の展開前に開花する。花序は円柱形。雄花序は長さ4～6㌢で無柄。雄しべは2個。花糸は合着して1個、基部に腺体が1個ある。葯は黄色。雌花序は長さ3.5～5.5㌢。子房は卵状円錐形で白い毛が密生し、柄はほとんどない。花柱はごく短い。腺体は1個。苞は倒卵状へら形、上

エゾノカワヤナギ。北海道に分布し、川岸に多い。道南にはカワヤナギも分布し

64　ヤナギ科 SALICACEAE

部は黒色，中部はときに紅色を帯び，下部は淡黄緑色。両面に白色の長い軟毛がある。

果実／蒴果。5月に成熟して裂開する。

備考／葉の幅が狭いのが特徴。

用途／昔，アイヌが釣り竿に用いたといわれている。

エゾノバッコヤナギ
S. hultenii

〈別名エゾノヤマネコヤナギ・マルババッコヤナギ〉

分布／北海道，南千島，サハリン，カムチャツカ

生育地／日当たりのよい山地。バッコヤナギより寒冷地に多い。

樹形／落葉高木。高さ15㍍，直径60㌢になる。

樹皮／灰黒色。縦に割れる。

枝／緑灰褐色で皮目が多い。枝は少なく，太い。裸材に隆起条はほとんどない。

冬芽／花芽は赤褐色で，長さ7～10㍉の卵形。

葉／互生。葉身は長さ8～15㌢，幅4～5㌢の広楕円形。裏面には白い毛が密生する。

類似種との区別点／バッコヤナギより葉の幅が広く，まるみが強い。

て紛らわしいが，葉の違いによって見分けられる 1998.7.6 北海道幕別町

～❼エゾノカワヤナギ。❶樹皮。❷花芽。一番下の小さいのは葉芽。❸芽鱗は帽子を脱ぐように落ちる。❹芽鱗が落ちたばかりの雄花序。もうすぐ葯がのびだしてくる。❺若い果実。花柱はごく短い。❻❼葉の幅が狭いのが特徴。❽～⓫エゾノバッコヤナギ。❽北海道以北に分布し，本州では見られない。❾マルババッコヤナギの別名があるように，葉身はまるっこい。❿裏に白毛が密生するのも特徴。⓫樹皮。

ヤナギ科 SALICACEAE　　65

ヤナギ属 Salix
バッコヤナギ（1）
S. bakko

〈別名ヤマネコヤナギ〉

分布／北海道（南西部），本州（近畿地方以北），四国。日本固有。

生育地／丘陵から山地の明るい乾燥地で，ふつうに見られる。

樹形／落葉高木。高さ3～10㍍，直径5～30㌢になる。

備考／早春，芽鱗を脱いだばかりの花序は大きく，銀白色に輝いてよく目立つ。裸材には隆起条がある。この形質は優性で，雑種にもあらわれるので，親を推定するときのいい手がかりになる。

名前の由来／名前のバッコの由来については，いくつかいわれているが，断定できるものはない。別名のヤマネコヤナギは山に生えるネコヤナギの意味。

ヤナギのなかでは雄花序は大きいほうで，よく目立つ　1997.4.12　長野県白馬村

若い果実　1999.5.12　長野県小海町

黄葉　1992.10.22　長野県白馬村

ヤナギ科 SALICACEAE

馬岳山麓の残雪もだいぶ解け，バッコヤナギの若葉が展開しはじめてきた　1998.5.10　長野県白馬村

ヤナギ科 SALICACEAE

ヤナギ属 Salix

バッコヤナギ（2）
S. bakko

樹皮／暗灰色で，縦に浅く割れる。裸材に隆起条がある。

枝／新枝は褐色，はじめ短毛があるが，のち無毛。折れにくい。

冬芽／花芽は紅褐色で，長さ5〜7㍉の卵形。芽鱗は光沢がある。

葉／互生。葉身は長さ10〜15㌢，幅3.5〜4.5㌢の楕円形で，ふつう波状の鋸歯がある。新葉のふちは裏側に巻く。質は厚く，表面は無毛。幼木では葉の裏面はほとんど無毛だが，大きくなると綿毛が密生する。葉柄は長さ8〜20㍉。托葉は小さい。

花／雌雄別株。3月，葉の展開前に開花する。花序は楕円形。雄花序は長さ3〜5㌢で，長さ5㍉ほどの柄がある。雄しべは2個で，花糸

牛が葉を好んで食べるという。バッコの語源は白狐。べこ（東北地方の方言で牛

❶花芽。❷雄花序。❸雄花序横断面。上半部が黒いや花糸の基部にある黄緑色の腺体が目立つ。花糸は部から離生する。❹葯は2個で黄色。❺雌花序。❻柱はごく短い。❼雌花序横断面。子房に長い柄があるのが特徴。❽❾新葉の展開。ふちが裏側に巻く。❿葉の表面は葉脈がへこんで，しわっぽい。⓫葉裏に縮れた毛が密生する。⓬果穂は長さ7〜9㌢。⓭樹

ヤナギ科 SALICACEAE

は離生し、基部に腺体が1個ある。葯は黄色。雌花序は長さ2〜4センチで、長さ1センチほどの柄がある。子房には白い毛が密生し、毛の生えた長い柄がある。花柱はごく短く、柱頭は淡黄緑色。腺体は1個。苞は狭楕円形で、上部は黒色。両面に長い軟毛がある。

果実／蒴果。5月に成熟して裂開する。

類似種との区別点／ネコヤナギと違って乾燥したところに生え、子房に長い柄がある。

用途／よくネコヤナギでつくったまな板は最高だといわれているが、実際にはバッコヤナギの材を使ったもの。ネコヤナギはまな板をつくれるほど大きくならない。バッコヤナギも虫食いが多く、まな板にできるような材を見つけるのはむずかしい。

こと）の音変化などが考えられるが、よくわからない　1997.4.13　大町市

ヤナギ科 SALICACEAE　69

ヤナギ属 Salix

エゾノキヌヤナギ
S. pet-susu
〈蝦夷の絹柳〉

分布／北海道,本州(東北地方),サハリン
生育地／河原や湿地
観察ポイント／北海道の低地ではごくふつう。東北地方では青森県の小川原湖の周囲で見られる。
樹形／落葉大低木または小高木。株立ちまたは1本立ちで,高さ3〜8㍍になる。
樹皮／暗灰色で縦に割れる。裸材に隆起条はない。
枝／新枝は暗灰褐色。灰色の毛が密生する。
冬芽／花芽は淡黄褐色で,長さ1㌢ほどの長卵形。
葉／互生。葉身は長さ10〜20㌢,幅1.5〜2㌢の線形。先端は長く鋭くとがり,ふちは全縁。新葉のふちは裏側に巻

葉裏に絹毛が密生するのは本種とキヌヤナギの特徴で,ほかに似たものはない。

❶❷雄花序。❷横断面。苞は黒い。❸❹雌花序。断面。花柱は細長く,柱頭は短い。❺夏姿。❻新葉。ふちは裏側に巻く。❼葉表。❽葉裏は絹毛が密生し,光沢がある。❾新枝には毛が密生する。❿樹皮。

ヤナギ科 SALICACEAE

く。裏面には銀色の絹毛が密生するが、キヌヤナギほどは目立たない。葉柄は長さ8〜15㍉。托葉は明瞭。

花／雌雄別株。東京では3月、自生地では4月中旬〜5月中旬、葉の展開前に開花する。花序は長楕円形。雄花序は長さ2〜2.5㌢で無柄。雄しべは2個、花糸は離生し、基部には腺体が1個ある。葯は黄色。雌花序は長さ約3.5㌢。腺体は1個。苞は狭楕円形、上部は黒褐色、両面に白い長い軟毛が密生する。

果実／蒴果。東京では4月に成熟する。

備考／エゾと名のつくヤナギ4種のうち、本州にわずかに自生のあるエゾノキヌヤナギとエゾヤナギは東京でも栽培できるが、エゾノカワヤナギとエゾノバッコヤナギは困難。

見はオノエヤナギが似ているので、葉裏を観察したい　1998.7.6　北海道幕別町

ヤナギ科 SALICACEAE　71

ヤナギ属 Salix

キヌヤナギ
S. kinuyanagi
〈絹柳〉

分布／朝鮮半島原産。野生化している。

樹形／落葉小高木。株立または1本立ちで，高さ3〜6mになる。

樹皮／灰黒色で縦に割れる。裸材に隆起条はない。

枝／新枝は灰褐色で，灰色の軟毛が密生する。

冬芽／花芽は淡黄褐色，長さ約1cmの卵形で鈍頭。すこし毛がある。

葉／互生。葉身は長さ10〜18cm，幅1〜2cmの線形。ふちには不明瞭な鋸歯がある。新葉のふちは裏側に巻く。裏面は銀色の絹毛が密生する。葉柄は長さ6〜10mm。托葉は明瞭。

花／雌雄別株。日本には雄株しかない。3月，葉の展開前に開花する。雄花序は長さ2.5〜3.5cmで無柄。雄しべは2個，花糸は離生，基部には腺体が1個ある。葯は黄色。苞は狭楕円形，先端は黒褐色で，白い軟毛が生える。

植栽用途／庭木

名前の由来／葉裏に絹毛が密生していることから絹柳の名がある。

キヌヤナギ。長さ3cmほどの花序が密集してつく　1998.3.23　多摩森林科学園

ヤナギ科 SALICACEAE

エゾヤナギ
S. rorida
〈蝦夷柳〉

分布／北海道, 本州（上高地）, サハリン, ウスリー, アムール川流域, 朝鮮半島

生育地／河原

樹形／落葉高木。1本立ちで, 高さ10㍍を超えるものもある。

樹皮／灰褐色, 裸材に隆起条はない。

枝／新枝は褐緑色。2年枝は白粉をかぶる。

冬芽／花芽は紅褐色で無毛。長さ約1.8㌢の楕円形で大きい。

葉／互生。葉身は長さ8〜12㌢, 幅1.5〜3㌢の長楕円状披針形。ふちには細かい鋸歯がある。新葉のふちは巻かない。裏面は粉白色。托葉は直径5〜7㍉でまるく, よく目立つ。

花／雌雄別株。上高地では4月中旬, 葉の展開前に開花する。花序は楕円形で無柄。雄花序は長さ4〜5㌢。雌花序は長さ2.5〜4㌢。苞は狭卵形で上部は黒色, 両面に白色の長い軟毛が密生する

果実／蒴果。5〜6月に成熟して裂開する。

エゾヤナギ。北海道ではふつうに生え, 川岸などに多い　1998.7.9　北海道幕別町

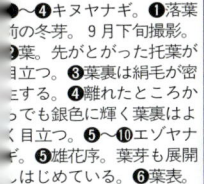

①〜④キヌヤナギ。①落葉前の冬芽。9月下旬撮影。②葉。先がとがった托葉が目立つ。③葉裏は絹毛が密生する。④離れたところからでも銀色に輝く葉裏はよく目立つ。⑤〜⑩エゾヤナギ。⑤雄花序。葉芽も展開しはじめている。⑥葉表。⑦葉裏。裏面は粉白色。⑧托葉は直径5〜7㍉。⑨2年枝は白い粉をかぶる。ケショウヤナギやタチヤナギは本年枝から白い。⑩樹皮。

ヤナギ科 SALICACEAE　73

葉の展開と同時に花が咲く低木のヤナギ

シバヤナギ、シライヤナギ、コマイワヤナギ、ヤマヤナギ、ミヤマヤナギ、タカネイワヤナギ、エゾノタカネヤナギがこの仲間。

シバヤナギ、シライヤナギ、コマイワヤナギは、水辺を好むというヤナギ属の常識的な性質に反して、乾燥した崖や岩場に生えるという性質をもっている。シバヤナギは丘陵から低い山地にかけて自生する日本固有種で、分布域は広くない。シライヤナギとコマイワヤナギは、より標高の高い山地に自生し、分布域はさらに狭く、絶滅危惧種になっている。

シバヤナギの樹皮。上は若木。下は直径8㌢ほどの老木。老木になると樹皮に割れ目が入る。

シバヤナギの雄株。関東地方から東海地方に分布し、崖地に多い。枝は細く、雄característica

ヤナギ科 SALICACEAE

序，雌花序とも細長く、全体になよなよしたかなり特徴のある姿をしている　1999.3.25　神奈川県山北町

ヤナギ科 SALICACEAE

ヤナギ属 Salix

シバヤナギ
S. japonica
〈柴柳／別名イシヤナギ〉

分布／本州（関東地方南部〜愛知県）。日本固有。

生育地／乾燥した崖地や斜面，岩場

観察ポイント／多摩丘陵や丹沢山地，箱根山などの中腹以下で見られる。個体数は比較的多い。

樹形／落葉低木。株立ちで，高さ1〜2㍍になる。

樹皮／灰黒褐色。ふつう裸材に隆起条はない。

枝／新枝は黄褐色〜灰褐色で細く，密集して水平にでる。

冬芽／花芽は褐色で，長さ5㍉ほどの卵形。

葉／互生。葉身は長さ4〜12㌢，幅1.3〜4㌢の長楕円形。先は尾状にのび，ふちには鋭い

雄花序。細長くて特徴的。終盤にはさらに長くなる　1988.4.20　神奈川県山北町

ヤナギ科 SALICACEAE

鋸歯がある。新葉のふちは巻かない。裏面は粉白色。葉柄は長さ5〜30㍉。托葉は小さい。
花／雌雄別株。4月、葉の展開と同時に開花する。花序は円錐形で、ほかのヤナギに比べて花がまばらにつく。雄花序は長さ3〜9㌢、幅5〜8㍉。雄しべは2個、基部に腺体が1個ある。葯は黄色。雌花序は長さ約4㌢。腺体は1個。苞は淡黄色で、短毛が散生する。
果実／蒴果。5月に成熟して裂開する。
備考／細くて長い花序や、葉のふちの鋭い細鋸歯が特徴。丹沢山地の岩場には、新葉の両面に毛が生え、裸材に隆起条がある**キヌゲシバヤナギ**が分布する。
名前の由来／柴にするヤナギという意味。柴は薪や垣に使う細い枝のこと。

主幹がはっきりせず、ほうき状に枝をのばすのが特徴　1992.4.8　静岡県春野町

❶側芽正面。❷側芽側面。葉痕は隆起する。❸❹雄花序。❸葯が破れて花粉をだしている。❹横断面。腺体は太くて短い。❺❻雌花序。❺腺体から蜜をだしている。花序は雌雄ともあまり密集しない。❻横断面。腺体は臼形。❼葉表。鋸歯は鋭い。❽葉裏は無毛。❾新葉の両面に毛があるキヌゲシバヤナギの雌株。丹沢山地に多い。❿果穂は長く、8㌢ほどになる。

ヤナギ科 SALICACEAE

ヤナギ属 Salix

シライヤナギ
S. shiraii
〈白井柳〉

分布／本州（東北地方南部〜八ガ岳）。日本固有。

生育地／山地から亜高山の岩場

観察ポイント／山梨県の三ツ峠山や埼玉県の二子山など。

樹形／落葉小低木。株立ちで，ふつう高さ20ｾﾝﾁほど。高さ1ﾒﾄﾙを超えるものもある。

樹皮／灰褐色。裸材に隆起条がある。

枝／新枝は黄褐色で無毛。細くて密集し，先端はやや垂れ下がる。

冬芽／花芽は濃褐色。長さ4ﾐﾘほどの長卵形で，先はとがる。芽鱗は無毛。

葉／互生。葉身は長さ4.5〜8ｾﾝﾁ，幅2〜4ｾﾝﾁの卵形。先端はとがり，基部はまるいかややハ

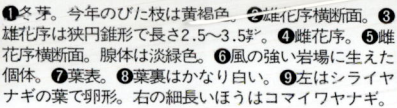

雌株。これでも花の状態。好んで岩場に生える　1997.5.13　山梨県敷島町

❶冬芽。今年のびた枝は黄褐色。❷雄花序横断面。❸雄花序は狭円錐形で長さ2.5〜3.5ｾﾝﾁ。❹雌花序。❺雌花序横断面。腺体は淡緑色。❻風の強い岩場に生えた個体。❼葉表。❽葉裏はかなり白い。❾左はシライヤナギの葉で卵形。右の細長いほうはコマイワヤナギ。

ヤナギ科 SALICACEAE

ート形。ふちには鋭くて細かい鋸歯がある。新葉は赤みを帯びるものが多く、ふちは巻かない。表面は光沢があり、枝の基部につく葉の裏面には軟毛が生える。葉柄は長さ6〜10㍉。托葉は小さい。

花／雌雄別株。自生地では5月上旬〜中旬、葉の展開と同時に開花する。雄花序は狭円錐形で長さ2.5〜3.5㌢、幅6〜7㍉。雄しべは2個。腺体は1個。葯は黄色。雌花序は長さ2.5〜5㌢、腺体は1個。苞は淡黄緑色で、白い軟毛が密生する。

果実／蒴果。6月に成熟して裂開する。

類似種との区別点／コマイワヤナギと混同されやすいが、コマイワヤナギは葉が細長い。またコマイワヤナギは受粉後の雌花の腺体が紅色を帯びるが、シライヤナギの腺体は淡緑色。シライヤナギは雄花序がほっそりしているのも特徴。

備考／東京都の絶滅危惧種

名前の由来／このヤナギを日光で発見した白井光太郎にちなんでつけられた。

全体が小ぶりなわりに葉が大きめ　1995.10.12　埼玉県小鹿野町

ヤナギ科 SALICACEAE

ヤナギ属 Salix

コマイヤナギ
S. rupifraga
〈駒岩柳〉

分布／本州（関東地方西部～中部地方）。日本固有。

生育地／山地の岩場

観察ポイント／長野県安曇村中ノ湯温泉周辺

樹形／落葉小低木。株立ちで、高さ50㎝くらいまでがふつうだが、ときに1mを超えるものもある。

樹皮／暗灰色で、縦にひび割れる。裸材に隆起条がある。

枝／新枝は灰褐色で細い。密に枝分かれして、横にのびる。

冬芽／花芽は長さ4㍉ほどの狭三角形。葉痕が2年枝に顕著に残る。

葉／互生。葉身は長さ3～10㌢、幅2～3㌢の長楕円形。先はとがり、ふちに鋭い細鋸歯がまばらにある。新葉

シライヤナギと似ていて、同じように岩場を好む　1997.5.13　山梨県敷島町

ヤナギ科 SALICACEAE

のふちは巻かない。裏面は青灰白色で無毛。葉柄は長さ5〜8㍉。托葉は小さいが、まれに1㌢以上になり、ふちが欠刻状に切れ込む。
花／雌雄別株。自生地では5月上旬〜中旬、葉の展開と同時に開花する。雄花序は円柱形で長さ2.5〜4.5㌢、幅5〜7㍉。雄しべは2個。腺体は1個。雌花序は長さ1.7〜2.5㌢。腺体は1個、花が終わると紅色を帯びる。苞は淡黄緑色、両面に長い軟毛が密生する。
果実／蒴果。6月に成熟して裂開する。
類似種との区別点／シライヤナギより葉の幅が狭い。
備考／シライヤナギより分布域が狭く、西にかたよる。絶滅危惧種。
名前の由来／甲斐駒ガ岳で発見されたことからつけられた。

若い果実。葉はシライヤナギに比べて細長い　1997.5.13　山梨県敷島町

❶雄花序は長さ2.5〜4.5㌢。❷腺体は緑色で臼形。❸雄花序横断面。❹雌花序は長さ1.7〜2.5㌢。❺雌花序横断面。❻柱頭は小さい。❼若い果実。腺体は紅色を帯びる。❽晩夏の肉厚の葉。冬芽ができている。❾葉表。元気な枝の葉は托葉が発達する。❿葉裏は白い。

ヤナギ科 SALICACEAE

ヤナギ属 Salix

ヤマヤナギ
S. sieboldiana
〈山柳／別名ハシカエリヤナギ〉

分布／本州（近畿地方以西），四国，九州。日本固有。
生育地／丘陵～山地
観察ポイント／六甲山，石鎚山。九州ではふつうに見られる。
樹形／落葉大低木。株立ちになる。崖地や傾斜地などでは高さ2ﾒｰﾄﾙほどだが，立地がいいと高さ3～4ﾒｰﾄﾙになる。
樹皮／暗灰色。裸材に隆起条はない。
枝／新枝は緑褐色で，はじめ綿毛があるが，のちに無毛。
冬芽／花芽は黄褐色で，長さ約1ｾﾝﾁの卵形。
葉／互生。葉身は長さ8～14ｾﾝﾁ，幅2.5～5ｾﾝﾁの長楕円形。ふちには波状の鋸歯がある。新葉のふちは巻かない。裏面は粉白色でふつう無毛。葉柄は長さ1～2ｾﾝﾁ。托葉は明瞭。
花／雌雄別株。3月下旬，葉の展開と同時に開花する。雄花序は長

西日本でヤナギといえばまずこれ。山間部に非常に多い　1990.4.5　高知県土佐町

❶側芽。❷雄花序は長さ2.5～5ｾﾝﾁ。花糸はまだのびていない。苞の上部は黒っぽい。❸雄花序横断面。腺体は卵形で黄緑色。❹雌花序。石垣に生えていた。❺雌花序は長さ3～5ｾﾝﾁ。❻若い果実。❼裂開した果実。小さな種子が見える。❽成葉。冬芽もだいぶ大きくなっている。❾葉表。若葉で光沢が強い。❿葉裏。やや毛のある個体。⓫幼木の夏姿。⓬樹皮。直径7ｾﾝﾁほど

ヤナギ科 SALICACEAE

さ2.5〜5ミリで無柄。雄しべが1個のものと2個のものが混在する。花糸は離生または途中まで合着する。基部には腺体が1個ある。葯は黄色。雌花序は長さ3〜5センチ。子房には柄があり、白い綿毛が密生する。腺体は1個。苞は卵形〜楕円形、上半部は黒褐色または赤褐色、下部は淡緑色。両面に長い軟毛が密生する。

果実／蒴果。5月に成熟して裂開する。

類似種との区別点／葉の形はミヤマヤナギに似ているが、分布域が異なる。

備考／ヤマヤナギは変異が多く、ナガボノヤマヤナギ、オクヤマヤナギ、ツクシヤマヤナギ、ダイセンヤマナギなどが知られているが、いずれもヤマヤナギの変異のなかに入る。

夏姿。石鎚山スカイライン沿いで観察できる　1996.7.24　石鎚山

ヤナギ科 SALICACEAE

ヤナギ属 Salix

ミヤマヤナギ（1）
S. reinii
〈深山柳／別名ミネヤナギ〉

分布／北海道，本州（中部地方以北）。日本固有。

生育地／亜高山〜高山

観察ポイント／富士山5合目

樹形／落葉低木。樹形や樹高は変化が多い。高さは20〜100㌢。地をはうように横に広がる匍匐性のものや立ち性のものがある。まれに1本立ちで高さ7㍍に達するものもある。

樹皮／暗灰色，裸材に隆起条はない。

枝／新枝は黄褐色で，やや太くて無毛。

葉／互生。葉身は長さ4〜9㌢，幅2.5〜5㌢。形は変異が多く，楕円形〜倒卵形。ふちには波状の鋸歯がある。新葉のふちは巻かない。表面はやや光沢があり，裏面は粉白色で無毛。葉柄は長さ1.3〜2㌢。托葉は小さい。

備考／若枝が黄色いのが特徴。低地では匍匐性のものは栽培がむずかしい。

名前の由来／深山に多いから。

株立ちで立ち性のもの　　枝が横に広がる匍匐型のもの。枝が立ち上がったり，匍匐したりするのは生育環境

ヤナギ科 SALICACEAE

…によって変化するのではなく，個体の遺伝的性質　1996.7.21　群馬県草津町

ヤナギ科 SALICACEAE

ヤナギ属 Salix

ミヤマヤナギ（2）
S. reinii

冬芽／花芽は黄褐色，長さ6㍉ほどの狭卵形で無毛。先は長くとがる。葉芽は卵形で花芽より小さい。

花／雌雄別株。自生地では5〜6月，葉の展開と同時に開花する。東京での植栽品は3月に開花する。雄花序は長さ2.5〜6㌢，幅1〜1.2㌢の円柱形。雄しべは2個。花糸は離生し，基部に腺体が1個ある。葯は黄色。雌花序は長さ2.5〜5㌢，幅5〜7㍉。子房は狭卵形で，ほとんど無毛。腺体は1個。苞は楕円形で，上部はしばしば褐色になり，下部は淡黄緑色。両面とも毛がある。

果実／蒴果。本州の自生地では6〜7月に成熟して裂開する。

タカネイワヤナギ
S. nakamurana
〈高嶺岩柳／別名レンゲイワヤナギ〉

分布／本州（中部山岳，八ガ岳）。日本固有。
生育地／高山の稜線
樹形／落葉小低木。高さ10㌢ほどで，地面を

ミヤマヤナギ。自生地では6月頃に開花する　1990.4.26　東北大学植物園

❶〜❽ミヤマヤナギ。❶冬芽。大きいのが花芽，小さいのは葉芽。❷雄花序は長さ2.5〜6㌢。❸ひとつの花に雄しべが2個ある。花糸の基部に黄緑色の腺体がつく。❹雌花序。長さ2.5〜5㌢，子房はほとんど無毛。❺葉。❻葉裏は無毛。❼柳絮。おびただしい種子が見える。❽裂開しはじめた果実。❾タカネイワヤナギの果実。葉は楕円形。❿エゾノタカネヤナギの果実。葉はまるい（撮影／梅沢俊）。

ヤナギ科 SALICACEAE

はって広がる。
樹皮／灰褐色。
枝／新枝は緑色。無毛で光沢がある。
冬芽／花芽は長さ3～4㍉。
葉／互生。葉身は長さ4～7㌢、幅2～4㌢。新葉のふちは巻かない。裏面は緑白色で、葉脈が突出する。葉柄は長さ1.5～3㌢。托葉はほとんどない。
花／雌雄別株。自生地で7月、葉の展開と同時に開花する。雄花序は長さ2.5～4.5㌢の円柱形。雄しべは2個。花糸は離生し、基部に腺体が1個ある。葯は紅色。雌花序は長さ2～3㌢。子房は卵状披針形で緑色、無毛。花柱は黄緑色。腺体は1個。苞は長楕円形で、上半部は褐，下半部は淡黄緑色。
果実／蒴果。8月に成熟して裂開する。
類似種との区別点／北海道の**エゾノタカネヤナギ**S. yezoalpinaは葉が円形に近く，厚くて表面に光沢がある。
名前の由来／北アルプスの大蓮華山（現在の白馬岳）で発見されたことから、蓮華岩柳という別名がある。

ヤマヤナギ。果実は完熟し、裂開するのを待つばかり　1999.7.1　富士山5合目

ヤナギ科 SALICACEAE　87

葉の展開と同時に花が咲く高木のヤナギ

野生種ではコゴメヤナギ，シロヤナギ，ヨシノヤナギ，タチヤナギ，オオタチヤナギ，ジャヤナギ，栽培種ではシダレヤナギ，ウンリュウヤナギがこの仲間。いつ花が咲いたかわからないうちに散ってしまうほど，花の目立たないものが多い。野生種を見分けるのはなかなかむずかしい。とくにコゴメヤナギ，シロヤナギ，ヨシノヤナギのグループと，タチヤナギ，オオタチヤナギ，ジャヤナギのグループはかなり観察経験を積む必要がある。コゴメヤナギのグループは，産地が有力な手がかりになる。シロヤナギは東北，コゴメヤナギは関東から中部地方が分布のメイン，ヨシノヤナギは西日本に分布する。コゴメヤナギとシロヤナギの分布が接するあたりでは葉で見分ける。コゴメヤナギの葉はシロヤナギよりやや小さく，両面とも無毛。シロヤナギは葉裏に絹毛が密生する。

コゴメヤナギの樹皮

コゴメヤナギ。写真の木は直径約70㌢。樹高も高く，威圧感があったが，このく

ヤナギ科 SALICACEAE

の大木は珍しくない。黒い樹皮，横にはりだした枝，細かい葉などが特徴　1992.3.9　静岡県天竜市

ヤナギ科 SALICACEAE

89

ヤナギ属 Salix

コゴメヤナギ
S. serissaefolia
〈小米柳／別名コメヤナギ〉

分布／本州（東北地方南部〜近畿地方）。日本固有。

生育地／礫の多い河原

観察ポイント／多摩川の中流域や富士川の中下流域など。中部地方の太平洋に注ぐ川の中流域に群落が多い。

樹形／落葉高木。1本立ちで、高さ10〜25㍍、直径30〜100㌢になる。樹冠はまるい。日本のヤナギ属ではもっとも大形になる。

樹皮／灰黒褐色で縦に割れる。裸材に隆起条はない。

枝／新枝は褐灰緑色で細く、有毛。小枝の分岐点から折れやすい。

冬芽／花芽は暗褐色で、長さ4㍉ほどの卵形。

葉／互生。葉身は長さ3〜7㌢、幅9〜12㍉の線形。ふちには浅い鋸歯がある。新葉のふちは巻かない。裏面は粉白色で無毛。葉柄は長さ2〜6㍉で、軟毛がある。托葉は小さい。

花／雌雄別株。4月、

雄花序。大木に似合わないような小さな可愛らしい花をつける 1991.5.7 大町

ヤナギ科 SALICACEAE

葉の展開と同時に開花する。花序は小さく，雄花序も雌花序も長さ1～2㌢。雄しべは2個，花糸は離生し，基部に黄色の腺体が2個ある。葯は黄色。雌花の腺体は1個。子房は無毛または基部にわずかに毛がある。苞は淡黄色で，内側は無毛，外側の基部に毛がある。
果実／蒴果。5月に成熟して裂開する。
類似種との区別点／シロヤナギより葉が小さく，樹皮が黒っぽい。またコゴメヤナギの子房はほとんど無毛だが，シロヤナギの子房には白色の軟毛が密生する。ヨシノヤナギは葉裏が光沢のある緑色。
備考／高木性のヤナギのなかで葉がもっとも小さい。大きな木に小さな葉がつくのが特徴。
名前の由来／葉が小さいことからつけられた。

ゴメヤナギの新緑の梢を春の風が通り過ぎていった　1995.5.27　軽井沢植物園

❶側芽。花芽で長さ約4㍉。❷～❹雄花序。❷雄花序は長さ1～2㌢。❸花と花の間にはすきまがある。苞は淡緑黄色。❹横断面。花糸の基部に腺体が2個つくが，1個しか見えていない。❺雌花序も長さ1～2㌢と小さい。❻雌花序。子房がほとんど無毛なのが特徴のひとつだが，苞に隠れて見えない。❼裂開して柳絮を飛ばしている果実。❽葉表。❾葉裏は粉白色。無毛。

ヤナギ科 SALICACEAE

ヤナギ属 Salix
シロヤナギ（1）
3. Jessoensis
〈白柳〉

分布／北海道, 本州(東北・北陸地方, 関東地方北部)。日本固有。

生育地／河原

観察ポイント／東北地方の大きな川ではふつうに見られ, 多雪地の川沿いに多い。

樹形／落葉高木。1本立ちで, 高さ15〜20㍍, 直径30〜100㌢になる。樹冠はまるい。

樹皮／淡灰褐色で縦に割れる。裸材に隆起条はない。

枝／新枝は緑褐色。小枝の分岐点から折れやすい。無毛。

類似種との区別点／コゴメヤナギは葉がシロヤナギよりやや小さく, 樹皮が黒っぽい。子房はほとんど無毛。

樹皮は淡褐色を帯び, コゴメヤナギより白っぽい。シロヤナギもコゴメヤナギ同様, 大形のやなぎで, 土に果

ヤナギ科 SALICACEAE

方以北に分布する。花時の雄株は美しくてかなり人目をひく　1996.5.11　群馬県水上町

ヤナギ科 SALICACEAE

ヤナギ属 Salix

シロヤナギ（2）
S. jessoensis

冬芽／花芽は淡褐色で、長さ約5㍉の卵形。
葉／互生。葉身は長さ5〜11㌢、幅1〜2㌢の線形。ふちには鋭い小さな鋸歯がある。新葉のふちは巻かない。裏面は粉白色で、絹毛が密生する。葉柄は長さ2〜8㍉、軟毛が生える。托葉は小さい。
花／雌雄別株。3〜4月、葉の展開と同時に開花する。花序は円柱形。雄花序は長さ2.5〜4㌢、幅8〜9㍉。雄しべは2個、花糸は離生し、基部に黄色の腺体が2個ある。葯は黄色。雌花序は長さ約3㌢。子房には白色の軟毛が密生する。腺体は1個、ときに2個。苞は淡黄緑色。両面とも基部に軟毛がある。
果実／蒴果。6月に成熟して裂開する。
名前の由来／葉の裏が白いことから。

ヨシノヤナギ
S. yoshinoi

分布／本州（近畿地方以西）、四国。日本固有。
生育地／河原
観察ポイント／福知山市を流れる由良川沿い。

シロヤナギの雄花。コゴメヤナギの花序よりやや大きい　1990.5.1　東根市

ヤナギ科 SALICACEAE

新緑のヨシノヤナギ。西日本に分布し、花は3月に咲く　1999.4.20　高知県伊野町

❶〜❼シロヤナギ。❶上が冬芽で長さ約5㍉。下は葉痕。❷❸雄花序は長さ2.5〜4.5㌢。葯は黄色。❹❺雌花序。長さ約3㌢。柱頭は外側に曲がる。❻葉表。❼葉裏は粉白色で、絹毛が密生する。❽〜⓭ヨシノヤナギ。❽側芽。長さ4〜5㍉と小さい。❾雄花序は長さ2〜3㌢。❿雄花序の横断面。短い腹腺体（軸側）と長い背腺体（苞側）が見える。⓫葉表。主脈上には宿存性の絹毛が生える。⓬葉裏は緑色。⓭樹皮。

樹形／落葉高木。1本立ちで、高さ25㍍にほどになるものもある。樹冠はまるい。

樹皮／灰褐色。裸材に隆起条はない。

枝／新枝は緑褐色で細く、先端部には灰色の毛が密生する。

冬芽／花芽は褐色で、長さ4〜5㍉の卵形。

葉／互生。葉身は長さ4〜8㌢、幅1〜2㌢の線形。ふちには浅くて細かい鋸歯がある。新葉のふちは巻かない。裏面は緑色。葉柄は長さ6㍉、白い毛が密毛する。托葉は小さい。

花／雌雄別株。3〜4月、葉の展開と同時に開花する。雄花序は長さ2〜3㌢、幅約7㍉。雄しべは2個。花糸は離生し、基部に腺体が2個ある。葯は黄色。雌花序は雄花序に比べてはるかに短く、長さ1〜1.2㌢。子房には白い毛が密生する。腺体は1個。苞は楕円形で淡黄色。

果実／蒴果。5月に成熟して裂開する。

類似種との区別点／葉裏が白いものをウラジロヨシノヤナギという。

備考／葉裏が光沢のある緑色なのが特徴。

ヤナギ科 SALICACEAE

コゴメヤナギ，シロヤナギ，ヨシノヤナギの見分け方

	冬芽	雌花
コゴメヤナギ P90 本州（東北地方南部〜近畿地方）に分布		子房はほとんど無毛
シロヤナギ P92 北海道。本州（東北・北陸地方，関東地方北部）に分布		子房に白色の軟毛が密生する
ヨシノヤナギ P94 本州（近畿地方以西），四国に分布		子房に白色の軟毛が密生する

ヤナギ科 SALICACEAE

| 表 | 葉裏 | 樹皮 |

毛で光沢がある | 粉白色で無毛 | 灰黒褐色

緑色。絹毛が散生する | 粉白色で絹毛が密生する | 淡灰褐色

色。主脈は有毛 | 光沢のある緑色 | 灰褐色

ヤナギ科 SALICACEAE

ヤナギ属 Salix

タチヤナギ
S. subfragilis
〈立柳〉

分布／北海道, 本州, 四国, 九州, サハリン, ウスリー, 朝鮮半島, 中国東北部

生育地／湿地

観察ポイント／都市化していない川の中下流でふつうに見られる。

樹形／落葉大低木〜小高木。株立ちで, 高さ3〜10m, 直径10〜30cmになる。枝が雑然とのびて, 繁茂するのが特徴。

樹皮／灰褐色で不規則にはがれる。裸材に隆起条はない。

枝／新枝は灰褐緑色で無毛。しばしば白粉をかぶる。

冬芽／花芽は褐色。長さ7mmほどの狭三角形〜卵形で, 先はとがる。芽鱗は無毛のものと有毛のものがある。

水辺を好み, ときには完全に水没している個体もある　1991.4.28　山梨県河口湖

❶❷側芽。花芽と葉芽は外観からは識別がむずかしい。❸雄花序は長さ4〜6cm。❹雄花化を横断面。腺体は2個。長卵形の腹腺と線形の背腺体が見えている。❺❻雌花序。長さ4〜6cm。杜頭は2裂する。❼若い果実。❽葉表は無毛。❿果実が割れ, 柳絮が出てきた。⓫新枝はしばしば白粉をかぶる。⓬樹皮。不規則にはがれる。

ヤナギ科 SALICACEAE

の個体は山中湖畔の水際ぎりぎりに生えていた　1994.5.9　山梨県山中湖村

葉／互生。葉身は長さ6〜15㌢，幅2〜3.5㌢の長楕円形。ふちには先端が腺になる細かい鋸歯がある。新葉は真ん中あたりが赤褐色を帯び，ふちは巻かない。裏面は淡白緑色で無毛。葉柄は長さ5〜10㍉。托葉は腎臓形。

花／雌雄別株。4月，葉の展開と同時に開花する。花序は長さ4〜6㌢の長い円錐形。雄花序は黄色く，雌花序は黄緑色なので，離れたところからでも識別できる。雄しべは3個。花糸は離生し，基部に黄緑色の腺体が2個ある。葯は黄色。雌花の腺体は黄色で1個。子房は長い柄があり，緑色で無毛。苞は外面に毛があり，雄花では黄色，雌花では淡黄緑色。

果実／蒴果。5月に成熟して裂開する。

類似種との区別点／ジャヤナギとよく混同されるが，ジャヤナギは葉裏が粉白色なので区別できる。またタチヤナギは雄しべが3個あるのが特徴のひとつ。

名前の由来／枝が上向きにのびることから。

ヤナギ科 SALICACEAE

ヤナギ属 Salix

オオタチヤナギ
S. pierotii
〈大立柳〉

分布／北海道(西南部)，本州(北陸地方，近畿地方以西)，四国，九州。日本固有。
生育地／湿地
樹形／落葉高木。高さ15㍍になるものもある。
樹皮／灰褐色。
枝／新枝は緑褐色で，無毛。小枝の分岐点から折れやすい。
冬芽／長さ約4㍉の卵形。
葉／互生。葉身は長さ9～12㌢，幅1.2～3㌢の狭楕円形。ふちに鋭い鋸歯がある。裏面は粉白色。両面とも無毛。
花／雌雄別株。4月，葉の展開と同時に開花する。雄花序は長さ1～2.5㌢。雄しべは2個。花糸は基部で合着し，黄色の腺体が2個ある。葯は紅色。雌花序は長さ1～2㌢。腺体は黄色で1～2個。子房には毛が密生し，柱頭は2裂し，外側に強く曲がる。苞は淡黄緑色。
果実／蒴果。5月に成熟して裂開する。
類似種との区別点／葉はジャヤナギに似ているが，中央部が幅広い。

オオタチヤナギ。雄花序は小さくて，とても可愛い 1998.3.28 多摩森林科学園

ヤナギ科 SALICACEAE

ジャヤナギ
S. eriocarpa
〈蛇柳／別名オオシロヤナギ〉

分布／本州，四国，九州。日本固有。
生育地／湿地
観察ポイント／東京都目黒の自然教育園
樹形／落葉高木。高さ5〜10㍍，直径25〜30㌢になる。1本立ち。
樹皮／灰褐色で縦に深い割れ目が入る。裸材に隆起条はない。
枝／新枝は灰緑色で，無毛。小枝の分岐点から折れやすい。
冬芽／花芽は淡褐色で，長さ約4㍉のやや扁平な狭三角形。
葉／互生。葉身は長さ10〜16㌢，幅1〜2.5㌢の狭楕円形。ふちには先端が腺になる鋭い鋸歯がある。新葉のふちは巻かない。裏面は粉白色。両面とも無毛。
花／雌雄別株。雌株だけが知られている。3月，葉の展開と同時に開花する。花序は長さ約1.5㌢の楕円形。腺体は2個。子房と苞には白い毛が密生する。
類似種との区別点／タチヤナギは葉の中央部が最大幅。ジャヤナギの葉は下ぶくれ。

ジャヤナギの雌花序。雄株は今のところ発見されていない　1997.4.10　横浜市

❶〜❹オオタチヤナギ。❶雌花序。長さ1〜2㌢。❷葉表。葉の中央部がもっとも幅が広い。❸葉裏は粉白色。❹〜❿ジャヤナギ。❹新緑。❺雌花序横断面。1個の花に黄色の腺体が2個ある。子房と苞には白い毛が密生する。❻側芽。長さ約4㍉。❼若葉には強い光沢がある。❽葉表。最大幅は基部に近いあたり。❾葉裏はシロヤナギと同じように粉白色。❿樹皮。成木では縦に深い割れ目が入る。

ヤナギ科 SALICACEAE　101

ヤナギ属 Salix

シダレヤナギ
S. babylonica

〈枝垂柳/別名イトヤナギ〉

分布／中国原産。古くから各地で栽培され、ときに野生化している。

樹形／落葉高木。1本立ちで、高さ8〜17㍍、直径10〜70㌢になる。枝は垂れる。

樹皮／灰褐色で縦に割れる。裸材に隆起条はない。

枝／新枝は褐緑色でなめらか。無毛。

冬芽／花芽は淡褐色で、長さ約4㍉の卵形。

葉／互生。葉身は長さ8〜13㌢、幅1〜2㌢の線形。ふちには浅い細かな鋸歯がある。新葉のふちは巻かない。裏面は粉白色で無毛。葉柄は長さ5〜10㍉。

花／雌雄別株。3〜4月、葉の展開と同時に開花する。雄花序は長さ2〜2.5㌢の円柱形で、短い柄がある。雄しべは2個。花糸は途中まで合着し、基部に黄色の腺体が2個ある。葯は黄色。雌花序は雄花序よりやや小さい。腺体は1個。子房は無柄で狭卵形、基部にかすかに毛がある。苞は卵

シダレヤナギ。ヤナギといえば、すぐこれを思い浮かべる　1998.4.16　東京都内

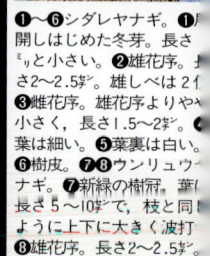

❶〜❻シダレヤナギ。❶開しはじめた冬芽。長さ㍉と小さい。❷雄花序。長さ2〜2.5㌢。雄しべは2個❸雌花序。雄花序よりやや小さく、長さ1.5〜2㌢。❹葉は細い。❺葉裏は白い。❻樹皮。❼❽ウンリュウヤナギ。❼新緑の樹冠。葉は長さ5〜10㌢で、枝と同じように上下に大きく波打つ。❽雄花序。長さ2〜2.5㌢。日本には雌株は少ない

ヤナギ科 SALICACEAE

状楕円形で,淡黄緑色。外面の基部に毛がある。
果実／蒴果。5月に成熟して裂開する。
植栽用途／公園樹,街路樹
用途／花材

ウンリュウヤナギ
S. matsudana
　　var. tortuosa
〈雲竜柳〉

分布／中国原産。公園や庭園などに植えられている。
樹形／落葉高木。高さ3～20m,直径5～60cmになる。1本立ちで,枝は曲がりくねって垂れ下がる。
樹皮／灰褐色で縦に割れる。裸材に隆起条はない。
枝／新枝は緑褐色でなめらか。
葉／互生。葉身は長さ5～10cm,幅8～20mmの線形で,上下に大きく波打つ。
花／雌雄別株。日本に植えられているのはほとんどが雄株。3月,葉の展開と同時に開花する。雄花序は長さ2～2.5cmの円柱形。雄しべは2個。腺体は2個。葯は黄色。苞は淡黄色で長楕円形,外側の下部は有毛。
用途／花材,まな板

ウンリュウヤナギ。枝の様子などに,妖しい雰囲気がある　1987.4.8　横浜市

ヤナギ科 SALICACEAE

ヤナギ属 Salix

アカメヤナギ
S. chaenomeloides
〈赤芽柳／別名マルバヤナギ〉

分布／本州（東北地方中部以南），四国，九州，朝鮮半島，中国中部以南

生育地／湿地

観察ポイント／平野部を流れる大きな川沿いにふつうに見られる。

樹形／落葉高木。1本立ちで，高さ10～20㍍，直径30～80㌢になる。高さより枝張りのほうが大きく，樹冠は平たい円形になる。

樹皮／灰褐色で縦に割れる。裸材に隆起条はない。

枝／新枝は灰褐色，やや太くて無毛。

冬芽／長さ5㍉ほどの三角形で，先はとがる。無毛。

葉／互生。葉身は長さ5～15㌢，幅2～6㌢の楕円形。ふちには先端が腺になった小さな鋸歯がある。新葉のふちは巻かない。裏面は粉白色で無毛。葉柄は長さ1～1.8㌢，表側に腺がある。托葉は円形で大きく，遅くまで残

水湿地を好み，写真のように池の中に生えることがある 1993.8.1 刈谷市

❶側芽。1個の芽鱗が枝で襟状に重なっている。ヤナギ属のなかで唯一帽子でない。❷雄花序。長さ約7㌢。ヤナギ属のなかでもっとも花期が遅い。❸雄べは1個の花に3～5個ある。❹❺雌花序。長さ2～4㌢。花柱はほとんどなく柱頭もごく小さい。❻裂して柳絮を飛ばす果実。若葉は赤みをおびる。❼鋭い鋸歯のある円形の托葉が特徴。葉柄には腺がある。❾葉裏は粉白色。❿樹皮。

ヤナギ科 SALICACEAE

り，よく目立つ。ふちには鋸歯がある。
花／雌雄別株。葉が展開したあとに開花する。日本のヤナギ属のなかではもっとも花期が遅く，東京で5月。雄花序は長さ約7㌢の長い円錐形。雄しべは3〜5個。花糸は離生し，葯は黄色。腺体は2個あり，合着する。雌花序は長さ2〜4㌢。腺体は2個あり，合着する。子房は長い柄があり，無毛。苞は淡黄緑色で円形，有毛。
果実／蒴果。6月に成熟して裂開する。
備考／日本のヤナギ属のうち，アカメヤナギだけは冬芽の芽鱗が帽子状ではない。高さより枝張りのほうが大きい樹形と，ふちに鋸歯がある大きな宿存性の円形の托葉が特徴。
名前の由来／新葉が赤いことから赤芽柳の名がある。葉がまるみがあるので丸葉柳という別名もある。種小名の chaenomeloides は「ボケに似た」という意味で，大きな円形の托葉を，ボケの托葉に見立てたもの。

小さめの個体だったが，果実をびっしりとつけていた　1997.5.26　豊橋市

ヤナギ科 SALICACEAE

オオバヤナギ属
Toisusu

ヤナギ科はヤナギ亜科とヤマナラシ亜科のふたつに大きく分けられている。いかにもヤナギらしいのはヤナギ亜科のほうで，さらにヤナギ属，オオバヤナギ属，ケショウヤナギ属の3属に分類される。オオバヤナギ属は世界に3種，日本に1種の小さなグループである。古くはヤナギ属に含まれていたが，現在は別属にされている。ヤナギ属との相違点は花序が垂れ下がり，雄しべが10個近くあること，雌花の苞と花柱が花のあと脱落することなど。冬芽の芽鱗はアカメヤナギと同じで，枝側で芽鱗が重なる。ヤナギ属は挿し木が容易なものが多いが，オオバヤナギ属とケショウヤナギ属はむずかしい。

オオバヤナギ。樹高25mほどの大木。黒々とした樹皮が印象的 1994.5.12 大町市

左の黄色の樹冠は満開の雄株。右の雌株も満開だが，花が淡緑色なので目立たない 1994.5.11 大町市

この河原ではオオバヤナギのほかに6種類のヤナギが見られた。幼木が多かった　1994.5.11　大町市

夏姿　1998.7.6　北海道愛別町

扇形の托葉が特徴　山梨県芦安村

ヤナギ科 SALICACEAE　107

オオバヤナギ属
Toisusu

オオバヤナギ
T. urbaniana
〈大葉柳〉

分布／北海道，本州（中部地方以北，鳥取県大山），千島

生育地／冷涼で礫の多い河原

観察ポイント／湯檜曽温泉の上流，上高地

樹形／落葉高木。1本立ちで，高さ15〜30㍍，直径25〜100㌢になる。

樹皮／黒褐色で縦に割れる。裸材に隆起条はない。

枝／新枝は赤褐色で光沢がある。

冬芽／花芽は長さ1〜1.3㌢の卵形〜長楕円形で，芽鱗は枝に向いた側で重なる。

葉／互生。葉身は長さ10〜20㌢，幅3〜6㌢の長楕円形。新葉のふちは巻かない。裏面は粉白色，はじめ軟毛が

雄花序は長大で黄みが強く，しかも垂れ下がって特徴的　1994.5.14　長野県安曇村

ヤナギ科 SALICACEAE

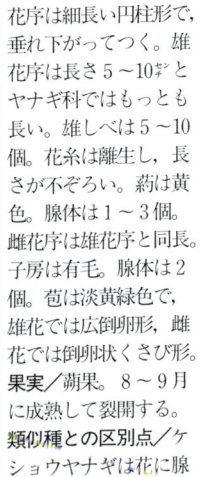

ある。葉は乾くと黒変する。葉柄は長さ1〜2㌢。扇形の大きな托葉が目立つ。
花／雌雄別株。自生地で5〜6月、葉の展開したあとに開花する。花序は細長い円柱形で、垂れ下がってつく。雄花序は長さ5〜10㌢とヤナギ科ではもっとも長い。雄しべは5〜10個。花糸は離生し、長さが不ぞろい。葯は黄色。腺体は1〜3個。雌花序は雄花序と同長。子房は有毛。腺体は2個。苞は淡黄緑色で、雄花では広倒卵形、雌花では倒卵状くさび形。
果実／蒴果。8〜9月に成熟して裂開する。
類似種との区別点／ケショウヤナギは花に腺体がない。
備考／子房がほとんど無毛のものをトカチヤナギvar. schneideriという。

果実は初秋に熟す。ほかのヤナギに比べてかなり遅い　1989.9.21　東北大学植物園

❶側芽正面。❷側芽側面。❸雄花序は長さ10㌢近くあ〔り〕、垂れ下がる。❹ひとつの花に雄しべが5〜10個あ〔る〕が、密集していて数えにくい。❺雌花序。分岐した〔柱〕頭と毛の生えた苞が見える。❻雌花序は雄花序より〔細〕く幅6〜8㍉。❼葉表。托葉が目立つ。❽葉裏は白〔く〕、わずかに毛が残るものもある。❾若い果実。裂開〔す〕るのはかなり先。❿若木の樹皮。割れ目は浅い。

ヤナギ科 SALICACEAE　109

ケショウヤナギ属
Chosenia

ヤナギ属やオオバヤナギ属は虫媒花で、花の腺体から昆虫を呼ぶための蜜を分泌するが、ケショウヤナギ属は風媒花で、花に腺体がない。進化の過程で虫媒から風媒に変わったといわれる。しかし、花序が垂れ下がる、苞と花柱が早い時期に脱落する、冬芽の芽鱗が枝側で重なるなど、オオバヤナギ属との共通点も見られる。ケショウヤナギ1種だけの属で、属名のChoseniaは、朝鮮半島に多いことによる。

梓川の上中流域でオオバヤナギとの間の属間雑種が発見され、カミコウチヤナギと名づけられた。ふつう両者の花期は異なるが、たまたま一致した株があったと考えられている。

黄色い樹冠の雄株がよく目立つが、淡緑色の雌株もまじる　1994.5.14　上高地

ケショウヤナギ。花は5月上旬から中旬にかけて見られる。写真は満開の雄株。　1994.5.14　上高地河童橋

ヤナギ科 SALICACEAE

青涼な水と砂地を好む。ただでさえ少ない自生地が環境悪化で脅かされている　1994.5.14　上高地

新枝は白粉をかぶる　　　　　直径20ⅾくらいの木　　　　　老木になると割れ目が入る

ヤナギ科 SALICACEAE

ケショウヤナギ属
Chosenia

ケショウヤナギ
C. arbutifolia
〈化粧柳〉

分布／北海道（十勝・北見地方），本州（長野県の梓川の上中流域），サハリン，東シベリア，沿海州，朝鮮半島，中国東北部

生育地／河原

観察ポイント／上高地

樹形／落葉高木。1本立ちで，高さ20〜30㍍，直径1㍍になる。

樹皮／灰褐色で縦に割れ，やがてはがれる。裸材に隆起条はない。

枝／新枝は白粉をかぶる。冬に紅色を帯びる。

冬芽／花芽は長さ3〜7㍉の長楕円形で，芽鱗は枝に向いた側で重なる。

葉／互生。葉身は長さ4〜7.5㌢，幅3〜6㌢の長楕円形で，全縁または細かい鋸歯がある。

花盛りの雌株だが，雌花は淡緑色で目立たない　1994.5.14　長野県安曇村

ヤナギ科 SALICACEAE

新葉のふちは巻かない。裏面は粉白色。葉柄は長さ1〜2㌢。

花／雌雄別株。上高地で4月下旬〜5月，葉の展開と同時に開花する。花序は円柱形で下向きにつく。雄花序は長さ2.7〜5㌢，幅5〜6㍉。雄しべは5個。花糸は離生し。長さが不ぞろい。葯は黄色。腺体はない。雄花の苞は上部は淡紅色，下部は淡黄緑色。雌花は上下とも淡黄緑色。

果実／蒴果。6〜7月に成熟して裂開する。

類似種との区別点／若枝が白粉でおおわれるので，エゾヤナギと混同されることがあるが，エゾヤナギは2年枝が白粉をかぶる。

備考／分布が限られる絶滅危惧種。

名前の由来／枝が白粉をかぶることからつけられた。

ショウヤナギの若木。赤い枝がよく目立つ　1996.7.4　長野県安曇村

❶❷雌花序は長さ2〜4㌢。赤い柱頭とふちに毛が生えた苞が目立つ。❸雌花の苞は花のあと落ちる。❹雄花序。1個の花に雄しべは5個。❺裂開間近な果実。❻雌花序は垂れ下がるが，果穂は上を向く。❼鋸歯のある葉。❽鋸歯のない葉。❾若葉。❿葉裏は白い。

ヤナギ科 SALICACEAE　　113

ヤマナラシ属
Populus

ヤマナラシ属はヤナギ科のなかでヤマナラシ亜科として分類されている。ヤナギ亜科は冬芽の芽鱗が1個しかないのに対し、ヤマナラシ亜科は冬芽が数個以上の芽鱗に包まれているのが大きな違い。ヤマナラシ亜科に属すのはヤマナラシ属1属だけで、花は風媒で、花序は垂れ下がってつく。花被は退化して、杯状になっている。また長枝と短枝の区別があることも特徴のひとつ。ヤマナラシ属は北半球の北部を中心に100種以上知られているが、日本に自生するのは3種だけである。明治以降、セイヨウハコヤナギなどが導入され、属名のPopulusからきたポプラの名で親しまれている。中国には50種以上分布する。シルクロードのオアシスの写真に写っている高木は、ほとんどこの仲間である。中国ではヤマナラシ属は「楊」、ヤナギ亜科は「柳」として区別している。ヤナギ属がもっとも多いのも中国で、300種分布している。

ヤマナラシの冬芽　ヤマナラシの緑葉がさわさわと小気味よい音をたてていた。ファインダーを一心に

ヤナギ科 SALICACEAE

のぞき込んでいると，横をサイクリングの若者たちが軽快に通り過ぎていった　1986.6.1　山梨県足和田村
ヤナギ科 SALICACEAE

ヤマナラシ属
Populus

ヤマナラシ
P. sieboldii
〈山嗚らし/別名ハコヤナギ〉

分布／北海道，本州，四国，九州。日本固有。
生育地／日当たりのよい山野にふつうに見られる。
樹形／落葉高木。1本立ちで，大きいものは高さ25mに達する。
樹皮／灰色でなめらか。菱形の皮目が目立つ。裸材に隆起条はない。
枝／新枝は緑灰白色でなめらか。はじめ白毛が密生する。短枝が発達する。
冬芽／長さ8～12㍉の長卵形で先はとがる。芽鱗は10～13個あり，樹脂をかぶる。
葉／互生。葉身は長さ7～15㌢，幅4～8㌢の広卵形。ふちには波状の鋸歯があり，表面の基部に腺がある。裏面は灰青色で，はじめ軟毛が密生する。葉柄は長さ3～7㌢で軟毛があり，左右から押しつぶしたかたちで扁平。
花／雌雄別株。3月，葉の展開前に開花する。花序は円柱形で垂れ下がる。雄花序は長さ5

雌花。地味な色あいなので，気づかないことが多い　1988.4.15　山梨県足和田村

ヤナギ科 SALICACEAE

〜11ギン。雄しべは6〜8個、杯状の花被に包まれる。雌花序は長さ6〜11ギン。子房は杯状の花被に包まれる。柱頭は不規則に裂けてとさか状になる。苞は上部が褐色、下部は淡黄緑色、ふちは深く切れ込む。腺体はない。

果実／蒴果。5月に成熟して裂開する。

類似種との区別点／北海道に分布する**エゾヤマナラシ** P. jesoensis は葉の鋸歯が非常に粗く、新枝や葉身、葉柄は無毛。葉身の基部に腺のないものが多い。

備考／長い葉柄と菱形の皮目が目立つ樹皮が特徴。葉音がおもしろく、黄葉も美しいので、公園などに植えるとよさそうだが、根元を明るくすると、根から萌芽する性質があるので、あまり用いられない。

用途／蘇民将来(厄除けの神のひとつ)の祭りのときに配る護符。

名前の由来／微風でも葉が揺れて、さわさわと音をたてることから山鳴らしの名がついた。材を箱の材料にしたことから箱柳ともいう。

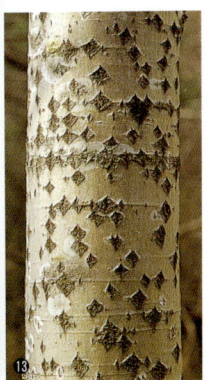

やかに黄葉する。後方は紅葉したミズナラ　1997.10.24　山梨県足和田村

❶〜❽ヤマナラシ。❶冬芽は10個以上の芽鱗に包まれている。❷花芽の展開。頂芽はふつう葉芽でまだ展開していない。❸雄花序。長さ5〜11ギン。❹雌花序。黒褐色の苞が目立つ。子房は杯状の花被に包まれる。❺雌花序。葯は紅紫色。❻葉表。❼葉裏。❽葉表の基部に腺がある。❾❿エゾヤマナラシ。❾葉の鋸歯がはっきりとしている。❿葉表。腺を欠くものが多い。⓫〜⓭ヤマナラシ。⓫未熟な果実。⓬裂開した果実。⓭樹皮。菱形の皮目が多い。

ヤナギ科 SALICACEAE

ヤマナラシ属
Populus

ドロノキ (1)
P. maximowiczii

〈泥の木／別名ドロヤナギ・デロ〉

分布／北海道，本州(中部地方以北，兵庫県北部)，千島，サハリン，カムチャッカ，ウスリー，アムール，朝鮮半島

生育地／冷涼で礫の多い河畔林

観察ポイント／上高地。河童橋より上流の川岸に，大小さまざまな実生の株が見られる。

樹形／落葉高木。1本立ちで，高さ15～30㍍，直径10～150㌢になる。

樹皮／若木は緑白色。老木になると暗灰色，縦に割れ目が入る。裸材に隆起条はない。

備考／以前は北海道に大木が多かったが，今ではまれ。木に近づくと特有のにおいがする。

ドロノキの新緑。若い果穂が多数風に揺れている　1997.5.9　大町市

ドロノキ林。どれも20㍍を超える大木で，盲芽やゾウの個体とは違いすらりとのびている　1997.5.10　大町市

ヤナギ科 SALICACEAE

ヤマナラシよりドロノキのほうが水湿地を好み，川岸などに多い 1996.7.4 長野県安曇村

ヤナギ科 SALICACEAE 119

ヤマナラシ属
Populus

ドロノキ（2）
P. maximowiczii

枝／新枝は太く、無毛。長枝と短枝がある。

冬芽／褐色で長さ1.5〜2ギの長卵形。頂芽の芽鱗は6〜10個、側芽の芽鱗は3〜4個あり、樹脂におおわれる。

葉／互生。葉身は長さ6〜14ギ、幅3〜9ギの広楕円形で、基部はハート形。ふちには鈍い鋸歯がある。新葉のふちは巻かない。裏面は淡緑白色で、葉脈が突出する。葉柄は長さ1〜5ギ、断面は円形、上端に腺がある。

花／雌雄別株。自生地では4〜6月、葉の展開前に開花する。花序は長さ6〜9ギの円柱形で垂れ下がる。雄花の雄しべは30〜40個、葯は朱紅色。雌花の子房は広卵形、花柱は3

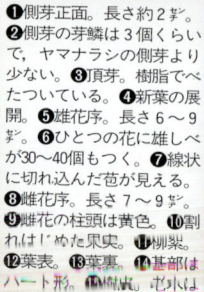

ドロノキの雄花。ヤマナラシの雄花によく似ている　1991.5.23　長野県安曇村

❶側芽正面。長さ約2ギ。❷側芽の芽鱗は3個くらいで、ヤマナラシの側芽より少ない。❸頂芽。樹脂でべたついている。❹新葉の展開。❺雄花序。長さ6〜9ギ。❻ひとつの花に雄しべが30〜40個もつく。❼線状に切れ込んだ苞が見える。❽雌花序。長さ7〜9ギ。❾雌花の柱頭は黄色。❿割れはじめた果実。⓫柳絮。⓬葉表。⓭葉裏。⓮基部はハート形。樹皮、老木は縦に深く割れる。

ヤナギ科 SALICACEAE

個、柱頭は黄色。苞は赤黒褐色で、線状に細かく切れ込む。

果実／蒴果。7〜8月に熟し、4裂して白い綿毛に包まれた小さな種子を大量に出す。

類似種との区別点／樹皮はヤマナラシとよく似ているが、ヤマナラシは葉が広卵形で、基部はハート形にならず、葉柄が扁平で長い。冬芽の側芽の芽鱗はヤマナラシのほうが多く、10個以上ある。

ヨーロッパ原産のギンドロ P. alba は葉裏が銀白色の綿毛におおわれているのが特徴。日本には明治時代に渡来し、街路や公園などに植えられている。北海道では野生化したものも見られる。

用途／材は白色でやわらかい。マッチの軸木、箱、火薬の保管箱、パルプ材などに使われる。

実はまるく、ヤマナラシとははっきり形が異なる　1996.7/4　長野県安曇村

ヤナギ科 SALICACEAE

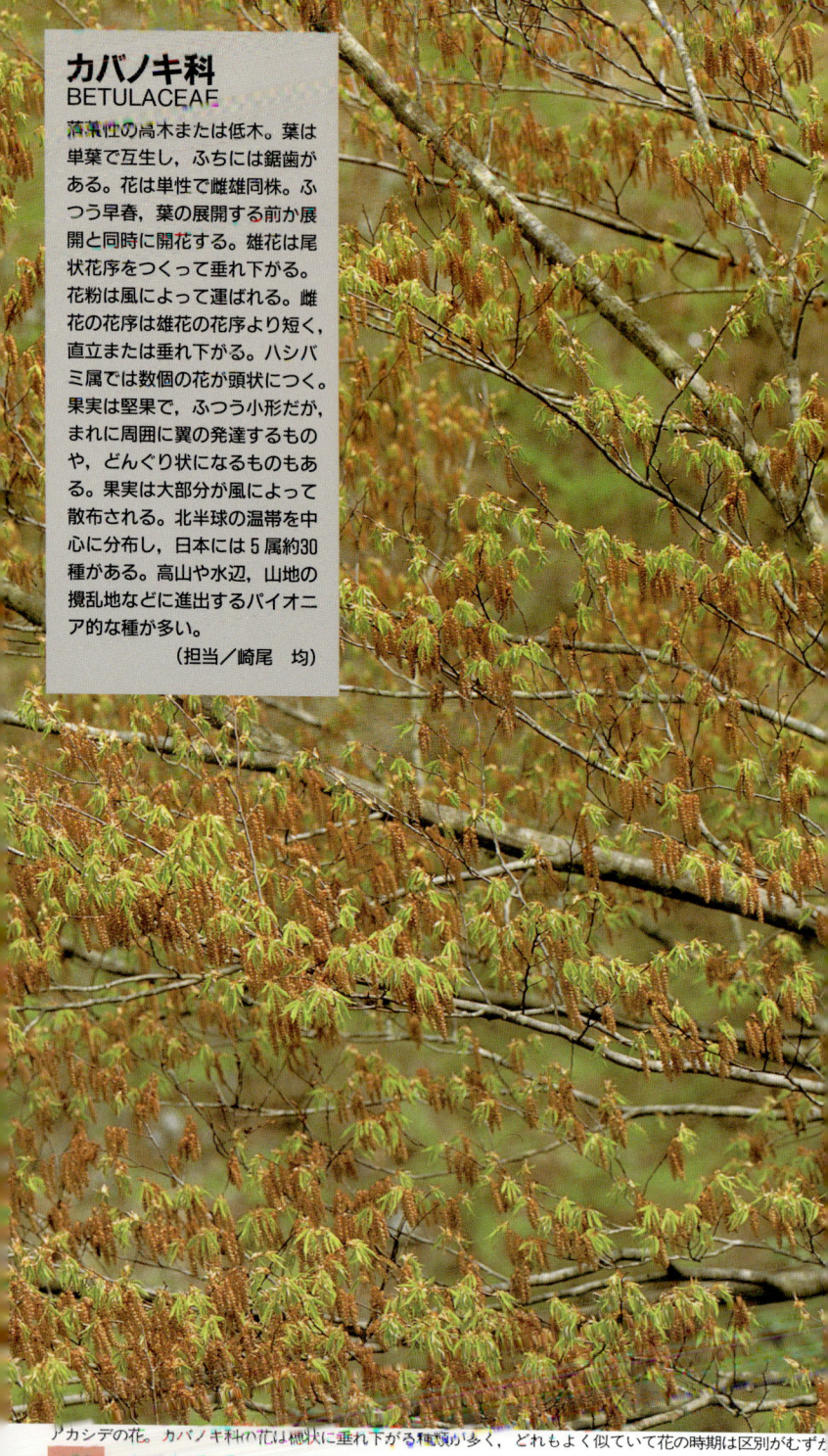

カバノキ科
BETULACEAE

落葉性の高木または低木。葉は単葉で互生し，ふちには鋸歯がある。花は単性で雌雄同株。ふつう早春，葉の展開する前か展開と同時に開花する。雄花は尾状花序をつくって垂れ下がる。花粉は風によって運ばれる。雌花の花序は雄花の花序より短く，直立または垂れ下がる。ハシバミ属では数個の花が頭状につく。果実は堅果で，ふつう小形だが，まれに周囲に翼の発達するものや，どんぐり状になるものもある。果実は大部分が風によって散布される。北半球の温帯を中心に分布し，日本には5属約30種がある。高山や水辺，山地の攪乱地などに進出するパイオニア的な種が多い。

（担当／崎尾　均）

アカシデの花。カバノキ科の花は穂状に垂れ下がる種類が多く，どれもよく似ていて花の時期は区別がむずかし

い。樹皮や葉のほか，冬芽の構造やつき方が見分けるときの手がかりになる　1988.4.21　神奈川県山北町

BETULACEA カバノキ科

カバノキ科の属の検索（1）
花による見分け方

カバノキ属 P128

ハンノキ属 P156

花序

オノオレカンバ（カバノキ属）

ヤシャブシ亜属 — オオバヤシャブシ

ハンノキ亜属 — ハンノキ

雄花序や冬芽は無柄 ｜ 雄花序や冬芽は無柄 ｜ 雄花序や冬芽に柄がある

雄花序

ミズメ

ヒメヤシャブシ

カバノキ属とハンノキ属は葯の先端が無毛

雄花には花被がある

雌花序

ミズメ

ヤシャブシ

カバノキ属とハンノキ属の雌花序は松かさ状

葉の展開と同時に開花する ｜ 葉の展開前に開花する

カバノキ科 BETULACEAE

| クマシデ属 P182 | アサダ属 P202 | ハシバミ属 P204 |

クマシデ

アサダ

ツノハシバミ

クマシデ

ツノハシバミ

クマシデ属・アサダ属・ハシバミ属は葯の先端に毛がある

雌花には花被はない

クマシデ

ツノハシバミ

クマシデ属とアサダ属の雌花序は穂状　　雌花序は頭状

葉の展開と同時に開花する　　葉の展開前に開花する

カバノキ科 BETULACEAE

カバノキ科の属の検索(2)
果実と花芽による見分け方

カバノキ属 P128

果穂

ミズメ

果鱗は脱落しやすい

堅果と果鱗

ウダイカンバ

ジゾウカンバ

堅果の翼は発達するものやあまり発達しないものがある。果鱗は3裂する

花芽

ダケカンバ

カバノキ属とヤシャブシ亜属の花芽は無柄

ハンノキ属 P156

ヤシャブシ亜属

ヒメヤシャブシ

堅果が落ちたあとも果鱗は残る

ヤシャブシ

堅果の翼は発達する

果鱗は扇形

オオバヤシャブシ

ハンノキ亜属

ヤハズハンノキ

ハンノキ

堅果の翼は発達しない

ヤハズハンノキ

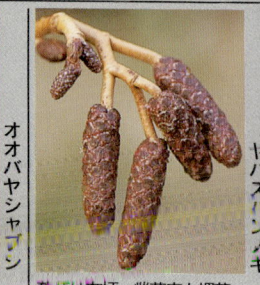

花芽は有柄。雌花序も裸芽

カバノキ科 BETULACEAE

クマシデ属 P182

クマシデ・サワシバ
アカシデ・イヌシデ
アサダ属 P202

クマシデ

アカシデ

アサダ

果苞は密につく

アカシデ・イヌシデやアサダ属の果苞はまばらにつく

クマシデ

イヌシデ

アサダ

クマシデ属とアサダ属の堅果は果苞の基部につく

サワシバ

イヌシデ

クマシデ属とアサダ属の堅果には翼はない

クマシデ

イヌシデ

アサダ

クマシデ属の花芽は卵状紡錘形で無柄

花芽は無柄

カバノキ科 BETULACEAE

カバノキ属 Betula

落葉高木または低木。冬芽は数個の芽鱗におおわれる。雄花序の冬芽は芽鱗がなく、裸出したまま冬を越す。若い枝には腺点がある。葉は今年のびた長枝では互生、2年枝からは短枝に1対つく。雄花の花序は尾状で垂れ下がり、苞のわきに雄花が3～6個ずつつく。雄花には花被があり、花糸は2裂する。雌花は短枝の先に松かさ状の花序をつくり、苞のわきに雌花が3個ずつつく。雌花には花被はない。花柱は紅色で2裂し、果期にも残る。果実は小さな堅果で、果鱗の内側につく。果鱗は3裂する。堅果にはふつう翼があり、風に飛ばされて散布される。北半球の温帯や亜寒帯に約50種あり。日本には11種が自生する。

シラカバ（1）
B. platyphylla
　var. japonica
〈白樺／別名シラカンバ〉

分布／北海道, 本州(福井・岐阜県以北), 千島, サハリン, 東シベリア, 朝鮮半島, 中国
生育地／日当たりのよい山地。沼沢地, 山火事跡, 崩壊地などに侵入して, 一斉林を形成する。林道わきなど, 樹林が伐採されて太陽の光が充分に差し込むようになり, しかも土壌が露出しているような場所が更新の適地。これを天然更新技術として林業に応用したのが「搔き起こし」。

シラカバ。北海道ではどこにでも生えているが、本州では標高800m付近から登場

カバノキ科 BETULACEAE

る。花はあたり年とはずれ年があり，隔年またはそれ以上のこともある　1987.5.15　長野県安曇村

カバノキ科 BETULACEAE

カバノキ属 Betulu
シラカバ（2）
B. platyphylla
　var. japonica

観察ポイント／長野県の高原地帯，日光戦場ガ原など。

樹形／落葉高木。高さ10〜25㍍，直径20〜40㌢になる。主幹はまっすぐにのびる。孤立して生長した木は，円錐形の樹冠をつくる。

樹皮／白色。薄い紙状にはがれる。

備考／早い時期に散布された種子は，その年に発芽できるが，遅く散布された種子は休眠して，翌年の春になって発芽する。種子が小さいために，裸地などの乾燥しやすい場所で発芽，定着しやすい。

植栽用途／庭木，公園，街路樹。日当たりのよいところに向く。

用途／太いものは雑カバ材として家具材，器具材に利用される。細いものは燃料。樹皮は白くて優美なので，各種の細工物に使われる。樹液は飲料にされる。ほのかな甘みがある。材質の悪いものはパルプ材にする。

おなじみの樹皮　　どんなに植物に興味がなくても，シラカバの名を知らない人はまずいない。各種

カバノキ科 BETULACEAE

ンフレットなどにもしょっちゅう登場する　1990.10.25　長野県小海町

カバノキ科 BETULACEAE

カバノキ属 Betula

シラカバ（3）
B. platyphylla var. japonica

枝／長枝と短枝がある。小枝は暗紫褐色。腺点があり、まるい皮目が多い。

冬芽／長さ5～10㍉の長楕円形で、先はとがる。芽鱗は4～6個、表面は樹脂をすこしかぶる。葉痕は半円形～三角形。維管束痕は3個。

葉／長枝では互生、短枝には1対つく。葉身は長さ5～8㌢、幅4～7㌢の三角状広卵形。先端は鋭くとがり、基部は広いくさび形～ハート形。ふちには重鋸歯がある。側脈は羽状で5～8対。表面は深緑色、裏面は淡緑色。両面とも無毛または裏面にすこし毛がある。葉柄は長さ1～3.5㌢。

花／雌雄同株。4月、葉の展開と同時に開花する。雄花序は長枝の先に1～2個ずつ垂れ下がってつき、長さ3～5㌢、幅4～7㍉で暗紅黄色。雄花は苞のわきに3個ずつつく。花被片は倒卵形で1個。雌花序は短枝の先に直立する。

花時のシラカバ。白い幹と対照的に枝は意外に黒い　1999.5.12　長野県小海町

❶ ❷ ❸ ❹ ❺ ❻ ❼

132　カバノキ科 BETULACEAE

果実／堅果。果穂は長さ3〜4.5㌢,幅8〜10㍉で,長さ1〜3㌢の細い柄があり,垂れ下がる。果鱗は長さ4〜5㍉あり,上部は3裂する。中央の裂片は三角状卵形,側裂片は幅が広く,開出する。外側には微毛が多い。ひとつの果穂に約500個の堅果がつく。堅果は長さ2〜3㍉,幅4〜5㍉の扁平な長楕円形。頂部には花柱が残る。堅果の両側には半透明の翼がつく。翼の幅は果実本体の1.5〜2倍ある。堅果は果鱗といっしょにばらばらになって落ち,風に飛ばされて散布される。

類似種との区別点／ダケカンバと似ているが,ダケカンバは樹皮が褐色を帯び,果穂が上を向く。葉の側脈はシラカバより多く,7〜12対ある。

小果穂。熟すと果実はバラバラと落ち,果軸が残る　1997.6.16　長野県小海町

❶冬芽。❷雄花序の冬芽。芽鱗はなく,裸出したままで冬を越す。❸短枝の冬芽。❹雄花序は垂れ下がり,雌花序は立ち上がる。❺雄花。葯が割れ,花粉をだしている。❻典型的な葉形。側脈は約7対。長枝についていた。❼葉裏。❽やや細い葉。基部はハート形で側脈は約10対。短枝についていた。❾黄葉。❿果穂,果鱗と堅果。果鱗は長さ4〜5㍉。堅果は長さ2〜3㍉,翼は幅約2㍉。

カバノキ科 BETULACEAE

カバノキ属 Betula

ダケカンバ（1）
B. ermanii
〈岳樺／別名ソウシカンバ・エゾノダケカンバ〉

分布／北海道，本州（中部地方以北），四国，千島，サハリン，カムチャツカ，朝鮮半島，中国（東北部，内蒙古）

生育地／シラカバより高所に生える。北海道では低地から生え，本州以南では亜高山帯の日当たりのよいところに生育する。崩壊地や雪崩の跡地などにいっせいに侵入し，純林を形成する。

樹形／落葉高木。高さ10～20㍍，直径15～70㌢になる。孤立して生長した木は円錐形の樹冠になる。高山の森林限界付近に生えるものは，風や雪の影響で，幹がねじ曲がったような樹形になるものが多

亜高山帯ではシラカバにかわりダケカンバが優勢になる　1995.7.19　長野県小

ダケカンバ（左）とシラカバが並んでいた

幹の赤みが強いものはアカカンバとも呼ばれる

カバノキ科 BETULACEAE

い。雪の多いところでは、低木状になるものも多い。
樹皮／赤褐色または灰白褐色。薄い紙状にはがれる。老木では縦に裂ける。
枝／長枝と短枝がある。小枝ははじめ暗黄褐色で腺点があり、のちに紫褐色になる。無毛で光沢があり、円形または細長い楕円形の白い皮目が目立つ。
植栽用途／庭木
用途／材は緻密で、質のよいものは雑カバ材あるいはサクラ材として家具材にされるほか、建築材、器具材などに利用される。
名前の由来／標高の高いところに生えることから岳樺の名がついた。別名の草紙樺は、樹皮が紙のように薄くはがれることによる。色紙や書物の表紙などに利用した。

雪の影響で、横にはうように生えていた　1992.10.13　山梨県芦安村

の影響を受けないと大木になる

登山道に散り敷いた落ち葉

カバノキ科 BETULACEAE　135

カバノキ属 Betula

ダケカンバ（2）
B. ermanii

冬芽／長さ7～12㍉の長楕円形～紡錘形で、先はとがる。芽鱗は紫褐色で4個。葉痕は半円形。雄花序の冬芽は芽鱗がなく、裸出したまま冬を越す。

葉／長枝では互生、短枝には1対つく。葉身は長さ5～10㌢、幅3～7㌢の三角状広卵形。先端は鋭くとがり、基部は円形～浅いハート形。ふちには鋭いふぞろいの重鋸歯がある。側脈は7～12対と、シラカバの5～8対より多く、裏面に隆起する。表面は濃緑色ですこし光沢があり、裏面は淡緑色。両面とも無毛。秋には黄色から黄褐色に黄葉する。葉柄は長さ1～3.5㌢。

花／雌雄同株。5～6月、葉の展開と同時に

開花は雪解けに左右され、年によりひと月近くも狂う　1991.7.6　山梨県芦安村

❶側芽。❷短枝の冬芽。❸雄花序の冬芽。❹雌花序。雌花は緑色の苞の基部に3個ずつつく。花柱は紅色を帯びる。❺雄花序は長枝の先端から垂れ下がり、雌花序は短枝の先に上向きにつく。❻基部がハート形の長枝についていた葉。❼長枝の若葉。❽基部がハート形でない葉。短枝についていた。❾葉裏。❿果穂。⓫堅果と果苞。堅果は長さ2～3㍉、膜質の翼がつく。⓬直径1㌢ほどの若木の樹皮。⓭直径約10㌢。成木になると樹皮は薄片になってはがれる。

カバノキ科 BETULACEAE

開花する。雄花序は長枝の先に1～数個ずつ垂れ下がってつき，長さ5～7ｾﾝﾁ，幅約8ﾐﾘで黄褐色。雄花は苞のわきに3個ずつつく。花被は3全裂する。雄しべは3個，花糸は先が2裂する。雌花序は短枝の先に1個ずつ直立する。

果実／堅果。 果穂は長さ2～4ｾﾝﾁ，幅約1ｾﾝﾁで短い柄があり，上向きにつく。9～10月に成熟する。果鱗は長さ6～8ﾐﾘあり，上部は3裂する。中央の裂片は側裂片の2倍以上の長さがある。堅果は長さ2～3ﾐﾘ，幅2～3ﾐﾘの扁平な広倒卵形で頂部には花柱が残り，先端近くには細い軟毛がある。堅果の両側には膜質の翼がつく。翼の幅は果実本体の2分の1ほど。堅果は風に飛ばされて散布される。

海道ではシラカバ同様に多いが，より高所に生える　1997.9.18　群馬県片品村

カバノキ科 BETULACEAE　137

カバノキ属 Betula

ヤエガワカンバ
B. davurica

〈八重皮樺／別名コオノオレ〉

分布／北海道,本州(中部地方以北),ウスリー,アムール,朝鮮半島,中国東北部

生育地／山地の日当たりのよいところ

樹形／落葉高木。高さ15㍍,直径20〜40㌢になる。

樹皮／灰色を帯びた褐色または灰色。鱗片状に幾重にもはげ落ちる。

枝／若い枝は赤褐色で皮目と腺点が多く,はじめすこし毛が生える。古い枝は灰褐色。

冬芽／長さ3〜6㍉の卵形で,先は鋭くとがる。芽鱗は3〜4個。葉痕は半円形〜三角形。

葉／長枝では互生,短枝には1対つく。葉身は長さ4〜8㌢,幅3〜6㌢の卵形〜やや菱

ヤエガワは八重皮で,樹皮の様子を形容したもの　1984.5.24　長野県八千穂村

138　カバノキ科 BETULACEAE

梨、長野、群馬の3県が接するあたりに多い　1992.4.23　山梨県高根町

❶芽正面。❷側芽側面。❸雄花序の冬芽。❹短枝の芽。❺雄花序は長枝の先から垂れ下がり、雌花序は枝の先に直立する。❻雌花序。雌花は緑色の苞の基に3個ずつつく。花柱は紅色。❼葉表。葉脈は約7と少ない。❽葉裏。脈は有毛。❾果穂は上または下向き、一定しない。❿若い果穂。⓫果鱗と堅果。果は長さ6〜7㍉。堅果は長さ約3㍉で、翼は幅約1⓬樹皮。カンナ屑のような剝離した樹皮が残る。

形状卵形。先端は鋭くとがり、基部は円形〜広いくさび形。ふちには不ぞろいな鋸歯がある。側脈は6〜8対。表面は緑色で脈上に長い毛があり、裏面は黄緑色で腺点が密生し、脈上に長い毛、脈腋には毛叢がある。葉柄は長さ5〜15㍉、長い軟毛と腺点がある。
花／雌雄同株。4〜5月、葉の展開と同時に開花する。雄花序は長枝の先に2〜3個ずつ垂れ下がってつく。雄花には雄しべ2個がある。花糸は短く、先は2裂する。雌花序は短枝に直立する。
果実／堅果。果穂は長さ1.5〜2.5㌢の長楕円形で、9〜10月に成熟する。果柄は長さ5〜10㍉。果鱗は長さ6〜7㍉、上部は3裂する。堅果は長さ約3㍉の扁平な倒卵形で、頂部には花柱が残る。堅果の両側には膜質の翼がつく。翼の幅は果実本体の2分の1以上ある。
用途／家具、器具材
名前の由来／樹皮が幾重にもはがれることから八重皮の名がある。

カバノキ科 BETULACEAE

カバノキ属 Betula

チチブミネバリ
B. chichibuensis
〈秩父峰榛〉

分布／本州（岩手県の太平洋側、秩父山地）。日本固有。

生育地／石灰岩地帯の岩壁や尾根筋

観察ポイント／埼玉県秩父市の武甲山、埼玉県小鹿野町の二子山

樹形／落葉小高木。高さ10㍍、直径20㌢ほどになる。

樹皮／暗灰色～黒褐色

枝／若い枝ははじめ灰白色の軟毛が密生し、腺点はほとんどない。小枝は灰褐色で円形の小さな皮目が多い。

冬芽／長楕円状卵形。芽鱗は有毛。

葉／長枝では互生し、短枝には1対つく。葉身は長さ3～6㌢、幅1.5～3.5㌢の卵形。先端は短くとがり、基部はくさび形～浅いハー

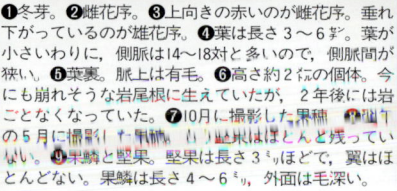

石灰岩を好むことや稀少という点で、イワシデに似る　1996.5.15　東京都奥多摩

❶冬芽。❷雌花序。❸上向きの赤いのが雌花序。垂れ下がっているのが雄花序。❹葉は長さ3～6㌢。葉が小さいわりに、側脈は14～18対と多いので、側脈間が狭い。❺葉裏。脈上は有毛。❻高さ約2㍍の個体。今にも崩れそうな岩尾根に生えていたが、2年後には岩ごとなくなっていた。❼10月に撮影した果穂。❽翌年の5月に撮影した果穂。むしろ果穂はほとんど残っていない。❾果鱗と堅果。堅果は長さ3㍉ほどで、翼はほとんどない。果鱗は長さ4～6㍉。外面は毛深い。

カバノキ科 BETULACEAE

ト形。ふちには不ぞろいの鋸歯がある。側脈は14〜18対あり、表面でくぼみ、裏面にいちじるしく隆起する。表面は深緑色、裏面は淡緑色で微細な腺点が散生する。はじめ両面とも白い絹毛が密生するが、のちに裏面脈上以外は無毛になる。葉柄の上面の溝には白い絹毛が密生する。

花／雌雄同株。4〜5月、葉の展開と同時に開花する。雄花序は長枝の先に2〜4個ずつ垂れ下がってつく。雌花序は短枝の先に直立する。

果実／堅果。果穂は長さ1.5〜2.5㌢の円柱形で直立し、10月に成熟する。果鱗は長さ4〜6㍉、外面に絹毛が密生する。上部は3裂し、中央の裂片は側裂片より長い。堅果は黒褐色で長さ約3㍉の扁平な卵形〜倒卵形で、頂部には花柱が残る。上部には細毛があり、翼はほとんどない。

類似種との区別点／オノオレカンバに似ているが、オノオレカンバは小枝に腺点があり、葉の側脈が9〜12対と少ない。

葉はミズメにやや似るが、側脈の間隔が極端に狭い　1995.10.12　埼玉県小鹿野町

カバノキ科 BETULACEAE

カバノキ属 Betula

オノオレカンバ
B. schmidtii

〈斧折樺／別名ミネバリ・オノオレ・アズサミネバリ〉

分布／本州（中部地方以北の主として太平洋側），ウスリー，朝鮮半島，中国東北部

生育地／岩礫地や土壌の浅い尾根

樹形／落葉高木。高さ15m，直径30〜60cmになる。

樹皮／黒褐色〜灰褐色。老木になると亀甲状に割れる。

枝／暗褐色で，白い楕円形の皮目が目立つ。はじめ毛と腺点がある。

冬芽／長さ5〜8mmの長楕円形〜卵形。芽鱗は3〜4個あり，細毛が生える。葉痕は半円形〜三日月形で，維管束痕は3個。

葉／長枝では互生，短枝には1対つく。葉身は長さ4〜9cm，幅3〜6cmの長楕円形。先端は鋭くとがり，基部は円形〜広いくさび形。ふちには不ぞろいの細かい鋸歯がある。側脈は9〜12対あり，表面でくぼみ，裏面に隆起する。裏面は淡緑色で腺点が散生し，脈上に

葉裏に腺点がよく発達し，若葉ではとくにべたつく　1997.5.7　山梨県足和田村

❶側芽。❷短枝の冬芽。芽鱗には白毛が生える。❸雌花序。赤い花柱が目立つ。❹雄花序は長枝の先から垂れ下がり，雌花序は短枝の先に上向きにつく。雄花序はもう花粉をだし終わった。❺葉表。❻果実。腺点がありべたつく。❼成熟した果実。❽さつ。❾若い果実は落ちる。果鱗は長さ。堅果は長さ約2mmで，翼はほとんどない。❿若い枝は皮目が多い。⓫樹皮。

カバノキ科 BETULACEAE

は白色の長い毛がある。葉柄は長さ5～10㍉、白い毛がまばらに生える。秋には黄葉する。

花／雌雄同株。5月、葉の展開と同時に開花する。雄花序は枝先に垂れ下がってつき、長さ4～6㌢。雌花序ははじめ赤色で短枝の先に直立する。

果実／堅果。果穂は長さ2～4㌢の長い円柱形で上向きにつき、9～10月に成熟する。果柄は長さ5～7㍉。果鱗は長さ5～6㍉、外面には腺がある。上部は3裂し、中央の裂片は側裂片の2倍ぐらいある。堅果は長さ2㍉ほどの扁平な卵状楕円形で、頂部に花柱が残る。翼はほとんどない。

用途／材は緻密でかたく、建築材、器具材に使われる。長野県では「おろくぐし」と呼ばれるクシがつくられ、兵庫県ではそろばんの玉に使われている。印鑑の材料としても利用される。

名前の由来／材がかたく、斧さえ折れるという意味から、斧折の名がついた。

岩尾根などに好んで生え、個体数は決して多くない　1996.10.12　山梨県足和田村

カバノキ科 BETULACEAE　143

カバノキ属 Betula
ヤチカンバ
B. ovalifolia

〈谷地樺〉／別名ヒメオノオレ・ルクタマカンバ

分布／北海道（十勝・根室地方），サハリン，ウスリー，朝鮮半島北部，中国東北部

生育地／湿原や川沿いの湿地にまれに生える。

樹形／落葉低木。高さ1.5㍍ほどになる。

樹皮／灰白色。

枝／若い枝は黒紫色。いぼ状の腺点がびっしりとつく。

葉／長枝では互生，短枝には1対つく。葉身は長さ1.5～6㌢，幅1～4.5㌢の楕円形～卵円形でやや革質。裏面には腺点がある。側脈はふつう4～6対。

花／雌雄同株。5月頃，葉の展開前に開花する。

果実／堅果。果穂は長さ1～2㌢で直立し，7～9月に成熟する。果鱗は長さ4～5.5㍉，上部は3裂し，中央の裂片がやや長い。堅果は長さ2～2.5㍉で翼がある。翼の幅は果実本体の2分の1ほど。

名前の由来／湿原や湿地つまり谷地に生えることからつけられた。

ヤチカンバ。若い実と何かの理由で咲きそこなった雄花　1998.7.9　北海道更別町

カバノキ科 BETULACEAE

アポイカンバ
B. apoiensis

〈別名ヒダカカンバ・マルミカンバ〉

分布／北海道（日高地方のアポイ岳）。日本固有。

生育地／蛇紋岩地帯にまれに生える。

樹形／落葉低木。高さ1㍍ほどになる。

枝／若い枝は腺点がある。古い枝は黒褐色で、灰褐色のいぼ状の皮目が多数つく。

葉／長枝では互生、短枝には1対つく。葉身は長さ1.5～4㌢，幅1～3㌢の広卵形。先はとがり、基部は浅いハート形～切形。ふちには不ぞろいの鋸歯がある。質は厚く，裏面に腺点が多い。側脈は6～8対。

花／雌雄同株。5月頃，葉の展開とほぼ同時に開花する。雄花序は枝先に1～3個ずつ垂れ下がってつく。雌花序は短枝に直立する。

果実／堅果。果穂は長さ1～3㌢の円柱形で上向きにつき、7～8月に成熟する。果鱗は長さ約4㍉、上部は3裂し、中央の裂片が長い。堅果は長さ1.5～2㍉で翼がある。

…ポイカンバ。アポイ岳固有種。葉はヤチカンバに似る　1998.7.23　軽井沢植物園

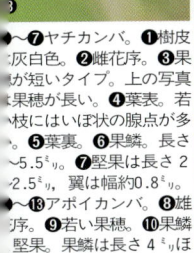

～❼ヤチカンバ。❶樹皮灰白色。❷雌花序。❸果が短いタイプ。上の写真果穂が長い。❹葉裏。枝にはいぼ状の腺点が多。❺葉裏。❻果鱗。長さ～5.5㍉。❼堅果は長さ2～2.5㍉、翼は幅約0.8㍉。～❸アポイカンバ。❽雄序。❾若い果穂。❿果鱗堅果。果鱗は長さ4㍉ほ。堅果は長さ1.5～2㍉、は幅約0.7㍉。⓫葉表。先がとがる傾向がある。葉裏。⓭雄花序の冬芽。

カバノキ科 BETULACEAE　145

花盛りのミズメ。カバノキの仲間ではもっとも無節操で，どこにでも生育する　1997.4.21　長野県清内路村

カバノキ科 BETULACEAE

ズメ。山岳部に多く，秋には明るい黄葉が楽しめる。北海道には分布しない　1997.10.24　山梨県足和田村

カバノキ科 BETULACEAE

カバノキ属 Betula

ミズメ
B. grossa
〈水芽／別名アズサ・ヨグソミネバリ・アズサカンバ〉

分布／本州（岩手県以西），四国，九州（高隈山まで）。日本固有。

生育地／丘陵〜山地

樹形／落葉高木。高さ15〜25㍍，直径30〜70㌢になる。カバノキの仲間ではもっとも大きくなる。

樹皮／灰褐色または暗褐色でなめらか。横に長い皮目があって，サクラの樹皮に似ている。老木になると，裂けてはがれやすい。

枝／若い枝は黄褐色で光沢がある。楕円形の皮目がある。傷つけるとサロメチールのにおいがする。

冬芽／長さ6〜8㍉の卵形。サロメチールのにおいがする。芽鱗は4個。葉痕は半円形〜三角形。

葉／長枝では互生，短枝には1対つく。葉身は長さ3〜10㌢，幅2〜8㌢の卵形。先端は鋭くとがり，基部は浅いハート形〜円形。ふちには鋭い重鋸歯がある。側脈は8〜14対，

若い枝の皮を爪ではぐと，サロメチール臭がする　1997.4.21　長野県清内路村

カバノキ科 BETULACEAE

表面でへこみ，裏面に隆起する。はじめ両面とも長い伏毛があるが，のちに裏面の脈上を除いて無毛になる。葉柄は長さ1〜2.5㌢で有毛。
花／雌雄同株。4月頃，葉の展開と同時に開花する。雄花序は枝先に垂れ下がってつき，長さ5〜7㌢。雌花序は円柱形で短枝の先に直立する。
果実／堅果。果穂は長さ2〜4㌢，幅1.5㌢ほどの楕円形で上向きにつき，10月に成熟する。果鱗は長さ7〜8㍉。ふちには微細な毛がある。上部は3裂し，中央の裂片は側裂片より長い。堅果は長さ3㍉ほどの扁平な広卵形で，頂部には花柱が残り，両側に翼がつく。翼の幅は果実本体の2分の1以上ある。
用途／材は緻密で重くてかたく，建築材，家具材，器具材に利用される。昔は弓材にされた。黄葉が美しいので庭木にすることもある。
名前の由来／樹皮を傷つけると水のような樹液がでることからつけられた。

樹皮は桜肌。サクラの語尾がつく方言名が非常に多い　1990.10.23　長野県小海町

❶短枝の冬芽。葉痕が6個見え，6年かかってこの短枝が生長したことを示している。❷雄花序。1個の苞に雄花が3個ずつつく。❸雄花序の冬芽。❹雌花序。緑色の苞の，ふちには白い毛が生え，紅色の花柱が見える。❺葉芽の展開。❻短枝の葉。8月の撮影だが，すでに冬芽が形成されている。❼葉裏。脈上は有毛。❽成熟した果穂。❾果鱗と堅果。果鱗は長さ7〜8㍉。堅果は長さ約3㍉で，翼は幅約0.8㍉。❿直径約12㌢の若木の樹皮。⓫直径70㌢ほどの老木の樹皮。

カバノキ科 BETULACEAE　149

カバノキ属 Betula

ジゾウカンバ
B. globispica
〈地蔵樺／別名イヌブシ〉

分布／本州（関東地方西部，中部地方東部）。日本固有。

生育地／山地の日当たりのよい崖や岩尾根。埼玉，山梨，長野，群馬の4県が接するあたりに多い。

樹形／落葉高木。高さ10〜15m，直径30〜40cmになる。

樹皮／灰白色。横長の皮目が多く，不規則にはがれる。

枝／灰褐色で，皮目が目立つ。

葉／長枝では互生，短枝には1対つく。葉身は長さ4〜8cm，幅3〜5cmの広卵形で，先端は鋭くとがる。ふちには不ぞろいの鋭い重鋸歯がある。側脈は8〜10対。裏面の脈上や葉柄には白色の長い毛がある。

花／雌雄同株。5〜6月に開花する。

果実／堅果。果穂は長さ3〜4cmで直立し，10月に成熟する。果鱗は長さ1〜1.5cmで，上部は3裂する。堅果は長さ3〜4mm。

ジゾウカンバ。幅の広い葉とずんぐりとした雌花が特徴　1997.5.13　山梨県敷島町

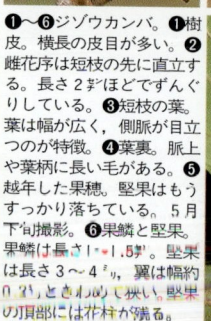

❶〜❻ジゾウカンバ。❶樹皮。横長の皮目が多い。❷雌花序は短枝の先に直立する。長さ2cmほどでずんぐりしている。❸短枝の葉。葉は幅が広く，側脈が目立つのが特徴。❹葉裏。脈上や葉柄に長い毛がある。❺越年した果穂。堅果はもうすっかり落ちている。5月下旬撮影。❻果鱗と堅果。果鱗は長さ1〜1.5cm。堅果は長さ3〜4mm，翼は幅約0.3mmときわめて狭い。堅果の頂部には花柱が残る。

150　カバノキ科 BETULACEAE

ネコシデ
B. corylifolia
〈猫四手／別名ウラジロカンバ〉

分布／本州（大峰山脈以北）。日本固有。

生育地／山地の上部～亜高山

樹形／落葉高木。高さ3～15㍍、直径30㌢ほどになる。

樹皮／灰白色または帯白色。横にはがれる。

枝／暗紫褐色。横長の皮目があり、傷つけるとサロメチールのにおいがする。

葉／長枝では互生、短枝には1対つく。葉身は長さ4～8㌢、幅3～6㌢の卵状長楕円形。先は鋭くとがり、ふちには鋭い粗い重鋸歯がある。カバノキの仲間では、もっとも鋸歯が目立つ。側脈は8～14対。はじめ両面とも絹毛があり、裏面の脈上に残る。裏面は粉白色。

花／雌雄同株。5月、葉の展開と同時に開花する。雄花序は枝先に垂れ下がってつく。雌花序は短枝の先にやや下向きにつく。

果実／堅果。果穂は長さ3～5㌢で、上向きにつく。果鱗は長さ1～1.5㌢。

ネコシデ。大きな重鋸歯のある葉が見分けのポイント　1983.8.31　長野県山ノ内町

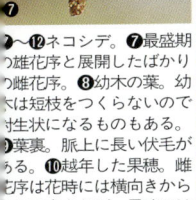

❼～⓬ネコシデ。❼最盛期の雄花序と展開したばかりの雌花序。❽幼木の葉。幼木は短枝をつくらないので互生状になるものもある。❾葉裏。脈上に長い伏毛がある。❿越年した果穂。雌花序は花時には横向きからやや下向きだが、果時には上を向く。6月下旬撮影。⓫果鱗と堅果。果穂は長さ1～1.5㌢。堅果は長さ約4㍉、翼は幅約0.5㍉。⓬直径約7㌢の若木の樹皮。老木になると灰白色になる。

カバノキ科 BETULACEAE

カバノキ属 Betula

ウダイカンバ
B. maximowicziana
〈鵜松明樺／別名サイハダカンバ・マカバ・マカンバ〉

分布／北海道,本州(福井・岐阜県以北),千島(国後島)

生育地／山地

樹形／落葉高木。高さは15～30㍍,直径30～100㌢になる。

樹皮／灰褐色または橙黄色。紙のような薄片になってはがれる。横に長い皮目がある。

枝／暗赤褐色。光沢があり,白色のまるい皮目が目立つ。

冬芽／長さ8～12㍉の卵状長楕円形で,先がややとがる。芽鱗は4個,栗褐色で樹脂をかぶる。葉痕は三角形～半円形。

葉／長枝では互生,短枝には1対つく。葉身は長さ8～14㌢,幅6～10㌢の広卵形。先端は鋭くとがり,基部は深いハート形。ふちには不ぞろいの細かい鋸歯がある。側脈は8～13対。表面は濃緑色,裏面は淡緑色で腺点が目立ち,脈腋には毛叢がある。はじめは両面ともビロード状の軟毛

雌花序は緑白色。こんな細長い雌花序は同属で本種のみ　1991.5.25　岐阜県高根

❶短枝の冬芽。❷雄花序の冬芽。❸雌花序が2～4個ずつ垂れ下がってつくのが特徴。❹上の黄褐色が雄花序,下の緑白色が雌花序。❺雌花序。❻雌花序。紅色の花柱が目立つ。❼葉は長さ川㌢んで垂れる。❽雄蕊。脈腋に毛が密生する。❾成熟した果穂。⓾甲鱗と堅果。果鱗は長さ5～6㍉。堅果は長さ2～3㍉で,翼は幅約2.5㍉と大きい。⓫樹皮。横長の皮目が目立つ。

カバノキ科 BETULACEAE

が密生する。葉柄は長さ2～6ｃｍ。

花／雌雄同株。5～6月、葉の展開と同時に開花する。雄花序は枝先に数個ずつ垂れ下がってつき、長さ約14ｃｍ、幅1ｃｍほど。雌花序は緑白色で、短枝の先から2～4個垂れ下がる。

果実／堅果。果穂は長さ9ｃｍの円柱形で垂れ下がり、9～10月に成熟する。果鱗は長さ5～6ｍｍでやや薄い。上部は3裂し、中央の裂片は側裂片の2倍ほどある。堅果は長さ2～3ｍｍの扁平な広倒卵形で、頂部に花柱が残り、両側に翼が発達する。翼の幅は果実本体の3～4倍ある。

類似種との区別点／葉は長さ10ｃｍ以上あり、カバノキの仲間では最大。また葉の基部が深いハート形になる。堅果の翼が非常に幅が広いのも特徴。

用途／材はカバノキの仲間ではもっとも質がよく、マカバと呼ばれる。北海道では植林されている。建築材、器具材のほか、楽器材にも使われる。

葉はカバノキ科のなかで最大級。基部は深いハート形になる　1987.10.23　韮崎市

カバノキ科 BETULACEAE　153

主なカバノキ属の見分け方

	葉表	葉裏	果穂	堅果と果鱗(原寸大)
シラカバ P130				
ダケカンバ P134				
ヤエガワカンバ P138				
オノオレカンバ P142				

カバノキ科 BETULACEAE

	葉表	葉裏	果穂	堅果と果鱗
ミズメ P148				
ジゾウカンバ P150				
ネコシデ P151				
クダイカンバ P152				

カバノキ科 BETULACEAE

ハンノキ属 Alnus

落葉高木または低木。葉は互生する。雄花の花序は尾状で、苞のわきに雄花が3個つく。雌花序は松かさ状の花序をつくり、苞のわきに雌花が2個つく。雄花には花被があるが、雌花には花被はない。花柱は紅色で2裂する。果実は小さな堅果で、果鱗の内側につく。堅果にはふつう翼があり、風に飛ばされるが、果鱗は果軸に残る。ハンノキ属はヤシャブシ亜属とハンノキ亜属に分けられる。ヤシャブシ亜属は冬芽は無柄、ハンノキ亜属は冬芽に柄があり、雌花序に芽鱗がない。北半球の温帯およびアンデス山地に約40種ある。

ヤシャブシ（上）の仲間は雄花序の冬芽は裸出し、雌花序の冬芽は芽鱗に包まれている。ハンノキ（下）の仲間は雄花序も雌花序も芽鱗がなく、裸出している。

ヤシャブシは典型的な太平洋側分布の樹木で、とくに関東地方周辺に多い。ハン

カバノキ科 BETULACEAE

ヤシャブシの仲間は土壌中の根粒菌と共生し，空中の窒素を養分にしている　1996.5.15　山梨県小菅村

カバノキ科 BETULACEAE

ハンノキ属 Alnus

ヤシャブシ
A. firma
〈夜叉五倍子〉

分布／本州（福島県〜紀伊半島の太平洋側），四国，九州（屋久島まで）。日本固有。

生育地／丘陵〜山地。とくに尾根沿いに多い。崩壊地や林道などの治山工事後の法面にすばやく侵入する。

樹形／落葉小高木。高さ8〜15㍍，直径10〜30㌢になる。

樹皮／灰褐色。若木はなめらかだが，古くなるとはがれる。

枝／灰褐色。よく分枝し，楕円形の皮目がある。若い枝は有毛。

冬芽／葉芽と雌花序の冬芽は長さ1〜1.5㌢の披針形で，柄はなく，3〜4個の芽鱗に包まれる。芽鱗は光沢がある。葉痕は三角形。雄花序は芽鱗に包まれず，裸出したまま冬を越す。

葉／互生。葉身は長さ4〜10㌢，幅2〜4.5㌢の狭卵形。先端は鋭くとがり，ふちには細かい重鋸歯がある。側脈は13〜17対。裏面の脈上に伏毛がある。葉柄は長さ7〜12㍉。

花／雌雄同株。3〜4

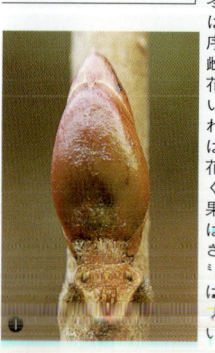

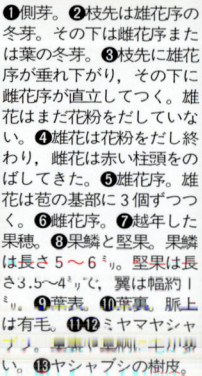

垂直分布域が広く，海岸から1000㍍以上まで生える　1997.4.15　山梨県河口湖畔

❶側芽。❷枝先は雄花序の冬芽。その下は雌花序または葉の冬芽。❸枝先に雄花序が垂れ下がり，その下に雌花序が直立してつく。雄花はまだ花粉をだしていない。❹雄花は花粉をだし終わり，雌花は赤い柱頭をのばしてきた。❺雄花序。雄花は苞の基部に3個ずつつく。❻雌花序。❼越年した果穂。❽果鱗と堅果。果鱗は長さ5〜6㍉。堅果は長さ3.5〜4㍉㍍で，翼は幅約1㍉。❾苞芽。❿苞真。脈上は有毛。⓫⓬ミヤマヤシャ〔…〕❸ヤシャブシの樹皮。

158　カバノキ科 BETULACEAE

月，葉の展開前に開花する。雄花序は無柄で長さ4〜6㌢，やや太くて弓形に曲がり，枝先から垂れ下がる。雌花序は柄があり，雄花序よりすこし下部に1〜2個直立する。

果実／堅果。果穂は長さ1.5〜2㌢の卵状広楕円形で，直立または斜上し，10〜11月に成熟する。果鱗は長さ5〜6㍉の扇形で黒褐色。堅果は長さ3.5〜4㍉の楕円形で，頂部に花柱が残る。翼の幅は果実本体とほぼ同じ。

類似種との区別点／ヒメヤシャブシは葉の側脈が20〜26対と多く，果穂が垂れ下がる。オオバヤシャブシは葉が大きく，雄花序は枝の途中につく。

備考／葉や葉柄に毛の多いものを**ミヤマヤシャブシ** var. hirtella といい，関東地方や中部地方に多い。

植栽用途／砂防樹，緑化樹。

用途／心材は赤みがあり，箸やクシ，工芸品などに利用される。果穂にはタンニンが多く，染料として利用する。

年した果穂。若い実がもうできている　1996.3.19　鹿児島県桜島町

カバノキ科 BETULACEAE

ハンノキ属 Alnus
オオバヤシャブシ
A. sieboldiana
〈大葉夜叉五倍子〉

分布／本州（福島県南部〜和歌山県の太平洋側），伊豆諸島。日本固有。

生育地／海岸近くの山地から丘陵。やせ地でもよく育ち，崩壊地などに侵入する。

樹形／落葉小高木。高さ5〜10㍍，直径6〜10㌢になる。

枝／灰褐色。無毛で円形の皮目が多い。

冬芽／長さ1〜1.5㌢の披針形。芽鱗は3〜4個。雄花序の冬芽は雌花序の冬芽より下につく。葉痕は三角形。

葉／互生。葉身は長さ6〜12㌢，幅3〜6㌢の長卵形。先端は鋭くとがり，基部はまるく，左右が不ぞろい。ふちには鋭い重鋸歯がある。側脈は12〜16対。裏面は淡緑色で腺点がある。葉柄は長さ1〜2㌢。

花／雌雄同株。3〜4月，葉の展開とほぼ同時に開花する。雄花序は無柄で長さ4〜5㌢，やや太くて弓形に曲がり，前年の葉腋から垂れ下がる。雌花序は長さ1〜2㌢の柄があり，

ヤシャブシによく似ているが，雄花序は枝先につかない　1992.3.13　静岡県河津

❶枝先は葉芽。その下に雌花序，雄花序の順で冬芽が並んでいる。❷展開しはじめた花序。枝先の葉芽はまだ展開前。❸雄花はほとんど花粉をだし終わった。雌花はだいぶ生長し，葉芽もやっと展開しはじめた。❹葉表。❺葉裏。脈腋にわずかに毛があるほかは無毛。❻11月の果穂。果穂はヤシャブシのように枝先に集まらない。❼越年した3月の果穂。果鱗にすきまがあいて，堅果を散布でき[...]❽7月の果穂。堅果[...]❿若い枝。皮目が多い。⓫[...]

カバノキ科 BETULACEAE

雄花序より上につく。

果実／堅果。果穂は長さ2〜2.5cmの広楕円形で、10〜11月に成熟する。果鱗は長さ約8mmの扇形で黒褐色。堅果は長さ4〜5mmの狭長楕円形で、頂部には花柱が残り、両側に果実本体よりすこし幅の狭い翼がある。翼は左右不ぞろい。

備考／砂防用や緑化用に種子がまかれたりしたため、近年分布域を拡大している。

類似種との区別点／ヤシャブシより葉や果実が大きい。ヤシャブシの仲間のほとんどは枝先に雄花序がつくが、オオバヤシャブシだけは葉、雌花序、雄花序の順序で枝につく。

植栽用途／砂防樹、緑化樹

用途／果穂にはタンニンが多く、黒色の染料になる。

海地に多く見られ、夏は人々に緑陰を提供する　1996.7.2　静岡県中伊豆町

カバノキ科 BETULACEAE

ハンノキ属 Alnus
ヒメヤシャブシ
A. pendula
〈姫夜叉五倍子／別名
ハゲンバリ〉

分布／北海道，本州，四国。日本固有。

生育地／丘陵〜山地。多雪地のやせた土地や崩壊地に多い。

樹形／落葉小高木。よく分枝し，高さ2〜7㍍になる。

樹皮／黒褐色。なめらかで，横長またはまるい皮目が多い。

枝／暗灰褐色〜暗赤褐色。縦長の小さい皮目があり，若いときは毛が生える。

冬芽／長さ6〜12㍉の紡錘形。芽鱗は赤褐色で光沢があり，3〜4個。葉痕は三角形。

葉／互生。葉身は長さ5〜10㌢，幅2〜4㌢の狭卵状披針形。先端は細長くとがり，基部はまるい。ふちには細

ヒメヤシャブシは日本海側分布型。ヤシャブシは太平洋側型　1994.5.12　大町市

❶枝先は雄花序の冬芽，すぐ下は葉芽または雌花序の冬芽。❷側芽。葉が入っている。❸雌花序。❹雄花序を横に切断したもの。雄しべの基部に淡緑色の花被が見える。❺雄花序は黄褐色，雌花序は淡緑色。葉芽も展開しはじめた。❻葉表。❼葉裏。❽若い果穂。❾越年した果穂。⓾芽生えした冬姿。⓫果鱗は長さ3〜4.5㍉。堅果は長さ2〜3㍉，翼は幅約1㍉。⓬樹皮。皮目が多い。

162　カバノキ科 BETULACEAE

かい重鋸歯がある。側脈は20〜26対あり、表面でへこみ、裏面に隆起する。表面は無毛、裏面の脈上には伏毛がある。

花／雌雄同株。3〜5月、葉の展開と同時に開花する。雄花序は無柄で長さ4〜6㌢、枝先に1〜3個垂れ下がる。雌花序は雄花序より下方に3〜6個ずつつく。雌花序には柄がある。

果実／堅果。果穂は長さ1.5〜2㌢の楕円形で、垂れ下がる。10〜11月に成熟する。果鱗は長さ4〜4.5㍉の扇形で黒褐色。堅果は長さ2〜3㍉の長楕円形で、頂部に花柱が残り、両側に翼がある。翼の幅は果実本体とほぼ同じ。

植栽用途／砂防樹
用途／果穂にはタンニンが多く、黒色の染料になる。

シャブシの仲間では花も果穂も葉も最小。枝も細い　1997.9.21　長野県白馬村

カバノキ科 BETULACEAE　163

ハンノキ属 Alnus
ミヤマハンノキ
A. maximowiczii

〈深山榛の木〉

分布／北海道，本州(白山以北、大山)、千島、サハリン、カムチャツカ、ウスリー、朝鮮半島

生育地／本州では亜高山帯から高山帯、北海道では低地から生える。

観察ポイント／富士山5合目

樹形／落葉低木〜高木。高さ5〜8㍍になる。環境の厳しいところでは下部から多数枝分かれして、高さ1〜1.5㍍のブッシュ状になる。

樹皮／暗褐色でざらつき、皮目が多い。

枝／暗灰褐色で無毛。楕円形の皮目が多く、粘る。

冬芽／長さ1〜1.5㌢の長卵形で、先は鋭くとがる。芽鱗は2個、表面は粘る。

ハンノキの名はつくがヤシャブシの仲間。冬芽でわかる 1991.7.6 山梨県芦安

❶雄花序の冬芽。その下は雌花序または葉の冬芽。❷側芽。冬芽には柄はない。雄花序は枝先から垂れ下がり、雌花序は上向きにつく。❸若い果穂。❺熟した果穂。果鱗が開いてきた。❻果鱗は長さ4〜5㍉。❼堅果が落ちたあとも残る。❼堅果は長さ約3㍉、翼は幅約1.3㍉。❽葉表。❾葉裏。脈腋に毛がある。❿樹皮。皮目が多い。⓫ハシバミツボ科のオニクの花。ミヤマハンノキの根に寄生する（撮影／藤井ецу）

カバノキ科 BETULACEAE

葉／互生。葉身は長さ5〜10㌢，幅4〜9㌢の広卵形。先端は鋭くとがり，基部はまるい。ふちには細かい重鋸歯がある。側脈は8〜12対。展開したばかりの葉は粘る。表面はやや光沢があり，裏面は脈に沿って長い軟毛がまばらに生え，脈腋に褐色の毛叢がある。葉柄は長さ1〜3㌢。

花／雌雄同株。5〜7月，葉の展開と同時に開花し，甘い香りを漂わせる。雄花序は長さ4〜5㌢，枝先に2〜3個垂れ下がる。雌花序は短い柄があり，雄花序の下方に2〜数個直立する。

果実／堅果。果穂は長さ1〜1.5㌢の広楕円形で，10〜11月に成熟する。果鱗は長さ4㍉の扇形。堅果は長さ約3㍉の長楕円形で，頂部に花柱が残り，両側に翼がある。翼の幅は果実本体とほぼ同じ。

備考／根にオニクが寄生する。葉は窒素含有率が高く，優れた光合成の能力がある。落葉期になっても葉の窒素などの養分を枝に回収しないで，緑色のまま落葉する。

関東地方では亜高山帯以上，北海道では海岸から分布　1989.9.10　静岡県小山町

カバノキ科 BETULACEAE

ハンノキ属 Alnus

ハンノキ
A. japonica
〈榛の木／別名ハリノキ〉

分布／北海道，本州，四国，九州，沖縄，南千島，ウスリー，朝鮮半島，中国，台湾

生育地／低湿地や湿原。地下水位の高いところに生える。

樹形／落葉高木。高さ10〜20㍍，直径10〜60㌢になる。

樹皮／紫褐色。不規則に浅く裂けてはがれる。

枝／褐色でなめらか。若い枝は灰褐色で，まるい皮目が多い。

冬芽／葉芽は長さ3〜8㍉の長楕円形。長さ4〜6㍉の柄がある。雄花序と雌花序の冬芽は芽鱗がない。冬芽に柄があり，雄花序も雌花序も芽鱗に包まれず，裸出したまま冬を越すのは，ハンノキの仲間に共通の特徴。ヤシャブシの仲間の雌花序は芽鱗に包まれる。

葉／互生。葉身は長さ5〜13㌢，幅2〜5.5㌢の卵状長楕円形。先端は鋭くとがり，基部は広いくさび形。ふちには不ぞろいの浅い鋸歯がある。側脈は7〜9

12月から3月，暖かい日をねらってあっという間に開花する　1999.2.18　横浜市

❶側芽。葉が入っている。❷枝先は雄花序の冬芽。方の小さいのは雌花序の冬芽。冬芽に柄があり，雄序も雌花序も裸出しているのはハンノキの仲間の特❸雌花序。❹雄花序は垂れ下がる。もう花粉をだしあと。上向きの赤いのが雌花序。❺葉表。❻葉裏若い果穂。❽熟した果穂。❾果鱗は長...翼はほとんどい。❿老木の樹皮。直径約80㌢。⓫直径約30㌢の樹

カバノキ科　BETULACEAE

対あり、表面でへこみ、裏面に隆起する。質はややかたく、表面は無毛、裏面は主脈の基部に赤褐色の毛がある。葉柄は長さ1.5～3.5㌢。
花／雌雄同株。暖地では11月、寒いところでは4月、葉の展開する前に開花する。雄花序は長さ4～7㌢で柄があり、枝先に2～5個垂れ下がってつく。雌花序は長さ3～4㍉、柄があり、雄花序の下方に1～5個つく。
果実／堅果。果穂は長さ1.5～2㌢の卵状楕円形で、10月に成熟する。果鱗は長さ5～6㍉の扇形。堅果は長さ3～4㍉、頂部に花柱が残る。翼はほとんどない。
備考／幹の皮目から空気を地下部に送る機構があり、木のまわりに水がたまったりすると、不定根や萌芽が発生する。これらは水分の過剰なところでも生育できるように適応したメカニズムである。
植栽用途／公園樹
用途／建築材、家具材に利用されるが、ヤマハンノキやケヤマハンノキほどではない。果穂はタンニンを含み、染料として利用される。

湿潤地を好み、大木になる。新緑も美しく存在感のある木だ　1993.5.11　横浜市

カバノキ科 BETULACEAE

ハンノキ属 Alnus
サクラバハンノキ
A. trabeculosa
〈桜葉榛の木〉

分布／本州（岩手・新潟県以西），九州(宮崎県)，中国

生育地／湿地にまれに生える。

観察ポイント／愛知県の渥美半島にある「黒河湿地植物群落」はヤチヤナギ，シデコブシ，シラタマホシクサなど，珍しい植物が生育していることで知られ，県の天然記念物に指定されている。ここにサクラバハンノキが5〜6本自生している。ほかにも点々と自生の記録はあるが，見つけるのはなかなかたいへんだ。関東周辺では茨城県の高萩市や栃木県の那須地方で見つかっている。

樹形／落葉小高木。高さ10〜15㍍，直径20㌢ほどになる。

珍しい樹木。ハンノキに比べて花序や果穂がひとまわり小さい。樹皮に割れ目が

❶枝先の長いのが雄花序の冬芽。下に小さい雌花序冬芽がつく。両方とも裸芽。❷❸❹葉芽。ハンノキ葉芽に比べてずんぐりしている。❷は頂芽。❸は側芽正面。❹は側芽側面。❺開花しはじめた雄花序。雌序はまだかたい。❻若葉。❼❽葉。側脈は9〜12対 ❾葉裏。❿熟した果穂。果鱗のすきまに堅果が入っている。⓫果鱗は長さ5〜10㍉，幅9㍉。ハンノキの果鱗は長さ5〜7㍉。堅果は長さ約3㍉，翼ははとんどない。⓬樹皮はなめらか。

カバノキ科 BETULACEAE

樹皮／灰褐色。なめらかで，古くなってもハンノキのように割れ目は入らない。
枝／灰褐色。小さな円形の皮目が散在する。
冬芽／葉芽は広倒卵形で，短い柄がある。柄を含めて長さ4〜7㍉でずんぐりしている。葉痕はほぼ円形。
葉／互生。葉身は長さ5〜9㌢，幅2〜5㌢の卵状楕円形。先端は短くとがり，基部は円形〜浅いハート形。ふちには不ぞろいの細かい鋸歯がある。側脈は9〜12対，表面でへこみ，裏面に隆起する。表面は光沢があり，裏面は無毛または脈上にすこし毛が生える。葉柄は長さ1〜2㌢。
花／雌雄同株。2〜3月，葉の展開前に開花する。雄花序は柄があり，枝先から4〜5個垂れ下がる。雌花序は短い柄があり，雄花序の下方に上向きにつく。
果実／堅果。果穂は長さ約2㌢の卵状楕円形で上向きにつく。果鱗は長さ約3.5㍉の扇形。堅果は長さ約3㍉で，翼はほとんどない。

きないのもハンノキとの区別点のひとつ 1998.1.6 愛知県田原町黒河

カバノキ科 BETULACEAE 169

ハンノキ属 Alnus
ケヤマハンノキ（1）
A. hirsuta
〈毛山榛の木〉

分布／北海道，本州，四国，九州，サハリン，カムチャッカ，東シベリア，朝鮮半島，中国

生育地／丘陵の上部から山地。川岸や渓流沿いに多い。

樹形／落葉高木。高さ10～20㍍，直径15～80㌢になる。

樹皮／紫褐色。なめらかで，灰色の横長の皮目が目立つ。

枝／若い枝には軟毛が密生する。

冬芽／長卵形で先はまるく，柄がある。柄を含めて長さ1～1.8㌢。表面には毛が生える。葉痕は三角形。

葉／互生。葉身は長さ8～15㌢，幅4～13㌢の広卵形。先端は短くとがるかまたは鈍く，基部は円形～浅いハー

ケヤマハンノキ。全国に分布するが東北や北海道に多い　1990.3.24　山梨県忍野村

❶ケヤマハンノキの側芽。
❷ヤマハンノキの側芽。❸
❹タニガワハンノキの側芽。長さは柄も含めて約1.3㌢。
❺ケヤマハンノキの花序。
❻ヤマハンノキの花序。❼タニガワハンノキの花序は小ぶり。❽❾ケヤマハンノキの葉。毛が多い。❿⓫ヤマハンノキの葉。⓬⓭タニガワハンノキの葉。表面はしわっぽく，裏面全体に毛が生える。⓮左がケヤマハンノキ，右はタニガワハンノキ。

カバノキ科 BETULACEAE

ト形。ふちには欠刻状の重鋸歯がある。側脈は6〜8対あり、表面でへこみ、裏面に隆起する。表面は濃緑色で短毛がまばらに生え、裏面の脈上にはビロード状の軟毛が密生する。葉柄は長さ1.5〜3㌢で、軟毛が密生する。

花／雌雄同株。4月、葉の展開前に開花する。雄花序は長さ7〜9㌢、柄があり、枝先に2〜4個垂れ下がってつく。雌花序は雄花序の下方に下向きにつく。

類似種との区別点／タニガワハンノキは花序や果穂、葉がケヤマハンノキより小さく、各部に絹毛が密生する。

備考／葉や枝、冬芽など、全体に毛のないものを**ヤマハンノキ** var. sibirica というが、中間型もあり、毛の様子は個体によって変異が多い。

全体に毛のないものをヤマハンノキという　1997.7.22　青森県六ケ所村

カバノキ科 BETULACEAE　171

ハンノキ属 Alnus
ケヤマハンノキ（2）
A. hirsuta

果実／堅果。果穂は長さ1.5〜2.5㌢の楕円形。果鱗は長さ4〜5㍉の扇形で黒褐色。堅果は長さ3〜3.5㍉の扁平な長楕円形で、頂部には花柱が残り、両側に狭い翼がある。

植栽用途／砂防樹、緑化樹。根粒菌と共生しているので、治山工事あとの肥料木としてよく植えられる。

用途／家具材。現在はアルダー材の名でアメリカから輸入されている。器具材にも使う。

タニガワハンノキ
A. inokumae

〈谷川榛の木／別名コバノヤマハンノキ〉

分布／北海道（渡島半島），本州（岐阜・長野県以北）。日本固有。

生育地／山地。川岸や渓流沿いに生える。

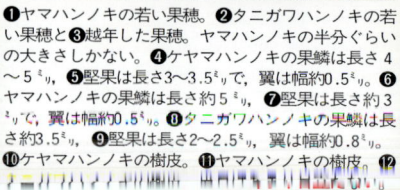

ヤマハンノキ。ケヤマハンノキとの間には中間型がある　1990.3.24　山梨県忍野村

❶ヤマハンノキの若い果穂。❷タニガワハンノキの若い果穂と❸越年した果穂。ヤマハンノキの半分ぐらいの大きさしかない。❹ケヤマハンノキの果鱗は長さ4〜5㍉。❺堅果は長さ3〜3.5㍉で、翼は幅約0.5㍉。❻ヤマハンノキの果鱗は長さ約5㍉。❼堅果は長さ約3㍉で、翼は幅約0.5㍉。❽タニガワハンノキの果鱗は長さ約3.5㍉。❾堅果は長さ2〜2.5㍉で、翼は幅約0.8㍉。❿ケヤマハンノキの樹皮。⓫ヤマハンノキの樹皮。

カバノキ科 BETULACEAE

ニガワハンノキ。コバノヤマハンノキとも呼ばれる　1995.10.6　長野県川上村

樹形／落葉高木。高さ10〜15mになる。
樹皮／黒褐色。皮目はあまり目立たない。
枝／若い枝は紫褐色で、灰色の軟毛が密生する。古い枝は垂れ下がる。
冬芽／長卵形で先はまるい。柄を含めて長さ1.3cmほど。
葉／互生。葉身は長さ4〜7cm、幅4〜6cmの三角状広卵形。側脈は6〜8対。ケヤマハンノキに似ているが、全体に小さく、裏面全体に絹毛があり、白っぽく見える。
花／雌雄同株。3〜4月、葉が展開する前に開花する。雄花序は長さ1〜1.3cm、枝先に2〜3個垂れ下がってつく。雌花序は雄花序より下方に下向きにつく。雄花序も雌花序もケヤマハンノキより小さい。
果実／堅果。果穂は長さ約1cmの楕円形。果鱗は長さ約3.5mm。堅果は長さ2〜2.5mmの扁平な楕円形。
用途／下駄をつくる。建築材、器具材、薪炭材。寒いところでも生長が早いので、よく植えられる。

カバノキ科　BETULACEAE　173

ハンノキ属 Alnus
ヤハズハンノキ
A. matsumurae
〈矢筈榛の木〉

分布／本州（中部地方、山形県〜福井県の日本海側）。日本固有。

生育地／山地の上部から亜高山帯。多雪地帯の崩壊地や沢沿いなどに多い。

樹形／落葉高木。高さ10〜15㍍、直径30〜40㌢になる。

樹皮／灰黒色。なめらかで横長の皮目が多い。

枝／若い枝は暗灰紫色で無毛。長楕円形の皮目が散在する。

冬芽／広卵形〜楕円状卵形で先はややまるい。ハンノキやケヤマハンノキに比べると太くて短い柄があり、柄も含めて長さ1.2〜1.5㌢。葉痕はほぼ三角形で、両わきにある托葉痕が目立つ。

葉／互生。葉身は長さ

深山から亜高山帯に多く、標高の低いところにはない　1994.5.9　静岡県小山町

カバノキ科 BETULACEAE

5〜10cm、幅3〜9cm、先端がへこんで矢筈に似た形をしている。基部は広いくさび形。ふちには不ぞろいの浅い重鋸歯がある。側脈は6〜9対。表面でへこみ、裏面に隆起する。裏面は灰白色で、脈沿いにすこし毛がある。葉柄は長さ1〜3cmで無毛。

花／雌雄同株。4〜5月、葉の展開前に開花する。雄花序は柄があり、枝先から1〜2個垂れ下がってつく。雌花序は雄花序の下方に2〜5個総状に集まってつく。

果実／堅果。果穂は長さ1.5〜2cmの楕円形。果鱗は長さ4〜5mmの扇形。堅果は長さ3mmほどの扁平な広楕円形で、頂部には花柱が残り、両側に翼がある。翼の幅は果実本体の2分の1ほど。

葉は先端が大きくへこんだ矢筈形で、樹木では珍しい　1992.5.29　長野県小海町

❷側芽。葉が入っている。葉痕の両わきの托葉痕が目立つ。❸大きいのが雄花序、小さいのが雌花序の冬芽。❹中央の3個が雄花序、赤い小さいのが雌花序。雄花は花粉をだし終わっている。❺短枝の冬芽。葉が入っている。❻短枝の葉芽の展開。❼葉は先端がへこむ。❽葉裏は無毛。❾6〜7月の葉。❿熟した果穂。堅果はもう落ちている。⓫果鱗は長さ4〜5mm。⓬堅果は長さ3mmほどで、翼は幅約0.5mm。⓭樹皮。

カバノキ科 BETULACEAE

ハンノキ属 Alnus
カワラハンノキ
A. serrulatoides
〈河原榛の木〉

分布／本州（東海・近畿地方以西），四国，九州（宮崎県）。日本固有。

生育地／丘陵の日当たりのよい河原や川岸

樹形／落葉低木〜小高木。下部からよく枝分かれして高さ5〜7㍍になる。

樹皮／暗褐色。

枝／暗褐色または暗紫褐色。無毛で灰褐色のまるい皮目がまばらにある。若い枝と若葉はすこし粘る。

冬芽／長卵形。柄を含めて長さ4〜8㍉，先はハンノキよりややとがる。雄花序の冬芽は裸芽で，垂れ下がる。

葉／互生。葉身は長さ5〜10㌢，幅3〜7㌢の広倒卵形。先端はへこむもの，まるいもの，ややとがるものと変化

名前のように河原や川岸に生えていることが多い　1995.2.28　愛知県鳳来町

カバノキ科 BETULACEAE

がある。基部は広いくさび形で、ふちにはごく浅い波状の鋸歯がある。側脈は6〜9対、表面でへこみ、裏面に隆起する。やや厚い洋紙質で、裏面の脈上には白い毛が生える。葉柄は長さ5〜10㍉。

花／雌雄同株。2〜3月、葉の展開前に開花する。雄花序は長さ6〜8㌢、柄があり、枝先に2〜5個垂れ下がる。雌花序は雄花序の下方に上向きにつく。

果実／堅果。果穂は長さ1.5〜2㌢、幅約1㌢の広楕円形。果鱗は長さ4〜5㍉の扇形。堅果は長さ約3㍉の広卵形で、頂部に花柱が残る。翼はほとんどない。

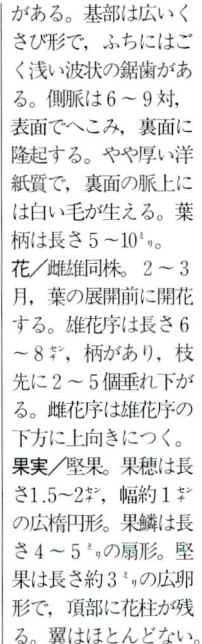

類似種との区別点／ミヤマカワラハンノキは日本海側に分布し、雄花の冬芽が上向きにつき、葉裏の脈腋に褐色の毛があるものが多い。

〜芽や葉裏、果鱗などがミヤマカワラハンノキと違う　1986.9.14　高知県仁淀村

〜❹葉が入った冬芽。白いロウ質がつく。❶頂芽。短枝の冬芽。❸❹側芽。❺花の冬芽。雄花序の冬芽垂れ下がり、雌花序の冬芽は小さい。両方とも芽鱗ない。1月上旬。❻2月下旬には雄花序、雌花序と〜に満開になった。❼葉表。❽葉裏。脈上に白毛が多〜。❾新緑。❿若い果穂。⓫熟した果穂。果鱗が開い〜、堅果が見える。⓬果鱗と堅果。果鱗は長さ4〜5〜堅果は長さ約3㍉、翼はほとんどない。⓭樹皮。

カバノキ科 BETULACEAE

ハンノキ属 Alnus

ミヤマカワラハンノキ
A. fauriei
〈深山河原榛の木〉

分布／本州（東北・中部地方）。日本固有。

生育地／多雪地の山地の湿ったところ。日本海側に多い。

樹形／落葉小高木。高さ2〜5㍍、直径5㌢ほどになる。根元は積雪のために曲がることが多い。

樹皮／暗紫褐色。なめらかで皮目が目立つ。

枝／若い枝は暗紫色で無毛。まるい小さな皮目がまばらにある。

冬芽／長卵形。柄を含めて長さ3〜7㍉、先はややとがる。雄花序の冬芽は枝先に上向きにつく。葉痕は三角形。

葉／互生。葉身は長さ5〜15㌢、幅4〜13㌢の倒卵形。先端はまるいかややへこみ、基部はくさび形。ふちには

日本海側の多雪地に多い、雄花序が長く非常に特徴的　1995.6.3　長野県白馬村

❶花の冬芽。枝先の長いのが雄花序、下の小さいのが雌花序。❷側芽。葉がはいっている。表面には白いロウ質がつく。❸展開しはじめた雄花序と雌花序。❹葉表。もう花の冬芽ができている。10月下旬撮影。❺葉

カバノキ科 BETULACEAE

波状の浅い鋸歯がある。側脈は6～7対、表面でへこみ、裏面に隆起する。質はやや薄く、表面は濃緑色。裏面の主脈の基部には褐色の毛叢があるものが多い。葉柄は長さ6～20㍉。
花／雌雄同株。4～5月、葉の展開前に開花する。雄花序は長さ10～18㌢、枝先に4～5個垂れ下がってつく。雌花序は雄花序の下方に直立してつく。
果実／堅果。果穂は長さ2～3㌢、幅6～8㍉の長楕円形で直立する。果鱗は長さ2～3㍉の扇形。堅果は長さ2～3㍉の扁平な倒卵形、頂部に花柱が残り、両側に狭い翼がある。
類似種との区別点／太平洋側に分布するカワラハンノキは雄花序の冬芽が垂れ下がり、花期の雄花序はミヤマカワラハンノキより短い。

よく似たカワラハンノキとは分布域がはっきり異なる　1996.7.7　長野県白馬村

❻熟した果穂。果鱗の間にすきまができはじめている。果穂は長さ2～3㌢、幅6～8㍉で、カワラハンノキよりほっそりしている。10月下旬撮影。❼越年した果穂。堅果はほとんどこぼれ落ちてしまった。5月中旬撮影。❽果鱗は長さ2～3㍉。堅果は長さ2～3㍉で、翼は幅約0.2㍉と狭い。❾樹皮。皮目が目立つ。

カバノキ科 BETULACEAE

主なハンノキ属の見分け方

雄花序には柄はない。堅果の翼は発達する——ヤシャブシ亜属

	花序	葉表	葉裏	堅果と果鱗
ヤシャブシ P158				
オオバヤシャブシ P160				
ヒメヤシャブシ P162				
ミヤマハンノキ P164				

カバノキ科 BETULACEAE

雄花序には柄がある。堅果の翼は発達しない──ハンノキ亜属

| 花序 | 葉表 | 葉裏 | 堅果と果鱗 |

クマシデ属 Carpinus

落葉性の高木または低木。冬芽には瓦重ね状の芽鱗が多数ある。雄花の花序は尾状で垂れ下がる。雄花には花被がなく、苞のわきに雄しべが3〜15個つく。雌花には花被があり、苞のわきに2個ずつつく。雌花の基部には小苞がある。苞は花のあと落ちる。小苞は花のあと大きくなり、葉状の果苞となる。果実は堅果で、縦の筋があり、葉状の果苞に包まれる。ほぼ隔年周期で結実する傾向がある。クマシデ、イヌシデ、アカシデの種子は翌年の春に発芽するが、サワシバは1年目は休眠し、2年目の春に発芽するものが多い。北半球の温帯や暖帯に約40種が分布する。

シデの仲間の用途

シデの仲間は材がかたくて粘りがあるので、農具の柄などの器具材や、曲木椅子などの家具材に、また薪炭材やシイタケ栽培の原木にも利用される。イヌシデやアカシデは樹皮をはがすと、絞り模様があって美しく、床柱に使われることもある。クマシデやアカシデは庭木として利用されることもあり、最近は公園や公共施設などの植え込みにも植えられている。

アカシデの紅葉。シデの仲間の紅葉はいずれも鮮やかで美しい。すらりとした

カバノキ科 BETULACEAE

めらかな樹皮，繊細な枝ぶりなど，女性的なイメージを強く受ける　1984.10.24　神奈川県山北町

カバノキ科 BETULACEAE

遠目でシデの仲間を見分けるのはむずかしい

クマシデ、サワシバ、イヌシデ、アカシデの区別はなかなかむずかしい。しかも遠目となるとなおさらだ。

花時はアカシデのみ判別可能。雄花の苞が紅色を帯びているので、樹冠が赤く見える。残りの3種は遠目にはそっくりなので、見分けられない。

若葉のころはかなりのベテランでもしばしば混乱する。葉を手に取ってさえ、例外的な個体が多く、判別に窮することがある。

果実の熟すころは、2つのグループに分けることができる。果苞がはね返ってパラパラした感じに見えるのがイヌシデとアカシデ、果苞が互いにくっつきあってゴソッとした感じに見えるのがクマシデとサワシバ。どちらかというとクマシデは楕円形に近く、サワシバはずん胴形。この時期

花時のイヌシデ。イヌシデは雑木林に多く、早春に花をつける。サクラと競って

クマシデの芽吹き　1984.5.9　山梨県笹子峠

クマシデの若い果実　1995.7.26　高知県物部村

カバノキ科 BETULACEAE

もここまでが限界。黄葉のころは赤く色づくアカシデだけが判別可能。ただし黄色い葉がまじることもある。木にもう少し近づくと樹皮が判別の要素として使える。クマシデの樹皮は縦にミミズばれのような模様が入り,老木になるとそこから裂ける。サワシバは縦に裂け目が入るが,裂け目は連続しない。イヌシデは縦に白い線が入る。アカシデはほかの3種と異なり,特定のパターンを示さない。ただし標高の高いところのイヌシデは白い線が目立たない個体が多く,標高の低いところのアカシデで,イヌシデのような白い線が目立つ個体もあったりするので,注意が必要。垂直分布も判別の参考になるかもしれない。下の図は写真取材の体験から描いたもので,関東周辺のフィールドにおける経験値である。

(茂木　透)

ことも多いが,やはりサクラに目がいってしまうのが人情　1995.4.8　横浜市

マシデの黄葉と熟した果実　1995.11.3　山梨県西湖

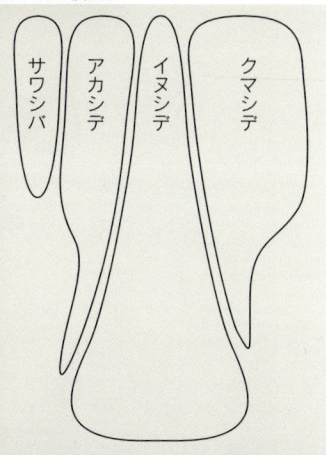

1000m付近までのシデの仲間の分布 (サワシバ／アカシデ／イヌシデ／クマシデ)

カバノキ科 BETULACEAE

主なクマシデ属の見分け方

	葉表	葉裏	葉柄の毛	果穂
クマシデ P188			細い軟毛が多い	
サワシバ P190			淡褐色の毛が密生する	
イヌシデ P192				
アカシデ P196				

カバノキ科 BETULACEAE

| 実 | 冬芽 | 樹皮 |

果実

サワシバ
クマシデ
アカシデ
イヌシデ

小 果実

クマシデ
サワシバ
アカシデ
イヌシデ

果

クマシデ
サワシバ
イヌシデ
アカシデ

カバノキ科 BETULACEAE

クマシデ属 Carpinus
クマシデ
C. japonica
〈熊四手／別名イシシデ・カタシデ〉

分布／本州，四国，九州。日本固有。

生育地／日当たりのよい丘陵や山地の谷筋。

樹形／落葉高木。高さ15㍍，直径20㌢ほどになる。根元から多くの萌芽をだす。

樹皮／黒褐色。若木の樹皮はなめらかだが，大きくなるとミミズばれのような模様が入り，老木になると裂ける。

枝／本年枝にははじめ長い絹毛が密生するが，のちに無毛。皮目は楕円形で2～3年枝ではっきりする。

冬芽／長さ6～10㍉の紡錘形。芽鱗は14～16個。葉痕は半円形。

葉／互生。葉身は長さ5～10㌢，幅2.5～4.5㌢の長楕円形。先端はとがり，ふちには重鋸歯がある。側脈は20～24対あり，裏面に突出する。表面は無毛。裏面脈上には帯褐色の長毛が生え，脈腋には毛叢がある。葉柄は長さ8～15㍉，上面に毛が

花はサワシバに酷似し，ほとんど見分けがつかない　1998.4.21　富士宮市

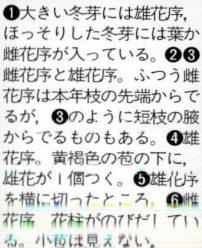

❶大きい冬芽には雄花序，ほっそりした冬芽には葉か雌花序が入っている。❷❸雌花序と雄花序。ふつう雌花序は本年枝の先端からでるが，❸のように短枝の腋からでるものもある。❹雄花序。黄褐色の苞の下に，雄花が1個つく。❺雄花序を横に切ったところ。❻雌花序。花柱がのびだしている。小苞は見えない。

カバノキ科 BETULACEAE

ある。
花／雌雄同株。4月、葉の展開と同時に咲く。雄花序は長さ3〜5㌢、前年枝から垂れ下がる。雄花は苞の下に1個ずつつく。雄しべは8〜10個。雌花序は本年枝の先端か短枝のわきから垂れ下がる。雌花は苞の内側に2個ずつつく。雌花の基部には小苞があり、花柱の上部は2裂する。雌花の基部の小苞は花のあと大きくなり、葉状の果苞になる。
果実／堅果。10月頃熟す。果穂は長さ5〜10㌢で、葉状の果苞が密生してつく。果苞は長さ1.5〜2㌢の狭卵形で、ふちには粗くて鋭い鋸歯がある。堅果は果苞の基部につき、扁平な長楕円形で長さ約4㍉。
備考／材の中心部に穴があき、アリの巣になっていることが多い。

穂は落葉後も枝に残り、越年することも多い　1995.9.30　山梨県山中湖村

❼葉表。質は薄く、側脈の間隔は狭い。鋸歯の先は刺状に鋭くとがる。❽葉裏。脈腋の毛叢が目立つ。❾果穂は長さ5〜10㌢。葉状の果苞は密につく。❿葉状の果苞は長さ1.5〜2㌢。ふちには粗く鋭い鋸歯がある。基部に果実を1個抱いている。⓫果実は堅果。長さ約4㍉、扁平で表面には縦の筋がある。⓬樹皮。ミミズばれのような模様があるのが特徴。⓭老木になると模様のところから裂ける。

カバノキ科 BETULACEAE

クマシデ属 Carpinus
サワシバ
C. cordata

〈沢柴／別名サワシデ
・ヒメサワシバ〉

分布／北海道，本州，
四国，九州，ウスリー，
朝鮮半島，中国

生育地／山地の沢沿い
など，湿気のあるとこ
ろを好む。

樹形／落葉高木。高さ
15m，直径20cmほどに
なる。

樹皮／淡緑灰褐色。は
じめはなめらか。老木
になると，菱形の浅い
裂け目が入る。

枝／本年枝は淡褐色で，
やわらかな細毛が生え
る。皮目はやや不明瞭。
2～3年枝はなめらか
で光沢があり，灰白色
の楕円形の皮目がある。

冬芽／長さ7～14mmの
紡錘形で，先端は鋭く
とがる。上から見ると
クマシデより角ばって
いて四角く見える。芽
鱗は20～26個。葉痕は
半円形。

葉／互生。葉身は長さ
6～15cm，幅4～7cm
の広卵形。先端は急に
鋭くとがり，基部は深
いハート形。ふちには
不ぞろいな細かい重鋸
歯がある。側脈は15～
23対，裏面に突出し，

花。北限は知床半島。シデ類でもっとも寒冷地に適応した種　1995.4.4　横浜市

❶冬芽。下の大きい方が雄花序の冬芽。上の細いのが葉芽か雌花序の入った冬芽。❷雌花序はふつう本年枝の先端から，雄花序は前年枝からぶら下がる。❸雄花序。苞のふちの長い毛が目立つ。❹新緑。❺葉表。❻基部がハート形になるのがサワシバの特徴。❼葉裏。❽若い果穂。葉状の果苞は密につく。❾果苞。基部に果を1個抱く。❿堅果は扁平で表面に縦の筋が10～個ある。⓫樹皮。不達隔心菱形状の割れ目が目立つ

カバノキ科 BETULACEAE

裏面脈上には長い伏毛がある。葉柄は長さ1～2ｾﾝﾁで、軟毛が多い。
花／雌雄同株。4～5月、新葉の展開とほぼ同じころに咲く。雄花序は緑黄色で長さ5ｾﾝﾁ、前年枝から垂れ下がる。雄花は苞の下に1個ずつつく。苞は卵状楕円形で、ふちには長い毛がある。雄しべは4～8個。雌花序は本年枝の先端や短枝のわきから垂れ下がる。雌花は苞の内側に2個ずつつく。苞は卵状披針形でふちには長い毛がある。雌花の基部には小苞がある。小苞は花のあと大きくなり、葉状の果苞になる。
果実／堅果。8～10月に熟す。果穂は長さ4～15ｾﾝﾁ、幅2～4ｾﾝﾁで、葉状の果苞が密生する。果苞は長さ1.8～2.5ｾﾝﾁで、ふちには不ぞろいな鋭い鋸歯がある。堅果は果苞の基部につき、長さ約5ﾐﾘの扁平な卵状楕円形。表面には10～12個の縦の筋がある。
類似種との区別点／クマシデより葉の側脈が少なく、葉身の基部が深いハート形。

マシデに似ているが、サワシバの方が果穂が長い　1995.11.1　山梨県河口湖

カバノキ科 BETULACEAE

クマシデ属 Carpinus
イヌシデ (1)
C. tschonoskii
〈犬四手／別名シロシデ・ソネ・ソロ〉

分布／本州（岩手県・新潟県以南）、四国、九州、朝鮮半島、中国

生育地／山地や丘陵の雑木林に多いが、人里近くでも見られる。

樹形／落葉高木。高さ15㍍、直径30㌢ほどになる。

枝／本年枝は淡緑褐色で、ふつう白毛が密生する。2年目以降の枝は淡赤褐色で、まるい小さな皮目がやや多い。

冬芽／長さ4〜8㍉の卵形で先端はややとがる。芽鱗は12〜14個。葉痕は半円形。

花／雌雄同株。4〜5月、葉の展開と同時に開花する。雄花序は黄褐色で長さ5〜8㌢、前年枝から垂れ下がる。雄花は苞の下に1個ずつつく。苞は卵状円形で、ふちには毛がある。雄花には雄しべが数個つき、葯の先にはひげ状の長い毛が生えている。雌花序は本年枝の先端や短枝のわきから垂れ下がる。苞は広卵形で、雌花が2個ずつつく。

撮影時、3㌢ぐらいだった雄花序は、5日後8㌢ほどにのび、盛んに花粉を飛ばし

❶頂芽は雌花序と葉が入った混芽。先がまるっこいの2個には雄花序が入っている。❷本年枝には淡褐色の毛が密生する。冬芽は葉芽。❸無毛の本年枝もあ〔り〕冬芽は葉芽。❹展開途中の雄花序。基部の芽鱗を除いて、芽鱗はすだれ状にしだいに垂れ下がり、苞にな〔る〕❺展開が完了した雄花序。長さ5〜8㌢になる。雌〔花〕序もやっとのび〔…〕ころには、雄花はもう花粉をだし終わっている。

カバノキ科 BETULACEAE

めた。そのあと雌花序がやっと展開しはじめ、最初は上向き、数日後に下向きになった　1988.4.4　横浜市

❼雄花序。苞のふちや雄しべの葯の先端には長い毛が生える。1個の苞に雄花が1個ずつつく。❽雌花序は葉芽といっしょに冬芽に入っていて、新葉と同時にのびだしてくる。雌花は苞の基部に2個ずつつく。花柱は紅色で先端は2裂する。

カバノキ科 BETULACEAE

クマシデ属 Carpinus
イヌシデ（？）
○ Isujunoskii

樹皮／樹皮はなめらかで、白っぽい縦縞模様が目立つものが多い。老木には浅い割れ目が入る。

葉／互生。葉身は長さ4〜8cm、幅2〜4cmの卵形または卵状長楕円形。先端は鋭くとがり、基部は円形〜広いくさび形。ふちには鋭く細かい重鋸歯がある。側脈は12〜15対あり、裏面に突出する。葉の表面は光沢はなく、少し伏毛がある。裏面は脈上と脈腋に毛がある。葉柄は長さ8〜12mm、淡褐色の毛が密生する。

果実／堅果。10月頃熟す。果穂は長さ4〜12cmで、半長卵形の葉状の果苞がややまばらにつく。果穂の柄には軟毛が密生する。果苞は長さ1.5〜3cmで、先端

イヌシデは標高の低いところに圧倒的に多い　1996.4.13　宮崎県木城町

カバノキ科 BETULACEAE

は鋭くとがり，外縁には不ぞろいの鋸歯がある。内縁は全縁で，基部に内側に巻いた裂片がある。堅果は果苞の基部につき，長さ4〜5ミリの扁平な広卵形。表面には10個ほどの縦の筋がある。

名前の由来／シデは四手のことで，花穂の様子を四手に見立てたもの。四手は神前に捧げる玉串やしめ縄などにつける白い布や紙でつくったもの。

熟した果穂はバラバラした感じが特徴　1995.9.29　神奈川県山北町

❶葉表。まばらに伏毛が生え，側脈の間隔は広い。❷葉裏。脈上と脈腋に毛がある。❸葉柄や本年枝にも毛が密生するのが特徴。❹新緑。淡紅色の芽鱗と托葉はまもなく落ちる。❺葉は秋に黄色に色づく。❻果穂。❼果苞。不ぞろいな鋭い鋸歯がある。基部に堅果を抱く。❽堅果はやや扁平。表面には約10個の筋がある。❾樹皮。白い模様が目立つものが多い。❿老木には割れ目が入る。まれに直径1メートルを超える巨木もある。

カバノキ科 BETULACEAE

クマシデ属 Carpinus
アカシデ
C. laxiflora

〈赤四手／別名シデノキ・コソネ・ソロ〉

分布／北海道，本州，四国，九州，朝鮮半島，中国

生育地／山野の川岸など，湿った肥沃なところを好む。

樹形／落葉高木。高さ15m，直径30cmほどになる。

樹皮／暗灰色でなめらか。隆起した皮目が多く。老木では筋状のくぼみが目立つ。

枝／本年枝にははじめ長い伏毛が多い。2年目以降の小枝は横に長い楕円形の皮目がある。

冬芽／長さ5〜10mmの紡錘形。葉芽の先端は鋭くとがる。芽鱗は16〜18個。葉痕は半円形。

葉／互生。葉身は長さ3〜7cm，幅2〜3.5cmの卵形〜卵状楕円形。薄い洋紙質で，先端は尾状に長くとがり，基部は円形。ふちには不ぞろいの細かい重鋸歯がある。表面には長い伏毛が散生する。側脈は7〜15対あり，裏面に突出する。裏面の脈

花も葉も小形で端正。日本的な趣がある　1988.4.21　神奈川県山北町

❶大きな冬芽には雄花序細い冬芽には雌花序が入っている。芽鱗は無毛❷雄花序。苞や葯の先端紅色を帯びるのが特徴。雌花序。❹新葉。

196　カバノキ科 BETULACEAE

上と脈腋には粗い毛がある。葉柄は長さ3〜14㍉、はじめ有毛だが、のち無毛。
花／雌雄同株。4〜5月、葉の展開と同時に開花する。雄花序は黄褐色で長さ4〜5㌢、前年枝から垂れ下がる。苞は広卵形で紅色を帯び、先端は鋭くとがり、ふちには軟毛が生える。雄花は苞に1個ずつつき、雄しべは8個。葯の先は紅色を帯び、軟毛が生える。雌花序は本年枝や短枝の先端に上向きにつくか、または垂れ下がる。苞は卵状披針形。雌花は苞に1個ずつつく。
果実／堅果。8〜9月に熟す。果穂は長さ4〜10㌢。クマシデやサワシバに比べて、果苞がパラパラした感じでつく。葉状の果苞がまばらにつく。苞は長さ1〜1.8㌢、基部で3裂し、ふちには粗い鋸歯がある。果苞の基部に堅果が1個つく。堅果は長さ3.5㍉の広卵形で、表面に縦の筋が7〜10個ある。
植栽用途／庭木のほか、盆栽によく利用される。

デの仲間では本種とサワシバが北海道まで分布　1995.11.2　山梨県足和田村

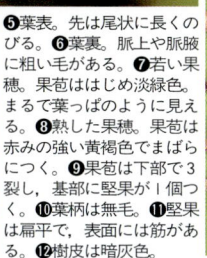

❺葉表。先は尾状に長くのびる。❻葉裏。脈上や脈腋に粗い毛がある。❼若い果穂。果苞ははじめ淡緑色。まるで葉っぱのように見える。❽熟した果穂。果苞は赤みの強い黄褐色でまばらにつく。❾果苞は下部で3裂し、基部に堅果が1個つく。❿葉柄は無毛。⓫堅果は扁平で、表面には筋がある。⓬樹皮は暗灰色。

カバノキ科 BETULACEAE

クマシデ属 Carpinus
イワシデ
C. turczaninowii
〈岩四手／別名コシデ〉

分布／本州（中国地方），四国，九州，朝鮮半島，中国（北部，東北部）

生育地／山地。岩石が多く，乾き気味の尾根筋や崖などに生える。

樹形／大形の落葉低木。高さ4mほどになる。

樹皮／暗灰色で，浅く縦に裂ける。

枝／細かく密に枝分かれする。本年枝には伏毛がある。2年目以降の小枝は淡褐色で細い。

冬芽／長さはせいぜい5㍉ぐらいと小さく，枝にくっつくようにつく。芽鱗の先端には白い絹毛が密生する。葉痕は半円形。

葉／互生。葉身は長さ2.5～6㌢，幅1.5～2.5㌢の卵形～卵円形。質は厚く，基部は円形～広いくさび形。表面は無毛で，ふちには細かい重鋸歯がある。側脈は10～13対。裏面は淡緑色で，脈上に伏毛が生え，脈腋には毛叢がある。葉柄は細くて赤

赤く見えているのは雄花序。シデ類ではもっとも小形　1999.4.23　香川県土庄

❶冬芽は枝に密着してつく。基部に線形の托葉が残る　❷展開したばかりの雄花序。❸紅色の花柱が見える花序と花粉をだし終わった雄花序。❹雄花序の苞や雌花序の花柱などが赤い。❺葉にははじめ毛があるのちに無毛になる。❻葉裏。脈上に伏毛があり，脈腋には毛叢が目立つ。❼果穂は短い。❽果苞は小さく斜めにゆがんでいる。❾堅果。❿樹皮は暗灰色。

カバノキ科 BETULACEAE

く，細い軟毛が生える。托葉は長さ8ミリほどの線形，褐色でかたく，葉が落ちたあとも残る。
花／雌雄同株。4〜5月，葉の展開とほぼ同じころに花が咲く。雄花穂は前年枝から垂れ下がり，苞が赤いのでよく目立つ。雌花序は本年枝につく。葉といっしょにのびだし，赤い花柱が目立つ。
果実／堅果。8〜9月に熟す。果穂は長さ3〜6センチと短く，果苞も4〜8個と少ない。果苞は長さ1〜1.8センチのゆがんだ卵形で，ふちには粗い鋸歯がある。堅果は果苞の基部につき，長さ4ミリほどの卵形で，先端はとがり，花柱が残る。表面には縦の筋がある。
類似種との区別点／果穂が短く，垂れ下がらない。
植栽用途／紅葉がなかなか美しいので盆栽に向く。
用途／材は赤褐色または黄褐色，緻密でかたいので家具材にされる。
名前の由来／岩の多いところに生えることによる。

国，四国地方を北限とする個体数の少ない樹木　1986.7.1　高知県梼原町

カバノキ科 BETULACEAE

イワシデ撮影記

イワシデはシデの仲間の変わり者だ。他の4種が広くふつうにあるのに対し、イワシデは分布も限られ、石灰岩や岩尾根など、ほかの植物が生えにくい貧栄養の場所に好んで生えている。植物園などにもほとんど植えられていないので、イワシデを観察する機会は非常に少ない。

イワシデの生えているようなところには、そうした特殊な環境を好む植物が生育している。イワシャクバネウツギ、イブキシモツケ、イワガサ、ヒカゲツツジ、ツメレンゲなどがそれで、いずれも岩場を好む植物たちである。

花の写真は瀬戸内海に浮かぶ小豆島の寒霞渓で撮影したもの。寒霞渓は観光地として有名なので、あまり期待し

赤っぽい樹冠がイワシデの花。手前はイボタノキ。左上には映画「二十四の瞳」

冬姿。石灰岩におおわれて特異な景観の横倉山にて　1997.2.2　高知県越知町

カバノキ科 BETULACEAE

ていなかったが、イワシデがかなり多く自生していて驚かされた。しかも、この年はどの個体も樹冠全体にびっしりと花をつけ、山稜や山腹のあちらこちらにまるで赤い火が燃えているかのようだった。ここに来た本来の目的は、じつはショウドシマレンギョウの花の撮影だった。東京から取材に行くとなると、小豆島はやはり遠い。しかもたった1種類のためと思うと、どうしてもおっくうになり、何年ものびのびになっていた。ようやく重い腰をあげてやってきたところ、思いがけずイワシデの開花に出会えた。ゴールデンウィーク直前の閑散とした風景のなか、夕暮れまでイワシデの花に見とれてしまった。

(茂木 透)

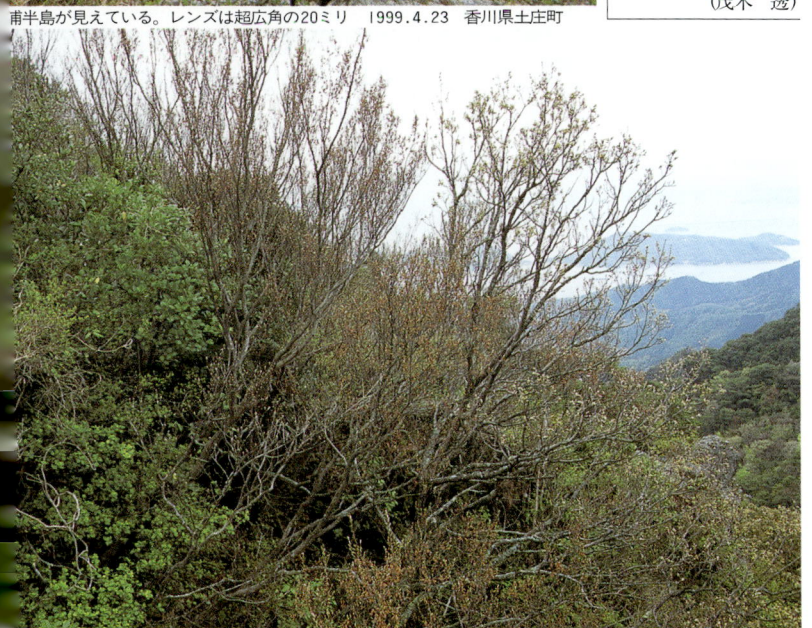

甫半島が見えている。レンズは超広角の20ミリ　1999.4.23　香川県土庄町

山に驚くほどよく似た場所で花を咲かせていた　1999.4.23　香川県土庄町

カバノキ科 BETULACEAE

アサダ属 Ostrya

アサダ
O. japonica

〈別名ミノカブリ・ハネカワ〉

分布／北海道(中部以南),本州,四国,九州,済州島,中国(湖北・四川省)

生育地／日当たりのよい適度に湿った土地を好む。分布域は広いが,意外に個体数は少ない。

樹形／落葉高木。高さ25㍍,直径30㌢ほどになる。

樹皮／暗褐色または灰褐色。浅く縦に裂け,そり返った長い薄片となってはがれ落ちる。

枝／若い枝には腺毛と長い毛がある。円形～長楕円形の皮目が散在する。

冬芽／長さ2～5㍉の卵形で,先がまるい。芽鱗は6～10個。雄花序には芽鱗がなく,裸出したまま冬を越す。葉痕は半円形～腎形。

葉／互生。葉身は長さ6～12㌢,幅3～6㌢の狭卵形で,先は鋭くとがり,基部は円形～広いくさび形。ふちには不ぞろいの重鋸歯がある。側脈は9～13対。質はやや薄い。はじめは両面とも毛が密生し,

個体数が少ないためか,出会いの少ない樹木　1984.5.17　山梨県上九一色村

カバノキ科 BETULACEAE

しだいに少なくなるが、裏面の脈上には残る。葉柄は長さ4〜8ミリで、毛と腺毛におおわれる。托葉は早落性。

花／雌雄同株。4〜5月、葉の展開と同時に開花する。雄花序は黄褐色で長さ5〜6センチ、前年枝から垂れ下がる。雄花は苞の下に1個ずつつく。苞は腎臓形で先は鋭くとがる。雄しべは8個。雌花序は緑色で細く、新枝の先端につく。雌花は広卵形の苞の内側に2個ずつつく。雌花の花被は子房に合着する。柱頭は2個、糸状で赤みを帯びる。

果実／堅果。果穂は長さ5〜6センチで、やや垂れ下がる。花のあと、子房を包んでいた小苞は大きくなり、袋状の果苞になって、堅果を包み込む。堅果は長さ5〜6ミリ、扁平な長楕円形で、表面に縦のすじがある。

用途／材は紅褐色。緻密でかたく、粘りがあるので、床板などの建築材や家具材、器具材、船舶材、木工材料などに使われる。

別名ミノカブリは樹皮の特徴をよく表わしている　1988.7.14　大月市

❶冬芽。葉か雌花序が入っている。❷細長いのは雄花序の冬芽。右上の小さいのは葉か雌花序の冬芽。❸❹雄花序は太く、前年枝からぶら下がる。雌花序は緑色で細く、新枝の先端につく。雄花序はほとんど花粉をだし終わっている。❺葉はビロードのような感触があり、とくに若葉のときに顕著。若い枝には腺毛や長い毛が多い。❻葉裏。❼果穂。果実は袋状の果苞に1個ずつ入っていて、外からは見えない。❽果苞。長さ約1.5センチ。❾果苞の一部をとり除いたところ。なかの堅果はまだ若く、緑色。❿樹皮。ミノカブリやハネカワなどの別名は樹皮の様子をよく表わしている。

カバノキ科 BETULACEAE

ハシバミ属 Corylus

ハシバミ
C. heterophylla var. *thunbergii*
〈樺／別名オオハシバミ・オヒョウハシバミ〉

分布／北海道，本州，九州，ウスリー，アムール，朝鮮半島，中国

生育地／丘陵～山地。日当たりのよいところに生える。

樹形／落葉低木。高さはふつう1～2㍍，大きいものは5㍍ほどになる。

樹皮／灰褐色。

枝／若枝には軟毛がある。淡褐色の皮目が目立つ。

冬芽／長さ3～4㍉の卵形で先はまるい。芽鱗は5～8個，芽鱗は赤褐色で，ふちに白色の毛がある。雄花序の冬芽は長さ1.8～2.5㌢，芽鱗はなく，裸出したまま冬を越す。葉痕は半円形～三角形。

葉／互生。葉身は長さ6～12㌢，幅5～12㌢の広倒卵形で，先は急に鋭くとがり，基部はハート形。ふちには不ぞろいの歯牙状の重鋸歯がある。若葉には茶色の斑紋がある。表面ははじめ毛があるが，のちに無毛。裏面には

花はもう満開。ツノハシバミより個体数が少ない　1991.3.24　山梨県忍野村

❶側芽。❷雄花序の冬芽。1本の軸に2～6個つく。よく似たツノハシバミとの区別点になる。ヘーゼルナッツの冬芽はこちらに似ている。❸雌花序。赤いのは柱頭。❹黄色の垂れ下がっているのが雄花序。雌花の小さな赤い柱頭がちらっと見えている。❺葉表。❻葉裏。❼若葉には紫色の斑が入る。❽葉状の果苞に包まれた堅果。❾綿苞からはずした堅果。直径約7㍉。⓫樹皮。直径約1㌢，ハシバミにしてはかなり太い。

204　カバノキ科 BETULACEAE

短い開出毛がある。葉柄は長さ6〜20㍉で、軟毛がある。

花／雌雄同株。3〜4月、葉の展開前に開花する。雄花序は長さ3〜7㌢、直径約4㍉、柄はなく、前年枝から垂れ下がる。雄花は苞の内側に1個ずつつく。雄しべは8個。雌花は数個ずつ頭状に集まってつき、芽鱗に包まれたまま開花するので、赤い柱頭だけが外にのびでる。

果実／堅果。果期は9〜10月。花のあと雌花の小苞は葉状の果苞になり、堅果を包む。果苞は長さ2.5〜3.5㌢の鐘形。堅果は直径1.5㌢ほどの球形。よく似たツノハシバミは堅果がとっくり形の果苞に包まれ、堅果は円錐形。

備考／ハシバミ属の果実はいずれも古くから食用にされている。ヘーゼルナッツの名で親しまれているのはヨーロッパ原産のセイヨウハシバミの果実。

名前の由来／葉がオヒョウの葉に似ているのでオヒョウハシバミとも呼ばれる。

ヘーゼルナッツに近縁で、こちらも食用になる　1989.6.7　山梨県忍野村

カバノキ科 BETULACEAE

ハシバミ属 Corylus

ツノハシバミ
C. sieboldiana
〈角榛/別名ツノハシバミ〉

分布／北海道，本州，四国，九州，朝鮮半島
生育地／山地
樹形／落葉低木。高さはふつう2〜3mで，株立ち状になる。大きいものは高さ5m，直径10cmほどになる。
樹皮／淡灰褐色でなめらか。円形または横に長い皮目がある。
枝／若枝は灰緑色で，有毛。皮目は長楕円形。
冬芽／長さ4〜8mmの卵状球形で鈍頭，芽鱗は紫赤色。雄花序の冬芽は長さ1.5〜3cm，芽鱗はなく，裸出したまま冬を越す。葉痕は小さく，半円形〜三角形。
葉／互生。長さ5〜11cm，幅3〜7cmの広倒卵形で，先は急に鋭くとがり，基部は円形。

冬枯れのバックに茶色の花。じつに渋い組み合わせだ　1999.4.15　山梨県山中湖

カバノキ科 BETULACEAE

ふちには不ぞろいの鋭い重鋸歯がある。側脈は8〜10対あり、主脈、側脈とも裏面にいちじるしく突出する。裏面は脈上に斜上毛が生え、脈腋には毛叢がある。若葉には紫褐色の斑紋があることが多い。葉柄は長さ6〜20㎜で、毛がある。托葉は長さ5〜9㎜の狭卵形、早く落ちる。

花/雌雄同株。3〜5月、葉の展開前に開花する。雄花序は長さ3〜13㎝。雄花は苞の内側に1個ずつつく。雄しべは8個。雌花は数個ずつ頭状につき、芽鱗に包まれたまま開花するので、赤い柱頭だけが芽鱗からのぞく。

果実/堅果。果期は9〜10月。花のあと雌花の小苞は筒状になって堅果を包み込む。果苞は長さ3〜7㎝で、先がくちばし状に細くなり、全体に刺毛が密生する。堅果は長さ1〜1.5㎝の円錐形。

用途/ハシバミ同様、堅果は食べられる。実の形がおもしろいので、庭に植えられることもある。

平地では少ないが、山地ではかなり多い。花時は目立つ 1995.10.1 長野県原村

❶側芽。雌花序か葉が入っている。❷❸雄花序。芽鱗はなく、裸出している。❷は10月、❸は3月に撮影。❹写真中央の3本垂れ下がっているのが雄花序。右上の小さいのが雌花序。❺雄花序。苞の内側に雄花が1個ずつつく。葯は裂開前。❻雌花序。芽鱗に包まれたまま開花する。赤い柱頭が目立つ。❼葉表。❽葉裏。❾黄葉。❿角状の果苞をむいてとりだした堅果。食べられる。⓫樹皮。

カバノキ科 BETULACEAE 207

ブナ科
FAGACEAE

ノバナ科は日本の森林を構成する重要な樹木が多く、人々の暮らしと密接に関わってきた。材は古くから燃料用や器具材として利用され、家具材に使われるものも多い。食用としてはクリをはじめ、ブナやシイ類がおなじみだが、渋抜きが必要なナラ類のドングリも、山間部では救荒食としてよく利用された。ブナ科の果実は野生動物の重要な餌でもある。

落葉または常緑の高木が多いが、まれに低木もある。葉は単葉で互生し、早落性の托葉がある。花は単性で雌雄同株。雄花は、ブナ属では頭状の花序をつくり、それ以外の属は細長い尾状の花序をつくる。雌花序は雄花序に比べて花の数が少なく、花のころはあまり目立たない。果実は堅果で、クリのいがやドングリのお椀など、殻斗と呼ばれる総苞に包まれているのがブナ科の大きな特徴。種子には胚乳がなく、肉質の子葉に養分を蓄える。世界の温帯から亜熱帯に6属約600種が分布する。

（担当／崎尾　均）

霜が降りるたびに葉は茶色に変色していく　1997.10.11　愛媛県面河村

果実と葉によるブナ科の見分け方（1）

殻斗は堅果の一部または全体を包み、熟すと裂ける――ブナ属・シイ属

	果実	葉表	葉裏

ブナ P216

東北地方のブナの葉
長さ約12㌢

関東地方のブナの葉
長さ5〜6㌢

四国のブナの葉
長さ4〜5㌢

イヌブナ P222

210　ブナ科 FAGACEAE

冬芽によるブナ科の属の検索

ブナ属（断面はまるい）
ブナ

コナラ属コナラ亜属（5稜がある）
コナラ

コナラ属アカガシ亜属（5稜がある）
アカガシ

シイ属（扁平）
ツブラジイ

マテバシイ属（まるっこい）
マテバシイ

クリ属（扁平な卵形）
クリ

果実	鋸歯縁	全縁	葉裏

ブナ科 FAGACEAE

果実と葉によるブナ科の見分け方(2)
殻斗の鱗片は瓦重ね状に並ぶ——コナラ属コナラ亜属・マテバシイ属

	果実	葉表	葉裏	
コナラ P229				葉柄は明瞭
ミズナラ P234				葉柄はごく短く，目立たない
クヌギ P240				
アベマキ P244				

212 ブナ科 FAGACEAE

果実	葉表	葉裏	
			葉柄はごく短い
			常緑樹
			常緑樹 葉はらせん状につく
			常緑樹

ブナ科 FAGACEAE

果実と葉による ブナ科の見分け方(3)
殻斗の鱗片は合着して同心円状に並ぶ——コナラ属アカガシ亜属

	果実	葉表		葉裏

アカガシ P248

ツクバネガシ P252

ハナガガシ P254

アカガシの葉はふつう全縁だが、ときに波状の鋸歯がある

ツクバネガシの葉は先端に鋸歯があり、葉柄が短い

ハナガガシの主脈は表面に突出する

ブナ科 FAGACEAE

果実	葉表		葉裏
		シラカシの葉のふちはウラジロガシのように波打たない	
		ウラジロガシの主脈は裏面に突出する	
		イチイガシの葉の表面にははじめ褐色の垢状の毛がある。こするとぽろぽろ落ちる	

ブナ科 FAGACEAE

ブナ属 Fagus

落葉高木。雌雄同株。風媒花で、大量の花粉をだす。雄花は長い柄の先に頭状の花序をつくる。雌花序には総苞に包まれた雌花が2個つく。果実は堅果で3本の稜がある。堅果を包む殻斗は、熟すと4裂する。発芽のとき、子葉は種子の外にでて地上に現われる。北半球の温帯に10種が分布し、日本にはブナとイヌブナの2種がある。

ブナ（1）
F. crenata
〈橅・椈・山毛欅／別名 シロブナ・ソバグリ〉

日本の固有種であるブナは、日本列島の冷温帯域に広く分布するため、樹形や葉の変異が大きい。一般に日本海側のブナは葉が大きく、幹はまっすぐにのびてあまり枝分かれしない。一方、太平洋側のブナ

雪解けが進み、ブナが芽吹きはじめると、空気もやわらいで春の訪れを感じさせ

雪解けは幹の周囲からはじまる　1997.5.11　白馬村　　緑色がだいぶ濃くなってきた　1995.6.3　白馬村

ブナ科 FAGACEAE

は葉が小形で，よく枝分かれしてずんぐりした樹形になるものが多い。葉の内部形態も異なっている。日本海側のブナの葉は表皮のすぐ下にある棚状組織が1層だが，太平洋側のものでは乾燥に耐えるために2層になっていることが多い。ブナは5〜7年周期で大豊作になる。ブナは種子生産の少ない年をつくることによって，食害者である昆虫や小動物の密度を下げておき，豊作年に動物が食べきれないほど種子を生産して子孫を残すという戦術をとっている。

橅と書いてブナと読む。これは，材がやわらかく，挽物などの材料としては細工しやすく優れているとも，腐りやすいので，建築材などには役に立たないとされてきたからなのだろう。

こんなみずみずしい新緑も半月ほどで夏の装いになる　1997.5.11　長野県白馬村

太平洋側のブナはよく枝分かれし，葉も春先の乾燥に適応した構造になっている　1998.6.12　愛媛県面河村

ブナ科 FAGACEAE

ブナ属 Fagus
ブナ（2）
F. crenata

分布／北海道（北限は渡島半島の黒松内），本州，四国，九州（南限は鹿児島県高隈山）

生育地／山地。北海道と東北では平地でも見られる。

樹形／落葉高木。高さ30m，直径1mほどになる。

樹皮／灰白色でなめらか。割れ目はない。地衣類や蘚苔類が着生していることが多い。

枝／本年枝は暗紫色で光沢があり，長楕円形の皮目が散生する。はじめ黄褐色の軟毛があるが，のち無毛となる。

冬芽／長さ1～3cmの披針形。本年枝と2年枝の境にはっきりした輪状の芽鱗痕がある。

花／雌雄同株。5月頃，葉の展開と同時に開花する。雄花序は新枝の

ブナは2年続けて花をつける個体はほとんどない　1995.6.3　長野県白馬村

❶花と葉が入った混芽。葉芽はもっと細い。❷発芽。子葉は種子の外にでる。❸雄花序の展開。花被はふかふかした毛に包まれている。❹雌花序は垂れ下がり，雌花序は上を向く。褐色の托葉はまもなく落ちる。❺十和田湖畔のブナ。多雪地の樹皮は白っぽいものが多い。

ブナ科 FAGACEAE

下部の葉腋から垂れ下がり，6〜15個の雄花が頭状に集まってつく。花序の柄は長さ1〜3㌢で，軟毛が密生する。雄花の花被は長さ5㍉ほどで，長い軟毛におおわれている。雄しべは12個あり，葯は花被の外にでる。雌花序は新枝の上部の葉腋に上向きにつく。雌花は直径1㌢ほどの総苞のなかに2個入っている。総苞は4裂し，外側は線形の鱗片におおわれている。花柱は線形で3個，柱頭は赤い。

斜面などでは樹皮に地衣類などが着生しやすい　1995.6.3　長野県白馬村

衣類が着生して複雑な模様を描いた樹皮。これもブナの表情のひとつだ　1996.7.25　高知県本川村

ブナ科 FAGACEAE

ブナ属 Fagus

ブナ（３）
F. crenata

葉／互生。葉身は長さ4〜9㌢、幅2〜4㌢
の卵形で、やや厚い洋紙質。先端はとがり、基部は広いくさび形。ふちには波状の鋸歯がある。側脈は7〜11対あり、葉の裏面に突出する。はじめ葉の両面に長い軟毛があるが、成葉になると毛はほとんど落ちる。葉柄は長さ5〜10㍉。托葉は長さ1.5㌢ほどの倒披針形。褐色で軟毛があり、開葉後まもなく落ちる。
果実／堅果。殻斗と呼ばれるかたい殻に包まれている。10月頃、堅果が熟すと、殻斗は4つに割れ、なかから堅果が2個でてくる。殻斗の外側は刺状のかたい突起におおわれている。堅果は長さ約1.5㌢の3稜形。栄養が豊

多雪地帯では北にいけばいくほど、ブナの葉は大きくなる　1991.10.14　尾瀬

❶❷十和田湖畔のブナの葉。長さ12㌢もあった。雪国のブナはオオバブナと呼ばれることもある。❸❹太平洋側のブナの葉は長さ5〜7㌢。コハブナと呼ばれることもある。❺❻愛媛県面河村のものは長さ4〜5㌢。厚みがあった。❼裂開前の果実。殻斗は細いリボンのような突起におおわれている。❽熟すと殻斗は4つに割れ、なかから堅果が2個でてくる。❾葉が落ちると短枝の先の冬芽が目立つ。

ブナ科 FAGACEAE

富で、野生動物の好物。
類似種との区別点／よく似たイヌブナは、幹のまわりにひこばえをたくさんだし、葉はブナより薄い、側脈がブナより多い、果実がぶら下がってつくなどの特徴がある。
備考／保水力が大きく、日本海側の多雪地帯では水源涵養林として重要な役割を果たしている。ブナ林の林床にはササが生えることが多く、太平洋側のブナ林にはスズタケ、日本海側のブナ林にはチシマザサが生える。
用途／家具材、器具材、船舶材、パルプ材、キノコの原木
名前の由来／別名のシロブナは、イヌブナに比べて樹皮が白っぽいことによる。ソバグリとも呼ばれるのは、堅果がソバの実に似ていることによる。

の程度の色では風が吹いてもまだ葉は落ちない　1988.11.10　山梨県山中湖村

ブナ科 FAGACEAE

大きく広げた枝の冬芽が開きはじめた。これから樹冠の色は日ごとに変化する　1991.4.28　山梨県御坂峠

ブナ科 FAGACEAE

ブナ属 Fagus
イヌブナ（1）
F. japonica

〈犬橅・犬梻／別名クロブナ〉

分布／本州（岩手・石川県以西），四国，九州
生育地／ブナよりすこし標高の低いところに生え，太平洋側のやや乾燥した山地に多い。中部地方以北の日本海側の多雪地帯にはほとんど分布しない。
樹形／落葉高木。高さ25㍍，直径70㌢ほどになる。萌芽力が旺盛で，主幹が枯れてもひこばえが生長することによって，個体としての生命を維持する。
樹皮／ブナの樹皮より黒っぽく，いぼ状の皮目が多い。

イヌブナの樹皮はブナより黒っぽく，クロブナとも呼ばれる　1989.10.26　日光

下の写真の10日ほど前が黄葉の最盛期。葉はもう茶色になりかかっている　1992.10.27　山梨県河口湖町

ブナ科 FAGACEAE

ブナ属 Fagus

イヌブナ (2)
F. japonica

枝／帽葉中や長楕円形の皮目が多数ある。小枝ははじめ淡褐色の軟毛が密生する。

冬芽／長さ1〜2.7 cm の披針形で，先は鋭くとがる。芽鱗は16〜22個。本年枝と2年枝の境にはっきりした輪状の芽鱗痕がある。

葉／互生。葉身は長さ5〜10 cm，幅3〜6 cm の長楕円形で，やや薄い洋紙質。先端は鋭くとがり，基部は広いくさび形。ふちには波状の鈍い鋸歯がある。側脈は10〜14対あり，葉の裏面に突出する。若葉は両面とも長い軟毛がある。表面はやがて無毛になるが，裏面脈上の毛は黄葉のころまで残る。葉柄は長さ4〜9 mm。托葉は長さ2〜2.5 cm の倒披針形。

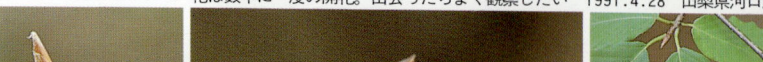

花は数年に一度の開花。出会ったらよく観察したい　1991.4.28　山梨県河口湖

ブナ科 FAGACEAE

褐色で軟毛があり、開葉後まもなく落ちる。
花／雌雄同株。4〜5月、葉の展開と同時に開花する。雄花序は新枝の下部の葉腋から垂れ下がり、6〜15個の雄花が頭状に集まってつく。雄花序の柄は長さ2.5〜4.5cmで、長い軟毛がある。雄花の花被は長さ5mmほどの円錐形で淡褐色の長毛が密生し、上部は6裂する。雄しべは12個あり、葯は花被の外にでる。雌花序は新枝の上部の葉腋に上向きにつく。雌花は直径約5mmの総苞のなかに2個入っている。総苞は4裂し、外側には短毛が密生する。花柱は3個。
果実／堅果。10月に成熟する。堅果は長さ1〜1.2cmの3稜形で、長さ2.5〜5cmの長い柄の先に垂れ下がってつく。堅果の基部には長さ約5mmの小さな殻斗がある。殻斗の外側には卵状三角形のやわらかい刺がある。
備考／ブナのように大きな純林はつくらない。
用途／建築材、器具材、船舶材、マッチの軸

ヌブナの果実は長い果柄の先にぶら下がる　1995.11.2　山梨県河口湖町

❶冬芽は頂芽も側芽もほぼ紡錘形。❷輪状の芽鱗痕が本枝と2年枝の境にはっきりとつく。芽鱗痕の上に枝1周するように托葉痕がついている。❸雄花序は本枝の下部の葉腋から垂れ下がり、雌花序は上部の葉腋からでて上を向く。❹葉。❺葉裏。脈上の毛は秋で残る。❻堅果は長さ1cmくらい。❼幹のまわりにたひこばえ。❽樹皮。多かいぼ状の皮目があり、木になると縦に裂ける。

ブナ科 FAGACEAE　225

コナラ属 Quercus

常緑あるいは落葉の高木、まれに低木。冬芽には5稜がある。頂芽は大きく、まわりに叢生側芽がつくのが特徴。雌雄同株。雄花はひものような長い尾状花序をつくる。雌花は新枝の葉腋につく。果実は堅果(いわゆるドングリ)で、下部はお椀のような殻斗に包まれている。殻斗の鱗片はコナラ亜属では瓦重ね状に並び、アカガシ亜属では合着して同心円状に並ぶ。堅果がその年の秋に熟すものと、翌年の秋に熟すものがある。子葉は肉質で栄養分を蓄え、発芽しても種子のなかに残っている。東アジアの常緑広葉樹林や北半球の落葉広葉樹林ではコナラ属の樹木が優占種となる。

コナラ亜属

殻斗の鱗片が瓦重ね状に並ぶグループ。コナラ亜属はさらにコナラやミズナラのように殻斗の鱗片が短いグループと、カシワやクヌギ、アベマキのように殻斗の鱗片が長いグループに分けられる。雄花の苞はごく小さく、目立たない。

ブナ科 FAGACEAE

ると見分けられる。1週間もすると同系の緑色になり，区別がつかなくなる　1996.4.13　宮崎県木城町

ブナ科 FAGACEAE

冬の雑木林は見通しがよい。中央がコナラ，左隣がクヌギ。枝先と樹皮で見分けられる　1995.2.6　横浜市

この木は軽井沢町の郵便局前に立派になった巨木で，高さ20m以上もあった　1995.5.27　長野県軽井沢町

ブナ科 FAGACEAE

コナラ属 Quercus

コナラ（1）
Q. serrata
〈小楢／別名ホウソ・ハハソ・ナラ〉

クヌギと並んで，雑木林を代表する樹種。かつては薪用に繰り返し伐採され，萌芽による更新によって，雑木林が維持されてきた。しかし，現在では人手が入らなくなったため，シラカシなどの常緑広葉樹にとってかわられようとしている。

分布／北海道，本州，四国，九州，朝鮮半島
生育地／日当たりのよい山野
樹形／落葉高木。高さ20㍍，直径60㌢ほどになる。雑木林では伐採後の萌芽で更新するため，数本の幹が株立ちしている個体が多い。

のころには果実も成熟し，落下しはじめる　1997.10.1　山中湖村

葉タイプ。赤く紅葉するコナラもある。冬でも葉が残る個体も見られる　1992.11.8　山梨県三富村

ブナ科 FAGACEAE

コナラ属 Quercus

コナラ(雄)
Q. serrata

樹皮／灰黒色。縦に不規則な裂け目がある。老木になると深く裂け、裂け目と裂け目の間に若いときの白っぽい樹皮が帯状に残る。

枝／本年枝は細く，灰褐色～淡褐色。はじめ絹毛が密生するが，のち無毛となる。まるい皮目が散生する。

冬芽／頂芽は長さ3～6㍉の卵形。頂生側芽と呼ばれる同形の側芽がまわりに集まる。芽鱗は20～25個。葉痕は半円形。

葉／互生。葉身は長さ5～15㌢，幅4～6㌢の倒卵形で，洋紙質。先端は鋭くとがり，基部はくさび形。ふちには大形のとがった鋸歯がある。表面は緑色，はじめ絹毛があるが，のち無毛になる。裏面

黄色いのが雄花序，雌花は枝先にあるがごく小さい　1994.4.23　横浜市

ブナ科 FAGACEAE

は星状毛と絹毛が生えて灰白色。葉柄は長さ1㌢ほど。托葉は長さ7㍉ほどの倒披針形で褐色。開葉後まもなく落ちる。

花／雌雄同株。4月下旬，葉の展開と同時に開花する。雄花序は長さ2〜6㌢，新枝の下部から多数垂れ下がる。雄花の花被は直径1.5㍉ほどで，5〜7裂し，外側には軟毛が密生する。雄しべは4〜6個。雌花序はふつう短く，新枝の上部の葉腋からでて，小さな雌花が数個つく。雌花は軟毛が密生した総苞に包まれている。花柱は3個。

果実／堅果。長さ1.6〜2.2㌢の長楕円形。その年の秋に熟す。下部は鱗片が瓦重ね状にびっしり並んだ殻斗におおわれる。

植栽用途／公園樹

用途／建築材，家具材，器具材，薪炭材，シイタケの原木。材質はかたいが，ミズナラより評価は低い。かつては葉を集めて堆肥にし，水田の肥料にした。葉，果実，樹皮を煮だして染色に使う。

時の若葉はコバルトがかった色で，非常に特徴的だ　1990.4.7　高知市

❶頂芽のまわりに頂生側芽が輪生状につく。❷雄花序と葉の展開。❸葉の展開。ひこばえのもの。❹開いたばかりの雄花。❺細い花糸がのび，葯は盛んに花粉をだしている。❻雌花序。花柱の先端は広がっている。❼葉表。はっきりした葉柄がある。❽裏面は星状毛と絹毛におおわれ，灰白色。❾朽ち葉。葉脈がよくわかる。❿果実。成熟しなかった果実もついている。⓫葉が厚くて光沢のあるものをテリハコナラと呼ぶ。⓬樹皮は灰黒色。縦に不規則な裂け目がある。

ブナ科 FAGACEAE

コナラ属 Quercus

ナラガシワ
Q. aliena
(楢柏/別名 カシワナラ)

分布／本州（岩手・秋田県以南），四国，九州，朝鮮半島，台湾，中国，東南アジア，ヒマラヤ
生育地／山地
観察ポイント／中国地方に比較的多い。
樹形／落葉高木。高さ25㍍，直径90㌢ほどになる。
樹皮／黒褐灰色で，深く不規則に割れる。
枝／新枝は淡緑色ではじめ短毛があるが，のち無毛。まるい皮目が散生する。
冬芽／長楕円形で，先端は鈍い。
葉／互生。葉身は長さ10～30㌢，幅4～12㌢の倒卵状長楕円形で，革質。先端は短くとがり，基部は広いくさび形。ふちには粗い大き

岡山，広島，山口県に比較的多く見られる　1995.5.1　高知県西土佐村

232　ブナ科 FAGACEAE

な鋸歯がある。表面ははじめ毛があるが、のちに無毛。裏面は灰白色で、星状毛が密生する。葉柄は長さ1～3㌢。托葉は長さ1.5㌢ほどの線形で褐色。開葉後まもなく落ちる。

花／雌雄同株。4月、葉の展開と同時に開花する。雄花序は長さ5～7㌢、新枝の下部から垂れ下がる。雄花の花被は直径2.5㍉ほど、上部は不規則に裂ける。雄しべは6～9個。雌花序は新枝の上部の葉腋からでて、小さな雌花が数個つく。花柱は3個。

果実／堅果。長さ2㌢ほどの楕円形。その年の秋に熟す。下部は三角状披針形の総苞片が瓦重ね状に並んだ殻斗に包まれる。

類似種との区別点／葉はミズナラやカシワに似ているが、葉身はミズナラより大きく、カシワと同じぐらい。葉柄はミズナラやカシワより明らかに長い。

備考／葉裏がほぼ無毛で緑色のものをアオナラガシワという。

用途／器具材、薪炭材

葉は大きくカシワに似るが、明らかに葉柄がある　1995.4.30　高知県西土佐村

❶頂芽のまわりに頂生側芽が集まってつく。❷雌花。花柱は3個。❸雄花序は新枝の下部から垂れ下がる。雄花序は小さくて目立たない。❹生まれたばかりの果実。まだ殻斗にすっぽり包まれている。❺若い果実。もうすぐ褐色に成熟する。❻枝先の葉の中心に堅果が数個つく。❼葉表。❽葉裏は灰白色で、星状毛が密生する。❾樹皮ははがれやすい。

ブナ科 FAGACEAE

コナラ属 Quercus

ミズナラ (1)
Q. crispula

ミズナラはブナとともに日本の温帯林を代表する樹木で，分布もほぼブナと重なっている。縄文時代の日本は，ミズナラやブナの実を主食にする東日本型文化と，スダジイやツブラジイの実を主食にする西日本型文化とに分かれていた。東日本のほうが食料の生産力は高く，人口も多かったらしい。

ミズナラの材は木目が美しいので，高級家具材として，また火力の強いよい炭ができるために薪炭材として重要である。北海道のミズナラは，かつてオーク材としてヨーロッパに輸出された時代もあった。現在ではロシアから輸入されている。

八ガ岳をバックに力強く枝を広げたミズナラの大木　1993.3.27　長野県南牧村

1996.6.20　尾瀬ガ原

ブナ科 FAGACEAE

ミズナラの黄葉は年によるあたりはずれが少ない　1989.10.22　大町市

山奥ではクマが実を食べるためにつくったクマ棚がしばしば見られる　1989.10.28　群馬県片品村

ブナ科 FAGACEAE

コナラ属 Quercus
ミズナラ (2)
Q. crispula

分布／北海道，本州，四国，九州，サハリン南部，南千島，朝鮮半島

生育地／山地～亜高山帯。ブナと混生することが多いが，純林をつくることもある。

樹形／落葉高木。高さ30m，直径1.5mほどになる。薪炭材のために伐採された2次林では，萌芽による更新によって，株立ちになっている個体が多い。

樹皮／淡い灰褐色。はじめ鱗片状にはがれるが，老木になると縦に深い割れ目が入る。

枝／はじめは淡褐色の絹毛が散生する。まるい皮目が散生する。

冬芽／長さ5～10㎜の卵状長楕円形。先端はとがる。芽鱗は25～35個。葉痕は半円形。

葉／互生。葉身は長さ7～15㎝，幅5～9㎝の倒卵形で，洋紙質。先端は急にとがり，基部はやや耳状にはりだし，ふちには粗い鋸歯がある。表面にははじめ軟毛があるが，のち

花と若葉が競うように展開し，やがて雄花は散る　1993.5.16　山梨県足和田村

ブナ科 FAGACEAE

に無毛になる。裏面は淡緑色で微毛と絹毛が生える。葉柄がごく短く、目立たないのが特徴。托葉は長さ1.2ミリほどの線形で、開葉後まもなく落ちる。

花／雌雄同株。5〜6月、葉の展開と同時に開花する。雄花序は長さ6.5〜8ギリ、新枝の下部から数個垂れ下がる。雄花の花被は直径2.5ミリほど。雄しべは5〜8個。雌花序は新枝の上部の葉腋からでて、雌花が1〜3個つく。花柱は3個。

果実／堅果。長さ2〜3ギリの長楕円形。その年の秋に熟す。下部は鱗片が瓦重ね状に並んだ殻斗におおわれる。

用途／建築材、器具材、家具材、洋酒樽、キノコの原木

ミヤマナラ
Q. crispula
　　var. horikawae
〈深山楢〉

本州の中部地方以北の日本海側に分布し、多雪地の雪崩斜面に生える。幹は地面をはうようにのび、低木状になる。葉はミズナラより小さく長さ6〜9ギリ、ふちには粗い鋸歯がある。果実も小さい。

ミズナラのドングリはリスやクマの大好物　1992.10.22　山梨県高根町

❶〜❽ミズナラ。❶頂芽のまわりに側芽が輪生状につく。❷芽吹き。白い毛が多い。役目を終えた冬芽の鱗片と線形の托葉も見えている。❸タマバチ類の寄生による虫えい。ナラリンゴと呼ばれる。❹雌花、花柱は3個。❺雄花。❻葉表。❼葉裏。葉柄はごく短い。❼裏面脈上には微毛がある。❽樹皮は片状にはがれやすい。❾〜❿ミヤマナラ。❾厳冬期のミヤマナラ。❿葉はミズナラより小さい。

ブナ科 FAGACEAE　237

コナラ属 Quercus
カシワ
Q. dentata
〈柏/別名カシワギ・モチガシワ〉

分布／北海道，本州，四国，九州，南千島，ウスリー，朝鮮半島，中国，台湾

生育地／山野のやせ地や礫地，海岸

樹形／落葉高木。高さ15㍍，直径60㌢ほどになる。

樹皮／灰褐色〜黒褐色。縦に不規則に深い割れ目が入る。

枝／縦に溝があり，灰褐色の短毛と星状毛が密生する。まるい皮目が散生する。

冬芽／長さ4〜10㍉の卵状長楕円形。芽鱗は20〜25個。葉痕は半円形。

葉／互生。葉身は長さ12〜32㌢，幅6〜18㌢の倒卵状長楕円形で，洋紙質。先端は鈍く，

花時の様子はミズナラに非常によく似ている　1998.5.7　山梨県河口湖町

ブナ科 FAGACEAE

基部はやや耳状にはりだす。ふちには波状の大きな鋸歯がある。表面にははじめ短毛や星状毛があるが、のちに無毛になる。裏面は灰褐色で短毛と星状毛が密生する。葉柄はごく短い。托葉は長さ1.4〜1.8㌢の線形。開葉後まもなく落ちる。

花／雌雄同株。5〜6月、葉の展開と同時に開花する。雄花序は長さ10〜15㌢、新枝の下部から垂れ下がる。雄花の花被は直径約2㍉。雌花序は新枝の葉腋からでて、雌花が5〜6個つく。花柱は3個。

果実／堅果。長さ1.5〜2㌢の卵球形。その年の秋に熟す。殻斗の鱗片は線形で、らせん状にびっしりとつく。他のコナラやミズナラと自然交配して雑種をつくりやすい。

植栽用途／枯れた葉がいつまでも枝に残るので、縁起をかついで庭木にする。

用途／材はかたく、建築材、家具材、ビール樽、薪炭材に利用される。葉はかしわ餅に使う。樹皮はタンニンの原料。葉、果実、樹皮を煮だして染色に使う。

ブナ科のなかでもっとも大きな葉をつける　1997.8.18　鹿児島県牧園町

❶頂芽。鱗片には白い絹毛が密生する。❷樹皮は灰褐色〜黒褐色で不規則に深く割れる。❸展開直後の新枝と雄花序。❹雄花序。薄い膜質の花被は深く裂ける。❺雌花。❻冬姿。枝は横に広がる。❼葉表。枝先の葉は輪生状に集まってつく。深い波状の鋸歯が特徴。❽葉裏。淡褐色の短毛と星状毛が密生する。❾堅果。殻斗は先がそり返った長い鱗片におおわれている。

ブナ科 FAGACEAE

コナラ属 Quercus

クヌギ（1）
Q. acutissima
〈橡・椚・櫟〉

関東地方の武蔵野の雑木林に代表されるコナラ・クヌギの落葉広葉樹林は、農山村はもちろん、都会に暮らす人人にも重要な資源を提供していた。伐採された木材は薪炭材として、落ち葉は肥料や燃料に使われていた。雑木林は人為的な伐採が繰り返されることによって維持更新されてきたのである。下刈りや落ち葉かきなど、よく手入れされた雑木林は、林のなかが明るくて見通しもよく、林床にはスミレ類やリンドウなど、多くの草本植物が可憐な花を咲かせる。コナラやクヌギは萌芽能力が高く、樹齢30年ぐらいまでは、伐採するたびに多くの萌芽をだし、そのうち2～3本が生き残る。しかし薪や炭が使われなくなってからは、雑木林は手入れがされなくなり、ササなどが生い茂り、場所によってはごみ捨て場と化している。

ブナ科 FAGACEAE

きた。夏には甘い樹液の香りが漂い，子供たちがカブトムシやクワガタを探しにくる　1992.3.4　横浜市

コナラ属 Quercus
クヌギ（？）
Q. acutissima

分布／本州（岩手・山形県以南）、四国、九州、沖縄、朝鮮半島、中国、台湾、東南アジア、ヒマラヤ

生育地／丘陵〜山地

樹形／落葉高木。高さ15m、直径60cmほどになる。萌芽による更新のため、株立ちになっている個体が多い。

樹皮／灰褐色。厚くて不規則に深く割れる。

枝／本年枝には灰白色の短毛が密生するが、翌年には無毛になる。まるい皮目が散生する。

冬芽／長さ4〜8mmの長卵形。芽鱗は20〜30個。葉痕は半円形。

葉／互生。葉身は長さ8〜15cm、幅3〜5cmの長楕円状披針形で、洋紙質。先端は鋭くとがる。基部は枝先の葉はくさび形、枝のつけ

雄花序は黄みが強いので、遠くから見てもよく目立つ。花や葉は憎らしいほどア

ブナ科 FAGACEAE

根のものほどまるみを帯びる。ふちには波状の鋸歯があり、鋸歯の先端は長さ2〜3ミリの針になる。側脈は13〜17対。表面にははじめ軟毛があるが、のちに無毛。裏面には脱落しやすい黄褐色の軟毛がある。葉柄は長さ1〜3センチ。托葉は長さ1.2センチほどの線形。開葉後まもなく落ちる。

花／雌雄同株。4〜5月、葉の展開と同時に開花する。雄花序は長さ約10センチ、葉が開ききる前に新枝の下部から垂れ下がる。花序には軟毛が多い。雄花の花被は直径約2.5ミリ。雄しべは3〜6個。雌花は新枝の上半部の葉腋につく。花柱は3個。

果実／堅果。直径2〜2.3センチの球形。翌年の秋に成熟する。殻斗には線形の鱗片がらせん状にびっしりとつく。鱗片は上部のものほど長く、長さ1センチぐらい。

類似種との区別点／アベマキは葉の裏面が灰白色。

植栽用途／公園樹
用途／薪炭材、器具材、シイタケの原木。葉、果実、樹皮を煮だして染色に使う。

…キに似ている 1989.4.14 横浜市

❶芽鱗のふちには灰色の毛…密生する。❷樹皮は縦に…く割れる。❸黄色いひも…ような雄花序がよく目立…。❹雄花。❺雌花、小さ…目立たない。❻葉の表面…すこし光沢がある。❼裏…には脱落しやすい黄褐色…軟毛がある。枝のつけ根…近い葉の基部はまるい。…枝先につく葉の基部はく…び形。❾鋸歯の先端は針…なる。❿堅果は2年目の…から急に生長しはじめ、…晩秋に褐色に成熟する。

ブナ科 FAGACEAE 243

コナラ属 Quercus

アベマキ
Q. variabilis

〈精/別名 コルククヌ
ギ・ワタクヌギ〉

分布／本州（山形県以南）、四国、九州、朝鮮半島、中国、台湾

生育地／丘陵〜山地。西日本の雑木林の代表的な樹種。

樹形／落葉高木。高さ15㍍、直径40㌢ほどになる。

樹皮／灰黒色。コルク層がよく発達し、縦にえぐれるように深く割れる。

枝／はじめ白色の軟毛が密生するが、のちに無毛になる。2年枝には白っぽいまるい皮目が散生する。

冬芽／長さ4〜8㍉の長卵形。先端はとがる。芽鱗は20〜30個。葉痕は半円形。

葉／互生。葉身は長さ12〜17㌢、幅4〜7㌢の卵状狭楕円形で、洋紙質。先端はとがり、基部はまるい。ふちには浅い波状の鋸歯がある。鋸歯の先端は長さ2〜3㍉の針になる。側脈は12〜16対。表面には光沢があり、はじめ軟毛があるが、のち無毛になる。裏面は灰

花はクヌギにたいへんよく似ている　1993.4.14　目黒区植栽

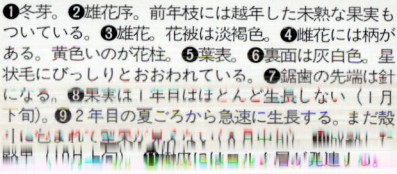

❶冬芽。❷雄花序。前年枝には越年した未熟な果実もついている。❸雄花。花被は淡褐色。❹雌花には柄がある。黄色いのが花柱。❺葉表。❻裏面は灰白色。星状毛にびっしりとおおわれている。❼鋸歯の先端は針になる。❽果実は1年目はほとんど生長しない（1月下旬）。❾2年目の夏ごろから急速に生長する。まだ殻斗に包まれて果実は見えない（8月中旬）。❿いがいがした殻斗（10月上旬）。⓫中の果実はドングリの形を連想し

ブナ科 FAGACEAE

白色。星状毛がびっしりと密生している。葉柄は長さ1.5〜3.5㌢。托葉は長さ1.2㌢ほどの線形。開葉後まもなく落ちる。

花／雌雄同株。4〜5月, 葉の展開と同時に開花する。雄花序は長さ約10㌢, 新枝の下部から垂れ下がる。花序には軟毛がある。雄花の花被は直径約2.5㍉。雄しべは3〜4個。雌花は新枝の上部の葉腋にふつう1個ずつつく。雌花には長さ約1㍉の柄があり, 花柱は3個。

果実／堅果。直径1.8㌢ほどの球形。翌年の秋に成熟する。殻斗には線形の鱗片がらせん状にびっしりとつく。

備考／落ち葉になっても葉裏の星状毛は残る。クヌギによく似ているので, コルククヌギとかワタクヌギと呼んでいる地方もある。

植栽用途／公園樹。かってはコルクガシのかわりに, 樹皮からコルクをとるために植栽された。

用途／建築材, 器具材, 薪炭材, シイタケの原木

姿。樹皮を指で押すと, コルク層の感触がわかる　1997.8.16　加西市

ブナ科 FAGACEAE　245

コナラ属 Quercus

ウバメガシ
Q. phillyraeoides
〈姥目樫／別名イマメガシ・ウマメガシ〉

分布／本州（神奈川県以西の太平洋側），四国，九州，沖縄，中国，台湾

生育地／暖地の海岸近くの山地

樹形／常緑低木。よく枝分かれして，ふつう高さ3～5mになる。大きいものは高さ10m，直径60cmほどになるものもある。

樹皮／黒褐色。老木では縦に浅く裂ける。

枝／本年枝は紫褐色，はじめ灰褐色の星状毛が密生するが，翌年は無毛になる。まるい皮目が目立つ。

冬芽／長さ6～7mmの狭卵形。頂芽のまわりには頂生側芽がつく。

葉／互生。葉身は長さ3～6cm，幅2～3cmの楕円形で，厚い革質。先端や基部は円形，上半部のふちには浅い鋸歯がまばらにある。表面は光沢があり，裏面は淡緑色。両面ともはじめは主脈に星状毛と短毛があるが，のち無毛になる。葉柄は長さ約5mm。托葉は長さ1

日当たりのよい場所の木は花を大量につける　1995.5.1　中村市

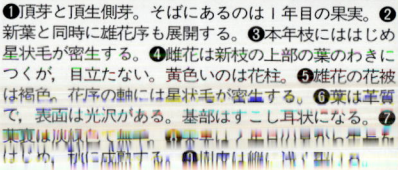

❶頂芽と頂生側芽。そばにあるのは1年目の果実。❷新葉と同時に雄花序も展開する。❸本年枝にははじめ星状毛が密生する。❹雌花は新枝の上部の葉のわきにつくが，目立たない。黄色いのは花柱。❺雄花の花被は褐色，花序の軸には星状毛が密生する。❻葉は革質で，表面は光沢がある。基部はすこし耳状になる。❼

ブナ科 FAGACEAE

ほどの長楕円形。開葉後すぐに落ちる。
花／雌雄同株。4〜5月，新葉の展開と同時に開花する。雄花序は長さ2〜2.5㌢，新枝の下部から垂れ下がる。花序の軸には星状毛が密生する。雄花の花被は直径約2.5㍉。雄しべは4〜5個。雌花は新枝の上部の葉腋に1〜2個つく。雌花には柄があり，花柱は3個。
果実／堅果。長さ約2㌢の楕円形。1年目はほとんど生長せず，翌年の秋に成熟する。殻斗には黄褐色の毛が密生した鱗片が瓦重ね状に並ぶ。
植栽用途／街路樹。生け垣によく使われる。
用途／材はかたく，ガラスに傷がつくほど。炭の最高級品といわれる備長炭の原料。備長炭はかたくて火もちがよい。

奈川県から沖縄県にかけての沿海地に自生している　1997.2.23　中村市

ブナ科 FAGACEAE　247

コナラ属 Quercus
アカガシ亜属

常緑高木。コナラ亜属では目立たなかった雄花の穂がよく目立つ。雄花は苞のわきにふつう複数つく。殻斗の鱗片は合着して同心円状の環をつくる。

アカガシ（1）
Q. acuta

〈赤樫／別名オオガシ・オオバガシ〉

果実／堅果。長さ2㌢ほどの卵球形。1年目はごく小さく、2年目の夏から急に生長し、秋に成熟する。(写真①2年目の7月上旬、②9月中旬、③10月中旬)。殻斗には鱗片が合着した同心円状の環が10個ほど並び、褐色の軟毛がある。

アカガシは西日本では珍しくないが、関東周辺には少ない。ただし丹沢から伊豆

ブナ科 FAGACEAE

には比較的多く自生していて，海岸付近の林から山麓にかけて観察できる　1995.6.15　鹿児島県牧園町

コナラ属 Quercus

アカガシ（2）
Q. acuta

分布／本州（宮城・新潟県以西），四国，九州，朝鮮半島南部，中国，台湾

生育地／山地

樹形／常緑高木。高さ20㍍，直径80㌢ほどになる。

樹皮／緑灰黒色。ふつう皮目は目立たない。老木になると割れ目が目立つ。

枝／本年枝には淡褐色の軟毛が密生するが，翌年には落ちる。2年目以降の枝は黒紫色で，円形の皮目がある。

冬芽／楕円形で細い絹毛がある。

葉／互生。葉身は長さ7～15㌢，幅3～5㌢の長楕円形で，ややかたい革質。左右は不ぞろい。先端は長くとがり，基部は広いくさび形。ふつう全縁だが，ときに上半部に波状の鋸歯があるものがある。両面ともはじめ褐色の軟毛が密生するが，のちに無毛になる。表面は深緑色で光沢があり，裏面は淡緑色。葉を乾燥させると赤褐色になる。葉柄は長さ2～4㌢。托葉は線形で長さ

新葉の展開と同時にひものような雄花序がぶら下がる　1988.5.18　神奈川県山

❶冬芽と1年目の果実。❷雄花序は新枝の下部から多数垂れ下がる。新枝や新芽は褐色の軟毛が密生している。❸雄花序　褐色の萼や月っぽい花柱には白い毛が生する。❹雌花序は本年枝の上部の葉の付きにつく。褐色の軟毛が密生する。❺花柱、黄褐色の柱柱が目立。❻長さ約7㌢の小形タイプ。風当たりの強いところなどに多い。❼長さ12㌢ほどの平均的なタイプ。ふちがすこし波打っている。高山には平均タイプより大きいものが多いようだ。❽葉表は無毛で淡緑色。❾皮目が目立つタイプの樹皮もある。❿皮目が目立たず，割れ目が入るタイプの樹皮。

ブナ科 FAGACEAE

1.2～2.7㌢、褐色の絹毛が密生する。開葉後まもなく落ちる。
花／雌雄同株。花期は5～6月。雄花序は長さ6～12㌢、新枝の下部から多数垂れ下がる。花序の軸や苞には白い軟毛が密生する。苞は褐色、長さ4㍉ほどの卵形で先端はとがる。雄花の花被は膜質で5～6裂する。雄しべは5～9個。雌花序は新枝の上部の葉腋に直立し、雌花が5～6個つく。雌花序には褐色の軟毛が密生する。花柱は3個、さじ形でそり返る。苞は広卵形。
植栽用途／庭木、公園樹。屋敷林や神社にも植えられている。
用途／材は非常にかたく、柾目に虎斑。板目に柾目模様があって美しい。緻密で粘りが強いため、木刀に利用される。そのほか、ゲートボールのスティックや、農具やカンナの台などの器具材、建築材、船の櫓や舵、荷車など、いろいろな用途がある。
名前の由来／材が淡紅褐色で赤みが強いことからつけられた。

ナラ属唯一の全縁葉。おぼえておきたい　1996.7.23　愛媛県小松町

ブナ科 FAGACEAE　251

コナラ属 Quercus

ツクバネガシ

Q. sessilifolia

〈衝羽根樫〉

分布／本州（宮城・富山県以西），四国，九州，台湾

生育地／山地の沢沿いの急斜面などに多い。

樹形／常緑高木。高さ20㍍，直径60㌢ほどになる。

樹皮／灰黒緑色や黒褐色。縦に割れ目が入る。

枝／本年枝にははじめ白色の毛が密生するが，すぐに無毛になる。

冬芽／長楕円形。

葉／互生。葉身は長さ5～12㌢，幅3～4㌢の広い披針形で，革質。先端は鋭くとがり，基部はくさび形，先端部に鋸歯がある。表面は光沢があり，主脈は裏面に突出する。両面ともはじめ毛があるが，のち無毛。葉柄は長さ4～12㍉。托葉は長さ2㌢ほどの線形で，開葉後まもなく落ちる。

花／雌雄同株。花期は5月。雄花序は長さ6～7㌢，新枝の下部から垂れ下がる。花序の軸には白い軟毛が密生する。雄花は苞のわきに1～3個つく。苞は褐色で長さ約3㍉，白

ツクバネガシは関東では少ないが，西日本ではふつう　1988.5.2　高知県馬路村

❶～❿ツクバネガシ。❶芽のまわりには頂生側芽つく。❷雄花序。褐色のが目立つ。❸雌花序。雌が3～4個つく。❹枝先葉は輪生状につく。開いばかりの葉のふちは裏面に巻いている。❺上半部ふちにやや鋭い低い鋸歯すこしある。❻葉裏。淡色で主脈が突出する。❼い殻斗。鱗片は合着して～9個の環になる。❽成した堅果。❾樹皮は灰黒色で縦に割れ目が入る。樹皮が黒褐色のものもあ

い毛が密生する。花被は直径約3ミリ、3〜5裂する。雄しべは5個。雌花序は新枝の上部の葉のわきに直立し、雌花が3〜4個つく。花柱は3個。

果実／堅果。長さ1.5センチほどの卵球形。翌年の秋に成熟する。下部は鱗片が合着して同心円状の環が8〜9個並んだ殻斗に包まれる。殻斗には褐色の星状毛が密生する。

類似種との区別点／アカガシと似ているが、アカガシより葉柄が短く、葉の先端部に鋸歯があるので区別できる。

備考／**オオツクバネガシ** Q. takaoyamensis はツクバネガシとアカガシの雑種と考えられている。両者の特徴がまざりこているせいかひとつの個体にいろいろな形の葉が見られる。

植栽用途／屋敷林などに植えられている。

用途／器具材、シイタケの原木。木目が美しいので、床柱に利用されることもある。

名前の由来／枝先の葉が輪生状に並ぶ様子が、羽根つきの羽根（衝羽根）に似ていることからつけられた。

オツクバネガシ。雑種らしく葉の形に変異が多い　1987.6.15　今治市

ブナ科 FAGACEAE

コナラ属 Quercus
ハナガガシ
Q. hondae
〈葉長樫／別名サツマガシ〉

分布／四国（愛媛・高知県），九州（福岡・佐賀県を除く）

生育地／山地。個体数は少ない。

樹形／常緑高木。高さ20㍍ほどになる。

樹皮／暗灰色。

冬芽／冬芽は狭披針形で，先端は鋭くとがる。

葉／互生。葉身は長さ5～13㌢，幅1～2.5㌢の狭披針形で，かたい革質。先端は鋭くとがり，上半部のふちには鋸歯がある。両面とも無毛。裏面は淡緑色。葉柄は長さ8～15㍉。托葉は長さ1.2～2.5㌢の線形で，開葉後まもなく落ちる。

花／雌雄同株。4～5月，新枝の下部から長さ10㌢ほどの雄花序が垂れ下がる。花序の軸には褐色の毛が密生する。雌花序には雌花が3～5個つく。

果実／堅果。長さ1.5㌢ほどの倒卵状楕円形。翌年の秋に成熟する。下部は同心円状の環が6～7個並んだ殻斗に包まれる。

❶冬芽はコナラ属のほかの種に比べて細いのが特徴。❷葉身。上半部のふちにはらに、鋸歯がある。❸主脈は表面に突出する。❹裏面は淡緑色。❺樹皮。

ハナガガシの新緑。個体数が少ない貴重な種で，環境

ブナ科 FAGACEAE

のレッドリストの絶滅危惧種に記載されている。葉は枝先に集まってつく　1993.4.11　目黒区林試の森

コナラ属 Quercus

アラカシ (1)
Q. glauca

〈粗樫〉

現在の関東平野の雑木林を代表する樹木は、落葉広葉樹のコナラだが、人間が定住する前の自然植生は、シイやカシを主体にした常緑広葉樹林だったと考えられている。つまり沿岸部にはシイ・タブノキ林が、内陸部にはシラカシ・アラカシ林が広がっていたのである。これらの植生は人間が関東平野に定住しはじめて以来、破壊され続け、現在では寺社林や古い屋敷林など、わずかに自然植生が残っている森から過去の姿を想像するしかないほどに変貌してしまった。しかし、最近は雑木林が手入れされないまま放置されているため、林床にシラカシやアラカシが戻り、生長しはじめている。このままの状態が続けば、落葉広葉樹が主体だった雑木林は常緑広葉樹林に遷移し、関東平野本来の植生が回復されることになるのである。

樹皮。浅いくぼみがある　四万十川の流れに、アラカシ林が黒い影を落としていた。四国にはこのような常緑

林がいたるところにあり，豊かな緑を形成している　1993.9.24　中村市

コナラ属 Quercus
アラカシ（2）
Q. glauca

分布／本州（宮城・石川県以西），四国，九州，沖縄，済州島，中国，台湾，東南アジア，ヒマラヤ

生育地／山野。しばしばスダジイやツブラジイと混生する。

樹形／常緑高木。高さ20m，直径60cmほどになる。

樹皮／暗灰色。皮目や浅いくぼみがある。大きな割れ目はできない。

枝／本年枝は淡緑紫色。はじめ淡褐色の軟毛が密生するが，のち無毛になる。2年目になると円形や楕円形の小さな皮目が目立つ。

冬芽／卵形。

葉／互生。葉身は長さ7〜12cm，幅3〜5cmの倒卵状長楕円形で，革質。先端は鋭くとがり，基部は広いくさび形。上半部には大形の鋸歯がある。表面は光沢があり，はじめ軟毛が散生するが，のち無毛になる。裏面は絹毛が密生して灰白色。葉柄は長さ1.5〜2.5cm。托葉は長さ1cmほどの線形で，早く落ちる。

花／雌雄同株。4〜5

常緑のドングリの仲間では，もっとも個体数が多い　1995.5.1　中村市

258　ブナ科 FAGACEAE

月，新枝の下部から長さ5〜10㌢の雄花序が垂れ下がる。花序の軸には淡褐色の軟毛が密生する。雄花は苞のわきに2〜3個つく。苞は褐色で長さ3〜4㍉の卵形，軟毛が密生する。花被は直径3㍉ほどで，4〜6裂する。雄しべは4〜6個。雌花序は新枝の上部の葉のわきに直立し，雌花が3〜5個つく。花柱はふつう3個，先端はさじ形でそり返る。苞は卵形で長さ0.7㍉。

果実／堅果。長さ1.5〜2㌢の卵球形で，その年の秋に成熟する。堅果の下部は鱗片が合着した同心円状の環が6〜7個並んだ殻斗に包まれる。

備考／山麓に生えるもっともふつうのカシ類なので，単にカシと呼ばれることが多い。

植栽用途／生け垣，庭木。枝を切りつめて萌芽させたものを棒ガシと呼び，和風庭園に使われる。

用途／器具材，建築材，薪炭材，パルプ，シイタケの原木など。四国の一部の地域では，堅果を砕いて煮て，カシ豆腐をつくる。

ラカシと間違えそうな細葉の個体もある　1994.11.7　静岡県三ケ日町

❶冬芽。芽鱗は光沢がある。❷新枝がのびると，下部に雄花序が垂れ下がり，樹冠は1年のうちでもっとも華やかになる。❸雄花。褐色の苞のわきに2〜3個ずつつく。❹雌花。黄色い花柱はふつう3個あるが，2個しかないものも写っている。❺新枝の上部に雌花序，下部に雄花序がつく。❻葉表。上半部に鋸歯がある。❼葉裏。黄褐色の絹毛が多い。❽熟した堅果。

ブナ科 FAGACEAE

コナラ属 Quercus

シラカシ
Q. myrsinifolia
〈白樫〉

分布／本州（福島・新潟県以西）、四国、九州、済州島、中国中南部

生育地／山地

樹形／常緑高木。高さ20㍍、直径80㌢ほどになる。

樹皮／灰黒色。縦に並んだ皮目があってざらつく。割れ目はない。

枝／暗緑色または黒紫色。はじめ淡黄褐色の軟毛が密生するが、すぐに無毛となり、円形の小さな皮目が目立つ。

冬芽／卵形。

葉／互生。葉身は長さ7〜14㌢、幅2.5〜4㌢の狭長楕円形で、やや革質。先端は鋭くとがり、基部はくさび形、3分の2以上に浅くてやや鋭い鋸歯がまばらにある。表面は光沢があり、無毛。裏面は灰緑色で、はじめは絹毛が散生するが、のち無毛となる。葉柄は長さ1〜2㌢。托葉は長さ約1㌢の線形で、開葉後まもなく落ちる。

花／雌雄同株。花期は5月頃。雄花序は長さ5〜12㌢、新枝の下部や前年の葉腋からでる

雄花序は新枝の下部や前年枝の葉のわきから垂れ下がる　1989.4.26　横浜市

ブナ科 FAGACEAE

短枝から垂れ下がる。花序の軸には絹毛が密生する。雄花は苞のわきに1～3個ずつつく。苞は褐色で長さ2㍉ほどの広卵形、先端は鋭くとがる。花被は3～6裂する。雄しべは3～6個。雌花序は新枝の上部の葉腋に直立し、雌花を3～4個つける。花柱は3個、扇形でそり返る。

果実／堅果。長さ1.5～1.8㌢の卵形で、その年の秋に成熟する。下部は鱗片が合着した同心円状の環が6～8個並んだ殻斗に包まれる。殻斗には灰白色の微細な毛が密生する。

類似種との区別点／葉はウラジロガシに似ているが、ウラジロガシの葉は裏面が粉白色なので区別できる。

植栽用途／庭木、生け垣、防風林、街路樹、公園樹

用途／カンナの台や金槌の柄などの器具材、建築材、船舶材、シイタケの原木

名前の由来／材は淡い紅褐色だが、アカガシに比べて色が淡いのでシラカシと呼ばれる。

芽が開くと4～5日でまたたく間に葉と花が展開する　1996.5.4　小石川植物園

❶冬芽。❷雄花序。雄花は褐色の苞のわきに1～3個ずつつく。❸雌花。花柱は3、先はそり返る。❹葉身の3分の2以上に浅い鋸歯がある。❺裏面は灰緑色で無毛　❻堅果は花が咲いた年の秋に成熟する。受粉後、ひと月ほどで同心円状の環が(でき)た。❼ほぼ成熟した果実。殻斗の鱗片は合着して6～8個の環をつくる。❽(堅)果は枝の先端付近に集まってつく。❾冬姿。❿樹皮。灰黒色で割れ目はない。

ブナ科 FAGACEAE　261

コナラ属 Quercus
ウラジロガシ
Q. salicina
〈裏白樫〉

分布／本州（宮城・新潟県以西），四国，九州，沖縄，済州島，台湾

生育地／山地

樹形／常緑高木。高さ20m，直径80cmほどになる。

樹皮／灰黒色でなめらか。円形の白っぽい皮目が散生する。

枝／本年枝には淡褐色の毛が密生するが，2年目以降は無毛となる。小さな円形の皮目が多い。

冬芽／長楕円形。

葉／互生。葉身は長さ9～15cm，幅2.5～4cmの長楕円状披針形で，薄い革質。先端は鋭くとがり，基部は広いくさび形，葉身の3分の2以上にはやや鋭い浅い鋸歯がある。表面にははじめやわらかい伏毛が散生するが，のち無毛となり，光沢がある。主脈は裏面に突出する。裏面にははじめ黄褐色の絹毛が密生するが，のちロウ質を分泌して粉白色になる。葉柄は長さ1～2cm。托葉は長さ1cmほどの線形で，開葉後まもな

葉は鋸歯が鋭く，ふちが大きく波打つ特徴がある　1997.2.20　宮崎市

ブナ科 FAGACEAE

く落ちる。

花／雌雄同株。5月，長さ5〜7㌢の雄花序が新枝の下部から数個垂れ下がる。花序の軸には褐色の軟毛がある。雄花は苞のわきに1〜3個ずつつく。苞は褐色で長さ2〜3㍉の広楕円形。雄しべは3〜6個。雌花序は新枝の上部の葉腋に直立し，雌花が3〜4個つく。花柱は3個。

果実／堅果。長さ1.2〜2㌢の広卵形で，翌年の秋に成熟する。下部は鱗片が合着した同心円状の環が7個並んだ殻斗に包まれる。殻斗には短毛が密生する。

植栽用途／庭木，生け垣，公園樹

用途／建築材，器具材。葉は腎臓の民間薬として利用されることがある。樹皮はタンニンを含む。

オキナワウラジロガシ
Q. miyagii
〈沖縄裏白樫／別名ヤエヤマガシ〉

とにかく実が大きい。ドングリ収集家垂涎の一種。鹿児島県の奄美大島や徳之島，沖縄県に分布する。

果は2年かかって成熟する　1995.11.29　屋久島

①冬芽。芽鱗には白色の絹毛が密生する。②雄花序は葉の展開と同時にのびてくる。③褐色の苞のわきに雄花が1〜3個ずつつく。④雌花。花柱は3個。線形の葉はもうすぐ落ちる。⑤実は1年目はほとんど生長しない（4月上旬）。⑥堅果は2年目の夏から急速に大きくなる（9月下旬）。⑦ウラジロガシの堅果と，とてつもなく大きなオキナワウラジロガシの堅果。⑧葉。葉身の3分の2以上に鋭い鋸歯がある。⑨葉裏は白色。⑩樹皮。

コナラ属 Quercus

イチイガシ
Q. gilva
〈一位樫〉

分布／本州（関東地方南部以西の太平洋側），四国，九州，済州島，台湾，中国

生育地／山地

樹形／常緑高木。高さ30㍍，直径1.5㍍ほどになる。

樹皮／黒褐色〜灰黒色。

枝／本年枝や2年枝には黄褐色の星状毛が密生し，縦に走る溝がある。3〜4年枝では星状毛が落ち，黒褐色や灰黒色。円形の皮目がある。

冬芽／長楕円形。

葉／互生。葉身は長さ6〜14㌢，幅2〜4㌢の倒披針形で，革質。先端は鋭くとがり，上半部には鋭い鋸歯がある。表面は濃緑色で光沢がある。はじめは黄褐色の垢状の毛が密生するが，すぐに落ちる。裏面には黄褐色の星状毛が密生し，成葉になっても残る。主脈は裏面に突出する。葉柄は長さ1〜1.5㌢。托葉は長さ1㌢ほどの線形で黄褐色の毛が密生する。開葉後まもなく落ちる。

花／雌雄同株。4〜5

関東では珍しいイチイガシも，九州ではごくふつうに生えている。撮影に熱中す

① ② ③ ④

264　ブナ科 FAGACEAE

月，長さ5〜16㌢の雄花序が新枝の下部から数個垂れ下がる。花序の軸には褐色の星状毛が密生する。雄花は苞のわきに1個つく。苞は褐色で長さ3㍉ほどの卵形。雄しべは7〜10個。雌花序は新枝の上部の葉腋に直立し，雌花が数個つく。花柱は3個，扇形で先端はそり返る。

果実／堅果。直径1〜1.3㌢の卵球形で，その年の秋に成熟する。下部は同心円状の環が6〜7個並んだ殻斗に包まれる。殻斗には星状毛が密生する。

植栽用途／庭木，公園樹

用途／器具材，薪炭材。昔は船の櫓に使った。現在ではフローリングやパレット，パルプに利用されている。堅果は渋みがなく，食用にできる。

を学生たちがもの珍しげに見ていた　1997.2.17　鹿児島大学構内

❶芽は茶褐色の芽鱗に包まれる。❷雄花序は葉の展開と同時に垂れ下がる。❸若葉にははじめ垢状の毛があり，指でこするとばらばら落ちる。❹葉の上半部に鋸歯がある。❺葉は光沢があり，鋸歯が目立つ。❻葉の裏面は黄褐色の星状毛が密生し，主脈が突出する。❼熟す直前の堅果。❽❾樹皮は黒褐色〜灰黒色。不ぞろいな薄片となってはがれ，波状の紋様ができる。

ブナ科 FAGACEAE　265

マテバシイ属
Lithocarpus

常緑高木。雌雄同株。冬芽は小さっぽい。葉は互生し、らせん状につく。果実は堅果で、翌年の秋に成熟する。堅果の下部は椀状の殻斗に包まれている。コナラ亜属と同じように、殻斗の外側には鱗片が瓦重ね状に多数並んでいる。ほとんどがアジアの暖帯から熱帯に分布し、日本にはマテバシイとシリブカガシの2種が自生する。

マテバシイ。〈左上〉冬芽。〈左中〉葉。〈左下〉果実。〈上〉本来の自生は九州以南

リブカガシ。ツブラは円のこと。堅果がスダジイよりまるくて小さいことを表

ブナ科 FAGACEAE

シイ属 Castanopsis

常緑高木。雌雄同株。冬芽が扁平なのが特徴。葉は互生し、ふつう2列に並ぶ。クリと同様、虫媒花なので、開花期には強い香りを発散する。果実は堅果で翌年の秋に熟す。堅果は殻斗に包まれる。殻斗の外面には鱗片が合着した同心円状の環が並んでいる。主に東アジア東部の暖帯から熱帯に分布し、日本にはスダジイとツブラジイが自生する。

いる　1995.5.18　愛知県鳳来町　〈右上〉〈右中〉ツブラジイの冬芽と葉。〈右下〉スダジイの果実

ブナ科 FAGACEAE

マテバシイ属
Lithocarpus

マテバシイ
L. edulis
〈馬刀葉椎/別名サツマジイ・マタジイ〉

分布／本州,四国,九州,沖縄。古くから各地に植栽されているが,もともとの自生地は九州や沖縄といわれている。

生育地／沿海地

樹形／常緑高木。高さ15㍍,直径60㌢ほどになる。

樹皮／灰黒色でなめらか。縦に白い筋が入る。

枝／本年枝は淡緑色で,浅い5本の溝があり,はじめは褐色の鱗状の毛がある。2年目には無毛となり,灰褐色。楕円形の皮目が多い。

冬芽／球形または卵形。

葉／互生。らせん状につき,枝先に集まる傾向がある。葉身は長さ5～20㌢,幅3～8㌢の倒卵状楕円形で,厚い革質。先端は短くとがり,基部はくさび形。全縁。側脈は10～13対。表面にははじめ褐色の鱗状の毛が散生するが,まもなく無毛になる。裏面ははじめ葉脈に沿って褐色の鱗状の毛が密生するが,のち無毛

葉の大きさや形は変異が多い。写真は細葉タイプ　1994.5.10　屋久島

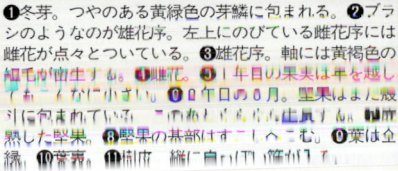

❶冬芽。つやのある黄緑色の芽鱗に包まれる。❷ブラシのようなのが雄花序。左上にのびている雌花序には雌花が点々とついている。❸雄花序。軸には黄褐色の細毛が密生する。❹雌花。❺1年目の果実は年を越してもまだ小さい。❻❼9月の果実。堅果はまだ殻斗に包まれている。これがよくいわれる食用になる熟した堅果。❽堅果の基部はすこしへこむ。❾葉は全縁。❿葉裏。⓫樹皮。縦に白い筋が入る。

真の果実は標準のタイプだが，もっと細長いものもある　1994.9.3　横浜市

となる。葉柄は長さ1〜2.5㌢。托葉は長さ5㍉の線形で，開葉後まもなく落ちる。

花／雌雄同株。花期は6月。雄花序は長さ5〜9㌢，新枝の葉のわきから数個が斜上する。雄花は苞のわきに1〜3個ずつつく。苞は褐色で長さ1㍉ほど。花被は皿状で，6裂する。雄しべは12個，花糸は長さ4㍉ほどで，花被の外にのびだす。雌花序は長さ5〜9㌢，新枝の上部の葉のわきから斜上し，雌花が1〜3個つく。雌花は直径1㍉ほどの総苞に包まれる。花柱は円柱形で3個。雌花序の上部にはしばしば雄花がつく。

果実／堅果。長さ1.5㌢ほどの円柱形で，翌年の秋に成熟する。下部は直径約1.5㌢の椀状の殻斗に包まれる。殻斗の外面には鱗片が瓦重ね状にびっしりと並んでいる。堅果の底はすこしへこむ。

植栽用途／公園樹，街路樹，防風・防火樹
用途／建築材，器具材，薪炭材。堅果は渋みがなく，食用になる。

ブナ科 FAGACEAE

マテバシイ属
Lithocarpus

シリブカガシ
L. glaber
〈尻深樫〉

分布／本州（近畿地方以西），四国，九州，沖縄，台湾，中国中南部
生育地／山地
樹形／常緑高木。高さ15㍍，直径50㌢ほどになる。
樹皮／灰黒色でなめらか。割れ目はない。縦に皮目の列がある。
枝／本年枝には黄褐色の短毛が密生する。2年枝は無毛になり，灰黒色。楕円形の皮目が散生する。
冬芽／卵形。芽鱗の先端がとがるのが特徴。
葉／互生。長さ6〜14㌢，幅3〜5㌢の倒披針状長楕円形で，厚い革質。先端は尾状に短くのび，基部は広いくさび形。全縁または上部にわずかに鋸歯がある。側脈は6〜8対。表面は深緑色で，光沢がある。裏面は細かい鱗状の毛におおわれ，銀白色に見える。脈上にははじめ短毛があるが，のち無毛になる。葉柄は長さ1〜1.5㌢。托葉は長さ2〜3㍉の披針形で，開葉後まも

カシの仲間はふつう春に開花するのに，シリブカガシは9月頃開花する。果実に

270　ブナ科 FAGACEAE

なく落ちる。
花／雌雄同株。花期は9月頃。本年枝の先端または葉のわきから花序がのびる。雄花序は長さ6〜9㌢。花序の軸には黄褐色の短毛が密生する。雄花は苞のわきに3個ずつつく。苞は長さ約1.8㍉の卵状披針形。花披は直径2㍉ほどの皿形で、雄しべは10個。雌花序は長さ5〜9㌢、上部に雄花がつくこともある。花柱は円柱形で3個。
果実／堅果。長さ約2㌢の楕円形。翌年の秋に成熟する。堅果の基部には直径1㌢ほどの椀状の殻斗がある。堅果の底はすこしへこむ。
植栽用途／公園樹
用途／材はかたい。建築材、器具材、薪炭材。
名前の由来／堅果の底がへこんでいるので、尻深の名がついたといわれる。

の秋に成熟するので、花と緑色の果実が同時に見られる　1993.9.7　高知市

❶冬芽。芽鱗の先端は黒褐色を帯びてとがる。❷本年枝には黄褐色の短毛が密生する。❸本年枝の先端についた雄花序と雌花序。❹真ん中の細いのが雌花序。まわりのやや太いのが雄花序。雄花は花粉をだし終わっている。❺果実は2年目の秋に成熟する。❻葉表。マテバシイによく似ている。❼葉裏は銀灰色。❽樹皮。

ブナ科 FAGACEAE

照葉樹林との出会い

四国にはじめて渡ったのは1988年6月15日のことだ。フェリーを降りた高知市でまず最初に出迎えてくれたのはヤマモモで，うっとうしい梅雨空の下，真っ赤に熟れた実を雨の舗道にボタボタと落としていた。梅雨の晴れ間をぬっての約半月の撮影行のなかで，とくに印象に残ったのは須崎市と土佐市にまたがる横浪半島だ。この半島をおおう常緑樹の森は，落葉樹林を見慣れた私には，じつに新鮮だった。シイやタブ，カシをはじめ，トキワガキ，コバンモチ，イヌガシ，クロバイ，カギカズラ，ミサオノキ，カンザブロウノキ，ヤマビワ，ツゲモチ，バリバリノキ，ルリミノキなどなど，数え上げればきりがないが，そのほとんどが常緑広葉樹だというのは非常なる驚きで，

〈左上〉殻斗，〈左下〉堅果。イタジイ（沖縄）のドングリより大きい。㊦ スダジイの花もクリの花のような生臭

ブナ科 FAGACEAE

次々に出現する耳慣れない樹木の名前に強烈なパニックに陥ったものだ。昼間でも薄暗い林内は、じめじめした朽ち木臭が漂い、いかにも不気味だ。これが照葉樹林というものか、と肌で感じたのは確かだが、このときは照葉樹林の片鱗に触れたにすぎなかったのだ。
この四国撮影行第1回にすっかり味をしめ、帰宅するとさっそく次の四国行きを計画。その年の12月20日高知を再訪。冬の照葉樹林はどんなふうだろうかと、あれこれ思い描きながら、横浪半島へと車を飛ばした。ところが、半島に着くと、7月に見た風景そのままが目の前に展開していたのである。シイは夏と変わらず無表情に葉を広げ、タブは以前にもまして葉を茂らせているではないか。紅葉したハゼノキが細々とアクセントをつけてはいるものの、それとて圧倒的な緑に埋もれてあえいでいるように見える。狐につままれたような気分で、これが本当の照葉樹林の姿なのかと思い知らされた。何を期待していたのか、自分でもよくわからないまま車から降りてみた。ふと足下の崖っぷちを見下ろすと、海原から吹き上げる冷たい風にふるえながらノジギクが咲き乱れていた。季節はやはり狂うことなく移っていたのだ。

(茂木 透)

香りがする。ツブラジイと混生していることが多い　1993.5.19　静岡県三ケ日町

シイ属 Castanopsis

スダジイ

〈別名イタジイ・ナガジイ〉

分布／本州（福島・新潟県以西），四国，九州，沖縄，済州島

生育地／山地

樹形／常緑高木。高さ20m，直径1mほどになる。幹は上方でよく分枝して，まるみのある大きな樹冠をつくる。

樹皮／黒褐色。大木になると縦に深い割れ目が入る。

枝／新枝は褐色を帯びた灰緑色。円形の小さな皮目が多い。

冬芽／やや扁平な長楕円形。

葉／互生。2列に並び，やや斜め下向きにつく。葉身は長さ5〜15cm，幅2.5〜4cmの広楕円形で，厚い革質。先端は急に細くなって尾状に長くのび，基部は広いくさび形。ふちは全縁または上半部に波状の鋸歯がすこしある。表面は光沢のある深緑色，はじめ淡褐色の細かい垢状の毛が散生するが，まもなく無毛になる。裏面には灰褐色の細かい垢状の毛が密生する。

花ではツブラジイとの区別はむずかしい。樹皮で見分けられる　1988.5.12　高

❶雄花序は本年枝の下部から，雌花序は上部の葉のわきから上向きにでる。❷雌花は球形で，基部は総苞に包まれる。花柱は3個，直立する。❸1年目の果実と冬芽。❹2年目の若い果実（7月下旬）。これから急速に生長する。❺殻斗が割れると，茶褐色の堅果が顔をだす。❻堅果。❼葉は互生し，2列に並ぶ。❽全縁のものもある。❾葉の上半部に波状の鋸歯があるもの。❿葉裏は灰褐色の垢状の毛が密生して灰褐色にみえる。⓫樹皮。縦に割れ目が入る。よく似たツブラジイは樹皮に深い割れ目ができない。

ブナ科 FAGACEAE

葉柄は長さ1cmほど。托葉は開葉後まもなく落ちる。

花／雌雄同株。花期は5月下旬～6月。虫媒花なので、花期には強い香りを発散する。雄花序は長さ8～12cm、新枝の下部から上向きにのびるが、花序の軸が繊細なので先端は垂れる。雄花は膜質の苞のわきにふつう1個つく。花被は直径3mmほどの半球形。雄しべは10～12個。雌花序は長さ6～10cm、新枝の上部の葉腋から直立し、雌花が多数つく。雌花の基部は直径約1cmの椀状の総苞に包まれる。花柱は3個。

果実／堅果。長さ1.2～2cmの卵状長楕円形で、翌年の秋に成熟する。堅果はほとんど殻斗に包まれているが、成熟すると殻斗は3裂し、なかから堅果が顔をだす。殻斗の外面には鱗片が同心円状に並ぶ。

植栽用途／庭木、防火・防風樹

用途／建築材、器具材、船舶材、薪炭材、パルプ、シイタケの原木。堅果は食べられる。

堅果は生でも食べられる。ほのかな甘みがあってうまい　1997.9.14　横浜市

ブナ科 FAGACEAE　275

シイ属 Castanopsis

ツブラジイ
C. cuspidata
〈円ら椎/別名コジイ〉

分布／本州（関東地方以西），四国，九州（南限は屋久島），済州島
生育地／山地
樹形／常緑高木。高さ20㍍，直径1㍍ほどになる。
樹皮／灰黒色でなめらか。ふつう割れ目はできない。
枝／本年枝は褐色を帯びた灰緑色で，垢状の毛が散生する。翌年には灰黒色となり，円形の小さな皮目が多い。
冬芽／扁平な長楕円形。
葉／互生。葉身は長さ5～10㌢，幅2～3㌢の卵状長楕円形。スダジイによく似ているが，やや小さく薄い。上半部に鈍い鋸歯があるものと全縁のものがある。
花／雌雄同株。花期は

雌花序は目立たないが，枝先からつんつんのびている　1988.5.9　高知市

ブナ科 FAGACEAE

5月下旬～6月。虫媒花なので開花期には強い香りを発散する。雄花序は長さ8～10㌢、新枝の下部から上向きにのびるが、花序の軸が繊細なので先端は垂れる。雄花は半円形の苞のわきにふつう1個、まれに2個つく。花被は直径3㍉ほどの半球形。雄しべは10～12個。雌花序は長さ約8㌢、新枝の上部の葉腋から直立し、雌花が多数つく。雌花の基部は直径1㌢ほどの椀状の総苞に包まれる。

果実／堅果。長さ6～13㍉の球形で、翌年の秋に成熟する。若いうちは殻斗に包まれているが、成熟すると殻斗は3裂し、なかから堅果が顔をだす。殻斗の外面には鱗片が同心円状に並んでいる。

植栽用途／庭木、公園樹

用途／建築材、器具材、薪炭材。シイタケの原木。堅果は食べられる

名前の由来／スダジイに比べて堅果がまるっこいことから、円ら椎という。別名の小椎も堅果が小ぶりなので。

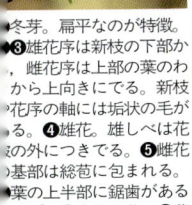

葉はスダジイより質が薄く、手ざわりで判別可能　1997.6.20　高知市

❷冬芽。扁平なのが特徴。❸雄花序は新枝の下部から、雌花序は上部の葉のわきから上向きにでる。新枝や花序の軸には垢状の毛がある。❹雄花。雄しべは花被の外につきでる。❺雌花。基部は総苞に包まれる。❻葉の上半部に鋸歯があるタイプ。❼全縁の葉。❽葉。❾果実は2年目の秋に熟し、殻斗が3裂して堅果が露出する。❿堅果の下部には細毛がある。⓫樹皮は灰黒色でなめらか。

ブナ科 FAGACEAE

クリ属 Castanea

落葉高木。雌雄同株。虫媒花なので花期には強い匂いを発散する。堅果は外面に針状の刺が密生した殻斗に包まれる。北半球に10種が分布する。

クリ (1)
C. crenata
〈栗／別名シバグリ〉

分布／北海道（石狩・日高地方以南），本州，四国，九州（南限は屋久島），朝鮮半島中南部
生育地／丘陵から山地
樹形／落葉高木。高さ17㍍，直径1㍍ほどになる。大きな樹冠をつくる。
樹皮／灰黒色。老木になると大きな割れ目が入る。
枝／本年枝は淡緑色。黄褐色の星状毛または微毛がある。2年枝は紫黒色で無毛になり，まるい小さな皮目が散生する。

〈左上〉若木。〈左下〉老木。〈上〉薮中で栗拾いをしていて，ふと見上げると，この木が目に飛び込んできた。

ブナ科 FAGACEAE

っ青な空に黄金色の葉を広げ，さあ撮ってくれといわんばかりの風情だった　1993.11.1　山梨県河口湖町

ブナ科 FAGACEAE

クリ属 Castanea
クリ (栗)
C. crenata

堅果は長さ2～4㎝の卵形～広卵形でやや扁平。クリの実に似た形をしている。芽鱗は2～3個。頂芽はない。仮頂芽は側芽よりやや大きい。葉痕は半円形。
葉／互生。葉身は長さ7～14㎝、幅3～4㎝の長楕円形で、薄い革質。先端は鋭くとがり、基部は円形またはハート形。ふちには先端が針状の鋸歯がある。表面は濃緑色で光沢があり、主脈に沿って星状毛がある。裏面は淡緑色で、小さな腺点が多数ある。側脈は16～23対。葉柄は長さ5～15㎜。托葉は長さ8～10㎜の卵状披針形で、開葉後まもなく落ちる。
花／雌雄同株。花期は6月。新枝の葉のわきから長さ10～15㎝の尾状花序をやや上向きにだす。花序につく花はほとんどが雄花で、基部に雌花がつく。雄花は無柄で半円形の苞のわきに7個ほどが集まってつく。雄しべは約10個、花被の外にと

写真は栽培のクリで、雄花序はかなり大形だった 1999.6.19 横浜市

ブナ科 FAGACEAE

びでる。雌花は緑色の総苞（若いいが）のなかに3個ずつ入っている。総苞は花時には直径3㍉ほどの球形。外面は先端が鋭い卵状披針形の鱗片におおわれている。花柱は長さ3㍉ほどの針状で、9〜10個あり、総苞の外にとびでる。

果実／堅果。その年の秋に熟す。殻斗（いが）は扁平な球形で、外面に長さ1㌢ほどの刺が密生する。堅果が成熟すると殻斗は4つに割れる。なかには褐色の堅果がふつう3個入っている。堅果の大きさにはかなりの変化がある。栽培されるタンバグリは大きく、野生のシバグリは小さい。

備考／クリタマバチが枝に よく出しい虫えいをつくっている。

用途／クリの実は昔から重要な山の幸。改良品種も多くつくられている。材は耐久性があるので、家の土台や板屋根、彫刻材、挽物のお盆などに利用される。そのほか、シイタケの原木や薪炭材に使われる。葉はタンニンを含み、葉の煎じたものをかぶれなどの薬にする。

生のクリは粒は小さいが、甘みがあってとてもうまい　1984.9.7　横浜市

❶冬芽はクリの実と形がそっくり。仮頂芽は側芽よりやや大きい。❷栽培クリの雄花はかなり大きい。❸花序の上部に雄花。基部に針状の花柱が目立つ雌花がつく。雄花はまだつぼみ。❹雄花。❺雌花は総苞のなかに3個入っている。外面に先のとがった鱗片が並ぶ。1個の花に9〜10個の花柱がある。❻葉は側脈が目立つ。❼葉裏。はじめ星状毛や軟毛が密生するが、主脈や側脈だけに残る。❽針状の鋸歯の先端まで葉緑素が入っている。❾クリタマバチによる虫えい。❿堅果は長い刺のある殻斗（いが）に包まれる。⓫堅果。

ブナ科 FAGACEAE

ニレ科
ULMACEAE

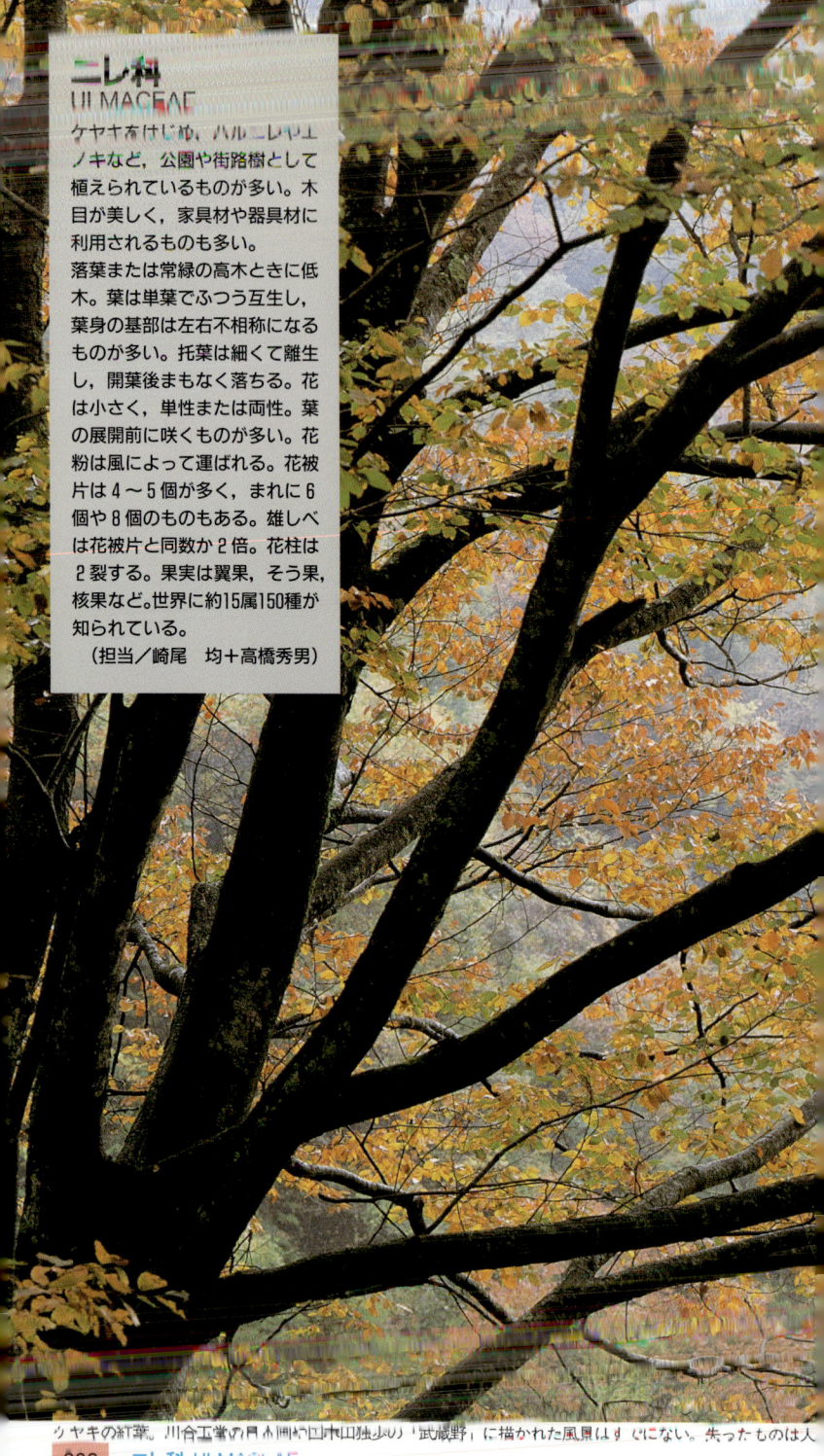

ケヤキをはじめ，ハルニレやエノキなど，公園や街路樹として植えられているものが多い。木目が美しく，家具材や器具材に利用されるものも多い。

落葉または常緑の高木ときに低木。葉は単葉でふつう互生し，葉身の基部は左右不相称になるものが多い。托葉は細くて離生し，開葉後まもなく落ちる。花は小さく，単性または両性。葉の展開前に咲くものが多い。花粉は風によって運ばれる。花被片は4〜5個が多く，まれに6個や8個のものもある。雄しべは花被片と同数か2倍。花柱は2裂する。果実は翼果，そう果，核果など。世界に約15属150種が知られている。

（担当／崎尾　均＋高橋秀男）

ケヤキの紅葉。川合玉堂や国木田独歩の『武蔵野』に描かれた風景はすでにない。失ったものは人

が，これからの私たちは折にふれ，樹木たちの声に耳を傾けていきたい　1989.11.9　韮崎市

ニレ 科 ULMACEAE

ケヤキ属 Zelkova

鋸歯は単鋸歯で、側脈は鋸歯の先端まで達する。花は単性または両性。雄花は新枝の下部に束生し、雌花は新枝の上部の葉腋にふつう1個ずつつく。果実はそう果。アジアに5種ほど分布している。

ケヤキ (1)
Z. serrata
〈欅／別名ツキ〉

ケヤキは日本の代表的な落葉高木のひとつ。すんなりのびた幹から扇を開いたように枝を広げた姿が美しく、各地に天然記念物に指定された巨樹や名木がある。日本一は山形県東根市の大ケヤキ。高さ28㍍、幹周り12.6㍍あり、樹齢1500年以上といわれている。葉の表面や裏面、葉柄に毛の密生するものをメゲヤキ f. stipulacea といい、日本海側に多い。枝がしだれるものをシダレケヤキといい、まれに見られる。ほかに葉に斑が入るフイリケヤキもある。

分布／本州、四国、九州、朝鮮半島、中国、台湾

ケヤキの托葉、長さ1㌢ほどの線状披針形。葉が展開するとまもなく落ちる。

ケヤキの分布はおもしろく、北海道と九州南部以南は空白地帯。それ以外はすき

ニレ科 ULMACEAE

く自生している。極寒地と極暑地を避けた生き方をしているのだろうか　1995.5.23　山梨県山中湖村

ニレ科 ULMACEAE

ケヤキ属 Zelkova

ケヤキ（欅）
Z. serrata

生育地／丘陵や山地。川岸などに多い。

植栽用途／公園や街路樹としてよく植えられている。枝が横にはりださず、ほっそりしたほうき状の樹形になる「むさしの1号」という品種はスペースをとらないので、最近街路樹などに利用されている。田舎では屋敷のまわりに防風・防火樹として植え、建築材としても利用した。芽出しが赤色や緑色の美しいものを盆栽にする。

用途／材は木目が美しく、狂いがないので、重要な材とされている。お盆、漆器の木地、家具、楽器、彫刻材として利用されている。桃山時代から江戸時代には社寺の建築材としても使われた。

扇形の樹形で、だれが見てもすぐにケヤキだとわかる　1994.4.7　横浜市

川岸の傾斜地に生えていたケヤキ。平地に生えているのとは違いゆがんだ樹形に　1995.2.28　愛知県鳳来町

286　ニレ科 ULMACEAE

秋のケヤキは何といっても渋い黄葉と品のいい枝ぶりが一番の見どころだ　1987.10.30　山梨県山中湖村

ニレ科 ULMACEAE

ケヤキ属 Zelkova

ケヤキ (3)
Z. serrata

落葉広葉高木。高さ20～35m、直径1.5mほどになる。こんもりとした円形の樹冠をつくる。

樹皮／灰白色。なめらかだが、老木になると鱗片状にはがれる。小さなまるい皮目が多い。

枝／本年枝は暗褐色で細く、仮軸分枝するのでジグザグに屈曲する。皮目はまるい。

冬芽／卵状円錐形で長さ2～4㍉と小さく、枝から離れてつく。芽鱗は紫褐色で8～10個。葉痕は半円形。維管束痕は3個。

葉／互生。葉身は長さ3～7㌢、幅1～2.5㌢の狭卵形～卵形。先端は長く鋭くとがり、基部は浅い心形で、ふちには鋭い鋸歯がある。表面はややざらつく。

雄花はもうすぐ花粉をだす。葉柄の陰に雌花もついている　1999.4.15　横浜市

❶ ❷ ❸ ❹ ❺

ニレ科 ULMACEAE

側脈は8〜18対，鋸歯の先端に達する。葉柄は長さ1〜3㍉。
花／雌雄同株。4〜5月，葉の展開と同時に開花する。雄花は新枝の下部に数個ずつ集まってつく。雄花には4〜6裂する花被と4〜6個の雄しべがある。雌花は新枝の上部の葉腋にふつう1個ずつつくが，まれに3個ほど束生することもある。雌しべは1個。花柱は2裂し，柱頭の上面には乳頭状の突起が密生する。雌花には雄しべがまったくないものと，小さな退化した雄しべが数個あるものがある。
果実／そう果。稜角のあるゆがんだ扁球形で，10月に暗褐色に熟す。
備考／若木の葉は成木に比べ大きい。雄花は花と葉が入った混芽よりかなり遅れて展開する。

実というにはあまりにも小さく，花時と大差ない　1996.10.10　山梨県山中湖村

❶側芽正面。葉痕は半円形。❷側芽側面。枝から離れてつく。❸仮頂芽と側芽。❹雄花。葯はもう花粉を飛ばしたあと。❺雌花の花柱は深く2裂する。内側が柱頭で乳頭状の突起が密生する。❻葉の表面はややざらつく。❼葉裏。脈腋に毛がある。❽樹皮。小さな皮目が密集している。❾成熟した果実。くちばしのように見えるのは花柱。❿老木の樹皮は鱗片状にはがれる。

ニレ科 ULMACEAE

ニレ属 Ulmus

落葉ときに常緑の高木で、葉の基部は左右不相称。花は両性で、（不明）。果実は扁平な翼果。北半球に20種ほど分布している。

ハルニレ（1）
U. davidiana
　var. japonica

〈春楡／別名ニレ・エルム・アカダモ〉

英名は japanese elm。日本ではニレといえばハルニレをさすことが多く、エルムの名でも親しまれている。

分布／北海道，本州，四国，九州，朝鮮半島，中国東北部・北部
生育地／丘陵〜山地
観察ポイント／北海道に多い。本州では戸隠高原や上高地，日光の戦場ガ原，富士山麓の山中湖などに多い。
樹形／落葉高木。高さ20〜30㍍，直径1㍍ほどになる。ほぼ円形の樹冠をつくる。
植栽用途／公園樹，街路樹

若い果実。日本でエルムといえばふつうハルニレをさす　1991.5.6　山梨県御坂

熟した果実がついている　1991.11.20　北軽井沢

ギリシャ神話では眠りの神ヒュプノスの木とされる

ニレ科 ULMACEAE

。北海道や東北地方に多く，次いで九州に多いという変わった分布をする　1996.10.30　群馬県新治村

ニレ科 ULMACEAE

ニレ属 ULMUS

ハルニレ（春楡）
U. davidiana var. japonica

樹皮／灰色。縦に割れ目が入り、不規則な鱗片状にはがれる。
枝／本年枝には赤褐色の軟毛が生える。2年枝は無毛で、皮目を散生する。
冬芽／長さ3～5㍉の卵形。芽鱗は5～6個。葉痕は浅い半円形。
葉／互生。葉身は長さ3～15㌢、幅2～8㌢の倒卵形。先端は急に鋭くとがり、基部は左右不相称。ふちには重鋸歯がある。表面は微毛があってざらつく。裏面は淡緑色で、脈沿いや脈腋に短毛が生える。側脈は10～20対。葉柄は長さ4～12㍉、白色の軟毛が密生する。
花／3～5月、葉の展開前に前年枝の葉のわきに小さな両性花が7

有名なハルニレだが、花は見る機会が少ない　1997.4.16　山梨県山中湖村

❶冬芽。上の2個は花芽。下の小さい側芽は葉芽。❷ハルニレの側芽。雌蕊柱頭は3個。人間の顔のようだ。❸前年枝の葉のわきに出た両性花。雄蕊は赤褐色。花粉を散らしたあと暗褐色になる。白いのは雌花の柱頭。❹葉。ふちに重鋸歯があり、表面はざらつく。❺葉裏。脈上や葉柄、枝に毛が密生する。

ニレ科 ULMACEAE

〜15個集まって咲く。花被は長さ3㍉ほどの鐘形で、上部は浅く4裂する。雄しべは4個。花柱は2裂し、白い毛が密生する。

果実／翼果。5〜6月に成熟する。長さ12〜15㍉の倒卵形で、先端はくぼむ。種子は長さ5〜6㍉の楕円形。翼果の中心よりすこし上部にある。種子は風によって散布され、林縁などの明るいところでは落下後2週間ほどで発芽する。暗い林内に落下したものは、翌年の4〜5月の林床が明るいときに発芽する。

備考／枝にコルク質が発達するものを**コブニレ** f. suberosa という。

用途／材はケヤキに比べるとやや狂いやすく、ざくざくした感触がする。フローリングや家具、器具材などに使われる。

花後ひと月で果実が鈴なり。葉はまだでていない　1994.5.12　大町市

⑥紅葉するものもある。⑦果実は翼果。種子は翼のやや上部にあり、翼の先端はへこんでいる。⑧熟した果実。⑨種子。⑩樹皮。縦に細かい割れ目が入る。

ニレ科 ULMACEAE

ニレ属 Ulmus

アキニレ
U. parvifolia

〈秋楡／別名イシゲヤキ・カワラゲヤキ〉

分布／本州（中部地方以西），四国，九州，沖縄，朝鮮半島，中国，台湾

生育地／山野の荒れ地，川岸や河原

樹形／落葉高木。高さ15m，直径60cmほどになる。

樹皮／灰緑色〜灰褐色。褐色の小さな皮目があり，不ぞろいな鱗片状にはがれ，まだらな斑紋が残る。

枝／本年枝は淡紫褐色で，ふつう短毛がある。2〜3年枝には褐色のまるい皮目ができ，表皮は生長するにつれて縦に裂ける。

冬芽／長さ2〜3mmのやや扁平な卵形。芽鱗は4〜5個。葉痕は半円形。

葉／互生。葉身は長さ2.5〜5cm，幅1〜2cmの長楕円形。先端は鈍く，基部は左右不相称。ふちには鈍い鋸歯があり，両面とも葉脈に沿って短毛がある。革質で表面には光沢がある。

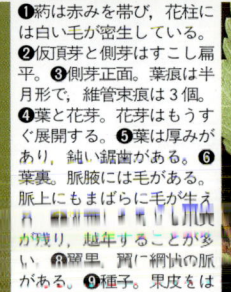

落葉樹だが，葉には光沢があり，常緑樹のように見える　1988.9.13　神代植物公

❶葯は赤みを帯び，花柱には白い毛が密生している。❷仮頂芽と側芽はすこし扁平。❸側芽正面。葉痕は半月形で，維管束痕は3個。❹葉と花芽。花芽はもうすぐ展開する。❺葉は厚みがあり，鈍い鋸歯がある。❻葉裏。脈腋には毛がある。脈上にもまばらに毛が生え……が残り，越年することが多い。❽翼果、背に網状の脈がある。❾種子。果皮をはがすのは大仕事。❿樹皮。

裏面は葉脈が突出し、脈腋に毛が密生する。側脈は8〜14対、鋸歯の先端に達する。葉柄は長さ3〜6㍉、短毛が生える。

花／花期は9月。本年枝の葉のわきに両性花が4〜6個ずつ集まってつく。花被は鐘形で基部近くまで4裂する。花被片は長さ2.5㍉ほどの舟形。雄しべは4個。花糸は花被からのびでる。雌しべは1個。花柱は2裂する。内側が柱頭で白い毛が密生する。

果実／翼果。長さ1㌢ほどの扁平な広楕円形で両面とも無毛、10〜11月に成熟する。翼には顕著な網状の脈がある。種子は長さ約5㍉の広楕円形で、翼果の中央にある。

植栽用途／生け垣、庭木、街路樹、公園樹。関東地方には自生していないが、よく植えられている。護岸用に植えられることもある。

用途／材はかたく、くり物や器具材に使われる。若芽は食べられる。飢饉のときには種子も食べた。

関東地方以北には自生がなく、関西や四国に多い　1994.11.12　横浜市植栽

ニレ科 ULMACEAE　295

ニレ属 Ulmus

オヒョウ
U. laciniata

〈別名アツシ・アツ・オヒョウニレ・ヤジナ〉

分布／北海道，本州，四国，九州，カムチャッカ，東シベリア，中国東北部，朝鮮半島

生育地／山地の谷沿い。土石流の跡地などで更新する。

樹形／落葉高木。高さ25㍍，直径1㍍ほどになる。

樹皮／灰褐色。縦に細かい溝が入る。老木になると鱗状にはがれる。

枝／本年枝はふつう無毛。2年枝は紫褐色で，まるい皮目が散生する。

冬芽／長さ5～8㍉の卵形で暗栗褐色。つやのある芽鱗が5～6個ある。芽鱗のふちには毛が生える。葉痕は半円形。

葉／互生。葉身は長さ7～15㌢，5～7㌢の

若葉と若い果実。全国的に分布するが，とくに北海道に多い。アイヌ語でアツニ

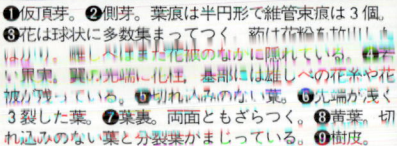

❶仮頂芽。❷側芽。葉痕は半円形で維管束痕は3個。❸花は球状に多数集まってつく。葯は花粉を放出したばかり。雌しべはまだ花被の中に隠れている。❹若い果実。翼の先端に花柱。基部には雄しべの花糸や花被が残っている。❺切れ込みのない葉。❻先端が浅く3裂した葉。❼葉裏。両面ともざらつく。❽黄葉。切れ込みのない葉と分裂葉がまじっている。❾樹皮。

ニレ科 ULMACEAE

長楕円形。葉の先が3〜5裂するものと切れ込みのないものがある。先端は急に鋭くとがり、基部は浅いハート形で、左右不相称。ふちには重鋸歯がある。洋紙質で、両面とも短毛が生えてざらつく。側脈は10〜17対。葉柄は長さ3〜10㍉。

花／4〜6月、葉の展開前に前年枝の葉のわきに両性花が多数集まってつく。花被は長さ5㍉ほどの鐘形で上部は5〜6裂し、わずかに紅色を帯びる。雄しべは5〜6個。花糸は花被の外にのびだす。雌しべは1個。花柱は2裂する。

果実／翼果。長さ1.5〜2㌢の円形で、5〜7月に成熟する。先端に花柱が残る。種子は長さ5㍉ほどの楕円形で、翼果の中央にある。

用途／材はハルニレに似ている。器具材、薪炭材、パルプ材に利用される。樹皮が非常に強靱なので、水にさらして細かく裂き、織物（アイヌのアツシが有名）や縄の材料にする。

い、樹皮からアツシという織物をつくる　1992.5.11　埼玉県両神村

ニレ科 ULMACEAE

ムクノキ属 Aphananthe

葉の基部には3脈があり、側脈は鋸歯の先端まで達する。花は単性で雌雄同株。果実は核果。世界に5種ほど知られている。

ムクノキ
A. aspera

〈椋の木／別名ムク・ムクエノキ・モク・モクエノキ〉

分布／本州（関東地方以西），四国，九州，沖縄，中国，台湾，東南アジア

生育地／丘陵の日当たりのよいところ。雑木林にも見られる。昔は社寺の境内や道路わきなど，人里近くにも多かったが，現在は少ない。

樹形／落葉高木。高さ15〜20㍍，直径1㍍ほどになる。

樹皮／灰褐色でなめらか。老木になると鱗片状にはがれ，基部は板根状に広がる。

枝／本年枝は細く，円形の皮目が多い。

冬芽／長さ4〜6㍉のやや扁平な長卵形。芽鱗は6〜10個。葉痕は三角形。

葉／互生。葉身は長さ4〜10㌢，幅2〜6㌢の長楕円形。両面とも

花と新緑。よく見るが，とくに西南日本に多い　1996.5.5　小石川植物園

❶側芽。左に並んでいるのは副芽。芽鱗は6〜10個，伏毛がある。❷雄花。花を放出した葯と，まだ花のなかで身を縮めているしべが見える。❸雌花。柱は2裂，内側の白い毛密生しているところが柱❹葉は羽状脈が目立つ。両面，側脈の上に毛があざらざらしている。❺側脈は鋸歯の先端まで達する。❻果実は熟すと黒くなる。先端には花柱が，基部に花被が残存する。

ニレ科 ULMACEAE

短い伏毛があって、いちじるしくざらつく。先端はふつう尾状に長くとがり、基部は広いくさび形かまるく、左右不相称。基部から3本の脈がのびている。ふちには鋭い鋸歯がある。側脈は鋸歯の先端へ達する。葉柄は長さ約1㌢。

花／雌雄同株。4～5月、葉の展開と同時に開花する。雄花は新枝の下部に集まってつき、雌花は上部の葉のわきに1～2個つく。雄花の花被片は5個、長さ2㍉ほどの楕円形。雄しべは5個。雌花の花被は長さ2～3㍉の筒形。花柱は2裂し、柱頭に白い毛が密生する。

果実／核果。直径7～10㍉の球形で、10月に紫黒色から黒色に熟する。果肉は美味。干し柿に似た味で甘い。

植栽用途／街路樹、公園樹

用途／材は強靭なので、建築材、器具材に使われる。昔はてんびん棒やバットなどに利用された。葉は漆器の木地やべっこうなどの研磨に使われた。

果実はまだ緑色。あとひと月もすると黒く熟しはじめる　1992.9.27　高知市

⑧核はほぼ球形。先端に白い種枕がある。⑨成木の樹皮はなめらか。⑩老木になると、幹の基部は板根状に広がり、樹皮は短冊状にそり返ってはがれ落ちる。

ニレ科 ULMACEAE

エノキ属 Celtis

葉の基部には顕著な3脈があり、側脈はふちの近くで上に曲がり、鋸歯のなかへは入らない。果実は核果。北半球の温帯〜亜熱帯に70種ほどが知られている。

エノキ (1)
C. sinensis
〈榎〉

昔は街道の一里塚や村境、橋のたもとなどによく植えられ、各地にいわれのある大木がある。葉は日本の国蝶に指定されているオオムラサキの幼虫の餌になる。オオムラサキ保護のため、エノキを植林している地域もある。枝にはヤドリギがよく寄生している。

分布／本州、四国、九州、沖縄、中国中部

生育地／丘陵から山地の日当たりのよい適度に湿り気のあるところや沿海地。雑木林や人里近くにも多い。

樹形／落葉高木。高さ20㍍、直径1㍍ほどになる。よく枝分かれして、樹冠は横に広がる。

樹皮／灰黒褐色。小さな皮目が多いが、割れ目はない。

ニレ科 ULMACEAE

にか育った幼木を多く見かける　1990.4.2　高知県大月町

エノキ属 Celtis

エノキ（榎）
C. sinensis

枝／本年枝は黄褐色の中かしゃい毛が生える。2年枝は濃紅紫褐色で無毛，灰白色のまるい皮目が密生する。

冬芽／長さ1〜5㍉の円錐形で，先端はとがる。芽鱗は2〜5個。葉痕は三角形。

葉／互生。葉身は長さ4〜9㌢，幅2.5〜6㌢の広楕円形で，厚くて両面ともざらつく。先端は急に鋭くとがり，基部は広いくさび形で，左右不相称。主脈と基部からのびる2本の支脈が目立つ。側脈は鋸歯の先端には達しない。成木の葉は上部3分の1ほどに小さな波状の鈍鋸歯があるものと，ほとんど全縁のものがある。幼木の葉は上部3分の2ほどに鋸歯がある。若葉は両面ともさび色の短い縮毛が密生し，とくに裏面に多い。葉柄は長さ約5㍉，上面に溝があり，軟毛が密生する。

花／雌雄同株。4〜5月，葉の展開と同時に開花する。雄花は新枝の下部に集まってつき，両性花は上部の葉のわ

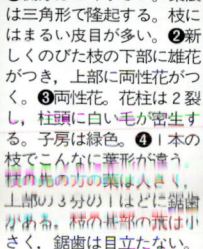

雨上がりの午後，四万十川沿いに車を飛ばしていたとき，ふとこの木が目にとま

❶側芽はごく小さい。葉痕は三角形で隆起する。枝にはまるい皮目が多い。❷新しくのびた枝の下部に雄花がつき，上部に両性花がつく。❸両性花。花柱は2裂し，柱頭に白い毛が密生する。子房は緑色。❹1本の枝でこんなに葉形が違う。枝の先の方の葉は大きく，上部の3分の1ほどに鋸歯があり，枝の基部の葉は小さく，鋸歯は目立たない。

ニレ科 ULMACEAE

きにつく。雄花の花被片は長楕円状披針形で4個。雄しべ4個は花被片と対生する。中心部には白い綿毛が密生している。両性花の花被片は4個，雄しべ4個と雌しべが1個ある。花柱は2裂し，柱頭には白い毛が密生する。

果実／核果。直径6㍉ほどの球形で，9月に赤褐色に成熟する。果柄は長さ8～15㍉。果肉は赤く，甘みがあり，干し柿に似た味がするが，水分が少ない。核の表面には網状紋がある。

備考／長野県丸子町に枝がしだれるシダレエノキがあり，国の天然記念物に指定されている。

植栽用途／街路樹，公園樹

用途／材は白い。腐りやすいので，評価はあまり高くないが，建築材，器具材，薪炭材として利用される。

名前の由来／器具の柄に利用されるから「柄の木」の名がついたとか，よく燃えることから「燃え木」の名がつき，それが転訛してエノキになったとか，いろいろな説がある。

右のコナラと寄り添うように若葉を広げていた　1995.5.1　高知県西土佐村

❺葉のもっとも広い部分は中央より上部にある。❻葉裏。脈上に毛がある。❼側脈は葉のふちに近いところで上に曲がり，上の方の脈と合流し，ふちには達しない。❽幼木の葉は，葉身の上部3分の2ほどに鋸歯があるので注意。❾若い果実は黄色。熟すと赤褐色になる。果肉も赤い。❿核の表面には網状紋がある。

ニレ科 ULMACEAE

エノキ属 Celtis

エゾエノキ
C. jessoensis

〈蝦夷榎／別名カンサイエノキ〉

分布／北海道，本州，四国，九州，朝鮮半島，中国東北部

生育地／日当たりのよい山地の渓谷

樹形／落葉高木。高さ20～30㍍，直径60㌢ほどになる。

樹皮／灰褐色。小さな皮目が多いが，割れ目はない。

枝／本年枝は細い。2年目以降の枝は赤褐色を帯び，なめらかで無毛。稜角があり，灰白色の小さな皮目が散生する。

冬芽／長さ3～7㍉のやや扁平な長楕円形で，先端は鋭くとがり，枝に密着してつく。葉痕は半円形で隆起する。

葉／互生。葉身は長さ6～10㌢，幅3～6㌢

葉はムクノキによく似た手ざわりでざらつく　1997.10.23　山梨県山中湖村

❶側芽。先端はとがり，やや扁平で枝に密着する。芽鱗は5～8個。葉痕は隆起する。❷両性花。雄しべはすでに落ち，子房は大きくなりかけている。❸雄花は新枝の基部に集まってつき，上部の葉のわきには長い柄のある両性花が1個ずつつく。❹果実は黒く熟す。❺枝は褐色で，表面には網状紋がある。❻❼枝の先端の葉。❽❾枝の中部の葉。❿枝の基部の葉。葉のもっとも広い部分は中央より下にある。基部は左右非相称。よって寄生，長楕円状卵形はほぼ左右相称。鋸歯は浅く大きい。ツルッとして網状脈の度合いが強くなる。⓫鋸歯は葉身の上部3分の2ほどにあり，側脈は鋸歯のふちに達しない。⓬樹皮。割れ目はできない。

304　ニレ科 ULMACEAE

の卵形。先端は尾状に長くのび、基部は円形または広いくさび形で、左右不相称。葉身の3分の2以上に鋭い鋸歯がある。側脈は3〜4対、鋸歯の先端には達しない。表面は濃緑色ですこし光沢があり、裏面は淡緑灰白色。ふつう両面とも脈上に毛があってざらつくが、無毛のものもある。葉柄は長さ5〜10㍉、上面には溝がある。

花／雌雄同株。4〜5月、葉の展開と同時に開花する。雄花は新枝の基部に集まってつき、上部の苞または葉のわきに両性花が1個ずつつく。両性花には長い柄がある。両性花の花被片は紫紅色で4個、雄花の花被片は4個、淡紅色で上部は2裂する。柱頭は有毛。

果実／核果。長さ2〜2.5㍉の球形で、9月頃に黒色に成熟する。果柄は長さ2〜2.5㌢と長い。核の表面には網状紋があり、先端が不規則に突出する。

用途／材は白っぽい。建築材、家具材、器具材。

個体数は少なく、ムクノキのようにざらにはない　1997.10.23　山中湖村

ニレ科 ULMACEAE

エノキ属 Celtis

コバノチョウセンエノキ
C. biondii
〈小葉ノ朝鮮榎（別名サキシマエノキ〉

分布／本州（近畿地方以西），四国，九州，沖縄，朝鮮半島，中国

生育地／山地。石灰岩地にも生える。

樹形／落葉小高木。高さ15㍍ほどになる。

樹皮／灰色。

枝／灰褐色。はじめ黄褐色の伏毛が密生する。皮目は小さくてまるい。

葉／互生。葉身は長さ3〜7㌢，幅2〜3.5㌢の倒卵形。先端は尾状に長くのび，基部は広いくさび形で，左右不相称。質は厚くてややかたく，両面とも短毛があってざらつく。葉身の上半部に鋸歯がある。主脈と2本の支脈が目立つ。支脈2本が主脈に沿うようにのびるのが特徴。側脈は鋸歯の先端に達しない。葉柄は長さ2〜7㍉。

花／雌雄同株。5月，葉の展開と同時に開花する。雄花と両性花がある。

果実／核果。直径約6㍉の球形で，秋に黒褐色に成熟する。核の表面には網状紋がある。

コバノチョウセンエノキ。稀産種のひとつ　1997.9.24　小石川植物園

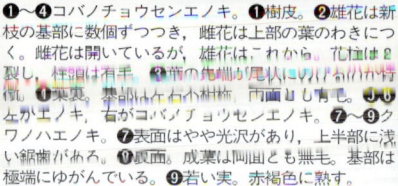

❶〜❹コバノチョウセンエノキ。❶樹皮。❷雄花は新枝の基部に数個ずつつき，雌花は上部の葉のわきにつく。雌花は開いているが，雄花はこれから。花柱は2裂し，柱頭は有毛。❸葉の先端は尾状にのびるのが特徴。❶葉裏。基部はくわの木状断。両面とも有毛。❺❻クワノハエノキ。❼表面はやや光沢があり，上半部に浅い鋸歯がある。❽裏面。成葉は両面とも無毛。基部は極端にゆがんでいる。❾若い実。赤褐色に熟す。

ニレ科 ULMACEAE

クワノハエノキ
C. boninensis

〈桑の葉榎／別名ムニンエノキ・オガサワラエノキ・リュウキュウエノキ〉

分布／本州（山口県），九州（西部沿海地方），南西諸島，小笠原。日本固有。
樹形／落葉高木。高さ5～15㍍になる。
樹皮／灰褐色または赤褐色。白くまるい皮目がある。
枝／本年枝には褐色の短毛が密生するが，のちに無毛，またはしだいに少なくなる。
葉／互生。葉身は長さ5～15㌢，幅3～6.5㌢の卵状長楕円形～卵形。先端は長くとがり，基部はいちじるしくゆがみ、花身の上半部に浅い鋸歯がある。果柄は長さ1～1.5㌢。
花／雌雄同株。花期は1～3月。雄花は短枝または新枝の下部に2～3個ずつ集まってつく。花被片と雄しべは4個。両性花は新枝の上部の葉のわきに1個ずつつく。
果実／核果。直径5～8㍉の球形で赤褐色に熟す。果柄は長さ8～20㍉。

クワノハエノキ。本土では非常にまれな木　1997.3.25　沖縄県本部町

ニレ科 ULMACEAE

ウラジロエノキ属
Trema

葉の基部には顕著な3脈があり、側脈は縁の近くで上方に曲がり、鋸歯のなかへは入らない。花は葉のわきに多数集まって咲く。果実は核果。発芽時の子葉が、エノキ属に比べて狭いのが特徴。熱帯から亜熱帯にかけて20種が知られている。

ウラジロエノキ
T. orientalis

〈裏白榎〉

分布／南西諸島，小笠原，中国南部，台湾，東南アジア，インド，オーストラリア

生育地／日当たりのよいところ

樹形／常緑高木。高さ10mほどになる。日本では小さいが、熱帯では高木になる。

樹皮／灰白色でなめらか。小さな皮目が縦に並ぶ。

枝／本年枝ははじめ灰白色の短毛が密生するが、しだいに脱落する。横に長い皮目がある。

葉／互生。葉身は長さ5〜12㌢，幅2〜6㌢

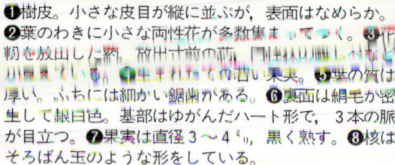

亜熱帯の植物の特性だが，花も実もほぼ1年中見られる　1997.6.29　屋久島

❶樹皮。小さな皮目が縦に並ぶが，表面はなめらか。❷葉のわきに小さな両性花が多数集まって咲く。❸花粉を放出した雄花。葯は十字状。❹開花時に雌しべと小苞が残る。❺生きいきとした古い果実。❺裏面は絹毛が密生して銀白色。基部はゆがんだハート形で，3本の脈が目立つ。❼果実は直径3〜4㍉，黒く熟す。❽核はそろばん玉のような形をしている。

ニレ科 ULMACEAE

の卵状長楕円形。先端は長く鋭くとがり，基部は浅いハート形で，左右不相称。ふちには細かくて整った鋸歯がある。質は厚く，表面は短毛が散生してざらつく。裏面は絹毛が密生して銀白色。主脈と基部からのびる2本の支脈が目立つ。側脈はふちの近くで上方へ曲がり，鋸歯の先端には達しない。葉脈は裏面へ突出する。葉柄は長さ8〜10㍉。

花／花期は3〜9月，葉のわきに黄緑色の小さな両性花が多数集まってつく。花は直径約3㍉。花被片は5個。雄しべは5個，花被片と対生する。雌しべは円柱状で，花柱はごく短い。

果実／核果。直径3〜4㍉の卵円形で，黒く熟す。核はやや扁平な円盤状で，表面には網状紋がある。

植栽用途／生長が速いので，護岸用に植えられる。

用途／材はもろい。器具材，パルプ材。樹皮の繊維はロープなどに利用される。

緑樹でも，台風などの塩害で簡単に丸裸になる　1996.8.2　屋久島

ニレ科 ULMACEAE

葉による主なニレ科の見分け方

● 葉は羽状脈が目立つ

| | 葉表 | 葉裏 | 果実ほか |

ケヤキ P284
鋸歯は単鋸歯で、先端は鋭い。葉の先端は長く鋭くとがる。

ハルニレ P290
鋸歯は重鋸歯で、先端は鋭い。葉は長さ3〜15㌢、先端は急に鋭くとがる。花期は3〜5月。果期は5〜6月。種子は翼の真ん中より上にある。

アキニレ P294
鋸歯の先端は鈍い。葉は長さ2.5〜5㌢、先端は急に鋭くとがる。花期は9月。果期は10〜11月。種子は翼の真ん中にある。

オヒョウ P296
鋸歯は重鋸歯。葉の先端は急に鋭くとがる。葉の上部が3〜5裂するものとしないものがある。葉の表面はざらつく。

ニレ科 ULMACEAE

	葉表	葉裏	鋸歯
クノキ　P298 歯は単鋸歯で，先端は い。側脈は鋸歯の先端 達する。葉の表面はざ ざらしている。			

葉の基部からのびる３脈が目立つ

	葉表	葉裏	鋸歯
ノキ　P300 身の上部３分の１ほど 鋸歯がある。鋸歯の先 は鈍い。側脈はふちの [illegible] なかへは入らない。			
ゾエノキ　P304 身の上部３分の２ほど 鋸歯がある。鋸歯の先 は鋭い。側脈はふちの くで上に曲がり，鋸歯 なかへは入らない。			
バノチョウセンエノキ 06 の先端は尾状に長くの る。葉身の上半部に鋸 がある。			

クワ科
MORACEAE

ふつう高木や低木またはつる性木本だが，クワクサのような草本もある。枝を折ると乳液をだすものが多い。葉は多くは互生し，単葉でときに3〜5裂する。花は単性で，雄花序と雌花序をつくり，雌雄同株または雌雄別株。果実はそう果。多数のそう果が集まって集合果をつくる。集合果には，花被が肉質に肥大してそう果を包むクワ状果と，果嚢をつくるイチジク状果がある。種子のように見えるものがそう果。約50属1200種が熱帯を中心に広く分布している。その大半はイチジク属で，約800種が知られている。クワ属は約10種あり，アジアと北アメリカに隔離分布する。コウゾ属は東アジアからヒマラヤの特産で4種が知られている。

（担当／勝山輝男）

中国原産のマグワは奈良時代以前から養蚕用飼料として全国的に栽培された。今では写真のように野生状態

った個体も多い。ヌルデの紅葉が彩りを添えている　1992.11.6 山梨県足和田村

クワ属 Morus

雄花、雌花ともに花被片が4個に離生する。雌しべの柱頭は2個。雌花の花被片は花のあと肥大して液質となり、そう果を包む。これが多数集まって、クワ状果と呼ばれる集合果をつくる。

マグワ
M. alba
〈真桑／別名カラヤマグワ・クワ〉

分布／中国原産
生育地／人里。かつて養蚕のために広く栽培されていたものが放置され、野生化している。
樹形／落葉高木。高さ6〜15mになる。
樹皮／灰褐色で縦に筋が入る。
枝／灰褐色で無毛。
冬芽／卵形で長さ3〜6㍉。芽鱗は4〜7個あり、淡褐色で無毛。葉痕は半円形〜扁円形。多数の維管束痕が輪状に並ぶ。
葉／互生。葉身は長さ8〜15㌢の卵形または広卵形。切れ込みのないものから3裂するものまである。先端はとがり、基部は切形または浅いハート形。ふちにはやや粗い鋸歯がある。表面はざらつくが、

雄花序はヤマグワと似ているがマグワのほうが長い　1995.4.30　高知県西土佐

❶側芽と葉痕。❷雌花。柱頭は2個あり、花柱はきわめて短い。❸雄花。❹切れ込みのある葉。切れ込みのない葉もある。果期は4月。肥大した花被片に包まれるよう果が集まってあまい。晴育するれた花柱はこく短い。❺葉裏。脈腋に短毛が生える。❻果実。葉はカイコの餌にする。❽樹皮。横に長い皮目と縦の筋が目立つ。

脈上はほとんど無毛。裏面の脈腋に短毛があり、ときには脈上にも短毛が散生する。葉柄は長さ2〜4cm、無毛。
花／雌雄別株。4〜5月、本年枝の葉腋に花序が1個ずつつく。雄花序は長さ4〜7cmの円筒形で、雄花が多数つく。雄花には雄しべが4個ある。雌花序は長さ5〜10mm、雌花が多数つく。雌しべの柱頭は2個、花柱はきわめて短い。

果実／集合果。長さ1.5〜2cmの楕円形。はじめは白く、6〜7月に赤色からしだいに黒紫色になって成熟する。

類似種との区別点／ヤマグワと似ているが、雌花や果実があれば、ヤマグワは花柱が長いので区別しやすい。葉だけでは区別はなかなかむずかしいが、ヤマグワの葉の先端は尾状に長くとがり、マグワはあまり尾状にのびない。

用途／葉はカイコの餌、果実は生食のほか、ジャムにする。材は赤褐色または黄褐色で優良。建築材、家具材、器具材に使われる。

マグワの実は甘くておいしい。酸味はほとんどない　1997.5.29　山梨県白根町

クワ科 MORACEAE

クワ属 Morus

ヤマグワ

(山桑/別名クワ)

分布／北海道，本州，四国，九州，サハリン，朝鮮

生育地／丘陵から低い山地に多い。
樹形／落葉低木〜高木。高さ3〜15mになる。
樹皮／褐色。縦に筋が入り，薄くはがれる。
枝／本年枝は淡褐色で，無毛。
冬芽／卵形で長さ3〜6㍉。芽鱗は4〜7個あり，淡褐色で無毛。葉痕は半円形〜扁円形。多数の維管束痕が輪状に並ぶ。
葉／互生。長さ6〜14㌢，幅4〜11㌢の卵形または卵状広楕円形。切れ込みのないものから3〜5深裂するものまである。先端は尾状に長くとがり，基部は切形または浅いハート形。鋸歯はほとんど単鋸歯でやや粗く，先はとがる。表面はざらつき，脈上には短毛が散生する。裏面は脈上に短毛がある。葉柄は長さ2〜3.5㌢で，無毛または短毛を散生する。
花／雌雄別株まれに同株。花期は4〜5月。

ヤマグワの雄株。マグワと同様にカイコの飼料用に栽培される　1994.4.20　横

❶側芽。❷雌花。長い花の先に柱頭が2個ついている。❸雄花。4個の雄しべが目立つ。❹❺❻❼葉に切れ込みのないものから〜5裂するものまで変化多い。先端は尾状に長くとがり，鋸歯はほとんど単鋸歯。質は薄く，表面はざらつく。❽集合果。長い花柱が残存する。❾肉質の萼をとり除くと，そう果が出てくる。❿果実。脈上に短毛が生える。⓫樹皮。長の皮目と縦の筋がある

クワ科 MORACEAE

雄花序も雌花序も新枝の葉腋に1個ずつつく。雄花序は長さ1.5〜2ｾﾝﾁの円筒形。雌花序は長さ4〜6ﾐﾘ。花柱は長さ2〜2.5ﾐﾘと長く、その先に線形の柱頭が2個ある。

果実／集合果。長さ1〜1.5ｾﾝﾁの楕円形。6〜7月、赤色からしだいに黒紫色に成熟する。食べられる。

備考／九州南部、沖縄、台湾、インド〜ヒマラヤに分布するシマグワ M. australis は葉がやや厚く、両面がほとんど無毛で、鋸歯の先端はまるい。ヤマグワとシマグワは同種とされることも多いが、形態的な違いがあり、分布域も異なっている。

用途／材は赤褐色または黄褐色。きめが細かくて細工しやすいので、建築材、家具材、器具材などに広く使われる。

グワより小さいが、ヤマグワの実のほうが美味　1989.7.18　北軽井沢

クワ科 MORACEAE

クワ属 Morus

ハチジョウクワ
M. hagayamae
(ハジクワ)
分布/本州(伊豆半島・伊豆諸島)

生育地/林縁や川沿い
樹形/落葉低木～高木。高さ3～15㍍になる。
葉/互生。葉身は長さ10～28㌢、幅6～19㌢の卵状長楕円形で、先端は長くとがる。ふちは深く切れ込むものから切れ込まないものまであり、鋭い重鋸歯がある。質は厚く、表面は光沢があり平滑。裏面は無毛。葉柄は長さ3～8㌢、無毛。
花/雌雄別株。花期は3月下旬～4月。
果実/集合果。長さ1.5～2.5㌢の長楕円形または円柱形。4月下旬～5月に黒紫色に熟す。食べられる。
備考/相模湾沿岸にはハチジョウクワとヤマグワの中間型で、葉裏が多少有毛のものがある。本書の2版まででハマグワとしたものはハチジョウクワの範囲に含まれる。ハマグワはヤマグワの海岸型で、葉はほとんど無毛、鋸歯は単鋸歯で、鋸歯の先はあまりとがらない。

ハチジョウクワ。伊豆半島と伊豆諸島に見られる　1999.6.15　下田市

クワ科 MORACEAE

ケグワ
M. cathayana
〈毛桑／別名ノグワ〉

分布／本州（和歌山県,中国地方）,四国,九州,朝鮮半島,中国
生育地／山地の川沿い
樹形／落葉高木。高さ4～15㍍になる。
樹皮／灰褐色で縦に浅く裂ける。
枝／本年枝ははじめ軟毛が密生する。
葉／互生。葉身は長さ6～13㌢の卵円形で,切れ込みのないものから3～5裂するものまである。先端は短くとがり,基部は浅いハート形。ふちには先がややまるい鋸歯がある。質は薄い。葉柄は長さ2～3㌢。
花／雌雄別株。5月,本年枝の下部の葉のわきに花がつく。雄花序は長さ約2㌢,雌花序は長さ1～3㌢。雌花の花柱はごく短い。
果実／集合果。長さ1～2㌢の楕円形で,6～7月に黒紫色に成熟し,食べられる。
類似種との区別点／マグワに似ているが,ケグワは新枝や葉の裏面脈上,葉柄などに軟毛が密生するので区別できる。

グワの実は酸味があってうまい。西日本に自生する 1999.6.23 小石川植物園

～⑥ハチジョウグワ。❶
❸葉は深く切れ込むものから切れ込まないものまである（❶撮影／高橋秀男）。鋸歯は重鋸歯で,ヤマグワより鋭い。❺葉裏は無毛。集合果。長い花柱が残る。はマグワに近く,酸味がい。❼～⑫ケグワ。❼切み込みのない葉。❽分裂葉。葉裏の脈上や葉柄には軟が密生する。⑩鋸歯の先鈍い。⑪集合果。完熟すと黒紫色になる。残存す花柱は短い。⑫樹皮。

クワ科 MORACEAE

コウゾ属 Broussonetia

雌雄別株または同株。雌花の花被は筒状となり、柱頭の内面に子房を包む。花柱は2個のうち1個が退化して、小さく残るか、または消失している。雌花序には正常な雌花と不稔の雌花がまじる。雌花の花被と子房の柄が肥大し、液質になり、そう果を包む。これが多数集まって集合果をつくる。

カジノキ
B. papyrifera
〈梶の木・構の木・楮の木〉

分布／古くから和紙の原料用に栽培され、山野に野生化している。
樹形／落葉高木。高さ4〜10㍍、まれに16㍍になる。
樹皮／灰褐色で、黄褐色の皮目がある。
枝／本年枝にはビロード状の毛が密生する。

雄花序。本州では5月に咲くが、石垣島では3月に咲いていた 1997.3.28 石垣

❶側芽正面と葉痕。❷側芽側面。葉痕の肩の部分に、托葉痕が横に走っている。❸雄花序。雄しべははじめ内側に巻く。❹雌花序。❺果実は集合果。❻そう果。

クワ科 MORACEAE

冬芽／三角形。褐色で有毛の芽鱗が2個ある。葉痕は扁円形で、左右の肩に托葉痕がある。

葉／互生。葉身は長さ10〜20㌢、幅7〜14㌢の左右不ぞろいな卵形。切れ込みのないものから3〜5深裂するものまである。質はやや厚く、ふちにはやや細かい鈍鋸歯がある。表面は短毛が散生し、裏面はビロード状の軟毛が密生する。葉柄は長さ2〜7㌢で、ビロード状の毛がある。托葉は長さ1〜2㌢の卵形で先端がとがる。早く落ちる。

花／雌雄別株。花期は5〜6月。雄花序も雌花序も新枝の葉腋に1個ずつつく。雄花序は長さ3〜9㌢、直径1㌢ほどの円筒形。雌花序は直径約1㌢の球形。雌花の花被は袋状。花柱は1個で、長さ7〜8㍉あり、外にのびだしてよく目立つ。

果実／集合果。直径2〜3㌢の球形で、7〜8月に橙赤色に熟し、食べられる。

用途／樹皮の繊維を和紙の原料にする。

花序。糸状の花柱がポンポンのようになって目立つ　1995.5.6　鹿児島市

❼〜❾葉は切れ込みのないものから、3〜5深裂するものまである。❿葉裏と葉柄にはビロード状の毛が多い。⓫冬姿。⓬樹皮。小さな皮目が目立つ。

クワ科 MORACEAE　321

コウゾ属 Broussonetia

ヒメコウゾ

（姫楮）／別名カジノキ
分布／本州，四国，九州（奄美大島まで），朝鮮半島，中国南部
生育地／丘陵から低い山地の林縁や道ばた，荒れ地
樹形／落葉低木。高さ2～5mになる。
樹皮／褐色で狭楕円形の皮目が目立つ。シュートはややつる状にのびる。
枝／本年枝にははじめ短毛が密生するが，のちに少なくなる。
冬芽／冬芽は卵状三角形。褐色で無毛の芽鱗が2個ある。側芽は枝に圧着してつくのが特徴。葉痕は扁円形，左右の肩に托葉痕がある。
葉／互生。葉身は長さ4～10cm，幅2～5cmのゆがんだ卵形。切れ込みのないものから2

果実は甘くておいしいが，口当たりはあまりよくない　1995.6.24　高知市

❶❷側芽。冬芽が枝に圧着するのが特徴。葉痕の肩には托葉痕がある。❸新枝の下部の葉腋に雄花，上部の葉腋に雌花がつく。❹雄花。人里近くの山地の道ばたによく枝を広げている。❺そう果。❻緑色のつけ根だけ残したものは退化した雌花。期にも残り，口当たりの悪さの一因になっている。❼～❾葉は単葉から2～3裂するものまである。❿葉裏。脈上に粗い毛がある。⓫樹皮。小さな皮目が多い。

クワ科 MORACEAE

〜3裂するものまである。ふちにはやや細かい鈍鋸歯がある。質は薄く、表面は短毛が散生し、裏面脈上にも短毛を密生する。葉柄は長さ5〜10ミリ、短毛が散生する。

花／雌雄同株。花期は4〜5月。新枝の基部の葉腋に雄花序、上部の葉腋に雌花序をつける。雄花序は長さ約1ﾂﾞの柄があり、直径約1ﾂﾞの球形。雌花序は柄が短く、直径約5ミリの球形で、赤紫色の花柱が目立つ。花柱は長さ約5ミリ、基部に2分岐した柱頭の名残の突起がある。

果実／集合果。直径1〜1.5ﾂﾞの球形で、6〜7月に橙赤色に熟す。食べられるが、口当たりが悪い。

類似種との区別点／花や果実がない時期はヤマグワにやや似ているが、夏から秋なら冬芽の形で区別できる。冬芽がない時期には葉が薄いこと、葉柄に毛があること、鋸歯が細かいことで区別する。

用途／古くは和紙や織物の原料に利用された。

葉の初期。冬芽はもう充実し、同定の決め手に使える　1996.10.7　横浜市

クワ科 MORACEAE

コウゾ属 Broussonetia

コウゾ
B. KAZINOKI
× B. papyrifera
(クワ科)

分布／中国、四国、九州地方で、和紙の原料用に栽培され、ときに野生化している。
樹形／落葉低木。高さ2～6mになる。
樹皮／褐色で小さな皮目が目立つ。
枝／本年枝は有毛だが、カジノキほど密毛ではない。
冬芽／三角形。褐色で有毛の芽鱗が2個ある。葉痕は扁円形。左右の肩に托葉痕がある。
葉／互生。葉身は長さ10～20cmのゆがんだ卵形。表面は短毛があってざらつく。葉柄は長さ1～2cmで有毛。
花／雌雄別株。花期は4～5月。雄花序も雌花序も新枝の葉腋に1個ずつつく。花柱はヒメコウゾよりすこし長くて6～7mm。
果実／ほとんど結実しない。
備考／カジノキとヒメコウゾの雑種といわれ、ヒメコウゾより大きくなる。
用途／樹皮の繊維を和紙の原料にする。

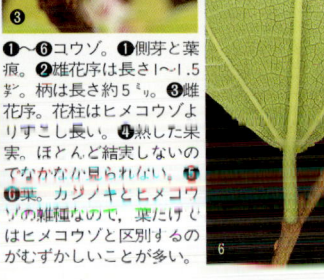

コウゾの雄株。昔は和紙の原料として盛んに植えられた　1996.4.23　鹿児島市

❶～❻コウゾ。❶側芽と葉痕。❷雄花序は長さ1～1.5cm。柄は長さ約5mm。❸雌花序。花柱はヒメコウゾよりすこし長い。❹熟した果実。ほとんど結実しないのでなかなか見られない。❺❻葉。カジノキとヒメコウゾの雑種なので、葉だけではヒメコウゾと区別するのがむずかしいことが多い。

324　クワ科 MORACEAE

ツルコウゾ
B. kaempferi
〈蔓楮／別名ムキミカズラ〉

分布／本州（山口県），四国，九州，中国南部，台湾
生育地／林縁
樹形／落葉つる性木本。高さ2〜3mになる。
枝／本年枝には粗い毛が散生する。
葉／互生。葉身は長さ4〜10cm，幅1.3〜4cmのややゆがんだ卵状長楕円形。質は薄く，先端は尾状にとがる。基部は浅いハート形で，ふちにはやや細かい鋭い鋸歯がある。葉柄は長さ1〜2cm。
花／雌雄別株。花期は4〜5月。雄花序は長さ1〜1.5cmの円筒形。雌花序は直径5mmほどの球形。
果実／集合果。6〜7月に橙赤色に熟して食べられる。

ツルコウゾの果実。つるはほかのものにからんでのびる　1997.6.23　えびの市

❼〜⓬ツルコウゾ　❼葉はすこしゆがんだ卵状長楕円形で，質は薄い。❽裏面の脈上には短毛がある。❾❿雄花序。雄しべの花糸ははじめ内側にまるまっていて，しだいに立ち上がる。⓫雌花序は球形。⓬集合果。

クワ科 MORACEAE

ナガバヤワクワとコウゾ属の見分け方

	冬芽	葉の形	葉裏
マグワ P314	冬芽は卵形で枝は淡色	鋸歯は粗い。葉の表面はカジノキやコウゾほどざらつかない / 先はあまり尾状にのびない	毛は少ない
ヤマグワ P316		先は尾状にとがる	脈上に毛がある
カジノキ P320	冬芽は三角形で枝は褐色	鋸歯は細かい。葉の表面はざらざらする	ビロード状の毛が多い
ヒメコウゾ P322			脈上に短毛が多い

クワ科 MORACEAE

雄花序	雌花序	集合果
雌雄異株 長さ4〜7㌢	柱頭は2個 花柱が短い	紫黒色に熟す 残存花柱は短い
長さ1.5〜2㌢。雌雄同株	花柱が短い	残存花柱は長い
長さ3〜9㌢	柱頭は1個 花柱は7〜8㍉	橙赤色に熟す 直径2〜3㌢
球形	花柱は約5㍉	直径1〜1.5㌢

クワ科 MORACEAE

ハリグワ属 Maclura

カカツガユ
M. cochinchinensis
var. gerontogea
（和名ガジュ別名ヤマカリン）

分布／本州（山口県），四国（南部），九州，沖縄，中国南部，台湾
生育地／沿海地の林縁
樹形／常緑低木。高さはふつう3㍍ほど。ときにつる状にのびて10㍍を超えるものがある。
樹皮／枝が変化した鋭い刺がある。
枝／本年枝には粗い毛が密生する。
葉／互生。葉身は長さ2～8㌢，幅1～3.5㌢の楕円形または長楕円形。両面とも無毛。成木の葉は全縁だが，幼木の葉にはときに2～3対の浅い鋸歯がある。葉柄は長さ2～7㍉。
花／雌雄別株。花期は5～6月。葉腋からのびた太い花柄の先に球

カカツガユの雌花。これでも花？と思うほど地味　1995.6.7　延岡市

❶～❼カカツガユ。❶雌花序。花柱がヒョロヒョロのびだしている。❷若い集合果。❸集合果は成熟すると橙色になり，食べられる。クワ属と同じように，花被が肉質に肥大して果実を包んでいる。❹そう果。かたい単位がある。❺❻葉表。❼樹皮には狭い楕円形の皮目が多い。つる枝や葉腋には鋭い刺がある。

328 クワ科 MORACEAE

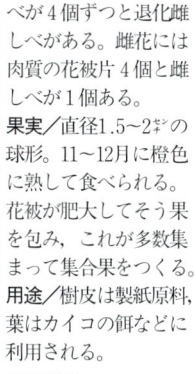

形の頭状花序がつく。雄花序は直径5〜6㍉,雌花序は直径6〜9㍉。雄花には花被片と雄しべが4個ずつと退化雌しべがある。雌花には肉質の花被片4個と雌しべが1個ある。
果実／直径1.5〜2㌢の球形。11〜12月に橙色に熟して食べられる。花被が肥大してそう果を包み,これが多数集まって集合果をつくる。
用途／樹皮は製紙原料,葉はカイコの餌などに利用される。

ハリグワ
M. tricuspidata
〈針桑〉
分布／中国原産
生育地／カイコの餌用に栽培される。ときに野生化している。
樹形／落葉小高木
枝／葉腋に枝の変形した鋭い刺がある。
葉／互生。葉身は長さ3〜9㌢の卵形で,裏面に微毛がある。
花／雌雄別株。花期は6月。雄株は見かけるが,日本では雌株はほとんど見かけない。新枝の葉腋に球形の花序が1〜2個つく。
果実／集合果。直径2〜3㌢。11月に赤く熟して食べられる。

カツガユの実は薄甘く,ねっとりしている。味は中級　1995.12.9　延岡市

〜⓫ハリグワ。❽雄花序。日本には雌株はほとんど〜。❾⓾葉。⓫枝が変化した刺が葉腋につく。

クワ科 MORACEAE

イチジク属 Ficus

常緑または落葉の高木,低木または低木または低木。葉は互生。花葉と托葉は大きく,蕾期に香状し,早期に脱落し,脱落した痕が枝を一周する。
イチジク属の花序は花嚢と呼ばれる。花序の軸が袋状になって,その内側に小さな花がびっしりとついている。これが熟した集合果がイチジク状果である。花嚢の口部には鱗片状の上部総苞葉が多数あって口部をふさぎ,花嚢の柄には下部総苞葉が3個ある。花は単性で,雄花,雌花,雌花が変化した虫えい花がある。虫えい花は花柱が短く,イチジクコバチ科のハチが花柱に産卵管を差し込んで産卵し,子房のなかで幼虫が育つ。雌花の花柱は長く,ハチが子房に産卵できないため虫えいにならず,実を結ぶ。

〈左上〉アコウの托葉痕。〈左下〉アコウの果嚢 1998.11.6 大分県蒲江町 〈トシアコウは暖地の海岸に自生し

クワ科 MORACEAE

然記念物に指定されている巨木も多い　1989.10.12　土佐清水市

クワ科 MORACEAE

イチジク属の受粉システム

雄同株で、雌花、雄花、虫えい花の3つが同じ花嚢に入っている。イチジク亜属（イチジク、イヌビワ、オオイタビなど）は雌雄別株で、雄花嚢には雄花と虫えい花、雌花嚢には雌花が入っている。イチジクコバチ科のハチは花嚢に入り込んで虫えい花に産卵する。羽化したコバチは花嚢内で交尾し、雄は花嚢のなかで一生を終える。雌は雄花の花粉をつけて外に出ていく。別の若い花嚢に入り込んだ雌は、そこで雌花を受粉させ、虫えい花があればその子房に産卵する。

アコウ（雌雄同株） P334

❶果嚢断面。子房に小さな穴があいているのが、コバチが産卵した虫えい花。コバチはすでに果嚢の外へ出ている。穴があいていないのが雌花の子房で、順調に成熟している。口部近くには花粉をだし終わった雄花が見える。❷子房に穴があいた虫えい花には長い柄がある。柄が短いのは果実。イチジク属の果実はそう果で、果皮と種皮が密着しているので、種子のように見える。

イヌビワ（雌雄別株） P338

❶雌花嚢断面。雌花は花柱が長いので、コバチは子房まで産卵管を差し込めず、産卵できない。コバチの体についていた花粉で受精した胚珠は順調に育っている。❷雄花嚢。雄花嚢の口はまだ閉じている。❸雄花嚢断面。虫えい花の子房のなかにはコバチの幼虫が入っている。口部近くの雄花はまだ未熟。❹果嚢の口部の鱗片がゆるんでできた小さな穴から、羽化したコバチがもう外へ出た。❺コバチが羽化したあとの雄花嚢断面。口部近くに黄色の葯が見える。コバチが外へ出るとき、花粉がつくシステムだ。

クワ科 MORACEAE

オオイタビ(雌雄別株) P344

❶雄花嚢断面。口部付近の黄緑色の部分が雄花群。紅色の部分が花柱の短い虫えい花群。まだコバチは入っていない。❷雄花嚢断面。幼虫が成長し、大きくなってきた虫えい花。口部の雄花はまだ未熟。❸コバチが外に出た雄果嚢断面。子房に穴があいた虫えい花と花粉をだし終わった雄花が見える。❹花柱の長い雌花。コバチの産卵管は子房に直接差し込めるほど長くないが、こんなに花柱が長いと子房まで届かない。❺若い雌花嚢。白っぽい花柱が子房からのびている。花粉をつけたコバチが口部から花嚢に入り込もうとしている。うまくもぐり込めても、雌花に花粉を渡しただけで、産卵はできないので、コバチはただ働きをしたことになる。❻熟して割れた雌果嚢。雌花はほとんど実を結んだ。そう果がびっしりとつまっている。❼そう果は種子のように見える。

クワ科 MORACEAE

アコウ
F. superba

〈赤榕〉

分布／本州（紀伊半島），四国，九州，沖縄，中国南部，台湾

生育地／沿海地

樹形／常緑高木。高さ10〜20mになる。いっせいに落葉したあと，すぐに新葉をだす傾向があるが，時期や周期は一定していない。幹の周囲から気根を多数だすが，ガジュマルのように高い枝から気根を垂らすことはない。

樹皮／褐色。

枝／本年枝は無毛。

冬芽／三角状卵形。芽鱗は2〜4個。葉痕は扁円形または腎臓形で，托葉痕が枝を1周する。

葉／互生。葉身は長さ8〜15㌢，幅4〜8㌢の楕円形で，厚い革質。先端は短くとがり，基部は円形。全縁。両面とも無毛で，細脈まで見える。側脈はふち近くで合流し，ふちに達しない。葉柄は長さ4〜6㌢，無毛。托葉は落ちやすく，長さ1〜2㌢の線形または線

果嚢には長さ2〜5㍉の柄があり，熟すと淡紅色になる　1995.12.3　桜島

❶冬芽。ガジュマルのような大きな芽鱗はない。❷果嚢は葉腋のほか，幹や枝もびっしりとつく。❸成熟した果嚢。模様がなかなかサイケデリック。❹花嚢断面。❺子房に穴があいたえいと，順調に受粉して熟途上の果実がいっしょに果嚢に入っている。❻葉細い脈までよく見える。側脈ふちには達しない。❼果❽常緑樹だが，いっせいに落葉し，すぐに新葉をだす。気根は幹からしかでない

クワ科 MORACEAE

状披針形。
花／雌雄同株。花期はまちまちで，花も果実もほぼ1年中見られる。花嚢は直径約8㍉の球形で，葉腋や葉痕のわきには1〜3個ずつつき，枝には多数密集してつく。ひとつの花嚢に雄花，雌花，虫えい花がいっしょに入っている。花嚢の口部は鱗片状になった多数の上部総苞葉にふさがれている。花嚢の柄は長さ2〜5㍉，上部には下部総苞葉が3個つくが，早く落ちて，果期まで残らない。
果実／果嚢は直径約1㌢の球形。はじめは白っぽく，成熟すると淡紅色になる。種子のように見えるのはそう果で，長さ約2㍉。
備考／イチジクコバチ類が送粉を行なう。
植栽用途／公園樹
用途／器具材

ガジュマルとは葉柄の長さで容易に見分けられる　1989.10.12　土佐清水市

クワ科 MORACEAE　335

イヌビワ属 Ficus
ガジュマル
F. microcarpa
(榕樹)

分布／九州（屋久島以南），沖縄，台湾，東南アジア，インド，オーストラリア

生育地／沿海地

樹形／常緑高木。高さ10〜20mになる。四方に大きく枝を広げ，枝から気根を多数垂らす。1991年に環境庁が発行した「日本の巨樹・巨木林」によると，鹿児島県屋久町栗生神社に主幹の幹周りが9m，幹の合計28.31mという巨木があり，沖縄県東風平町には主幹23.5mの巨木がある。

樹皮／灰褐色。

枝／本年枝は無毛。

冬芽／円錐形。托葉が変化した大きな芽鱗2個に包まれる。葉痕は扁円形または腎臓形で，托葉痕が枝を1周する。

葉／互生。葉身は長さ3〜10cm，幅2〜4cmの倒卵形〜長楕円形で，厚い革質。先端は短くつきでる。全縁。両面とも無毛。細脈は見えず，側脈はふち近くで合流し，ふちに達しない。葉柄は長さ1〜1.5cmで無毛。托葉は落ち

果嚢はだんだん赤くなり，成熟すると黒紫色になる　1996.12.12　石垣島

336　クワ科 MORACEAE

やすく，長さ1〜2ｾﾝﾁの三角状披針形で，先端はとがる。
花／雌雄同株。個体によって花期はまちまち。花嚢は直径約7ﾐﾘの平たい球形で，葉腋に1〜3個ずつつく。花嚢の内側には小さな花が多数つく。ひとつの花嚢に雄花，雌花，虫えい花がいっしょに入っている。花嚢には柄はほとんどない。花嚢の基部には長さ1.5ﾐﾘほどの下部総苞葉が3個つき，果期にも残る。
果実／果嚢は直径約1ｾﾝﾁのやや平たい球形。成熟すると黒紫色になる。種子のように見えるのはそう果で，長さ約1.5ﾐﾘの卵円形。
備考／イチジクコバチ科害虫科害虫科
植栽用途／沖縄では防風林，防潮林，公園樹として植えられる。
用途／器具材

め殺し植物の代表がこれ。枝から気根を多数垂らす　1996.3.16　屋久島

頂芽。托葉が変化した大な2個の芽鱗に包まれてる。葉痕の肩の部分で，葉痕が枝を1周する。❷若い果嚢。柄はほとんい。外観からは花なのかなのか判断するのはむずしい。❹赤く染まった果。❺完全に熟すと黒紫色なる。❻❼葉。細脈は見ず，側脈はふちに達しな。❽四方に大きく枝を広て大きな樹冠をつくる。から垂れた気根が地につと発根し，枝を支える。

クワ科 MORACEAE　337

イチジク属 Ficus
イヌビワ
F. erecta
（イヌビワ，イタビ，コイチジク）

分布／本州（関東地方以西），四国，九州，沖縄，済州島

生育地／暖地の山地や丘陵にふつう。

観察ポイント／関東地方では沿海地に多い。

樹形／落葉小高木。高さ3～5mになる。

樹皮／灰褐色。

枝／本年枝は無毛。

冬芽／長さ7～12mmの円錐形で先はとがり，2～4個の芽鱗におおわれる。頂芽は側芽よりも大きい。葉痕は円形または腎臓形で，托葉痕が枝を1周する。

葉／互生。葉身は長さ8～20cm，幅3～8cmの卵状楕円形。先は急にとがり，基部は円形またはハート形で，全縁。両面とも無毛。葉柄は長さ2～5cm，ほとんど無毛。托葉は長さ8～12mmの狭披針形で先はとがる。落ちやすい。

花／雌雄別株。花期は4～5月。花嚢は長さ8～10mmの球形で，葉腋に1個ずつつく。雄と雌の花嚢は同形。花嚢の内側には小さな花

紅色を帯びた果嚢と黒熟した果嚢が混在している　1996.8.25　愛媛県保内町

❶～❾イヌビワ。❶冬芽。円錐形のは葉芽で，まるこいのが花芽。❷雄花嚢。花嚢の基部が細長くのびることが多い。❸熟した雄嚢。上部に小さな穴があり羽化したイヌビワコバチがもう外へ出た。❹雌化嚢。基部はあまりのびない。雌果嚢は黒紫色に熟し，一部に割れ目が入る。❻❼果。❼葉表。❽葉裏。❾葉が落ちると托葉痕がよく目立つ。❿ホソバイヌビワの果。⓫イヌビワの樹皮。

クワ科 MORACEAE

が多数つく。雄花嚢には雄花と虫えい花が混在し、雌花嚢には雌花のみがある。雄花には花被片が5個と雄しべが2個ある。雌花には花被片5個と雌しべが1個あり、花柱は長い。虫えい花の花柱は短く、柱頭は皿状。花嚢の柄の上部には長さ約1㍉の半円形の下部総苞葉が3個つく。

果実／果嚢は直径約2㌢の球形。10〜11月、黒紫色に熟す。雌果嚢は食べられるが、雄果嚢はかたくて食べられない。そう果は直径約1.3㍉の球形。

備考／葉が細長いものを、**ホソバイヌビワ** f. sieboldii という。

用途／とくに利用はされない。縄文時代の遺跡からイヌビワの木部を細かく裂いてかごに編んだものが出土している。

ホソバイヌビワの花嚢。イヌビワより個体数が少ない　1994.8.27　宇和島市

クワ科 MORACEAE

イチジク属 Ficus

ハマイヌビワ
F. virgata

分布／九州(奄美諸島)、沖縄、台湾、東南アジア、ニューギニア
樹形／常緑低木〜小高木。
葉／葉身は長さ7〜20㌢の楕円形。先はとがり、両面とも無毛。葉柄は長さ約1㌢で無毛。
花／雌雄別株。花嚢は直径5〜8㍉。

ホソバムクイヌビワ
F. ampelas

分布／九州(奄美諸島)、沖縄、台湾、東南アジア、ニューギニア
樹形／常緑小高木。
葉／葉身は長さ5〜10㌢の楕円形。先は尾状にとがる。葉柄は長さ約1㌢で、細い点状の毛がある。
花／雌雄別株。花嚢は直径4〜7㍉。
備考／ムクイヌビワ F. irisana は葉の表面にかたい点状の毛があっていちじるしくざらつく。

イチジク
F. carica

〈無花果／別名トウガキ〉

分布／西アジア原産。日本には18世紀初頭に渡来し、各地で栽培されている。
樹形／落葉小高木。高さ4〜8㍍になる。
葉／葉身は長さ20〜30㌢、幅15〜25㌢、掌状に3〜5中裂する。
花／雌雄別株。日本で栽培されているのは雌株で、受粉しなくても果嚢が熟す品種。外国にはイチジクコバチに

ハマイヌビワの果嚢は直径1㌢ほどで黒紫色に熟す　1997.3.26　沖縄本島

❶❷イチジク。❶日本で栽培されているのは雌株で、受粉せずに果嚢が熟す(単為結実)品種なので種子はできない。❷葉は掌状に切れ込む。両面とも短毛が多い。
❸ホソバムクイヌビワ。果嚢は葉腋につき、赤く熟す

クワ科 MORACEAE

よる送粉が必要な品種もある。
果実／果嚢は長さ5〜7㌢の倒卵形で、9〜10月に褐色〜紫黒色に熟す。

オオバイヌビワ
F. septica
分布／九州（奄美諸島），沖縄，台湾，東南アジア，オーストラリア
樹形／常緑高木。
葉／葉身は長さ10〜20㌢の楕円形で、先は鈍形〜円形。葉柄は長さ2〜3㌢で無毛。皮がふけのようにはがれる。
花／雌雄別株。花嚢は直径2㌢ほど，葉腋にのみつく。
備考／アカメイヌビワ F. bengtensis は葉腋と幹に花嚢をつけ、葉柄に粗い毛がある。

ギランイヌビワ
F. variegata
分布／八重山諸島，台湾，中国南部，東南アジア，オーストラリア
樹形／常緑高木。高さ10㍍ほどになる。
葉／葉身は長さ10〜20㌢の卵形で、先は尾状にとがる。両面ともほぼ無毛。葉柄は長さ3〜10㌢で無毛。皮がふけのようにはがれる。
花／雌雄別株。花嚢は直径1〜2㌢の扁球形。

オオバイヌビワの花嚢は葉腋にのみつく　1997.3.29　石垣島

ギランイヌビワの花嚢は太い枝や幹につき、葉腋につかない。❺〜❼オオバイヌビワ。❺花嚢は扁平で径約2㌢。❻雌花嚢の断面。花柱の長い雌花が多数ある。❼熟すと緑褐色になる。縦筋と皮目が目立つ。

クワ科 MORACEAE

イチジク属 Ficus

イタビカズラ
F. nipponica

分布／本州（福島・新潟県以西），四国，九州，沖縄，朝鮮半島，中国南部，台湾
生育地／林縁
樹形／常緑つる性木本。
樹皮／黒褐色。
枝／本年枝は褐色で伏毛がある。枝や葉を折ると白い乳液がでる。
葉／互生。長さ6〜13㌢，幅2〜4㌢の長楕円状披針形。先端は尾状に長くとがり，基部は円形。全縁。質は厚くて両面とも無毛。側脈は5〜8対，主脈から50〜60度の角度で分岐する。葉脈は裏面に浮きでる。葉柄は暗褐色で長さ1〜2.5㌢，短毛が密生する。
花／雌雄別株。花期は6〜7月。葉腋または葉痕の腋に花嚢が1〜2個ずつつく。花嚢は長さ5〜7㍉の長卵形で，表面には灰白色の毛が密生する。雄と雌の花嚢は同形。
果実／果嚢は直径1㌢ほどの球形。9〜11月に黒紫色に熟す。

イタビカズラ。果嚢をつけた株は意外と少ない　1991.8.23　和歌山県太地町

❶　❷　❸

❹　❺

クワ科 MORACEAE

ヒメイタビ
F. thunbergii

分布／本州（千葉県以西），四国，九州，沖縄，済州島
生育地／林縁
樹形／常緑つる性木本。
樹皮／暗褐色。
枝／本年枝は褐色で，開出する軟毛が密生する。枝や葉を折ると白い乳液がでる。
葉／互生。長さ2～6㌢，幅1～3㌢の卵形または卵状楕円形。先端はややとがり，基部は円形。成木の葉は全縁だが，幼木の葉には大きな歯牙が2～3個ある。質は厚い。側脈は4～6対，主脈から50～60度の角度で分岐する。裏面は淡緑色で葉脈がきれいに浮きでる。葉柄は長さ3～10㍉。はじめ褐色の開出毛が密生するが，のちに下向きに少なくなる。
花／雌雄別株。花期は7～8月。葉腋に花嚢が1個ずつつく。花嚢は長さ約1㌢の球形で，表面には白色の毛が散生し，柄には褐色の軟毛が密生する。雄と雌の花嚢は同形。
果実／果嚢は直径2㌢ほどの球形。10～11月に灰褐色に熟す。

ヒメイタビ。葉が小さいわりに果嚢は大きくて直径2㌢くらい　1997.8.23　屋久島

❶～❺イタビカズラ。❶葉の先は尾状に長くのびる。❷裏面は無毛で，葉脈がきれいに浮きでる。❸若い果嚢。柄はごく短い。❹枝から気根をだして崖や岩などによじ登る。❺若葉はすこし赤みを帯びていた。❻～❾ヒメイタビ。❻枝から気根をだしてよじ登る。❼葉表ははじめ有毛だがのちには無毛。❽裏面脈上や葉柄に開出毛が密生する。❾果嚢には明らかな柄がある。

クワ科 MORACEAE

イチジク属 Ficus

ヒメイタビ
F. pumila

分布／本州（千葉県以西），四国，九州，沖縄，中国南部，台湾，東南アジア

生育地／林縁

樹形／常緑つる性木本。枝から気根をだしてほかの木の幹や岩にはりつく。

枝／本年枝は褐色で短い伏毛が密生する。枝や葉を折ると白い乳液がでる。

葉／互生。長さ4～10㌢，幅3～5㌢の楕円形または広楕円形。先端は鈍く，基部は円形。全縁で，質は厚い。側脈は4対あり，主脈から30～40度の角度で分岐する。裏面は灰白色で，葉脈がきれいに浮きでる。葉柄は長さ1～2.5㌢。はじめ短い伏毛が密生するが，のちにやや無毛になる。

花／雌雄別株。花期は5～7月。葉腋に花嚢が1個ずつつく。花嚢は球形または倒卵形で，雄と雌の花嚢は同形。柄は長さ5～10㍉，褐色の伏毛が密生する。

果実／果嚢は長さ3.5～5㌢の倒卵形。10～11月に紫色に熟す。

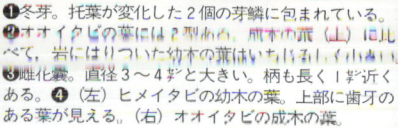

雌果嚢は冬に熟し，パックリ割れる。甘くて美味　1986.12.19　土佐清水市

❶冬芽。托葉が変化した2個の芽鱗に包まれている。
❷オオイタビの葉には2型あり，成木の葉（上）に比べて，岩にはりついた幼木の葉はいちじるしく小さい。
❸雌花嚢。直径3～4㌢と大きい。柄も長く1㌢近くある。
❹（左）ヒメイタビの幼木の葉。上部に歯牙のある葉が見える。（右）オオイタビの成木の葉。

クワ科 MORACEAE

葉によるイタビカズラの仲間の見分け方

葉表　　　　　葉裏

イタビカズラ P342
葉の先端は長く鋭くとがる。側脈は5～8対，主脈から50～60度の角度で分岐する。裏面は無毛。葉柄には短い伏毛がある。

ヒメイタビ P343
葉の先端はややとがる。側脈は4～6対，主脈から50～60度の角度で分岐する。裏面脈上には開出毛がある。葉柄には褐色の開出毛がある。

オオイタビ P344
葉の先端は鈍い。側脈は4対，主脈から30～40度の角度で分岐する。裏面脈上にはふつう短毛があるが，無毛のものもある。葉柄には短い伏毛がある。

クワ科 MORACEAE

イラクサ科

ほとんどが草本で、小さい風媒花をつける。雄花は、はじめつぼみのときは内側にまるまっていて、開花すると一気にのびて花粉を飛ばす。茎や葉に炭酸カルシウムなどの結晶があることが多い。熱帯から亜熱帯を中心に約500種ある。

（担当／中川重年）

ハドノキ属 Villebrunea

雌花の柱頭が盤状に広がるのが特徴。アジアに約12種が分布し、日本には2種が自生する。

ハドノキ
V. pedunculata

〈別名イモノキ〉

分布／本州（伊豆半島, 紀伊半島), 四国, 九州, 沖縄, 台湾

生育地／空中湿度の高い沢沿いの林縁。

樹形／常緑低木。高さ4〜5mになり、多数枝分かれして、こんもりと茂る。

樹皮／茶褐色。皮目が目立つ。

枝／新枝には短い伏毛があり、紫色を帯びる。

冬芽／やや肉質で赤色。葉痕は三角形〜半円形で、イワガネに比べて横に長い。

イワガネよりはるかに大きくなり，幹は直径10cmほどにもなる　1996.3.16　屋久

イラクサ科 URTICACEAE

葉／互生。葉身は長さ5〜10㌢、幅2〜4㌢の長楕円状披針形。先端はとがり、基部はくさび形。ふちには粗い鋸歯がある。3脈が目立ち、裏面の脈は紅色で、表面の脈もしばしば紅色を帯びる。裏面の脈上には白い伏毛がまばらにある。葉柄は長さ1〜3㌢、紅紫色を帯びる。若いときは短毛が生える。托葉は離生し、早く落ちる。
花／雌雄別株。2〜4月、紅色を帯びた小さな花が前年枝の葉痕のわきに集まって咲く。雄花序は無柄。雄花の花被片と雄しべは3個。雌花序には長さ3〜5㍉の柄がある。雌花の花被は筒状。柱頭のふちには白っぽい毛があって目立つ。
果実／そう果。長さ約1.5㍉の卵形で、11〜8月に熟す。花のあと肉質化した白い花被がそう果のまわりを囲む。
類似種との区別点／イワガネと似ているが、ハドノキの新枝の毛は短毛のみ、イワガネには長短2種類の毛が混生する。またハドノキは常緑だが、イワガネは落葉性。

質化した白い花被はブツブツした感触で味はほとんどない　1996.3.10　屋久島

長卵形の葉芽の両わきに小さなまるい花芽がある。❷雄株。❸雄花序。前年枝の葉痕のわきにつき、柄はない。花被には白い毛がある。❹雌花序。柄がある。柱頭は盤状に広がり、白っぽい毛が目立つ。❺❻葉は緑でしわが目立ち、葉柄は赤みを帯びる。❼葉裏。脈は赤みを帯び、脈上には白い毛が散生する。❽そう果は長さ1.5㍉ほど。種子のように見える。

イラクサ科 URTICACEAE

ハドノキ属 Villebrunea

イワガネ
V. frutescens
〈山ガ根／別名 コショウボク・カワシロ〉

分布／四国，九州，中国，ヒマラヤ

生育地／杉林や雑木林などの林縁や林内。

樹形／落葉低木。高さ2mほどになる。枝を多数だし、全体にこんもりと茂る。

樹皮／褐色。皮目は目立たない。

枝／新枝は細く、長い毛と短い毛が混生する。

冬芽／茶褐色で芽鱗は紙質。花芽は葉芽のわきにつき、葉芽に比べて小さい。葉痕は三角形～半円形。維管束痕が目立つ。

葉／互生。葉身は長さ6～12㌢、幅2.5～5㌢の長楕円形。先端は尾状にとがり、基部は広いくさび形。ふちには粗い鋸歯がある。表面は光沢があり、3脈が目立つ。葉の裏面には白い毛が密生して白く見える。脈上には長い白毛がある。葉柄は長さ5～50㍉で有毛。托葉は長さ1㌢ほどの披針形で、早く落ちる。

雌株。谷間や樹林下に生え、日陰を好む傾向がある　1996.4.18　鹿児島県鶴田町

❶頂芽。長卵形の葉芽の両わきに茶色の花芽がびっしりと集まってつく。枝には長毛と短毛が生える。❷芽だけの側芽。❸展開しはじめた葉芽と花芽。葉痕。角の生えた鬼か猿といった風情でなかなかおもしろ

348　イラクサ科 URTICACEAE

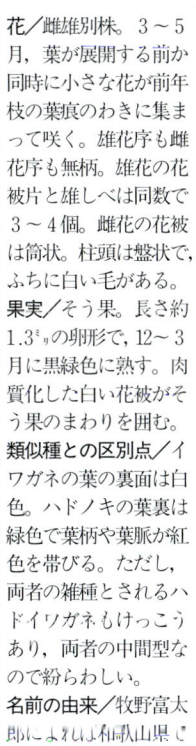

花／雌雄別株。3〜5月，葉が展開する前か同時に小さな花が前年枝の葉痕のわきに集まって咲く。雄花序も雌花序も無柄。雄花の花被片と雄しべは同数で3〜4個。雌花の花被は筒状。柱頭は盤状で，ふちに白い毛がある。

果実／そう果。長さ約1.3㍉の卵形で，12〜3月に黒緑色に熟す。肉質化した白い花被がそう果のまわりを囲む。

類似種との区別点／イワガネの葉の裏面は白色。ハドノキの葉裏は緑色で葉柄や葉脈が紅色を帯びる。ただし，両者の雑種とされるハドイワガネもけっこうあり，両者の中間型なので紛らわしい。

名前の由来／牧野富太郎によれば和歌山県では本種が岩場に生えることからイワガネというとしている。

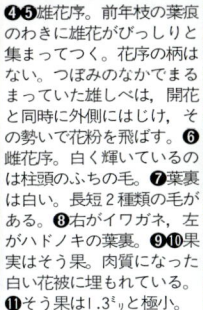

株。葉の大きさや葉柄の長さははなはだ変異が多い　1995.5.9　宮崎県田野町

❹❺雄花序。前年枝の葉痕のわきに雄花がびっしりと集まってつく。花序の柄はない。つぼみのなかでまるまっていた雄しべは，開花と同時に外側にはじけ，その勢いで花粉を飛ばす。❻雌花序。白く輝いているのは柱頭のふちの毛。❼葉裏は白い。長短2種類の毛がある。❽右がイワガネ，左がハドノキの葉裏。❾❿果実はそう果。肉質になった白い花被に埋もれている。⓫そう果は1.3㍉と極小。

イラクサ科 URTICACEAE

ヌノマオ属 Pipturus

ヌノマオ
P. arborescens
(南早原/別名オオイワガネ)

分布/沖縄,台湾,フィリピン,ボルネオ
樹形/常緑低木。高さ3〜5ｍになる。多数枝分かれして叢生する。
樹皮/褐色で光沢はあまりない。
葉/互生。葉身は長さ7〜18ｾﾝ,幅3〜6ｾﾝの卵形。先端はとがり,基部は鈍形または広いくさび形。ふちには細かい鋸歯がある。表面はやや光沢があり,3脈が目立つ。裏面は白い綿毛が密生する。葉柄は長さ2〜4ｾﾝで,白色の毛が生える。托葉は早く落ちる。
花/雌雄別株。花期は12〜5月。葉や葉痕のわきに小さな花が集まってつく。雄花序も雌花序も柄はない。雌花の花被片は合着し,白い糸状の花柱が外にのびだす。コウゾの花序に様子が似ている。
果実/そう果。3月に熟す。肉質化した白い花被に囲まれる。
名前の由来/樹皮から布をつくったことに由来する。

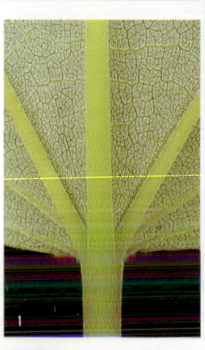

ヌノマオ。イワガネに似るが,全体にむくむくと大きく粗野　1996.12.12　西表

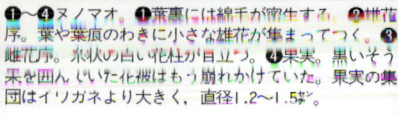

❶〜❹ヌノマオ。❶葉裏には綿毛が密生する。❷雄花序。葉や葉痕のわきに小さな雄花が集まってつく。❸雌花序。糸状の白い花柱が目立つ。❹果実。黒いそう果を囲んでいた花被はもう崩れかけていた。果実の集団はイワガネより大きく,直径1.2〜1.5ｾﾝ。

イラクサ科 URTICACEAE

カラムシ属 Boehmeria

コアカソ
B. spicata
〈小赤麻／別名タニアサ〉

分布／本州，四国，九州，朝鮮半島，中国

生育地／日当たりのよい湿った谷沿いに多いが，明るいスギ林，岩場にもよく見られる。

樹形／落葉小低木。高さ1mほどになる。枝は多数分枝し，株立ち状になる。枯死した枝が多数残るのが特徴。

樹皮／灰褐色。

枝／新枝は無毛。

葉／対生。葉身は長さ4〜8cmの菱状卵形。先端は尾状に長くとがる。膜質で表面には光沢がある。裏面の脈上には白い毛がある。葉柄は長さ2〜5cm，無毛または毛が散生する。

花／雌雄同株。花期は8〜10月。雄花序も雌花序も穂状。枝の上部の花序に雌花，枝の下部の花序に雄花がつく。

果実／そう果。長さ約1.3mmの倒卵形で，11〜12月に熟す。全面に短毛がある。

備考／シカの好物。刈り込んだような株があれば，そこはシカの生息域。

アカソ。草のように見えるが，立派な樹木。冬芽も形成される　1996.8.22　宮崎市

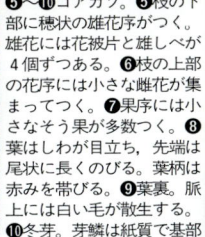

❺〜❿コアカソ。❺枝の下部に穂状の雄花序がつく。雄花には花被片と雄しべが4個ずつある。❻枝の上部の花序には小さな雌花が集まってつく。❼果序には小さなそう果が多数つく。❽葉はしわが目立ち，先端は尾状に長くのびる。葉柄は赤みを帯びる。❾葉裏。脈上には白い毛が散生する。❿冬芽。芽鱗は紙質で基部には小さな副芽がつく。

イラクサ科 URTICACEAE

ヤナギイチゴ属
Debregeasia

ヤナギイチゴ
D. edulis

〈柳苺，別名ノイチゴ・ココメイチゴ〉

分布／本州（関東地方南部以西），四国，九州，沖縄，中国，台湾

生育地／日の当たる湿った谷沿いの岩場や林道のふちなど，2次的な環境に生える。

樹形／落葉低木。高さ3㍍ほどになる。株立ち状のこんもりとした樹形になる。

樹皮／灰褐色で光沢はない。細かい皮目が目立つ。

枝／新枝は淡褐色または白色の伏毛が密生する。枝はもろくて折れやすい。

冬芽／長楕円形。先端はとがり，有毛。葉痕はやや隆起する。

葉／互生。葉身は長さ7～15㌢，幅1～3㌢の線状長楕円形。表面は光沢があり，やや白色を帯びた緑色。裏面は絹毛が密生して白色。脈は裏面にくぼみ，基部は3脈が目立つ。葉柄は有毛で，長さ1～3㌢。托葉は合着し，先端は2裂する。早く落ちる。

果実はポリポリした歯ざわりで，甘くておいしい　1996.6.15　熱海市

❶葉芽，もう芽鱗がゆるみはじめた。❷上から1と3つ目の葉腋にある展開中の葉芽の横に小さな雌花序がかすかに見えている。❸雄花序　❹雌花序　球状の雌花の集団が新枝の基部に対になってつく。序には柄がある。柱頭は白い毛が密生している。

イラクサ科 URTICACEAE

花／雌雄別株または同株。花期は3〜5月。葉の展開後に開花する。花は小形で雄花も雌花も長さ1㌢ほどの柄の先に球状に集まり，新枝の基部に対になってつく。雄花の花被片と雄しべは3〜4個。雌花の花被片は壺状に合着し，子房を包む。柱頭は頭状で白っぽい毛が目立つ。

果実／そう果。花のあと花被は肉質化してそう果を包み込み，これが多数集まって直径5〜7㍉の集合果になる。6〜12月に橙黄色に熟して食べられる。

類似種との区別点／葉はヤナギの仲間によく似ているが，枝がもろく，冬芽の形が違うので区別できる。

肥前の山飛び巣がヤナギに，果実がキイチゴに似ていることからつけられた。

実の色や様子はカニやエビの卵塊に似ている　1987.6.22　土佐清水市

❻葉はヤナギの仲間にそっくり。表面はしわが目立つ。❼葉裏。綿毛が密生して白っぽい。基部からのびる3本の脈が目立つ。❽そう果は非常に小さくて長さ㍉にも満たない。❾樹皮。まるい皮目が縦に並ぶ。

イラクサ科 URTICACEAE　353

モクマオウの仲間

モクマオウの仲間は、オーストラリア原産の樹木で、日本では沖縄の島や小笠原諸島に植栽され、ふつうに見られる。海岸の砂地を好み、盛んに繁殖している。外観がマツの仲間に似ているため、オガサワラマツとも呼ばれるが、枝や葉、花などをルーペで観察すると、マツとはおよそ縁遠いものだとすぐにわかる。マツの葉のように見えるのはじつは枝で、葉状枝と呼ばれる。葉状枝には節がたくさんあり、鱗片状に退化した葉が輪生している。花は単性、雌雄別株または同株で、雄花も雌花も花被は退化している。雌花は球状に集まってつき、花のあと子房を包んでいた小苞が木質化して、果皮のようになる。これが多数集まって集合果をつくる。モクマオウ属はオーストラリアを中心に、東南アジア、ポリネシアに62種が知られ、日本にはトクサバモクマオウ、グラウカモクマオウ、カンニングハムモクマオウなどが植栽されている。(茂木 透)

トクサバモクマオウ。沖縄の海岸に多く、針葉樹にそっくり 1996.12.7 石垣島

❶〜❸グラウカモクマオウ ❶樹皮。❷❸雄花序。葉枝の先端に輪状に並んだ花が段々につく。❹モクマオウ属の1種の雌花序。❺トクサバモクマオウ。集合果。❻果実は翼果。さは翼を含めて5〜6㍉。❼〜⓭トチュウ。❼表面脈が目立つ。❽裏面脈上葉柄には白毛がある。❾を引っぱって裂くとゴムの糸を引く。❿フサザクラそっくりの雄花。⓫雌化緑色の子房の先端はへこ2裂した花柱がのぞいてる。⓬若い翼果。⓭種子

354　モクマオウ科 CASUARINACEAE

トチュウ科
EUCOMMIACEAE

1属1種で，ニレ科に近縁と考えられている。
（担当／石井英美）

トチュウ属 Eucommia

トチュウ
E. ulmoides
〈杜仲〉

分布／中国中南部原産。揚子江中流域の山林にまれに自生するが，本来の野生かどうかは不明ともいわれている。
樹形／落葉高木。高さ10〜20㍍になる。
樹皮／灰褐色で縦に裂ける。
葉／互生。葉身は長さ8〜16㌢の卵形〜長楕円形。先は鋭くとがる。
花／雌雄別株。4月頃，葉の展開とほぼ同時に開花する。雄花も雌花も花被はない。雄花には雄しべが6〜10個ある。花糸はごく短く，葯は長さ1㌢ほどで赤褐色を帯びる。雌花には雌しべが1個あり，へら形の子房の先端に短い花柱がある。
果実／翼果。長さ3〜4㌢の長楕円形で，中央に種子が1個ある。
用途／樹皮は漢方薬の原料。最近では乾燥した葉を使った杜仲茶が人気がある。

チュウ。花や果実を見ればニレ科に近縁だとわかる　1995.10.11　埼玉県寄居町

ヤマモガシ科
PROTEACEAE

南半球を中心に、約80属1000種が知られる。南アフリカ、南アメリカ、オーストラリアなどの乾燥した地域に多い。花は両性。総状、穂状、頭状の花序をつくる。

（担当／石井英美）

ヤマモガシ属 Helicia

常緑の高木または小高木。葉は互生。花被片は4個。雄しべは4個で、花糸は花被片と合着する。雌しべは1個。日本の南部から中国南部、東南アジア、オーストラリア東部、太平洋諸島に約90種が分布する。日本に自生するのはヤマモガシだけ。

ヤマモガシ
H. cochinchinensis
〈山茂樫〉

分布／本州（東海地方以西）、四国、九州、沖縄、中国南部、台湾、東南アジア

生育地／太平洋側の海岸に近い常緑樹林内に点々と生える。

樹形／常緑高木。高さ6～10mになる。

樹皮／紫褐色。ひも状の皮目がある。

枝／新枝はやや稜があ

じつに不思議な花。くるっと巻いた花被片に葯が生えている　1995.8.8　屋久島

❶開花すると線形の花被片は外側に巻き、途中に黄色の葯がつく。雌しべは1個。花柱は細長く、柱頭はこん棒状。❷花序は総状。つぼみはマッチのようだ。❸成木の葉はほとんど全縁。❹ひこばえや若木の葉のふちには粗く鋭い鋸歯がある。❺樹形。❻果実は11〜1月に黒紫色に熟す。❼種子。❽樹皮は紫褐色。

り、有毛だが、のちに無毛になる。

葉／互生。葉身は長さ5〜15㌢、幅2〜5㌢の倒披針形または長楕円形〜楕円形で、薄い革質。両面とも無毛。成木の葉は全縁だが、若木の葉は鋸歯がある。葉柄の基部はすこしふくらむ。

花／7〜9月、葉のわきに長さ10〜15㌢の総状花序をつける。長さ約1㌢の黄白色の花が多数つき、ブラシのように見える。つぼみは細長いこん棒状。花被片は線形で4個、開花すると外側にくるりと巻く。花被片の途中に長さ2〜2.5㍉の細長い萼がつく。雌しべは1個。花柱は長く、柱頭はこん棒状にふくらむ。果実／液果。長さ約1㌢の楕円形で、黒紫色に熟す。なかに種子が1個入っている。

植栽用途／まれに庭木などに利用される。
用途／器具材、装飾材
名前の由来／果序の様子がモガシ（ホルトノキの別名）に似ていて、山地に生えることからつけられた。

熱帯果樹のマカダミアンナッツは属は違うが近縁　1995.11.24　屋久島

ヤマモガシ科 PROTEACEAE

ボロボロノキ科
OLACACEAE

熱帯を中心に25属250
種ほど知られている。
(担当／石井英美)

ボロボロノキ属
Schoepfia

ボロボロノキ
S. jasminodora

〈幌々の木〉

分布／九州(中部以南)、沖縄、中国南部

生育地／山地の常緑樹林内

樹形／落葉小高木。高さ5〜10㍍になる。

枝／もろくて、折れやすい。

葉／互生。葉身は長さ3〜8㌢、幅2〜4㌢の卵形または長卵形で全縁。両面とも無毛。乾くと黒くなる。

花／3〜4月、新枝の葉腋に芳香のある花を3〜4個ずつつける。花被は黄白色で長さ6〜7㍉の筒形、上部は4〜5裂してそり返る。

果実／長さ8㍉ほどの楕円形で、萼が肉質になって果実を包む。6月頃、赤から黒く熟す。

ボロボロノキの名は枝がもろく、簡単に折れることに由来する　1998.6.10　延岡

❶〜❺ボロボロノキ。❶頂芽。維管束痕は3個。❷果実。胚乳は約35パーセントの油脂を含んでいる。❸葉やや厚く、先は尾状にとがる。❹葉裏。両面とも無毛。❺花。筒は長く、萼は筒形。花被片は草質で葉柄はほとんどない。❼果実。ふちにはまの細毛がある。❽雌花。花被片は4個で早落性。❾芽。⓾羽根つきの羽根そっくりの果実。この果実のがく体可可根の者がある。羽根の部分は萼。⓫種子。

358　ボロボロノキ科 OLACACEAE

ビャクダン科
SANTALACEAE

半寄生植物で，他の植物の根や枝に寄生する。
（担当／太田和夫）

ツクバネ属 Buckleya

ツクバネ
B. lanceolata
〈衝羽根〉

分布／本州（関東地方以西），四国，九州
生育地／ツガ，モミ，アセビなどが生えるやせた山地。
樹形／半寄生落葉低木。高さ1～2mになる。
冬芽／長さ4～6mm。芽鱗は11～14個。
葉／対生。葉身は長さ3～7cm，幅1～4cmの長卵形～広披針形。先は尾状に長くとがり，ふちには芒状の細毛が並ぶ。裏面主脈上に白毛がある。
花／雌雄異株。5～6月，枝先に小さな花が咲く。雄花は淡緑色で直径5mmほど。雌花は花被の基部に葉状の長い苞が4個ある。
果実／堅果。長さ約1cmの楕円形で，先端に長さ3cmほどの苞が残り，羽根つきの羽根を思わせる。
用途／若葉は食べられる。若い果実も塩漬けにして食用にする。

ツクバネの雌花。小形の木で他種に埋もれて目立たない　1996.6.1　静岡県引佐町

ヤドリギ科
LORANTHACEAE

ほかの樹木に半寄生する常緑低木。種子のまわりに粘液層があるのが特徴。36属1300種ほどが知られている。

（担当／太田和夫）

ヤドリギ属 Viscum

ヤドリギ
V. album var. coloratum
〈寄生木・宿木／別名ホヤ・トビヅタ〉

分布／北海道，本州，四国，九州，朝鮮半島，中国

生育地／エノキ，ケヤキ，ブナ，ミズナラ，シラカバ，サクラなど，落葉広葉樹に寄生する。

樹形／半寄生の常緑小低木。高さ50～80㌢になる。枝は二叉分岐を繰り返して広がる。

葉／対生。葉身は長さ2～8㌢，幅5～10㍉の倒披針形～へら形で，全縁。革質で厚く，両面とも無毛。

花／雌雄別株。花期は2～3月。雄花は3～5個，雌花は1～3個ずつつく。

果実／液果。直径6～8㍉の球形で，10～12月に淡黄色に熟す。種子は粘液質の果肉に包まれ，鳥のくちばしについたり，糞といっしょに排泄されたりして散布される。粘液質は鳥の消化管では消化されないので，排泄後も宿主に粘着できる。

備考／果実が橙黄色のものは**アカミヤドリギ** f. rubro-aurantiacum と呼ばれる。ヨーロッパでクリスマスの飾りに使うセイヨウヤドリギは果実が白く熟す。

雄花をつけた株。雄花も雌花も小さく，目立たない 1990.3.25 山梨県山中湖

❶～❸雄花序。❶花序は葉と葉の間につく。❷花被厚く，上部は4裂する。正面から見た雄花。花序基部には側芽が見える。❹雌花序。淡緑色の短い花が4裂した花被に囲まれている。❺種子。5月，地に落ちていた果実を拾い果肉を食べながら粘液質を取り除いた。胚生根らしきものが見える。❻アカミヤドリギの果実。❼シラカバに寄生したホザキヤドリギ（上）とヤドリギ（右）。

生されたケヤキがとくに弱ることもないのは不思議　1990.3.25　山梨県山中湖村

❼

ヤドリギ科 LORANTHACEAE

ホザキヤドリギ属
Hyphear

ホザキヤドリギ

〈穂咲寄生木〉
分布／本州（中部地方以北），朝鮮半島，中国
生育地／ミズナラ，ブナ，ハンノキ，シラカバ，クリなどの落葉広葉樹に寄生する。
樹形／半寄生の落葉小低木。高さ20～40㌢になる。枝は二叉状に分岐する。
樹皮／濃褐色で無毛。
枝／新枝は赤褐色。
葉／対生。葉身は長さ2～3㌢，幅1～1.5㌢の楕円形～長楕円形で，全縁。先はまるく，基部はしだいに狭くなって葉柄に流れる。やや肉質で，両面とも無毛。
花／両性。花期は6～7月。長さ3～5㌢の穂状花序に小さな黄緑色の花をまばらにつける。花被片は6個。長さ1.5㍉ほどの狭卵形。雄しべは6個，花柱は1個。
果実／液果。長さ5～6㍉の楕円形で，10～11月に淡黄色に熟す。種子は黄緑色で，長さ4㍉ほどの楕円形。まわりに粘液層があり，他物に付着する。

花時のホザキヤドリギ。ヤドリギの仲間ではもっとも寒冷地に適応した種類。ミ

❶～❺ホザキヤドリギ。❶頂芽と側芽。新枝は赤褐で光沢がある。❷芽だし。❸花は枝先や葉腋からでて長さ3～5㌢の穂状花序にまばらにつく（撮影／藤猛）。❹果実は淡黄色に熟す。長さ5～6㍉。❺種子長さ4㍉ほど。❻樹皮は濃褐色，それが紫色を帯びる。❼❽ヒノキバヤドリギ。❼葉は退化して鱗片状になり目立たない。❽果実は節に輪生する。直径約2㍉

ヤドリギ科 LORANTHACEAE

ヒノキバヤドリギ属
Korthalsella

葉は鱗片状に退化し、茎や枝が扁平なことが特徴。

ヒノキバヤドリギ
K. japonica
〈桧葉寄生木〉

分布／本州（関東地方以西）、四国、九州、沖縄、台湾、中国、東南アジア、オーストラリア

生育地／ツバキ科、モチノキ科、モクセイ科などの常緑樹に寄生する。

樹形／半寄生の常緑小低木。高さ20㌢ほどになる。枝は二叉または三叉状に分岐する。

枝／緑色で扁平。古くなると翼状に広がる。節が多く、節から折れやすい。

葉／小さな鱗片状葉が節に輪生する。

花／雌雄同株。花期は春〜秋。直径1㍉以下の小さな花が節に3〜5個ずつつく。

果実／液果。直径2㍉ほどの球形で、橙黄色に熟す。種子のまわりには粘液質があり、他物に付着する。

名前の由来／細かく分岐した緑色の枝をヒノキの葉にたとえたもの。

ラに寄生していた　1991.6.13　長野県小海町

ヤドリギ科 LORANTHACEAE

マツグミ属 Taxillus

マツグミ
T. kaempferi
〈松茱萸〉

分布／本州（関東地方以西）、四国、九州、沖縄

生育地／マツ、モミ、ツガなどの針葉樹に寄生する。

樹形／半寄生の常緑小低木。高さは30〜50㌢。

枝／褐色。はじめ褐色の短毛が密生するが、のち無毛になる。

葉／ふつう対生。葉身は長さ1.5〜4㌢、幅4〜9㍉の倒披針形で、全縁。先はまるく、基部はしだいに狭くなる。裏面ははじめ濃褐色の毛があるが、すぐに無毛になる。

花／両性。7〜8月、葉腋に赤い筒形の花が1〜4個集まってつく。花被は長さ約1.5㌢、上部は4裂してそり返る。雄しべは4個、花柱は1個。ともに花の外にとびでる。

果実／液果。直径約5㍉の球形、翌年の3〜5月に赤色に熟す。種子のまわりに粘液質があり、他物に付着する。

名前の由来／マツに寄生し、果実がグミの実に似ていることによる。

アカマツに寄生したマツグミ。ちょうど花の時期だ　1994.8.11　甲府市

①〜③マツグミ。①種子は長さ約3㍉。緑色の寄生根らしいものがのびている。②果実は直径約5㍉、赤く熟す。③4個の花被片がそり返った花の姿はユニーク。

ヤドリギ科 LORANTHACEAE

オオバヤドリギ属
Scurrula

オオバヤドリギ
S. yadoriki

〈大葉寄生木／別名コガノヤドリギ〉

分布／本州（関東地方南部以西），四国，九州，沖縄，中国
生育地／ツバキ，モチノキ，マサキ，ヤブニッケイ，ハイノキ，ネズミモチ，ウバメガシ，イヌビワ，スギなどの常緑樹に寄生する。
樹形／半寄生の常緑低木。ややつる性で，高さ80～100㌢になる。
樹皮／灰白色。茶褐色の縦縞と赤褐色の横長の皮目が目立つ。
枝／新枝には赤褐色の星状毛が密生する。
葉／ふつう対生する。葉身は長さ2～6㌢，幅1.5～3.5㌢の卵形～広楕円形で，全縁。革質で厚く，裏面には赤褐色の星状毛が密生する。
花／両性。9～12月，葉腋に筒形の花が2～7個ずつつく。花被は長さ約3㌢，外面には赤褐色の星状毛が密生し，内面は緑紫色，上部は4裂してそり返る。
果実／液果。長さ7～8㍉の広楕円形で赤褐色の星状毛が密生する。

オバヤドリギ。無節操なのか，いろんな常緑樹に寄生する　1996.3.14　屋久島

ヤドリギ科 LORANTHACEAE

モクレン科
MAGNOLIACEAE

常緑または落葉性の木本。多く
は植物体に精油成分をもち、傷
つけるとよい香りがする。葉は
互生。葉柄と托葉2個が合着し
て芽を包み、その落ちた跡が枝
を一周する。花は両性で、枝先
または葉腋に単生する。花被片
は3数性で6〜18個、雄しべは
多数、雌しべは多数または数個
あり、これらが円錐状の花床に
らせん状につく。モクレン属や
オガタマノキ属では袋果が集ま
った集合果をつけ、裂開すると
赤い種子が顔をだす。ユリノキ
属では翼果が松かさ状に集まっ
た集合果をつける。世界に12属
約240種がある。

(担当／勝山輝男)

枯れ草の間に顔をだしているくらいで，寒風に震えるこの花に訪れる虫の数は少ない　1988.4.19　西丹沢

モクレン科 MAGNOLIACEAE

モクレン科の花と果実のつくり

モクレン科の花は円錐状の花床に、雄しべ・雌しべ・花被片などがらせん状につくのが特徴。花糸は扁平な棒状で葯は花糸に張りつくようにつく。雌しべは花床の上部につき、花柱がヒョロヒョロとのびだしている。モクレン属の花被片は、コブシやタムシバ、モクレン、ホオノキ、オオヤマレンゲなどのように、もっとも外側の花被片3個が線形で小さな萼片のように見えるものと、ハクモクレン、シデコブシ、タイサンボクのようにすべて同形のものがある。オガタマノキ属の花被片は内外同形。ユリノキ属の花被片は外側の3個が大きくて表側に巻き込み、内側の花被片とは明らかに違った形になっている。

モクレン属とオガタマノキ属の果実は袋果が集まった集合果。ユリノキ属の果実は翼果が松かさ状に集まった集合果で、ばらばらになって落ちる。

トウモクレン。萼状の花被片3個がよくわかる。

オガタマノキ属

雌しべの集団に柄があり、雄しべの集団と離れている。果実は袋果が集まった集合果。成熟すると裂開して、赤い種子が顔をだす。種子を包む種皮は赤い外層、肉質の白い中層、黒くてかたい内層の3層構造になっている。

カラタネオガタマ（花）とオガタマノキ　P384

ユリノキ属

雄しべの集団と雌しべの集団はくっついている。果実は細長い翼果が松かさ状に集まった集合果。成熟するとばらばらになって落ちる。

ユリノキ　P385

モクレン属

雄しべの集団と雌しべの集団はくっついている。果実は袋果が集まった集合果。成熟すると裂開して、赤い種子が顔をだす。種子は糸状に長くのびた珠柄（胚珠の柄）の先にぶら下がり、すぐには落ちない。種子を包む種皮は赤い外層、肉質の白い中層、黒くてかたい内層の3層構造になっている。

モクレン科 MAGNOLIACEAE

モクレン科（落葉するもの）の見分け方

	葉表	葉裏	花芽
コブシ P372			
タムシバ P374			
シデコブシ P378			
オオヤマレンゲ P382			

モクレン科 MAGNOLIACEAE

	葉表	葉裏	花芽
ハクモクレン 376			
◯クレン P377			
◯ウモクレン 377			
◯リノキ P386			

モクレン科 MAGNOLIACEAE

モクレン属 Magnolia

アジアと北アメリカを中心に約90種が知られている。

コブシ
M. praecocissima

〈辛夷〉

分布／北海道，本州，四国，九州，済州島
生育地／丘陵，山地
樹形／落葉高木。高さ15ｍ以上になる。
樹皮／灰白色で平滑。皮目がある。
枝／本年枝は無毛。緑色で紫色を帯びる。
冬芽／芽鱗は2個の托葉と葉柄が合着したキャップ状。花芽は大きくて長さ2～2.5㌢の長卵形，白っぽい長い軟毛におおわれる。葉芽は長さ1～1.5㌢，灰色の寝た毛におおわれる。葉痕はV字形。
葉／互生。葉身は長さ6～15㌢，幅3～6㌢の倒卵形で，全縁。先端は短くとがり，基部

葉が展開する前に白い花を枝いっぱいにつける　1992.4.21　山中湖

❶長い軟毛におおわれた花芽。輪状の托葉痕が目立つ。❷灰色の寝た毛におおわれた葉芽。❸開花と同時に小形の葉が1個顔をだす。❹黄色の雄しべと緑色の雌しべは花床にらせん状につく。❺外側の花被片3個は小さい線形で目立たない。内側の6個は大きくて白い。❻果実。❼じゅくす。❽種子は裂開する。❾熟すと果実は裂開して赤い種子が顔をだし，糸状の珠柄の先にぶら下がる。❿肉質の種皮をとり除いた種子。⓫樹皮。

モクレン科 MAGNOLIACEAE

はくさび形。裏面は淡緑色で脈上にわずかに毛がある。葉をもむと強い香りがする。葉柄は長さ1〜1.5㌢。

花／3〜4月，葉が展開する前に直径7〜10㌢の香りのよい白色の花をつける。外側の花被片3個は広線形で小さく，内側の6個は大きくて花弁状。

果実／袋果が集まった集合果。長さ7〜10㌢。10月頃に熟すと裂開し，赤い種子が長くのびた糸状の珠柄の先にぶら下がる。

備考／キタコブシ var. borealis は，母種のコブシより葉や花がやや大きい。日本海側に分布する。

類似種との区別点／花の時期にはタムシバとの区別がむずかしいが，花のすぐ下に小形の葉があることで区別できる。

植栽用途／庭木，公園樹，街路樹

名前の由来／集合果が握りこぶしに似ていることによる。ふつう辛夷と書いているが，これは中国の別の植物の名前を誤用したもの。

実はもうすこしたつと割れ，赤い種子がでてくる　1994.8.22　宮崎市

モクレン科 MAGNOLIACEAE

モクレン属 Magnolia

タムシバ
M. salicifolia
〈別名ニオイコブシ、カムシバ〉

分布／本州、四国、九州
生育地／山地
樹形／落葉高木。高さ10mほどになる。
樹皮／灰色～灰褐色で平滑。縦に皮目が並ぶ。
枝／本年枝は緑褐色で無毛。
冬芽／芽鱗は托葉2個と葉柄が合着したキャップ状。花芽は大きく長さ1.7～2㌢の長卵形、白っぽい長い軟毛におおわれる。葉芽は小さくて無毛。葉痕はV字形で、枝を一周する托葉痕が目立つ。
葉／互生。葉身は長さ6～12㌢、幅2～5㌢の披針形または卵状披針形で、全縁。先端はとがり、基部はくさび形。質は薄い。裏面は

日本海側の多雪地に多い。5～6月、雪解けとともに開花する　1991.5.10　大田

❶花芽は大きく、白っぽい長い毛に包まれる。❷葉は無毛。❸内側の花被片6個は花弁状。❹花の下にがない。褐色の芽鱗はもうすぐ落ちる。❺中央の緑の突起が雌しべの集まり。赤褐色の棒状の雄しべがまわりをとり囲む。❻❼❽集合果は熟すと割れ、赤い子が白い糸でぶら下がる。❾❿葉は互生し、内側はふつう披針形。長枝の先には❿のような形の葉がつくこともある。⓬葉の裏面は白っぽい。⓭樹皮。

374　モクレン科 MAGNOLIACEAE

微細な毛があり、白色を帯びる。葉柄は長さ1〜1.5㌢。葉をもむと強い香りがし、かむと甘い。

花／4〜5月、葉が展開する前に、直径10㌢ほどの芳香のある白い花が咲く。外側の花被片3個は小さくて萼状、内側の6個は花弁状。雄しべと雌しべは多数あり、らせん状に花床につく。

果実／袋果が集まった集合果。長さ7〜8㌢のこぶし状の長楕円形。10月頃に熟すと、背面が割れ、糸状の珠柄の先に赤い種子がぶら下がる。種皮の外層は赤色、中層は肉質、内層は黒くてかたい。

類似種との区別点／コブシと似ているが、タ〔…〕なく、葉はコブシより薄く、裏面が白っぽいことなどで区別する。

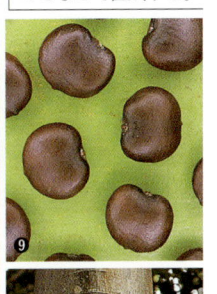

はコブシより細長い。種子の赤い肉質部は非常に辛い　1997.9.21　白馬村

モクレン科 MAGNOLIACEAE

モクレン属 Magnolia

ハクモクレン
M. heptapeta
(日本名・白木蓮/別名 ハクレン)
分布／中国原産

樹形／落葉高木。高さ15mほどになる。

樹皮／灰白色で平滑。

冬芽／芽鱗は托葉2個と葉柄が合着したキャップ状。花芽は大きく長さ2〜2.5cmの長卵形で、白っぽい長い軟毛におおわれる。葉芽はやや小さくて長さ1〜2cm、灰色の寝た毛におおわれる。葉痕はV字形。枝を一周する托葉痕が目立つ。

葉／互生。葉身は長さ8〜15cm、幅6〜10cmの倒卵形で、全縁。先端は短くとがる。裏面脈上には軟毛が生える。葉柄は長さ1〜1.5cm。

花／3〜4月、葉が展開する前に直径約10cmの白い花を開く。花被片は9個あり、すべて花弁状。

果実／袋果が集まった集合果。長さ約10cmのこぶし状の長楕円形で、10月に熟す。

植栽用途／庭木、街路樹

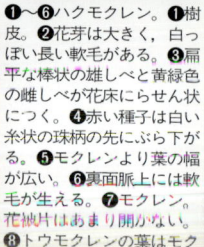

ハクモクレン。コブシに似ているが、より重量感がある　1988.3.24　横浜市

❶〜❻ハクモクレン。❶樹皮。❷花芽は大きく、白っぽい長い軟毛がある。❸扁平な棒状の雄しべと黄緑色の雌しべが花床にらせん状につく。❹赤い種子は白い糸状の珠柄の先にぶら下がる。❺モクレンより葉の幅が広い。❻裏面脈上には軟毛が生える。❼モクレン。花被片はあまり開かない。❽トウモクレンの葉はモクレンより小さく幅が狭い。❾モクレンの葉。❿トウモクレンの樹皮。

モクレン科 MAGNOLIACEAE

モクレン
M. quinquepeta
〈木蓮・木蘭／別名シモクレン〉
分布／中国原産
樹形／落葉低木または小高木
樹皮／灰白色で平滑。
冬芽／花芽は大きく，中央部から上が急に細くなり，寝た長白軟毛におおわれる。葉芽は小さい。葉痕はV字形，托葉痕が枝を一周する。
葉／互生。葉身は長さ8〜20㌢，幅4〜10㌢の倒卵形で，全縁。先端は急にとがる。葉柄は長さ1〜1.5㌢。
花／3〜4月，葉の展開と同時に紅紫色の花を開く。花は直径約10㌢。外側の花被片3個は小さく萼状。内側の6個は花弁状で，あまり開かない。
果実／袋果が集まった集合果。
備考／変種の**トウモクレン（ヒメモクレン）** var. gracilis は全体にモクレンより小形で，葉の幅が狭い。花被片の内側は白っぽく，先端がややとがる。
植栽用途／庭木，公園樹

ウモクレン。モクレンより小形で花被片の内側が白い　1997.4.9　横兵市

モクレン科 MAGNOLIACEAE

モクレン属 Magnolia

シデコブシ
M. tomentosa
〈四手辛夷/別名ヒメコブシ〉

分布／本州（東海地方の伊勢湾周辺地域）。東海丘陵要素
生育地／湿地やその周辺。自生地では群生し、純林をつくっている。
樹形／落葉小高木。高さ5㍍ほどになる。
樹皮／灰白色で平滑。皮目がある。
枝／本年枝には毛が密に生える。
冬芽／芽鱗は葉柄と托葉2個が合着したキャップ状。花芽は大きく、長さ2〜2.5㌢の長卵形で、白っぽい長い軟毛におおわれる。葉芽は小さく、短い伏毛におおわれる。葉痕はV字形、枝を一周する托葉痕が目立つ。
葉／互生。葉身は長さ5〜10㌢、幅2〜4㌢

花色は個体差があり、純白から濃いピンクまである　1993.3.27　愛知県渥美町

❶長枝の花芽。❷短枝の花芽。❸❹側芽（葉芽）、托葉痕が枝を一周している。❺萼片は0〜3個、花弁は9〜18個。白い花がふつうだが、淡紅色を帯びるものもある。❻葉表。モクレン科のなかでは小形の部類。❼葉裏。❽赤い蕾。❾やや下向きの果実。❿赤い外層肉質の中層をとり除いた種子。⓫樹皮。皮目が多い

モクレン科 MAGNOLIACEAE

の長楕円形または倒披針形で、全縁。先端は鈍形または円形で、基部は狭いくさび形。表面は無毛、裏面は淡緑色で、はじめ脈上に毛がある。葉柄は長さ2〜5㍉で有毛。

花／3〜4月、葉が展開する前に直径7〜10㌢の芳香のある花を開く。萼片は0〜3個、花弁は12〜18個、ふつう白色だが、淡紅色を帯びるものもある。雄しべと雌しべが多数あり、花床にらせん状につく。

果実／袋果が集まった集合果。長さ3〜7㌢。10月頃に熟すと裂開する。赤い種子は長くのびた白い珠柄の先にぶら下がる。

植栽用途／庭木、公園樹。花の色がとくに濃いピンクのものはベニコブシと呼ばれ、珍重される。

勢湾周辺の湿地にのみ分布する珍しい種類　1997.10.5　愛知県田原町

モクレン科 MAGNOLIACEAE

モクレン属 Magnolia
ホオノキ
M. hypoleuca
〈朴の木／別名ホオガシワ〉

分布／北海道, 本州, 四国, 九州, 南千島
生育地／丘陵, 山地
樹形／落葉高木。高さ30mほどになる。
樹皮／灰白色。平滑で皮目が多い。
枝／太くて無毛。枝を一周する托葉痕が目立つ。
冬芽／2個の托葉と葉柄が合着したキャップ状の芽鱗に包まれる。無毛。頂芽は大きくて長さ3〜5cmある。葉痕は扁円形または心形。維管束痕は多数。
葉／互生。枝先に集まってつく。葉身は長さ20〜40cm, 幅10〜25cmの倒卵形〜倒卵状長楕円形で, 全縁。裏面は白色を帯び, 軟毛が散生する。葉柄は長さ2〜4cm。
花／5〜6月, 葉の展開後, 枝先に直径約15cmの大きな花を開く。花は黄白色で芳香がある。花被片は9〜12個。外側の3個は短い萼状, 淡緑色で一部紅色を帯

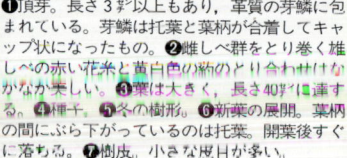

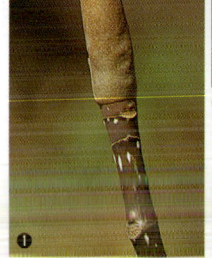

花は直径15cmと大きく, 甘い強烈な香りがある 1996.5.30 新潟県守門村

❶頂芽。長さ3cm以上もあり, 革質の芽鱗に包まれている。芽鱗は托葉と葉柄が合着してキャップ状になったもの。❷雌しべ群をとり巻く雄しべの赤い花糸と黄白色の葯のとり合わせはなかなか美しい。❸葉は大きく, 長さ40cmに達する。❹種子。❺冬の樹形。❻新葉の展開。葉柄の間にぶら下がっているのは托葉。開葉後すぐに落ちる。❼樹皮。小さな皮目が多い。

モクレン科 MAGNOLIACEAE

びる。内側の6〜9個は花弁状。雄しべと雌しべは多数らせん状に集まってつく。雄しべは長さ2㌢ほど、花糸は赤色、葯は黄白色。花の寿命は短く、開花するとすぐに雄しべはぱらぱら落ちてしまう。

果実／袋果が集まった集合果。長さ10〜15㌢の長楕円形で、9〜11月に熟す。袋果は赤褐色で、なかに長さ1㌢ほどの種子が2個入っている。種皮の外層は赤色、中層は肉質。長い糸状の珠柄でぶら下がる。

備考／花と葉は日本の樹木のなかでもっとも大きい。

植栽用途／街路樹。庭木として植えられることもある。

用途／材は狂いが少ないので、下駄、版木、家具、細工物、刀の鞘などに利用される。葉は食物を盛ったり、包んだりするのに使われてきた。葉に味噌をのせ、炭火で焼きながら食べる朴葉味噌は岐阜県高山の名物として有名。樹皮は健胃、利尿などの薬用に利用。

実が熟すと、重みで枝先が垂れ下がるほどになる　1996.8.24　宮崎県都農町

モクレン科 MAGNOLIACEAE　381

モクレン属 Magnolia

オオヤマレンゲ
M. sieboldii
ssp. *japonica*
(別名 ミヤマレンゲ)

分布／本州（関東地方以西）, 四国, 九州, 中国

生育地／山地の落葉広葉樹林内

樹形／落葉低木〜小高木。高さ約5㍍になる。

樹皮／灰白色。

冬芽／芽鱗は托葉と葉柄が合着したキャップ状。無毛。頂芽は大きく長さ1〜1.5㍍。

葉／互生。葉身は長さ6〜20㍍, 幅5〜12㍍の倒卵形〜広倒卵形で, 全縁。先端は短くとがり, 裏面は白色を帯びる。葉柄は長さ2〜4㍍で無毛。

花／5〜7月, 葉の展開後, 枝先に直径5〜10㍍の白い花を下向きまたは横向きにつける。外側の花被片3個は短い萼状, 内側の6〜9個は花弁状。花糸は淡赤色, 葯は淡橙黄色。

果実／袋果が集まった集合果。長さ5〜7㍍の長楕円形で, 9〜10月に熟す。袋果には種子が2個入っている。

備考／母種のオオバオ

オオヤマレンゲ。甘くすがすがしい香りが漂っていた 1997.6.25 宮崎県北方町

❶〜❹オオヤマレンゲ。❶頂芽はきく長さ1〜1.5ある。芽鱗はやや革質。❷花はうむいて咲く。葯淡橙黄色。❸葉倒卵形〜広倒❹葉裏は白色をび, 褐色の毛が…ウケウスヤマレンゲ上向きに咲く。オオバオオヤマレンゲ。葯は赤紫

モクレン科 MAGNOLIACEAE

オヤマレンゲは朝鮮半島・中国原産で、雄しべの葯が赤紫色。八重咲きの園芸品をミチコレンゲという。**ウケザキオオヤマレンゲ**はオオバオオヤマレンゲとホオノキの雑種で花が上向きに咲く。いずれも庭木にされる。

植栽用途／庭木

タイサンボク
M. grandiflora
〈泰山木・大山木／別名 ハクレンボク〉

分布／北アメリカ原産
樹形／常緑高木。高さ20㍍ぐらいになる。
冬芽／花芽は大きくて有毛。葉芽は無毛。
葉／互生。葉身は長さ10〜25㌢、幅4〜10㌢の長楕円形。厚い革質で全縁。表面は光沢があり、裏面には褐色の毛が密生する。葉柄は長さ2〜3㌢。
花／6月頃、枝先に直径15〜25㌢の芳香のある白い花をつける。花被片9個はすべて花弁状。
果実／袋果が集まった集合果。長さ8〜12㌢の楕円形で、10〜11月に熟す。袋果には種子が2個入っている。

植栽用途／公園樹, 街路樹, 庭木

タイサンボクの花は巨大。ホオノキの花さえ小さく見える　1981.6.6　横浜市

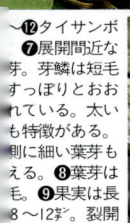

⑫タイサンボ
❼展開間近な芽。芽鱗は短毛ですっぽりとおおわれている。太いのも特徴がある。側に細い葉芽もみえる。❽葉芽は毛。❾果実は長さ8〜12㌢。裂開すると赤い種子がでる。❿葉は緑。⓫裏面には色の毛が密生している。⓬種子。

モクレン科　MAGNOLIACEAE

オガタマノキ属は雄しべのつく部分と雌しべのつく部分の間に柄があるのが特徴。アジアに約45種が分布する。

オガタマノキ
M. compressa
〈招霊の木・小賀玉木／別名ダイシコウ〉

分布／本州（関東地方以西の太平洋側），四国，九州，沖縄，台湾，フィリピン

生育地／暖地の沿岸林に多い。

樹形／常緑高木。高さ15mほどになる

樹皮／暗褐色。

枝／暗緑色。褐色の伏毛があるか無毛。托葉痕が枝を一周する。

葉／互生。葉身は長さ5～12cm，幅2～4cmの長楕円形で，全縁。表面は深緑色で光沢があり，裏面は白色を帯びる。葉柄は長さ2～3cmで有毛。

花／2～4月、直径約3cmの香りの強い花が葉腋に1個ずつつく。花被片はふつう12個あり，すべて花弁状。

果実／袋果が集まった集合果。長さ5～10cmのブドウの房状で，9～10月に熟す。1個の

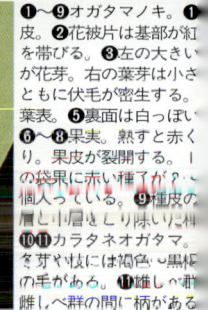

オガタマノキ。香りのよい小形の花を多数つける　1996.3.20　鹿児島県霧島町

❶～❾オガタマノキ。❶樹皮。❷花被片は基部が紅を帯びる。❸左の大きいが花芽。右の葉芽は小さともに伏毛が密生する。❹葉表。❺裏面は白っぽい。❻～❽果実。熟すと赤くり、果皮が裂開する。1個の袋果に赤い種子が〔？〕個入っている。❾種皮の盾と小盾をとり除いた状〔？〕❿⓫カラタネオガタマ。冬芽や枝には褐色～黒色の毛がある。⓫雌しべ群と雌しべ群の間に柄がある

384　モクレン科 MAGNOLIACEAE

袋果に種子が2〜3個入っている。
備考／神社によく植えられ、神事に使われる。
植栽用途／庭木
用途／家具材

カラタネオガタマ
M. figo
〈唐種招霊／別名トウオガタマ〉

分布／中国原産。江戸時代に渡来し、庭や神社に植えられている。
樹形／常緑小高木。高さ3〜5mになる。
葉／互生。葉身は長さ4〜8cmの倒卵状楕円形で、全縁。
花／5〜6月、直径3cmほどの黄白色の花が葉腋に1個ずつつく。花はバナナに似た強烈な香りがする。花被片はふつう12個あり、すべて花弁状。花被片のふちは紅色を帯びる。
備考／枝、葉柄、冬芽などに褐色〜黒褐色の立った毛が多い。

ガタマノキの果実。果皮が割れはじめている　1995.10.29　静岡県南伊豆町

モクレン科 MAGNOLIACEAE

ユリノキ属 Liriodendron

果が裂開すること，果実が翼果であることなどが特徴。東アジアと北アメリカの東部に隔離分布することで知られ，中国と北アメリカにそれぞれ1種がある。

ユリノキ
L. tulipifera
〈百合の木／別名ハンテンボク・チューリップツリー〉

分布／北アメリカ原産。明治初期に渡来し，各地に植えられている。
樹形／落葉高木。高さ20㍍以上になる。
樹皮／灰褐色で縦に浅く裂ける。
枝／髄に隔膜がある。
冬芽／頂芽は長さ1〜1.5㌢，側芽は長さ4〜8㍉とやや小さい。ともに無毛。葉痕は円形。アヒルのくちばしのような冬芽，まるい葉痕ともに形がおもしろい。維管束痕は10個。

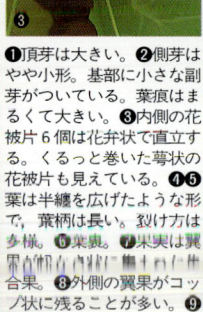

クリームにオレンジ色の斑の入ったしゃれた色合いの花が咲く　1990.5.25　横浜

❶頂芽は大きい。❷側芽はやや小形。基部に小さな副芽がついている。葉痕はまるくて大きい。❸内側の花被片6個は花弁状で直立する。くるっと巻いた萼状の花被片も見えている。❹❺葉は半纏を広げたような形で，葉柄は長い。裂け方は多様。❻果実。❼果実は翼果が細長い円錐状に集まった集合果。❽外側の翼果がコップ状に残ることが多い。❾翼果。❿黄葉。⓫樹皮は灰褐色で縦に浅く裂ける。

モクレン科 MAGNOLIACEAE

枝を一周する托葉痕が目立つ。

葉／互生。葉身は長さ10〜15㌢。ふつう4または6浅裂する。質は薄くてかたく、両面とも無毛。葉柄は長さ3〜10㌢と長い。

花／5〜6月、枝先に直径5〜6㌢のチューリップのような形の花をつける。花被片は9個。外側の3個は緑白色の萼状で、ほぼ水平に広がる。内側の6個は花弁状、黄緑色を帯び、基部にオレンジ色の斑紋がある。雄しべは線形。雌しべは円錐形の花床に多数つく。

果実／翼果が上向きに多数集まった松かさ状の集合果。10月頃に熟す。翼果は長さ約3㌢。晩秋から初冬にかけて、もっとも外側の翼果がコップ状に残っていることが多い。

植栽用途／街路樹、公園樹

用途／器具材

名前の由来／学名は「チューリップのようなユリの木」という意味。葉の形が半纏に似ていることからハンテンボクとも呼ばれる。

に飛ばされた翼果は、くるくる回転しながら落下する　1995.12.30　横浜市

モクレン科 MAGNOLIACEAE

マツブサ科
SCHISANDRACEAE

つる性の木本。花は単性。花の構造が似ているため、かつてはモクレン科に含められていた。2属約40種がアジアと北アメリカに隔離分布する。

(担当／勝山輝男)

マツブサ属 Schisandra
花が終わると花床が長くのび、液果が房状につくのが特徴。

マツブサ
S. nigra
〈松房／別名ウシブドウ〉

分布／北海道, 本州, 四国, 九州, 朝鮮半島
生育地／丘陵や山地の林縁
樹形／落葉つる性木本。つるは左巻き。
樹皮／古いつるはコルク質が発達する。
葉／互生。短枝の先にまとまってつく。葉身は長さ2～6㌢の広卵形で、波状の鋸歯がある。葉柄は葉身の長さの半分以上ある。
花／雌雄別株。花期は6～7月。直径1㌢ほどの花が短枝から垂れ下がってつく。花被片は9～10個、すべて黄白色の花弁状。
果実／球形の液果が房

マツブサの雄花。雄花も雌花も短枝から垂れ下がる　1987.7.8　山梨県河口湖町

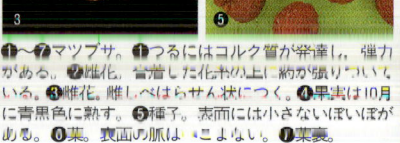

❶～❼マツブサ。❶つるにはコルク質が発達し、弾力がある。❷雄花。❸雌花。雌しべはらせん状につく。❹果実は10月に青黒色に熟す。❺種子。表面には小さないぼいぼがある。❻葉。裏面の脈は　　こよない。❼葉裏。

状につく。液果は直径8〜10㍉。種子の表面には突起が多い。
用途／枝や葉はマツのような香りがあるので、入浴剤に利用する。

チョウセンゴミシ
S. chinensis
〈朝鮮五味子〉
分布／北海道、本州(中部地方以北)
生育地／山地の林縁
観察ポイント／北海道、長野県、山梨県の山地。
樹形／落葉つる性木本。つるは左巻き。
冬芽／長さ3〜6㍉の長卵形。
葉／互生。短枝の先にまとまってつく。長さ4〜10㌢の倒卵形〜楕円形で、ふちに波状の鋸歯がある。葉柄は葉身の長さの半分以下。
花／雌雄別株。花期は6〜7月。直径1㌢ほどの花が短枝から垂れ下がってつく。花被片は6〜9個、すべて黄白色の花弁状。
果実／球形の液果が房状につく。液果は直径7㍉前後、大小がある。種子の表面はなめらか。
用途／果実は甘・苦・酸・辛・鹹の5つの味があることから五味子と呼ばれ、漢方薬に使われる。果実酒。

チョウセンゴミシの雄花。黄白色の香りのよい花が咲く　1991.5.26　北軽井沢

⑧〜⑭チョウセンゴミシ。⑧雄花。太い花糸に葯はやや外側を向いてつく。⑨雌花。淡緑色の子房と白っぽ花柱が見える。⑩果実は10月に赤く熟す。⑪種子。表は平滑。⑫葉の脈はへこむ。⑬裏面の脈上には乳頭突起がある。⑭冬芽。葉痕は円形〜半円形。

マツブサ科 SCHISANDRACEAE　389

日本カズラ属 Kadsura
花が小さく、雌花にはおしべが多くあり、雄花にはめしべが多くあり、滴果が球状に集まった集合果をつけるのが特徴。

サネカズラ
K. japonica
〈真葛・実葛／別名ビナンカズラ〉

分布／本州（関東地方以西），四国，九州，沖縄，済州島，中国，台湾

生育地／山野の林縁

樹形／常緑つる性木本。

樹皮／古いつるはコルク層が発達して太い。

枝／新枝は赤褐色を帯び，皮をはぐと粘る。

冬芽／長さ3～7㍉の長卵形。芽鱗が多い。

葉／互生。長さ5～13㌢，幅2～6㌢の楕円形または卵形。ふちにはまばらに鋸歯がある。両面とも無毛。葉柄は長さ約1㌢。

花／雌雄別株または同株。8月，葉腋に直径約1.5㌢の黄白色の花をつける。花被片は8～17個，すべて花弁状。

果実／集合果は直径2～3㌢の球形，11月に赤く熟す。

名前の由来／樹皮からとった粘液を整髪に使ったので，美男葛の別名がある。

サネカズラの果実は秋に赤く熟す。花はあまり目立たない　1993.11.25　丹沢

❶～❻サネカズラ。❶冬芽は長さ3～7㍉。❷雄花。雄しべは球状につく。横広がった赤いのは葯隔。さな葯が葯隔の両側についている。❸雌花。雌しべは球状につき，白っぽい花がのびている。❹葉は革で光沢がある。❺裏面は色を帯びることが多い。種子は長さ約5㍉の腎形1個の液果に2～5個入っている。表面はなめらか❼シキミ。花は両性。花片は花弁状で10～20個あ

マツブサ科 SCHISANDRACEAE

シキミ科
ILLICIACEAE

マツブサ科に近縁だが,花は両性で,果実は袋果。シキミ属1属だけで,約40種がアジアと北アメリカに隔離分布する。

（担当／勝山輝男）

シキミ属 Illicium

シキミ
I. anisatum
〈樒／別名ハナノキ〉

分布／本州（東北地方南部以南），四国，九州，沖縄，済州島，中国，台湾

生育地／山地。モミ林内に多い。寺社や墓地によく植えられている。

樹形／常緑小高木。高さ2～5㍍になる。

冬芽／花芽は球形。葉芽は長卵形。

葉／互生。葉身は長さ4～10㌢の長楕円形。油点があり，傷つけると抹香の香りがする。

花／3～4月，葉腋に直径2～3㌢の黄白色の花をつける。

果実／袋果が集まった集合果。9月に熟す。

備考／全体が有毒で，とくに果実は猛毒。和名も「悪しき実」がなまったものといわれる。中国料理に使う八角はトウシキミの果実。

シキミは仏事に使われる。樹皮や葉は抹香や線香の原料 1992.4.8 静岡県岩岳山

～⑬シキミ。⑧花芽は球形。⑨袋果が8個集まった合果。直径2～3㌢。熟すと割れて,光沢のある種子が顔をだす。⑩種子は長さ6～8㍉。⑪葉はやや輪状につく。⑫葉裏。両面とも無毛。⑬樹皮。

クスノキ科
LAURACEAE

高木または低木。常緑のものが多いが、低木では落葉するものもある。葉は単葉で全縁、互生、まれに対生する。托葉はない。茎や葉には精油細胞があり、芳香のある揮発油や粘液を含む。花は小さく、両性または単性で放射相称。花被片は6個（ときに4個）。雄しべは2〜3個ずつ3〜4輪に並び、もっとも内側（第4輪）の雄しべは仮雄しべとなる。第3輪と第4輪の花糸の基部には腺体が2個ずつある。葯は2室または4室で、弁を開いて花粉を散布するのが特徴。雌しべは1個。果実は液果、まれに核果。種子は1個、子葉が発達し、胚乳はない。熱帯から温帯に広く分布し、32属2500種ほどが知られている。

（担当／太田和夫）

環境庁のデータによるとスギの巨木は1万3000本、クスノキは5000本。数では負けるが、1対1ならクスノキ

が上がる。クスノキの巨木の根際に立ち，樹冠を見上げたときの威圧感はすごい　1995.4.23　高知市

クスノキ科 LAURACEAE

クスノキ属

常緑の高木または低木。花は両性。花被は筒形で、ふつう6裂する。葯は上下2室に分かれ、計4室。果実の基部は杯状の果床に包まれる。家具材、彫刻材などに利用される有用な樹種が多い。アジアの熱帯から亜熱帯に約250種が分布する。

クスノキ（1）
C. camphora

〈楠・樟／別名クス〉

分布／本州，四国，九州の暖地に見られるが，本来の自生かどうかは疑問とされている。

観察ポイント／古くから神社などに植えられ，天然記念物に指定された巨樹や老樹も多い。日本最大は鹿児島県蒲生町の幹周り24.2㍍の「蒲生の大クス」。福岡県新宮町の「立花山クスノキ原始林」は国の特別天然記念物に指定されている。

樹形／常緑高木。高さ20㍍以上，直径2㍍になる。高さ55㍍に達するものもあるという。

樹皮／帯黄褐色。短冊状に縦に裂ける。

樹皮

クスノキはふつう古葉を次々に落としながら若葉を展開するが，写真の個体は芽

クスノキ科 LAURACEAE

, の段階で, すでに古葉は1枚もなかった。不思議だなと思いながら撮影した　1992.3.31　静岡県榛原町

クスノキ科 LAURACEAE

クスノキ属

クスノキ(常)
C. camphora

性/新枝は黄緑色で無毛。

冬芽/長卵形で先はとがり，淡赤褐色。

葉/互生。葉身は長さ5〜12㌢，幅3〜6㌢の卵形〜楕円形。両端ともとがる。やや革質で両面とも無毛。表面は緑色で光沢がある。裏面は灰白色を帯びる。主脈と主脈の基部近くからのびる2本の支脈が目立つ。脈腋にはふつう小孔があるのが特徴で，まれに虫えいが生じる。若葉は黄緑色から帯紅色。古葉は紅葉し，春に新葉が展開すると落葉する。葉柄は長さ1.5〜2.5㌢。

花/花期は5〜6月。新葉のわきから円錐花序をだし，小さな黄緑色の花をまばらにつける。花は放射相称，花被は筒形で上部はふつう6裂する。花被片は長さ約1.5㍉，花のあと脱落し，杯形の筒部だけ残る。雄しべは9個，ふつう3個ずつ3輪に並び，内側には退化した仮雄しべが3個ある。もっとも内側の雄しべ

ロウ細工のようなかわいらしい花を樹冠いっぱいにつける　1998.5.5　横浜市

クスノキ科 LAURACEAE

の基部の両側には黄色の腺体がある。葯は4室。花柱は細く、柱頭は盤状に肥大する。
果実／液果。直径8ミリほどの球形で、10〜11月に黒紫色に熟す。表面は光沢がある。果床は倒鐘形で、浅くくぼみ。その上に果実をのせる。種子は球形で、へそ状の突起がある。
備考／樹皮と葉に樟脳の香りがある。
植栽用途／街路樹。神社や大型の公共施設によく植えられている。
用途／材は赤褐色。緻密でやや軽く、加工しやすいので、建築材、船舶材、彫刻材、家具材などに使われる。かつては樹皮を防虫剤の樟脳の原料にした。

ピカピカの黒い果実は、遠目にもよく目立つ　1995.11.24　屋久島

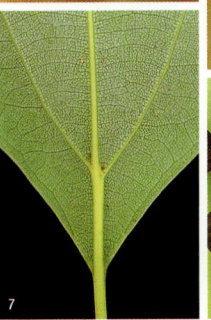

❶冬芽は淡赤褐色。❷雄しべの基部の黄色いかたまりが腺体。葯は4室。❸雄しべの数が多いものもある。❹新葉の展開。古葉の一部は紅葉して落ちる。❺若葉は紅色を帯びる。❻葉は3脈が目立つ。葉柄は長い。❼葉裏の脈の分岐点に小さな穴があいている。❽虫えい。葉裏の脈腋の穴に虫が侵入してできた。❾果実の基部は花被の筒部に包まれている。果実の基部が杯状の花被筒に包まれるのがクスノキ属の特徴。❿種子。

クスノキ科　LAURACEAE

クスノキ属
Cinnamomum

ヤブニッケイ
C. japonicum
〈藪肉桂／別名マツラニッケイ・クスタブ・クロダモ〉

分布／本州（福島県以南），四国，九州，沖縄，中国

生育地／山地。シイ林やタブノキ林に多い。南西諸島の石灰岩地では，2次林にヤブニッケイの優占するところが多く見られる。

樹形／常緑高木。高さ20㍍，直径50㌢㍍になる。

葉／互生。葉身は長さ7〜10㌢㍍，幅2〜5㌢㍍の長楕円形で，3脈が目立つ。2本の支脈は葉の先まで達せず，肩のあたりで消失する。葉柄は長さ8〜18㍉。

花／6月，淡黄緑色の小さな花が散形状に数個ずつつく。花被は筒形で上部は6裂する。

果実／液果。長さ1.5㌢㍍ほどの球形〜楕円形，10〜11月に黒紫色に熟す。果床は浅い杯形。

備考／樹皮と葉に芳香がある。

植栽用途／庭木

用途／建築材，器具材。種子から香油をとり，葉や樹皮は薬用にする。

ヤブニッケイ。西日本ではいたるところに生えている 1995.6.17 宮崎県門川町

クスノキ科 LAURACEAE

ニッケイ
C. okinawense
〈肉桂〉

分布／九州（徳之島），沖縄（本島北部，久米島），中国

樹形／常緑高木。高さ10～15㍍，直径40～50㌢になる。

葉／葉身は長さ10～15㌢，幅2.5～5㌢の長楕円形で，先は長くとがる。葉ははじめ灰白色の短い伏毛におおわれるが，のちに表面は無毛になる。裏面は伏毛が残り，粉白色を帯びる。3脈が目立ち，2本の側脈は葉の先端近くまで達する。葉柄は長さ8～15㍉。

花／5～6月，新葉のわきから短い花序をだし，淡黄緑色の小さな花をつける。

果実／液果。長さ約1㌢の楕円形で，11～12月に黒紫色に熟す。

備考／中国原産の栽培植物と考えられていたが，沖縄の山中に野生のものがあることがわかった。

用途／根や樹皮には特有の香りと辛味があり，菓子の香料や健胃剤などの薬用として利用される。日本では江戸時代から栽培された。

ニッケイ。葉や樹皮には特有の強い香りがある　1989.6.21　丹沢植栽

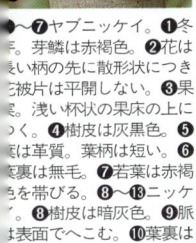

～❼ヤブニッケイ。❶冬芽。芽鱗は赤褐色。❷花は長い柄の先に散形状につき，花被片は平開しない。❸果実。浅い杯状の果床の上にのく。❹樹皮は灰黒色。❺葉は革質。葉柄は短い。❻葉裏は無毛。❼若葉は赤褐色を帯びる。❽～⓭ニッケイ。❽樹皮は暗灰色。❾脈は表面でへこむ。❿葉裏は伏毛があり，粉白色。⓫果実。深い杯状の果床の上にのく。⓬種子。⓭冬芽。芽鱗は茶褐色で4個と少ない。

クスノキ科 LAURACEAE

クスノキ属
Cinnamomum

マルバニッケイ（1）
C. daphnoides
〈九州内柱／別名コウチニッケイ〉

分布／九州（福岡・鹿児島県），沖縄

生育地／海岸の岩場や砂地に生える。島嶼に多い。

樹形／常緑小高木。高さ10㍍，直径30㌢ほどになる。密に分枝して，葉を茂らせる。

備考／樹皮と葉には芳香がある。

栽培用途／庭木

名前の由来／ニッケイの仲間で，葉がまるみを帯びていることからつけられた。

開聞岳を背にしたマルバニッケイ。屋久島まで足をのばすと，海岸にはマルバニッケイをはじめ，クサトベ

クスノキ科 LAURACEAE

サオノキ，ギョボクなどの珍樹がめじろ押し，とても縄文杉など見に行く暇はない　1997.2.18　長崎鼻

クスノキ科 LAURACEAE

クスノキ属
Cinnamomum

マルバニッケイ (2)
C. daphnoides

樹皮／黒褐色で平滑。浅い縦じわがある。
枝／新枝は淡黄緑色の4稜形で角ばる。淡褐色の絹毛が密生する。
冬芽／卵形で先はとがる。頂芽は淡褐色の絹毛を密生した葉状の鱗片におおわれる。
葉／対生またはやや互生。葉身は長さ2.5〜4.5㌢、幅1〜2㌢の倒卵形で全縁。先端はまるく、基部はくさび形。ふちは裏面へそり返る。かたい革質で、3脈が目立つ。脈は裏面へ隆起する。裏面は淡褐色の絹毛が密生する。葉柄は絹毛におおわれ、長さ6〜7㍉。
花／花期は6月と12〜1月の2回。新葉や葉痕のわきから散形花序をだし、黄緑色の小さな花を数個まばらにつける。花は筒形で上部は6裂する。花被片は長さ3〜3.5㍉の広卵形。
果実／液果。長さ1㌢ほどの楕円形で、11月に紫黒色に熟す。果床は杯形で、果実の基部を包む。種子は楕円形。縦の筋が数本走る。

マルバニッケイ。花つきはまばらで、果実もまれ　1995.11.17　屋久島

クスノキ科 LAURACEAE

シバニッケイ
C. doederleinii

分布／九州（奄美大島以南），沖縄（西表島まで）

樹形／高さ10㍍以下の常緑小高木。

枝／新枝は淡緑色で細く，やや4稜形。のちに赤褐色になる。はじめ絹毛があるが，のちに無毛。

葉／対生またはやや互生。葉身は長さ4～6㌢，幅1.5～2.5㌢の楕円形で全縁。鈍頭で，基部はくさび形。ふちは裏面へややそる。革質で，3脈が目立つ。脈は表面でへこみ，裏面に隆起する。葉柄は長さ6～7㍉。

花／5～6月，新葉または葉腋のわきから花柄を出し，わずかに小さな花をつける。花は筒形で上部は6裂する。花被片は長さ3㍉ほどの卵形～広卵形。

果実／液果。長さ約7㍉の楕円形で，9～10月に黒紫色に熟す。果床は杯形で，果実の基部を包む。種子は楕円形で，マルバニッケイより小形。縦の筋が数本走る。

備考／樹皮と葉に芳香がある。

シバニッケイ。マルバニッケイに似ているが葉がやや小形　1998.6.6　鹿児島大学

〜❺マルバニッケイ。❶冬芽。頂芽は淡褐色の絹毛密生した葉状の鱗片におおわれている。葉柄は茎に下する。❷1花序あたりの花の数は2～4個。❸樹皮は黒褐色で浅い縦じわがある。❹葉は倒卵形でふち裏面にそり返る。3脈が明瞭で表面でへこむ。❺葉は絹毛が密生し黄白色。❻マルバニッケイ（上）とシバニッケイ（下）の種子。❼〜⓫シバニッケイ。❼果床杯形で，果柄は細く長い。❽1花序あたりの花の数6～12個。❾葉は楕円形で3脈が目立つ。❿葉裏は緑色で黄褐色の絹毛が散生する。⓫冬芽。頂芽は側芽比べて大きい。葉柄はゆるやかに茎に沿下する。

クスノキ科 LAURACEAE

ニッケイの仲間の見分け方

| | 葉表 | 葉裏 |

ヤブニッケイ P398
葉は長楕円形。先端は短くとがる。2本の支脈は肩のあたりで消失する。葉裏は灰白色で無毛。

ニッケイ P399
葉は長楕円形。先端は長く鋭くとがり、基部はくさび形。2本の支脈は先端近くまで達する。葉裏は短い伏毛があり、粉白色を帯びる。

マルバニッケイ P400
葉は倒卵形。先端はまるく、ふちは裏面にそり返る。葉裏は淡褐色で、絹毛が密生する。

シバニッケイ P403
葉は楕円形。先端は鈍く、ふちはやや裏面へそる。葉裏にははじめ絹毛があるが、のち無毛。

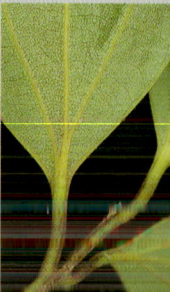

クスノキ科 LAURACEAE

芽	樹皮	種子	分布
			本州（福島県以南），四国，九州，沖縄
 褐色	 灰黒色で平滑	隆起した筋が目立つ	
			鹿児島県（徳之島），沖縄（沖縄本島北部，久米島）
褐色。伏毛が散生	暗灰色で平滑	やや隆起した筋がある	
			福岡県，鹿児島県，沖縄
褐色の絹毛が密生	黒褐色。浅い縦じわがある	縦の筋が数本ある	
			鹿児島県（奄美大島以南），沖縄（西表島まで）
さい。細い短毛がある		縦の筋が数本ある	

クスノキ科 LAURACEAE

タブノキ属 Machilus

常緑の高木。葉は互生し、脈は羽状。花は両性。花序は円錐形。雄しべの葯は上下2室に分かれ、計4室。花被片は宿存し、果期にはそり返る。熱帯・亜熱帯アジアを中心に約60種が知られている。

アカハダクスノキ属 Beilschmiedia

日本にはアカハダクスノキ1種が南西諸島に分布するだけだが、属全体として見ると、熱帯とオセアニアに200種以上が分布している。タブノキ属に似ているが、花被片が花のあとに脱落して、果期には残らないこと、葯が各1室で計2室である点が異なる。

〈上〉タブノキの果実。果実の基部に花被片が残る。
〈下〉アカハダクスノキの果実。花被片は花のあとすぐに落ち、果期にはない。属検索の区別点のひとつ。

タブノキは典型的な西日本分布型の樹木で、海岸林を中心に山間部にも多い。

クスノキ科 LAURACEAE

方以北では山間部にはまれで,海岸沿いに岩手県や青森県でも自生が見られる　1996.3.10　屋久島

クスノキ科 LAURACEAE

クスノキ属 Machilus

タブノキ（1）
M. thunbergii
〈椨の木／別名イヌグス〉

タブノキは沖縄県から青森県まで分布し，常緑広葉樹としてはもっとも北まで分布するもののひとつ。しかし，伊豆の熱海付近と若狭湾を結ぶ線の北側では，関東地方の内陸部を除いて，自生地は海岸沿いに限られる。これは「海」という冷めることのない熱源の影響と考えられる。関東平野のタブノキ林も，自然林は低山の東斜面に限られ，南東の風に運ばれる海の恵み「雨」によるところが大きい。埼玉県の天然記念物である「桂木のタブノキ林」もそのひとつ。また意外にも関東地方にはタブノキの巨木が多い。幹周り9㍍でタブノキ日本一の神奈川県清川村の「煤ヶ谷のしばの大木」を筆頭に，千葉県の「府馬の大クス」，茨城県の「波崎の大タブ」，東京都の「古里附のイヌグス」，埼玉県の「滝の入のタブノキ」などがある。

分布／本州，四国，九州，沖縄，朝鮮半島南部

生育地／海岸付近の極相林の構成種のひとつ。分布の北限近くでは海岸沿いにしか見られないが，南では海岸を離れて山地にも生育する。

樹形／常緑高木。高さ20㍍ほどになる。枝張りは雄大で，自然樹形は卵形になる。

谷間に生えると，写真のようにスラリとした樹形になる　1997.2.14　宮崎市

古木になると割れ目が入る

横浜市内の大木。胸高直径70〜80㌢

クスノキ科 LAURACEAE

の登山道に生えていた。このあたりははカゴノキなどの常緑樹が豊富　1984.3.29　神奈川県大磯町

クスノキ科 LAURACEAE

クスノキ属 Machilus

タブノキ (P)
M. thunbergii

樹皮／淡褐色〜褐色でなめらか。皮目が散生する。

枝／新枝は緑色で無毛。横に広がる。

冬芽／卵形〜長卵形で大きく，しばしば赤みを帯びる。多数の瓦重ね状の鱗片に包まれる。鱗片のふちには黄褐色の光沢のある毛がある。

葉／互生。枝先に集まってつく。葉身は長さ8〜15㌢，幅3〜7㌢の倒卵状長楕円形で全縁。先端は短くとがり，基部はくさび形。革質で表面は光沢があり，裏面は灰白色。両面とも無毛。若葉は赤みを帯びる。葉柄は長さ2〜3㌢。

花／4〜5月，枝先から新葉といっしょにのびた円錐花序に黄緑色の小さな花をつける。花被は深く6裂する。花被片は長さ5〜7㍉の長楕円形で，内側の3個がやや大きく，内面に細毛が生える。花被片は花のあとも残る。雄しべ9個と仮雄しべ3個があり，もっとも内側の雄しべの基部の両側には，柄のある黄

花時とあってさまざまな昆虫が蜜を吸いにたくさん訪れていた　1996.3.10　屋

❶花と葉が入った混芽。リンドウのつぼみに似ていもふたまわりほど小さい。芽鱗のふちには黄褐色の毛がある。❷混芽の展開。黄褐色の絹毛におおわれた片が展開し，花はそのわきからのびる。新葉のふちには細毛があり，❸葉芽の展開。❹右葉は赤みを帯びる。❺葉は革質で光沢がある。❻葉裏。緑白色で無

クスノキ科 LAURACEAE

色の腺体がある。葯は長楕円形で4室。雌しべは1個。花柱は細く, 柱頭は肥大する。

果実／液果。直径約1ｾﾝﾁの扁球形で, 7〜8月に黒紫色に熟す。果肉は緑色でやわらかい。基部には6個の花被片が残る。果柄は赤みを帯びることが多く, 果床は肥厚しない。種子は扁球形で褐色。種子の殻は薄い。

植栽用途／公園樹, 庭木

用途／建築材, 家具材, 彫刻材, パルプ材。材質はややかたく, クスノキに似ているが, クスノキのような芳香はない。老木の材で, 木目が巻雲のような模様になったものをタマグスと呼んで珍重する。

名前の由来／別名のイヌグスは, クスノキより材の質が劣るためだろう。

実は黒熟しないうちに落ちてしまうものも多い　1997.6.30　屋久島

❼小さな花が円錐状に多数つく。❽花は両性。花被片は6個あり, 内面に細毛がある。葯はまだ裂開していないが4室。黄色の腺体が目立つ。❾果実。果柄は赤くなる。果実の基部に花被片が残り, クスノキ属のように果床に包まれていないのがタブノキの特徴のひとつ。❿種子は扁球形。表面には網目状の模様がある。

クスノキ科 LAURACEAE

ホソバタブ
M. japonica

〈細葉椨／別名アオガシ〉

分布／本州（関東・中部地方以西），四国，九州，朝鮮半島南部
生育地／暖地のカシ林
観察ポイント／渓谷沿いでは，優占群落をつくることもある。高知県横倉山では高木層にホソバタブの優占する群落が報告されている。
樹形／常緑高木。高さ10～15㍍になる。
樹皮／灰褐色でなめらか。縦に皮目が並ぶ。
枝／新枝は緑色で無毛，2年枝は赤褐色。
葉／互生。枝先に集まってつく。葉身は長さ8～15㌢，幅2～3.5㌢の長楕円形～披針形。タブノキと違って，若葉は赤みを帯びない。葉柄は長さ1.5～2㌢。
花／4～5月，黄緑色の小さな花が咲く。
果実／液果。直径約1㌢の球形で，8～9月，黒紫色に熟す。基部に花被片が残る。果柄と果軸は紅色を帯びることが多い。
植栽用途／公園樹
用途／建築材，家具材，器具材

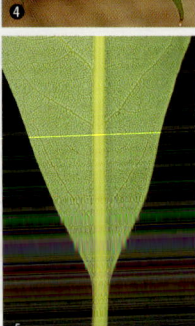

ホソバタブ。葉がバリバリノキに似ていて間違えやすい　1993.9.17　高知県馬

412　クスノキ科 LAURACEAE

アカハダクスノキ属
Beilschmiedia

アカハダクスノキ
B. erythrophloia
〈赤肌楠〉

分布／南西諸島（悪石島以南），台湾
樹形／常緑高木
樹皮／灰褐色でなめらか。鱗片状にはがれ，そのあと暗紅色の新しい樹皮が見われる。
枝／新枝は緑色で，のちに茶褐色となる。
冬芽／卵形で無毛。
葉／対生またはやや互生。葉身は長さ7〜11㌢，幅2.5〜4.5㌢の卵形または楕円形。先端はとがり，基部はくさび形で左右はやや不ぞろい。革質で，両面とも光沢があり，無毛。葉脈は両面に隆起する。側脈は7〜10対である。葉柄は長さ1〜1.5㌢。
花／雌雄同株。5〜6月，円錐花序に直径4㍉ほどの黄色の花をまばらにつける。花被片は6個，平開せず，花のあとに脱落する。
果実／液果。長さ1.5〜2㌢の楕円形で，11〜12月に黒紫色に熟す。果皮はかたい。種子は楕円形で茶褐色。先端はまるく，基部はややとがる。

カハダクスノキ。見る機会がきわめて少ない樹木　1994.12.8　鹿児島大学

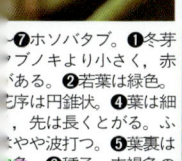

❼ホソバタブ。❶冬芽
ブノキより小さく，赤
ある。❷若葉は緑色。
序は円錐状。❹葉は細
，先は長くとがる。ふ
やや波打つ。❺葉裏は
色。❻種子。赤褐色の
が目立つ。❼樹皮。❽
アカハダクスノキ。❽
直径4㍉ほど。花被片
のあと脱落する。❾葉
❿葉裏。葉は革質で，
とも光沢がある。⓫種
⓬樹皮。⓭冬芽。2個
鱗に包まれている。

クスノキ科 LAURACEAE　413

クスノキ属 Lindera
は温帯から亜熱帯の高木中あるいは低木。葉の展開前、または葉の展開と同時に開花し、春の雌木林を彩る。早春に黄色の花を咲かせる樹木は、ほかにマンサク科とヤナギ科があるくらいで、遠目でもそれとわかるグループである。花芽は前年の秋に形成され、葉芽とともに特徴のある形をしている。花序は散形ではじめ総苞片に包まれている。花は単性で雌雄別株。花被片は6個、花のあと脱落する。葯は2室。果柄は先の方が太くなる。樹皮や材、葉、若い果実などに芳香がある。アジアの亜熱帯から温帯に約100種、北アメリカに2種が分布する。

ダンコウバイ（1）
L. obtusiloba

〈檀香梅／別名ウコンバナ・シロヂシャ〉

分布／本州（関東地方・新潟県以西），四国，九州，朝鮮半島，中国東北部

生育地／山地の落葉樹林内や林縁

樹形／落葉低木。高さ2〜6mになる。幹は叢生し，球形〜広卵形の樹形をつくる。

雄花。葯は2室

ダンコウバイの苗葉の撮影はなかなかうまくいかない。露出がむずかしく，充

414　クスノキ科 LAURACEAE

はらったつもりなのに，アンダーにしてしまうことがしばしば　1992.10.29　群馬県上野村

クスノキ科 LAURACEAE

415

ダンコウバイ（2）
L. obtusiloba

樹皮／暗灰色。円形の皮目が多い。

枝／新枝は黄緑色または黄褐色、赤褐色で太く、まばらに枝分かれする。2年枝は灰褐色で皮目が多い。

冬芽／葉芽は楕円形。花芽は直径4～6㍉のほぼ球形で、秋から目立つ。葉痕は半円形。維管束痕は1個または3個。

葉／互生。葉身は長さ5～15㌢、幅4～13㌢の広卵形。ふつう上部は3裂し、裂片は鈍頭。ふちは全縁で、質はやや厚く、基部は切形または浅いハート形。切れ込みのない小形の葉もまじる。表面にははじめ黄褐色を帯びた軟毛があるが、のちに無毛。裏面は白色を帯び、脈上に淡褐色の長毛が密生する。葉柄は長さ5～30㍉。

花／雌雄別株。3～4月、葉の展開前に黄色の小さな花が散形状にまとまってつく。花序は無柄。雄花序は雌花序よりも大きく、花の数も多い。花自体も雄花のほうが大きい。花

ダンコウバイは早春の寒々とした林でひっそりと花を咲かせる。黄色い花とい

❶葉芽（上）と花芽（下）花芽の芽鱗は2～3個。苞片は芽鱗に包まれていシロモジやアブラチャンどは秋に葉芽の基部か苞片に包まれた花芽がくる。❷展開した雄花まだ芽鱗に包まれたま雌花。❸雌花序。雌花雄花序も小さい。❹葉が3裂した葉。❺切れ込のない小さな葉もある葉裏は緑白色で、脈腋色の長毛がある。❼雄❽果実。❾種子。❿樹皮

416　クスノキ科 LAURACEAE

柄は長さ1.2〜1.5cmで、淡褐色の毛が密生する。花被片は楕円形で6個、雄花では長さ約3.5mm、雌花では長さ約2.5mm、ともに花のあと脱落する。雄花の雄しべは9個、葯は2室。雌花には雌しべ1個と葯が退化した仮雄しべが9個ある。雄花の雄しべと雌花の仮雄しべは外側に6個、内側に3個並び、内側の花糸の両側に黄色の腺体がつく。

果実／液果。直径約8mmの球形で、9〜10月に赤色から黒紫色に熟す。果柄は長さ1.5〜2cm、先端はやや太くなる。種子は球形で淡褐色〜褐色、基部はへそ状にやや突出する。

植栽用途／庭木。花も紅葉も美しいが、茶庭に植えられるくらいで、あまり利用されていないのはもったいない。

用途／材は芳香があり、楊枝や細工物に使う。花材。果実を薬用。

名前の由来／本来はロウバイの1品種につけられた名前だが、明治時代に田中芳男がこの木の和名に転用して以来広く用いられている。

春めいた気持ちを抱かせるから不思議だ 1990.3.23 八王子市

クスノキ科 LAURACEAE

クロモジ属 Lindera

シロモジ
L. triloba
〈白文字〉/別名アカヂシャ〉

分布／本州（中部地方以西），四国，九州
生育地／山地。落葉樹林の低木層を形成する。
観察ポイント／鳳来寺山に自生があり，観察には東京からはもっとも至便。徳島県からはシロモジ幼木林，宮崎県からはアセビとの複合群落が保護を必要とする群落として報告されている。
樹形／落葉低木。高さ5mほどになる。幹はふつう叢生し，球形〜扁球形の樹形をつくる。
樹皮／灰褐色で皮目が多い。
枝／新枝は細く，秋になっても皮目は現われない。
冬芽／葉芽は細い紡錘形で先がとがり，赤褐色の芽鱗に包まれる。花芽はまるく，短い柄があり，葉芽の基部に2個つく。葉痕は半円形〜三角形。
葉／互生。葉身は長さ7〜12㌢，幅7〜10㌢の三角状広倒卵形。ふつう上部は3中裂し，基部はくさび形。切れ

九州の山間部ではアブラチャンよりも優勢となる　1996.4.16　鹿児島県牧園町

クスノキ科 LAURACEAE

込みのない小形の葉もしばしばまじる。ふちは全縁。3脈が目立ち,両面ともふつう無毛。裏面は粉白色を帯び,ときに脈上に開出毛が生えることもある。葉柄は長さ1～2㌢。

花／雌雄別株。4月,葉の展開前に黄色の花が3～5個集まって咲く。雌株は雄株に比べて花の数が少ない。花被片は6個,雄花では長さ約3㍉,雌花ではすこし小さい。ともに花のあと脱落する。雄花の雄しべは9個,葯は2室。雌花には雌しべ1個と糸状またはへら形の仮雄しべ9個がある。

果実／液果。直径1㌢ほどの球形で,晩秋に黄褐色に熟す。成熟すると果皮が不規則に割れ,種子を1個だす。果柄の上部は太くなる。種子は球形で赤褐色～褐色。

植栽用途／葉が風変わりなので,茶庭に植えられる。

用途／昔は種子を絞った油を灯火に使った。材は強靭なので杖に利用された。薪炭材。

い果実。熟すと黄緑色になり,果皮が不規則に割れる　1996.8.3　宮崎県田野町

❶冬芽。葉芽は紡錘形で長さ5～8㍉。花芽は球形。花芽は褐色の総苞片に包まれている。❷雄花序。❸雌花序。雌雄とも花序には短い柄がある。❹雄花。葯は2室。❺雌花。雄しべは葯が退化してへら状になっている。雌雄とも花糸の両側についた黄色の腺体が目立つ。❻葉は上部が3裂する大きな葉と切れ込みのない小さな葉がまじる。❼葉裏は粉白色。脈上に淡褐色の長毛が生え,脈腋に毛叢がある。❽黄葉。❾種子。❿樹皮。まるい皮目がある。

クスノキ科 LAURACEAE

クロモジ属 Lindera
アブラチャン（1）
L. praecox
〈油瀝青／別名ムラダチ・ズリ・ヂシャ〉

分布／本州, 四国, 九州

生育地／山地の中腹や山裾の落葉広葉樹林。湿ったところに多い。

樹形／落葉低木。高さ5mほどになる。幹は叢生し、球形～扁球形の樹形になる。

樹皮／灰褐色。小さな円形の皮目が多い。

類似種との区別点／花のころはダンコウバイとよく似ているが、ダンコウバイは花序が無柄、アブラチャンの花序には柄があることで見分けられる。

植栽用途／庭木

用途／材が強靱なので昔は杖や輪かんじきをつくった。種子や樹皮の油は灯火用にされた。

名前の由来／種子や樹皮は油を多く含み、生木でもよく燃えるところからつけられた名前。チャンは瀝青のことで、ピッチやコールタールなどの総称。別名のムラダチ(群立)は幹が多数叢生することによる。

樹皮は皮目が多い 　本州にふつうにある樹木だが、すがすがしさがあって見飽きることがない。

クスノキ科 LAURACEAE

実はもちろん，レモンイエローに輝く黄葉も一見の価値がある　1992.10.27　山梨県河口湖町

クスノキ科 LAURACEAE

クロモジ属 Lindera
アブラチャン(M)
L. praecox

枝/新枝は細く、皮目が散生する。

冬芽/葉芽は細い紡錘形で先端はとがり、赤褐色の芽鱗に包まれる。側芽は仮頂芽より小さく、枝に密着する。花芽は球形で、長さ4㍉ほどの短い柄があり、上向きか横向きにつく。葉痕はハート形～半円形で、維管束痕は1個または3個。

葉/互生。葉身は長さ5～8㌢、幅2～4㌢の卵状楕円形。先端は急に鋭くとがり、基部は急に狭まる。ふちは全縁で、両面とも無毛。表面は緑色、裏面は淡緑色。葉柄は細くて長さ1～2㌢、基部が紅色を帯びる。

花/雌雄別株。3～4月、葉の展開前に淡黄色の花が3～5個ずつ

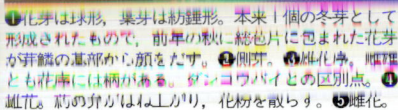

花序には柄がある。よく似たダンコウバイにはない　1988.4.23　山梨県足和田村

❶花芽は球形、葉芽は紡錘形。本来1個の冬芽として形成されたもので、前年の秋に総苞片に包まれた花芽か芽鱗の基部から顔をだす。❷側芽。❸雌花序、雌花とも花序には柄がある。ダンコウバイとの区別点。❹雄花。葯の弁がはね上がり、花粉を散らす。❺雌花。

422　**クスノキ科** LAURACEAE

集まってつく。花被片は6個、やや透明感があり、長さ2㍉ほどの広楕円形。雄花より雌花のほうが小さい。花被片は花のあと脱落する。雄花の雄しべは9個、葯は2室。雌花には雌しべ1個と仮雄しべ9個がある。雄花の雄しべと雌花の仮雄しべは外側に6個、内側に3個ずつ並び、内側の花糸の両側に黄色の腺体がつく。

果実／液果。直径1.5㌢ほどの球形で、9〜10月に黄褐色に熟す。乾燥すると不規則に割れ、種子を1個だす。果柄の先はやや太くなる。種子は球形で赤褐色、基部から先に向かって淡い筋がある。

備考／日本海側から九州にかけて、葉の裏面脈上に伏毛があるタイプがあり、ケアブラヂャンと呼ばれている。

葉はダンコウバイより小さいが、果実はこっちのほうが大きい　1997.10.2　大月市

❻葉柄の基部は赤みを帯びる。❼葉裏は淡緑色。両面とも無毛。裏面脈上に毛があるものもある。❽秋の黄葉はよく目立つ。❾若い果実。割ると柑橘系のさわやかな香りがする。熟すと果皮は不規則に割れ、まるい種子を1個だす。❿種子は赤褐色。油分が多い。

クスノキ科 LAURACEAE

クロモジ属 Lindera

ヤマコウバシ
L. glauca
〈山香し，別名モチギ・ヤマコショウ〉

分布／本州（関東地方以西），四国，九州，朝鮮半島，中国

生育地／山地

樹形／落葉低木。高さ3～5㍍になる。幹は叢生し，球形～扁球形の樹形になる。

樹皮／茶褐色。小さな皮目がある。

枝／新枝には，はじめ曲がった短い毛が生える。2年枝の樹皮は淡褐色で，縦に細い割れ目が入る。

冬芽／紡錘形。芽鱗は赤褐色。ひとつの冬芽のなかに葉と花がいっしょに入った混芽。クロモジ属で混芽をつけるのはヤマコウバシだけ。葉痕は半円形。

葉／互生。葉身は長さ5～10㌢，幅2.5～4㌢の長楕円形～楕円形。先端は鈍く，基部は広いくさび形，ふちは全縁で波打つ。質はやや厚くてかたく，表面は濃緑色で光沢はない。裏面は灰白色。葉は枯れても枝に残り，翌年

果実ができるのに雄株が知られていないミステリアスな植物　1997.9.11　横浜市

❶樹皮。❷冬芽。クロモジ属唯一の葉と花がいっしょに入った混芽。❸雌花序。花柄には白い絹毛が密生する。花柱と柱頭は同時に反曲しはじめる。綿形の総苞片はすぐ落ちる。❺葉は革質がたい。❻葉裏は粉白色。主脈に伏毛がある。❼枯れた葉が枝に残り，翌春に散る。❽果実。❾種

424　クスノキ科 LAURACEAE

の春に落ちる。葉柄は長さ3〜4㍉と短い。
花／雌雄別株だが雌株しかなく、雄株なしで結実する。4月、展開しはじめた葉の間から絹毛が密生した短い花柄を数個のばし、淡黄色の小さな花をつける。花被片は6個、長さ約1.5㍉の広楕円形で、花のあと脱落する。雌花には仮雄しべが9個あり、子房と花柱は花被からつきでる。
果実／液果。直径7㍉ほどの球形で、10〜11月に黒く熟す。種子はほぼ球形。隆起線が2本ある。
植栽用途／庭木。盆栽にすることもある。
用途／若葉を乾燥して佃煮し、油炒で煎して食べた。トロロイモの由で知られる昔の非常食。
名前の由来／枝を折るとよい香りがするところからつけられた名前。

冬でも枯れ葉が枝に残り、緑葉のころより目立つ　1994.11.5　神奈川県山北町

クスノキ科 LAURACEAE

クロモジ属 Lindera

カナクギノキ
L. erythrocarpa
(別名ナツコブシ)

分布／本州（神奈川県箱根以西），四国，九州，朝鮮半島，中国
生育地／丘陵，山地
樹形／落葉高木。高さ6〜15㍍，直径40㌢ほどになる。
樹皮／淡褐色。幹が太くなると小さな皮目が目立ち，老木では不規則にはがれる。
枝／新枝は黄褐色や灰褐色。2年枝は淡褐色で皮目がある。
冬芽／葉芽は紡錘形で，芽鱗は赤褐色や紅紫色。花芽はまるく，柄の先に上向きにつく。葉痕は円形〜楕円形で小さく，維管束痕は弓状で1個。
葉／互生。長さ6〜15㌢，幅2〜4㌢の倒披針形。上部は細長くのび，先端は鈍い。基部は葉柄に向かってしだいに細くなる。ふちは全縁。表面は緑色で無毛，裏面は粉白色を帯び，若い葉では裏面や脈上に淡褐色の長い毛がある。葉柄は赤みを帯び，長さ1〜2㌢。
花／雌雄別株。4月，葉の展開と同時に開花

西日本に多い。海岸付近から標高1500㍍以上まで分布　1996.4.15　鹿児島県吉松

❶中央は葉芽，左右は花芽。❷雌花序。花序と葉は同時に展開する。❸雄花。雄しべは外側に6個，内側に3個が並ぶ。内側の雄しべの基部に黄色い腺体がある。❹雌花。腺体は内側の仮雄しべの基部につく。❺葉表。脈上と脈腋に淡褐色の長い毛がある。葉身の基部は葉柄に向かってしだいに細くなる。❻葉柄は赤みを帯びる。❼果実は赤色に熟す。❽種子。❾樹皮。成木では皮目が目立ち，⓾老木になると粗くはがれる。

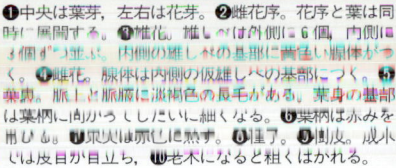

クスノキ科 LAURACEAE

する。黄緑色の小さな花が集まってつき，花柄には長い毛がある。花被片はふつう6個，雄花の花被片は長さ3㍉ほどの楕円形，雌花の花被片はやや小さく，ともに花のあと脱落する。雄花の雄しべはふつう9個，葯は2室。雌花には雌しべ1個と仮雄しべ9個がある。

果実／液果。直径6～7㍉の球形～楕円形で，9～10月に赤色に熟す。果柄は長さ1.2～1.5㍉，先端はこん棒状に太くなる。種子は球形で，淡褐色の地に茶褐色のまだら模様がある。

類似種との区別点／よく似たクロモジとの区別点は，皮目の目立つ淡褐色の枝と赤色の果実。クロモジの枝は暗緑色で皮目がなく，果実は黒色。

備考／カナクギノキの高木はほとんどが常緑樹で，落葉するのはカナクギノキ1種だけ。

用途／楊枝，器具材

名前の由来／カナクギは釘のことではない。樹皮の鹿の子模様の鹿の子がなまったものといわれている。

んなに美しい黄葉なのに，あまり紹介されたことがない　1994.12.2　屋久島

クスノキ科 LAURACEAE

クロモジ属 Lindera

クロモジ
L. umbellata
(黒文字)

分布／本州（東北地方南部以南の太平洋側，瀬戸内海側），四国，九州（北部）

生育地／山地の落葉樹林内

樹形／落葉低木。高さ2〜5㍍，直径10㌢になる。

樹皮／灰褐色でなめらか。まるい皮目がある。

枝／若い枝は黄緑色〜暗緑色で，ふつう黒い斑が入る。はじめ絹毛があるがすぐに無毛になる。皮目はない。折るとよい香りがする。

冬芽／葉芽は長さ1〜1.5㌢の紡錘形。基部にまるい花芽がつく。花芽の柄には淡褐色の毛が生える。葉痕はほぼ円形で小さく，維管束痕は弓状で1個。

葉／互生。長さ5〜10㌢，幅1.5〜3.5㌢の倒卵状長楕円形。先端は鈍く，基部はくさび形。ふちは全縁。表面は無毛。裏面は白色を帯び，はじめ絹毛におおわれるが，やがて無毛になる。まれに脈上にすこし毛が残る場合もある。葉柄は長さ1〜1.5㌢。

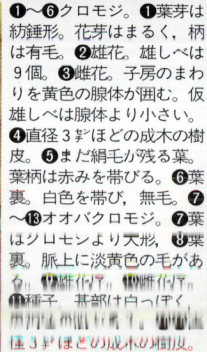

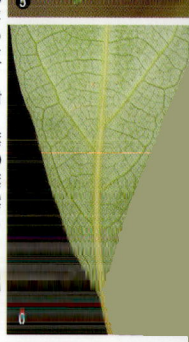

クロモジ。すがすがしい香りが春の花らしい風情だ 1997.5.12 長野県浪合村

❶〜❻クロモジ。❶葉芽は紡錘形。花芽はまるく，柄は有毛。❷雄花。雄しべは9個。❸雌花。子房のまわりを黄色の腺体が囲む。仮雄しべは腺体より小さい。❹直径3㌢ほどの成木の樹皮。❺まだ絹毛が残る葉。葉柄は赤みを帯びる。❻葉裏。白色を帯び，無毛。❼〜⓭オオバクロモジ。❼葉はクロモジより大形。❽葉裏。脈上に淡黄色の毛がある。❾雄花序。❿雌花序。⓫種子。基部は白っぽく⋯⋯直径3㌢ほどの成木の樹皮。⓬は幹の上部。⓭は下部。

クスノキ科 LAURACEAE

ロモジ。ありふれた木だが、黒い実と黄葉はなかなか印象的　1993.11.2　韮崎市

花／雌雄別株。4月、葉の展開と同時に開花する。黄緑色の小さな花が集まってつき、花柄には毛がある。花被片はふつう6個、雄花の花被片は長さ約3㍉の楕円形、雌花の花被片はすこし小さい。ともに花のあと脱落する。

果実／液果。直径約5㍉の球形で、9～10月に黒色に熟す。種子は球形で赤褐色～黒褐色。基部は白っぽい。

植栽用途／庭木。茶庭に植えられる。

用途／材は白く、独特の香気があるので楊枝にする。細工物にも使う。葉や種子からは香油がとれる。新炭材。

名前の由来／樹皮に現れる黒い斑点を、文字になぞらえたらしい。

オオバクロモジ
var. mombranacea
(大葉黒文字)

分布／北海道（渡島半島）、本州（東北地方以南の日本海側）

葉／クロモジより大形で長さ13㌢になる。裏面の脈に沿って淡黄色の軟毛が生える。

備考／関東や中部地方では基本種のクロモジとの中間型もでてきてはっきり区別できない。

クスノキ科 LAURACEAE

クロモジ属 Lindera

ケクロモジ
L. sericea
〈毛黒文字〉

分布／本州（中国地方の一部）、四国、九州

生育地／山地

樹形／落葉低木。高さ3mほどになる。

枝／新枝は黄緑色で皮目はない。はじめ絹毛があるが、のちに無毛。

葉／互生。葉身は長さ8～16cm、幅2～6cmの狭倒卵形。先端は鋭くとがり、基部は狭いくさび形、ふちは全縁。表面には短毛が密生する。裏面ははじめ絹毛におおわれているが、成葉では脈以外はしだいに少なくなる。脈は裏面にいちじるしく隆起する。葉柄は長さ1～1.5cm、絹毛が多い。

花／雌雄別株。4月、葉の展開と同時に黄緑色の小さな花が集まって咲く。花序の柄や花柄には毛が多い。花被片は6個。雄花の雄しべと雌花の仮雄しべは外側に6個、内側に3個並び、内側の花糸の両側に黄色の腺体がつく。

果実／液果。直径6～8mmの球形で、9～10月に黒色に熟す。果柄

ケクロモジ。葉に毛が密生し、ビロードのような感触だ 1995.6.9 熊本県高森

クスノキ科 LAURACEAE

は細く、長さ2ﾐﾘに達し、先端は太い。

類似種との区別点／クロモジとは、葉が大きく、表面に短毛が密生すること、葉脈が裏面にいちじるしく隆起することで見分けられる。

ウスゲクロモジ
var. glabrata
〈薄毛黒文字／別名ミヤマクロモジ〉

分布／本州（関東地方以西）、四国、九州(中部)

樹形／落葉低木。

葉／互生。葉身は長さ8〜13ｾﾝﾁの倒卵形〜長楕円形。ケクロモジより薄く、表面に短毛はない。裏面ははじめ絹毛におおわれ、しだいに薄くなるが、秋まで残る。葉脈はケクロモジと同じようにいちじるしく裏面に隆起する。

備考／西日本に分布する個体のほうが葉が小さい傾向がある。

ウスゲクロモジ。富士山周辺に比較的多い　1990.4.22　山梨県山中湖村

❶〜❼ケクロモジ。❶真ん中は葉芽、両側に花芽がつく。どちらも白い長毛が密生する。❷雌花序。❸雌花。❹果実。❺種子。❻葉。表面に短毛が密生する。❼葉裏。葉脈が突出するのが特徴。若いうちは絹毛がある。❽〜⓮ウスゲクロモジ。❽雌花序。❾葉の表面は無毛。❿⓫葉脈は裏面にいちじるしく突出する。⓫斜光線を使い、脈が浮きるように工夫して撮影した。⓬果実。⓭葉芽も花芽も毛は少ない。⓮種子。

クスノキ科 LAURACEAE　431

クロモジ属 Lindera

ヒメクロモジ
L. lancea
〈姫黒文字〉

分布／本州（静岡県以西の太平洋側、瀬戸内海側）、四国（東部）、九州（北部、南部）

冬芽／花芽の柄に赤褐色の毛が密生する。

葉／互生。葉身は長さ5〜10㌢、細長く、先が鋭くとがる。オオバクロモジやケクロモジ、ウスゲクロモジよりかなり小さい。はじめは長い絹毛が多く、裏面の毛は秋まで残ることが多い。裏面は灰白色。葉柄にも絹毛が多い。

花／雌雄別株。花序の柄に赤褐色の毛があり、1個の花序につく花が3〜5個と少ない。花期は他のクロモジの仲間より10日ほど早い。

備考／ウスゲクロモジにもっとも近いと考えられている。

ヒメクロモジ。クロモジの仲間では葉がもっとも小さい　1990.4.10　高知県物部

クスノキ科 LAURACEAE

テンダイウヤク
L. strychnifolia
〈天台烏薬／別名ウヤク〉

分布／中国原産。日本には享保年間（18世紀前半）に渡来。暖地では野生化している。

樹形／常緑低木。高さ5mほどになる。

冬芽／葉芽は紡錘形、基部のまるい花芽がとり囲む。

葉／互生。葉身は長さ4〜8cm、幅2.5〜4cmの広楕円形〜ほぼ円形。先端は尾状にとがり、基部は円形〜広いくさび形。薄い革質で表面は光沢があり、3脈が目立つ。裏面は粉白色を帯びる。はじめ両面に淡黄褐色の軟毛があるが、のちに裏面の主脈を除き無毛になる。葉柄は長さ4〜10mm。

花／雌雄別株。4月、葉腋に黄色の小さな花が集まって咲く。

果実／長さ7〜8mmの楕円形。10〜11月に黒く熟す。種子は楕円形で淡褐色、基部がへそ状に突出する。

植栽用途／薬用（根を健胃、腹痛、頭痛薬にする）として栽培されるほか、庭木や生け垣に使われる。

ンダイウヤク。主に植物園などに植えられている　1994.4.6　横浜市植栽

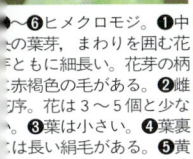

❶〜❻ヒメクロモジ。❶中央の葉芽、まわりを囲む花芽ともに細長い。花芽の柄に赤褐色の毛がある。❷雌花序。花は3〜5個と少ない。❸葉は小さい。❹葉裏には長い絹毛がある。❺黄。❻果実は黒熟する。❼〜⓫テンダイウヤク。❼果実は黒熟する。❽種子の基部がへそ状に突出する。❾葉は3脈が目立つ。❿葉裏は粉白色。脈上に淡褐色の毛がある。⓫中央が葉芽、基部のまるい花芽が囲む。

クスノキ科 LAURACEAE

クロモジの仲間の葉の特徴と分布

クロモジの仲間は形態的に似かよっていて区別がむずかしい。ここに示した図は実物を約00パーセントに縮小。1本の木でも葉の大きさには要界があるので、それぞれの種類ごとに、最大のものと最小のものを示した。

分布を見ると、おおまかには重なりあわないが、境界域では混在していて形態的に連続する場合もある。クロモジとオオバクロモジは関東西部から近畿にかけて分布域が重複し、形態的にも連続する。ヒメクロモジとウスゲクロモジの分布域も重なるが、ヒメクロモジが標高の低いところに生えてすみ分けている。ケクロモジはヒメクロモジの空白域を埋めるように分布している。

クロモジ

オオバクロモジ

クロモジ

オオバクロモジ

クロモジ　　　　　オオバクロモジ　　　　　ケクロモ

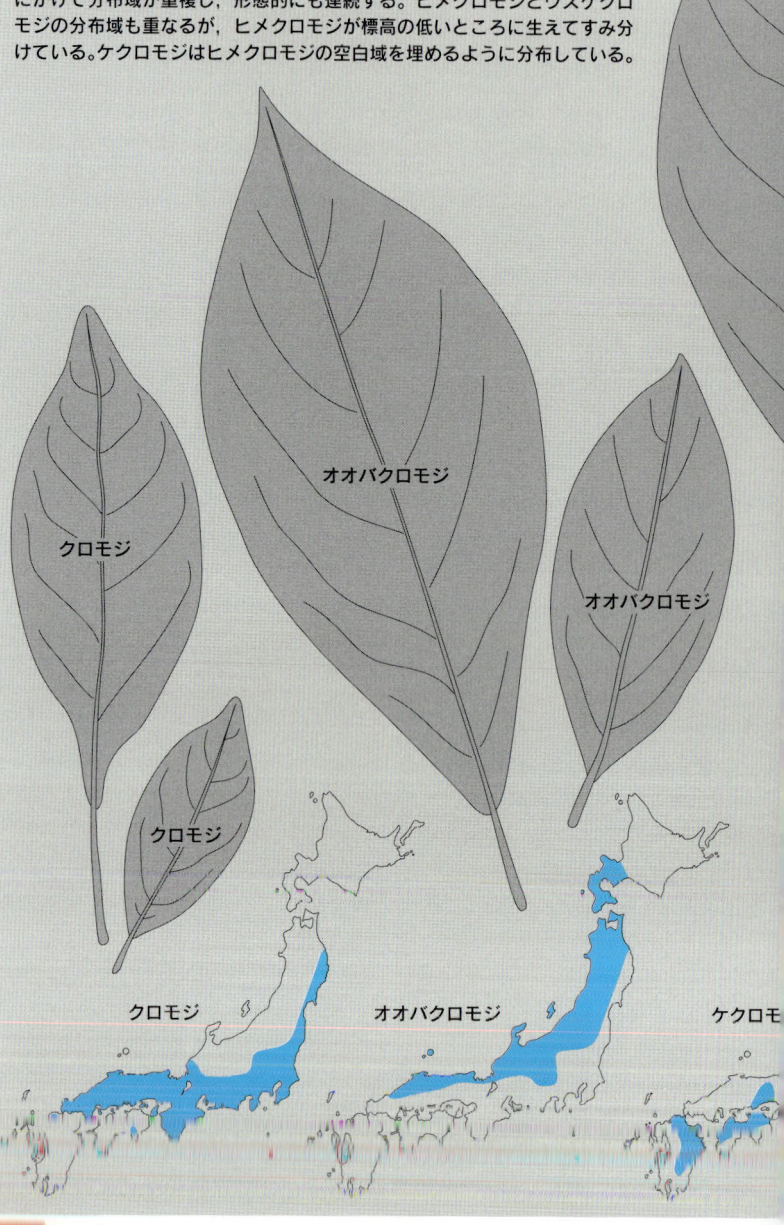

ケクロモジ

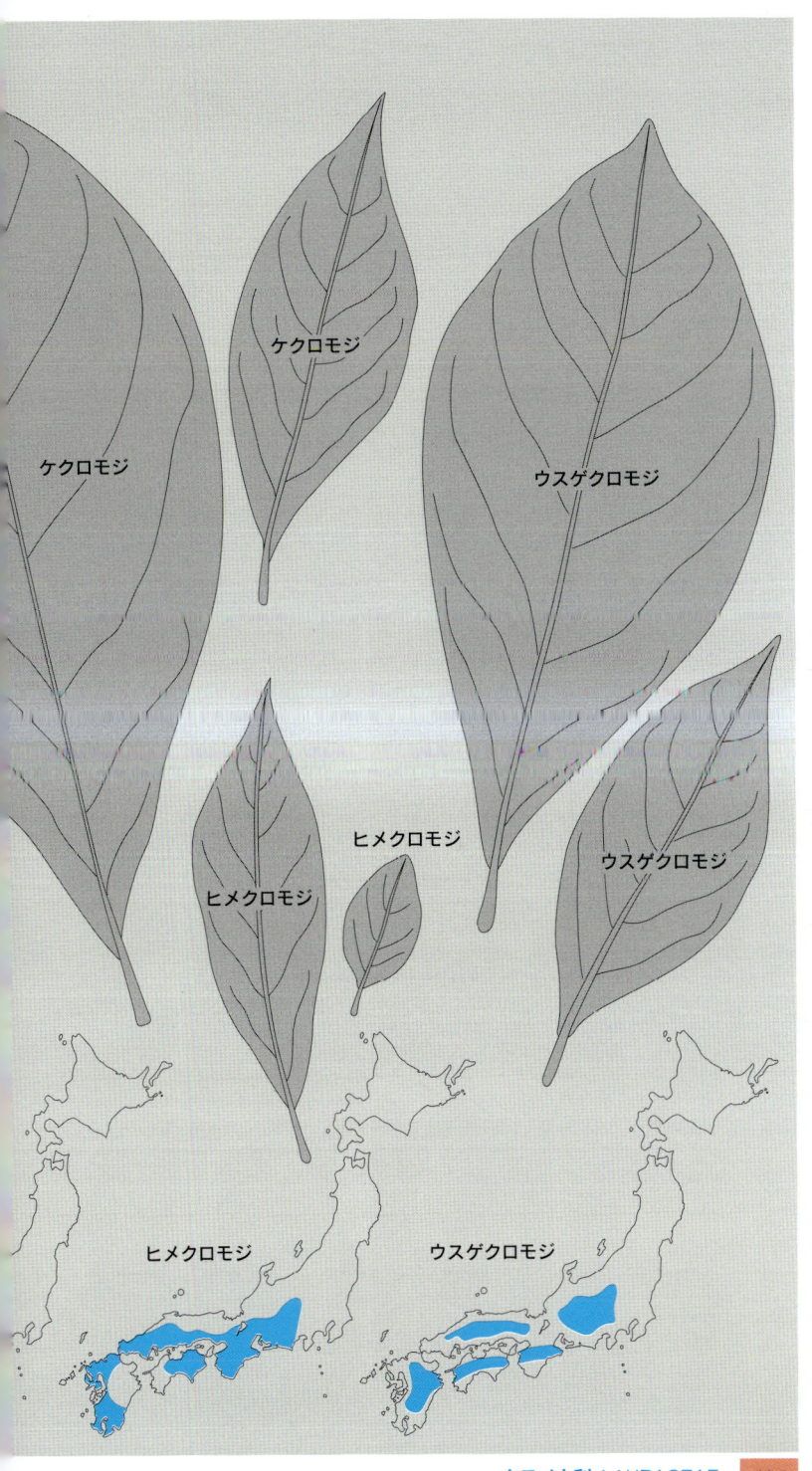

ケクロモジ

ウスゲクロモジ

ヒメクロモジ

ヒメクロモジ

ウスゲクロモジ

ヒメクロモジ

ウスゲクロモジ

クスノキ科 LAURACEAE

クロモジ属（落葉するもの）の見分け方

	冬芽	花序	葉	果実
ダンコウバイ P414		雄花序	切れ込みのない葉もある	
シロモジ P418		雄花序	切れ込みのない葉もある	
アブラチャン P420		雄花序		
ヤマコウバシ P424	クロモジ属唯一の混芽	雌株しか知られていない		

クスノキ科 LAURACEAE

冬芽	花序	葉	果実
	雌花序		
	オオバクロモジの雄花序		オオバクロモジ
	雌花序		
	雌花序		

クスノキ科 LAURACEAE 437

ゲッケイジュ属
Laurus

地中海沿岸とカナリア諸島に1種ずつ分布。

ゲッケイジュ
L. nobilis

〈月桂樹/別名ローレル〉

分布/地中海沿岸原産。明治時代に渡来した。

樹形/常緑高木。高さ12mに達する。

樹皮/灰色で皮目が多い。

枝/新枝は緑色で,紫褐色を帯びる。

冬芽/葉芽は卵形で先端はややとがる。花芽は球形で柄がある。

葉/互生。葉身は長さ7~9㌢,幅2~3.5㌢の長楕円形~狭長楕円形。先端はとがり,基部はくさび形。かたい革質で,ふちは波打つ。葉柄は長さ1㌢以下で,赤褐色を帯びる。

花/雌雄別株。日本には雌株は少ない。4月,葉腋に淡黄色の小さな花が集まって咲く。花被片は4個,雄花では長さ約3.5㍉の楕円形,雌花はやや小さい。雄花の雄しべは8~12個。雌花には雌しべ1個と仮雄しべが4個ある。雄花の内側の雄しべと雌花の仮雄しべの両側

ゲッケイジュ。カレーやボルシチにあうので植えておくと便利 1987.4.13 横浜

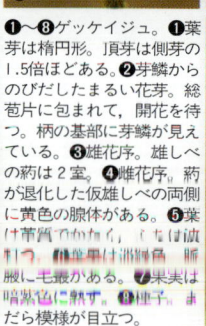

❶~❽ゲッケイジュ。❶葉芽は楕円形。頂芽は側芽の1.5倍ほどある。❷芽鱗からのびだしたまるい花芽。総苞片に包まれて,開花を待つ。柄の基部に芽鱗が見えている。❸雄花序。雄しべの葯は2室。❹雌花序,葯が退化した仮雄しべの両側に黄色の腺体がある。❺葉は革質でかたく,ふちは波打つ。❻雌花は淡黄色,葯腋に毛叢がある。❼果実は暗紫色に熟す。❽種子,まだら模様が目立つ。

クスノキ科 LAURACEAE

に黄色の腺体がつく。
果実／液果。長さ8〜10㍉の楕円形で、10月に暗紫色に熟す。種子は球形。
植栽用途／庭木
用途／葉や果実には芳香があり、香料や薬用にされる。葉はベイリーフと呼ばれ、生葉や乾燥したものをカレーやシチュー、スープのスパイスに使う。

スナヅル属 Cassytha

スナヅル
C. filiformis

分布／九州（鹿児島県佐田岬以南）、沖縄、小笠原、熱帯地方
生育地／海岸の砂地
樹形／つる性の寄生植物。茎は淡緑色で直径1〜2㍉。葉緑素があり、光合成も行なうが、乳頭状の吸着根をだして他の植物に寄生する。葉は鱗片状に退化している。
花／両性。花期は通年。長さ3㌢ほどの穂状花序に淡緑色の小さな花がまばらに10数個つく。花は直径約3㍉の壺形。花被片は6個あり、外側の3個は小さい。
果実／直径7㍉ほどの球形。花のあと肉質になった花被の筒部に包まれ、淡黄色に熟す。

ナヅル。初対面の印象は、ぶちまけられたラーメンだった　1995.11.16　屋久島

❾❿スナヅル。❾花序は穂状。花は下から咲き上がり、順次結実する。花のあと花被の筒部が肉質になって果実を包む。花序の軸は緑色で、光合成を行なう。❿種子は直径約3㍉の球形。黒褐色でしわが多い。

クスノキ科 LAURACEAE　439

ハマビワ属 Litsea

常緑または落葉の高木または小高木。花は単性で、雌雄別株。花序は散形花序、花被片は6個あり、花のあと脱落する。雄花の雄しべは9個、葯は4室。果実は液果で。アジア・アメリカ・オセアニアの熱帯を中心に、約400種が分布する。

アオモジ（1）
L. citriodora

〈青文字／別名ショウガノキ・コショウノキ〉

分布／本州（岡山・山口県），九州，沖縄

生育地／山野の日当たりのよいところに群落をつくる。

観察ポイント／九州西部や南部に比較的多く，とくに屋久島には多い。福岡県でも暖地の先駆植生として位置づけられる大群落が発見されている。アカメガシワといっしょに亜高木層を形成している。

樹形／落葉小高木。高さ5mほどになる。球形〜楕円形の樹形をつくる。

樹皮／緑褐色。縦に裂けた灰色の皮目が散在する。

樹皮。皮目が縦に並ぶ

左の黄色みが強いのが雄花，右は雌花で白っぽい。九州西部には比較的多く自生

クスノキ科 LAURACEAE

実はヤマゴショウと呼ばれる。柑橘系の香りがあり、香料にしたらしい　1996.3.12　屋久島

クスノキ科 LAURACEAE

ハマビワ属 Litsea
アオモジ（2）

枝や新枝は暗緑色で無毛。葉とともに芳香がある。

冬芽／葉芽は紡錘形で長さ7～15㍉，先端は長くとがり，葉状の大きな芽鱗に包まれる。花芽は直径3㍉ほどのやや扁平な球形。葉のわきに多数下を向いてつく。柄は湾曲し長さ約1㌢。葉痕は半円形～三日月形で隆起する。維管束痕は1個。

葉／互生。葉身は長さ7～15㌢，幅2～4.5㌢の長楕円状披針形。先端は長く鋭くとがり，基部はくさび形。ふちは全縁。薄い洋紙質で，裏面は粉白色を帯びる。はじめ表面の主脈に毛があるが，のちに両面とも無毛。葉柄は長さ1～2.5㌢。

花／雌雄別株。3～4月，葉の展開と同時かすこし早く開花する。白っぽい小さな花が集まってつき，花弁状の総苞片が目立つ。雄花序のほうが雌花序より大きく，総苞片は長さ6㍉ほどの卵円形で，4～5個ある。雌花序の総苞片はやや小さく，

雌花。雄花よりも花数が少なめで楚々としている　1996.3.10　屋久島

クスノキ科 LAURACEAE

3～4個。遠くから見ると、雄株は枝に花がびっしりとつき、雌株はぱらぱらとした感じがする。花被片は白色、長さ約3㍉の楕円形で6個。雌花の花被片はすこし小さい。ともに花のあと脱落する。雄花の雄しべは9個で、内側の3個の雄しべの基部に黄色の腺体が2個ずつつく。葯は4室。雌花には雌しべ1個と葯が退化した仮雄しべ9個がある。内側の3個の仮雄しべには腺体が2個ずつつく。雌しべの子房は球形で、花柱は短い。

果実／液果。直径5㍉ほどのほぼ球形で、9～10月に赤色から黒紫色に熟す。果柄は長さ4～6㍉。種子は倒卵状球形、紫褐色～暗褐色で、基部が盛り上がり、縦に走る隆起が目立つ。

植栽用途／庭木

用途／果実や材にはレモンのような芳香と辛味があり、ショウガノキとか、コショウノキと呼ばれる。材は白く、楊枝をつくる。果実は香料に使われる。雄株の花は切り花に利用される。

が果実を食っていたので、真似て食べてみた。辛い！辛い！　1995.8.8　屋久島

❶花芽は総苞片に包まれている。柄は大きく湾曲し、下向きにつく。葉が落ちる前から翌年の春の準備がはじまっている。❷開花中の雄株。雌株より花つきがよい。❸雄花序。❹雌花序。ともに花弁状の白っぽい総苞片が目立つ。❺葉は薄い洋紙質。❻葉裏は粉白色を帯びる。両面とも無毛。❼熟しはじめた果実。完熟すると黒紫色になる。❽種子の基部は盛り上がる。

クスノキ科 LAURACEAE

ハマビワ属 Litsea

ハマビワ
L. japonica
〈山柚櫨(ケイジョウ)・ヤマショ・イロワ〉

分布／本州（山口・島根県），四国，九州，沖縄，朝鮮半島南部

生育地／沿海地。しばしば海岸沿いに群落をつくる。

樹形／常緑小高木。高さ7㍍ほどになる。幹は叢生し，楕円形の樹形をつくる。

樹皮／褐色でなめらか。

枝／新枝は太く，黄褐色の綿毛が密生する。

冬芽／葉芽は長楕円形で先はややとがる。細い白毛のある幅の広い鱗片に包まれる。花芽は球形で，新枝の葉のわきにつく。

葉／互生。枝先に集まってつく。葉身は長さ7〜15㌢，幅2〜5㌢の長楕円形。先端はまるく，基部は広いくさび形。革質で厚く，全縁。ふちはやや裏面にそり気味になる。表面は無毛で，光沢があり，裏面は黄褐色の綿毛が密生する。葉脈は裏面に隆起する。葉柄は長さ1.5〜4㌢で，黄褐色の綿毛が密生する。

四国西部と九州に集中的に自生している場所がある　1995.11.13　鹿児島県笠沙

❶花芽。柄の基部にある赤褐色の塊は芽の主軸で，伸長しないものが多い。❷葉芽。❸葉の展開。❹雄花。❺雄花。小さな花が密集してつき，1個の花のように見える。❻雌花序。❼葉は革質で厚い。❽葉裏には黄褐色の綿毛が密生する。❾果実。翌年の春から初夏にかけて碧紫色に熟す。❿種子。⓫樹皮は平滑。

444　クスノキ科 LAURACEAE

花／雌雄別株。花期は10〜11月。葉のわきに黄白色の小さな花が集まった花序が数個つく。1個の花序に5〜6個の花がある。総苞片は4〜6個、直径7〜8㍉の円形で、外面には軟毛が密生する。花被は筒状、外面、内面ともに有毛で、上部は6裂する。雄花の雄しべは9〜12個、花被から長くつきでる。葯は4室。雌花には雌しべ1個と仮雄しべが6個ある。雄花の雄しべと雌花の仮雄しべの内側の3個の基部には腺体がつく。子房は球形で、柱頭は2〜3裂する。
果実／液果。長さ1.5㌢ほどの楕円形で、緑色のまま冬を越し、翌年の春から初夏にかけて碧紫色に熟す。基部は杯状にふくらんだ果床に包まれる。種子は楕円形で暗褐色。
植栽用途／庭木。防風・防潮・砂防樹として海岸によく植えられる。
用途／器具材、薪炭材
名前の由来／葉がビワの葉に似ていて、海岸に生えることから、浜枇杷の名がある。

…のごとく、海岸付近にのみ生え、葉もビワによく似ている　1996.3.16　屋久島

クスノキ科 LAURACEAE

ハマビワ属 Litsea

バリバリノキ
L. acuminata
〈別名/オガシノキ〉
分布/本州（近畿以西）、四国、九州、沖縄

生育地/暖地のシイ林やカシ林にややまれに混生する。

観察ポイント/紀伊半島南部以南の多雨地域では個体数が多く、鹿児島県や熊本県では純林に近いものもある。

樹形/常緑高木。高さ15mほどになる。楕円形の樹形をつくる。

樹皮/灰褐色でなめらか。皮目が散生する。

枝/新枝は太くて緑色。無毛。

冬芽/葉芽は長楕円形で大きい。花芽は小さな球状で柄があり、新枝の葉腋につく。

葉/互生。枝の上部に集まってつく。若葉は垂れ下がり、成葉もやや垂れる。葉身は長さ10～15cm、幅1.5～2cmの長披針形または倒披針形。先端は長くとがり、ふちは全縁で波打つ。薄い革質で、表面には光沢がある。裏面は粉白色を帯び、細かな伏毛がすこしある。側脈は10～15対。脈はすべて裏面に隆起する。

花は真夏のもっとも暑い時期に咲くが、葉に隠れて目立たない　1995.8.11　屋久島

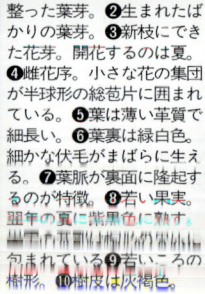

❶展開する準備がすっかり整った葉芽。❷生まれたばかりの葉芽。❸新枝にできた花芽。開花するのは夏。❹雌花序。小さな花の集団が半球形の総苞片に囲まれている。❺葉は薄い革質で細長い。❻葉裏は緑白色。細かな伏毛がまばらに生える。❼葉脈が裏面に隆起するのが特徴。❽若い果実。翌年の夏に熊黒色に熟す。❾若いころの樹形。❿樹皮は灰褐色。

446　クスノキ科 LAURACEAE

葉柄は長さ1〜3㌢。
花／雌雄別株。花期は8月。葉のわきに淡黄色の小さな花が集まった花序が数個ずつつく。総苞片は卵形。雄花序には雄花が4〜5個、雌花序には雌花が3〜8個つく。花被は筒状、外面は有毛で、上部は6裂する。花被片は花のあと脱落する。雄花の雄しべは9個、花被から長くつきでる。葯は4室。雌花には雌しべ1個と仮雄しべ9個がある。雄花の雄しべと雌花の仮雄しべの内側の3個の基部には腺体がある。
果実／液果。長さ1.5㌢ほどの楕円形で、翌年の6月に紫黒色に熟す。基部は椀形の果床に包まれる。

はホソバタブとよく似ているが、ホソバタブの葉脈は裏面に隆起しないので区別できる。
用途／建築材、器具材
名前の由来／かたい葉が触れあうときの音によるとか、枝や葉に油分が多く、よく燃えることからついたなどの説がある。

裏の側脈は爪がわずかに引っかかるぐらい突出する　1995.11.28　屋久島

クスノキ科 LAURACEAE

ハマビワ属 *Litsea*

カゴノキ

L. coreana

〈鹿子の木／別名コガノキ・カゴガシ〉

分布／本州（関東地方・福井県以西），四国，九州，朝鮮半島南部

生育地／暖地のタブノキ林やシイ林，カシ林に混生する。乾燥した山腹の斜面に純林を形成することもある。

観察ポイント／四国の瀬戸内海沿岸に比較的群落が多く，島根県や愛知県からも報告されている。

樹形／常緑高木。高さ22㍍ほどになる。円形の樹形をつくる。

樹皮／灰黒色。樹皮がまるい薄片になってはがれ落ち，その跡が白い鹿の子模様になることから鹿子の木の名がある。

枝／新枝は褐緑色，細くて無毛。

冬芽／葉芽は細長い披針形。花芽は球形で葉のわきに3～4個ずつつく。

葉／互生。枝の上部に集まってつく。葉身は長さ5～9㌢，幅1.5～4㌢の倒披針形または倒卵状長楕円形。先端は鈍く，基部は広い

雌花。葯がないので雄花に比べてとても貧弱に見える　1993.9.26　須崎市

❷

❹

❶

❸

❶葉芽。頂芽と側芽は同形同大。❷❸雌花序。花芽は球形で，4個の総包片に包まれている。1個の花序に3～4個の花がつく。花被片は披針形。棒状の仮雄しべも見える。❹雄花序。長い雄しべが目立つ。❺葉。薄い革質で，鈍い光沢がある。❻葉裏は灰白色で，は無毛。❼果実は翌年の秋に赤く熟す。果柄は太く短い。❽種子。❾樹皮ははじめ灰黒色で平滑。のちまだらにはげ落ちる。カゴノキの名はここからきた。

くさび形、ふちは全縁。薄い革質で、表面には光沢がある。裏面は灰白色、はじめ長い毛があるが、のちに無毛。葉柄は長さ8〜15㍉。
花／雌雄別株。8〜9月、葉のわきに淡黄色の花が集まって咲く。花序は無柄で、総苞片が4個ある。雄花序の総苞片は長さ3.5〜4㍉の楕円形。雌花序の総苞片はすこし小さく、花の数も雄花序より少ない。花被は有毛で、上部は6裂する。雄花の雄しべは9個、花被から長くつきでる。葯は4室。雌花には雌しべ1個と葯が退化した仮雄しべ9個がある。
果実／液果。直径7㍉ほどの倒卵状球形で、翌年の秋に赤く熟す。果柄には毛があり、淡褐色で上半部に黒褐色のまだら模様がある。
用途／器具材、床柱

実は夏に赤く熟し、光沢があってなかなか美しい　1997.7.8　三重県紀伊長島町

クスノキ科 LAURACEAE

シロダモ属 Neolitsea

常緑高木。葉は3脈が目立つ。花は単性で、雌雄異株。花序は散形で、花被片は4個あり、花のあと脱落する。雄花の雄しべは6個、葯は4室。果柄の先は太くなる。南アジアから東アジアの熱帯〜亜熱帯に約80種が分布する。

シロダモ
N. sericea
〈別名シロタブ〉

分布／本州（宮城・山形県以南）,四国,九州,沖縄,朝鮮半島南部

生育地／暖地の山野の比較的湿潤なところ。常緑広葉樹のなかでもっとも耐寒性の強い種のひとつ。

観察ポイント／北陸地方の日本海沿岸では南向きの斜面にしばしば優占群落が見られる。

樹形／常緑高木。高さ10〜15mになる。

樹皮／緑色を帯びた暗褐色。まるい小さな皮目が多い。

枝／新枝には黄褐色の毛が密生する。

冬芽／葉芽は長楕円形で先端はとがる。花芽は球形で無柄。

葉／互生。枝の先に集まってつく。葉身は長さ8〜18cm, 幅4〜8

西日本に多いが、海岸寄りに山形県や宮城県まで自生する　1987.11.26　室戸市

❶葉芽は楕円形、花芽は球形。❷雌株。❸雄花序。葯に小突起があり毛はない。花にはよい香りがある。❹雌花序。花被片は4個あり、半開する。白い柱頭が目立ち、葯のない棒状の仮雄しべと黄色の腺体も見える。

クスノキ科 LAURACEAE

～の長楕円形または卵状長楕円形で、全縁。3脈が目立つ。若葉は垂れ下がり、両面とも黄褐色の絹毛におおわれる。成葉になると表面は無毛。裏面はロウ質におおわれて灰白色、多少絹毛が残る。葉柄は長さ2～3㌢。

花／雌雄別株。10～11月、葉のわきに黄褐色の小さな花が集まってつく。総苞片は広楕円形。花被片は4個。雄花の雄しべは6個。雌花には雌しべが1個と仮雄しべが6個ある。

果実／液果。長さ1.2～1.5㌢の楕円形で、翌年の10～11月に赤く熟す。種子は球形。

植栽用途／庭木、公園樹、防風樹。

用途／器具材。昔は種子にふくまれる油でロウソクをつくった。

名前の由来／葉の裏が白いことによる。

ありふれた樹木だが、花と果実が同時に見られ美しい　1994.11.8　愛知県田原町

若葉と新枝は黄褐色の絹毛にびっしりとおおわれて目立つ。❻葉は枝先に集まってつく。革質でふちを打つ。❼葉裏は灰白色。こすると白いロウ質がとれ緑色になる。うっすらと絹毛が残っている。❽種子は球形。❾樹皮は暗褐色。小さな皮目が多い。

クスノキ科 LAURACEAE

シロダモ属 Neolitsea

イヌガシ
N. aciculata

〈犬樫/別名マツラニッケイ〉

分布／本州（関東地方南部以西），四国，九州，沖縄，朝鮮半島南部

生育地／山地。やや乾燥したところに多い。

観察ポイント／奈良県の春日山や屋久島では，高木層のない部分にイヌガシが密生している。

樹形／常緑高木。高さ10mほどになる。

樹皮／灰黒色。小さなまるい皮目が多く，ニッケイに似ている。

枝／新枝は細くて緑色。

冬芽／葉芽は披針形で先端がとがる。花芽は小さな球形で無柄。

葉／互生。枝先に集まってつく。葉身は長さ5～12㌢，幅2～4㌢の倒卵状長楕円形。先端はすこし突出して鈍く，基部はくさび形，ふちは全縁。表面は光沢があり，3脈が目立つ。裏面はロウ質におおわれて粉白色。若葉は帯白色または黄褐色の伏毛におおわれ，垂れ下がる。葉柄は長さ2～2.5㌢。

花／雌雄別株。3～4月，小さな暗紅紫色の

雄株。樹木の多い日本だが，似た花はほかにはない　1996.3.20　鹿児島県霧島

❶葉芽は披針形。花芽は球形で無柄に小さくよれよれ❷展開期近い葉芽と花芽。❸雌花序。総苞片や花被裂片のない仮雌しべの花糸も紅色。白い柱頭とのコントラストが鮮やか。❹雄株。雄株より花がまばら。

452　クスノキ科 LAURACEAE

花が密集してつく。総苞片は4～6個。1個の花序に3～9個の花がつく。花被片は4個, 暗紅紫色で外側には灰褐色の毛が密生する。雄花のほうが雌花よりやや大きく, 花被片は長さ3㍉ほど。雄花の雄しべは6個, 葯は4室。内側の2本の雄しべの基部に黄色の腺体がある。雄花にも雌しべがあるが, 結実しない。雌花には雌しべが1個と葯が退化した仮雄しべが4個ある。仮雄しべの基部には腺体がある。

果実／液果。長さ1㌢ほどの楕円形～長楕円形で, 10～11月に黒紫色に熟す。果柄は長さ7～8㍉。種子はやや扁平な倒卵状楕円形で茶褐色。

植栽用途／庭木
用途／建築材, 器具材, 薪炭材

はヤブニッケイに似ているが, 葉裏の側脈が突出する 1995.11.15 屋久島

❺果実は秋に黒紫色に熟す。❻種子はやや扁平。❼葉はシロダモに似ているが, シロダモの葉先は長くのびるので区別できる。❽葉裏はロウ質におおわれて灰白色。無毛。❾樹皮は平滑。ニッケイに似ている。

クスノキ科 LAURACEAE 453

ロウバイ科
CALYCANTHACEAE

3属約9種知られてい
る。(ロウバイ、ソシンロウバイ等)

ロウバイ属
Chimonanthus

ロウバイ
C. praecox
〈蠟梅〉

分布／中国原産。江戸時代初期に渡来した。

樹形／落葉低木。高さ2〜5mになる。

樹皮／淡灰褐色。小さな皮目が縦に断続的に並ぶ。

冬芽／対生。葉芽は長さ2〜3ミリの卵形。花芽は長さ4〜6ミリのほぼ球形。芽鱗は有毛。

葉／対生。葉身は長さ7〜15cm、幅4〜6cmの卵形または長楕円形。先端はとがり、ふちは全縁。質はやや薄く、表面はざらつく。

花／1〜2月、芳香のある黄色の花が咲く。花は直径約2cm、花被片は多数らせん状につく。内側の花被片は小さくて暗褐色、外側の花被片は黄色で光沢がある。雄しべは5〜6個。雌しべは壺形の花床のなかに多数つく。

果実／花が終わると花床が大きくなって、長さ3cmほどの長卵形の

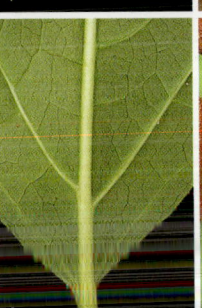

ロウバイの花。すがすがしい香りがあり、正月花に使われる 1997.1.29 横浜市

偽果になる。偽果の表面は木質化し、先端には雄しべなどが残り、なかにそう果が5～20個入っている。

植栽用途／ほかの花に先がけて花が咲くので、庭木や花材として珍重される。

ソシンロウバイ
f. concolor
〈素心蠟梅〉

中国原産。ロウバイより花が大きく、内側の花被片が黄色。

クロバナロウバイ属
Calycanthus

アメリカロウバイ
C. fertilis
〈別名クロバナロウバイ〉

分布／北アメリカ東部原産。明治中期に渡来した。

樹形／落葉低木。

葉／対生。葉身は長さ5～15㌢の卵形～長楕円形。両面とも無毛、裏面は粉白色を帯びる。

花／花期は5～6月。花は赤褐色で直径3～4㌢。

果実／偽果は長さ5～7㌢、なかにそう果が5～15個入っている。

備考／ニオイロウバイ C.floridus は、花に芳香があり、葉裏に短毛が密生する。

アメリカロウバイ。日当たりのよいところでは花つきもいい　1992.6.2　横浜市

←❼ロウバイ。❶花芽。❷内側の花被片は暗紫色。反頂芽（葉芽）の展開。❸葉。表面はやや光沢がある ❺葉裏。脈が突出する。❻偽果。花床が大きくなったもので、なかにそう果が入っている。❼そう果。長さ1.2～1.5㌢。種子のように見える。ゴキブリの卵にそっくり。❽ソシンロウバイ。花の内側は黄色。アメリカロウバイの葉。両面とも無毛。❿⓫ニオイロウバイ。❿偽果。⓫そう果。白い細毛が密生する。

ロウバイ科 CALYCANTHACEAE

ヤマグルマ科
TROCHODENDRACEAE

ふつうの被子植物は道管(導管)をもっているが、ヤマグルマ科は道管をもたず、仮道管だけで水分を運ぶ無道管被子植物として知られている。1属1種。
（担当／崎尾　均）

ヤマグルマ属
Trochodendron

ヤマグルマ
T. aralioides
〈山車／別名トリモチノキ〉
分布／本州（山形県以南），四国，九州，沖縄，朝鮮半島南部，中国南部，台湾
生育地／急な斜面や岩場などに生える。
樹形／常緑高木。高さ20m，直径1mを超えるものもある。
樹皮／灰褐色。
冬芽／長さ5〜20mm。
葉／互生。枝先に輪生状に集まってつく。葉

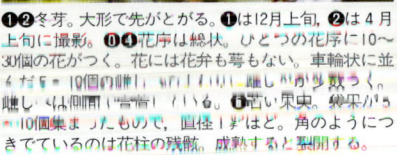

常緑樹は晩春に落葉するものが多い。写真のヤマグルマも赤く色づいた葉を盛ん

❶❷冬芽。大形で先がとがる。❶は12月上旬，❷は4月上旬に撮影。❸❹花序は総状。ひとつの花序に10〜30個の花がつく。花には花弁も萼もない。車輪状に並ぶ雌しべは10個前後が離生してつき，雄しべは側面に多数つく。雌しべは側面に合着している。❺若い果実。果実が10個集まったもので，直径1cmほど。角のようにつきでているのは花柱の残骸。成熟すると裂開する。

身は長さ5〜14㌢，幅2〜8㌢の広倒卵形または長卵形。先端は尾状にとがり，基部はくさび形。ふちには鈍い波状の鋸歯がある。葉柄は長さ2〜9㌢。
花／5〜6月，枝先に長さ7〜12㌢の総状花序をだし，黄緑色の花を多数つける。花は直径約1㌢。花には花弁も萼もない。雄しべは多数，雌しべは5〜10個が輪生する。
果実／袋果が集まった集合果。直径約1㌢の扁球形で，10月頃熟す。熟すと裂開して，種子を多数だす。種子は長さ5㍉ほどの線形。
植栽用途／庭木
用途／器具材
名前の由来／葉が枝先に車輪状に集まってつくことによる。樹皮からトリモチがとれるので，トリモチノキとも呼ばれる。

としていた。花もこの時期に咲く　1997.5.22　静岡県中伊豆町

❻裂開した果実。細長い種子を多数だす。❼種子は長さ5㍉ほど。両端に長い突起がある。❽葉は枝先に輪生状に集まってつく。革質で表面は光沢があり，❾裏面は緑白色。❿樹皮。灰褐色で，小さな皮目が多い。

ヤマグルマ科　TROCHODENDRACEAE

フサザクラ科
EUPTELEACEAE

落葉高木。葉は単葉で互生する。花は両性で花弁も萼もない。果実は翼果。ヤマグルマやカツラ科などと類縁関係があり，花の様子が似ている。1科1属。
　　　　　（担当／崎尾　均）

フサザクラ属
Euptelea

ヒマラヤ，中国，日本に3種が分布する。

フサザクラ
E. polyandra

〈総桜・房桜／別名タニグワ〉

分布／本州，四国，九州。日本固有。

生育地／谷筋や崩壊地，やせ地に多い。

樹形／落葉高木。よく枝分かれして高さ7〜8㍍になる。大きいものは高さ15㍍に達する。

樹皮／褐色で横長の皮目が多い。

枝／新枝は赤褐色。

冬芽／花芽は長さ6〜8㍉の卵形。葉芽は長卵形でやや小さい。葉痕は三角状。

葉／互生。短枝では先端に集まってつく。葉身は長さ幅ともに4〜12㌢の広卵形。先端は尾状に長くとがり，基部は円形。7〜8対の

花はカツラの雄花によく似ているが，枝に互生する　1989.3.29　神奈川県山北町

❶花芽。つやのある赤褐色の芽鱗に包まれる。葉痕には1列に並んだ維管束痕がある。❷展開したばかりの花。花弁も萼もない花が束になってつく。暗紅色の葯の先端には裂開が突出している。花糸の基部に淡緑色の雌しべが見える。❸成熟した翼果。長い柄がある。

はっきりした側脈があり，ふちには不ぞろいな粗い鋸歯がある。裏面は白っぽい。新葉は赤みを帯びる。葉柄は長さ3〜7㌢。

花／3月下旬〜4月，葉の展開する前に開花する。短枝の先に5〜12個の花が集まって咲く。花には花弁や萼はなく，垂れ下がった雄しべがよく目立つ。雄しべは多数あり，葯は長さ7㍉ほどの線形で暗紅色，花糸は白い糸状。雌しべは多数，柄があり，柱頭は広がる。

果実／翼果。長い柄で垂れ下がり，10月頃黄褐色に熟すと，風によって飛ばされる。翼果の長さは柄を除いて5〜7㍉，なかには種子が1個入っている。

備考／パイオニア植物のひとつ。崩壊地などの裸地にまっ先に侵入する。生長が早く，萌芽によって個体を維持し続ける。葉がクワの葉に似ているので，タニグワなど，クワのつく地方名が多い。

植栽用途／庭木
用途／建築材，船舶材，薪炭材

古い果実と新葉。新葉は赤みを帯び，夏まで次々に展開する 1989.6.22 山北町

❹越年した翼果。❺種子。長さ2㍉ほど。果実の翼は簡単にとれる。❻葉裏は白っぽく，脈が隆起する。❼葉。尾状に長くとがった葉先，明瞭な羽状脈，不ぞろいな粗い鋸歯，長い葉柄と特徴のある形をしている。新葉は赤みを帯びる。❽樹皮。横長の皮目が多い。

フサザクラ科 EUPTELEACEAE　459

カツラ科
CERCIDIPHYLLACEAE

花粉の化石が白亜紀の地層から発見されたり、果実が更新世の地層から見つかったりするなど、かなり古い時代から生き残ってきた植物といわれている。カツラ属1属だけからなる。雌雄別株で、花には花弁も萼もない。果実は袋果。種子には翼がある。（担当／崎尾 均）

カツラ属
Cercidiphyllum

日本と中国に2種1変種が分布する。

カツラ（1）
C. japonicum
〈桂〉

生育地／山地の谷沿い。渓畔林の重要な樹種のひとつ。個体数はそれほど多くはなく、点々と離れて生えていることが多い。また樹林内で実生や稚樹、小径木を見かけることもあまりない。これらのことから、カツラはまれに生じる大規模な崩壊や土石流のときに更新し、いったん定着すると、萌芽によって長期間、個体を維持し続けると考えられている。

樹皮。縦に割れ目が入る　東北地方に多く、葉から抹香をつくっていた。青森ではマッコノキ、秋田ではマ

カツラ科 CERCIDIPHYLLACEAE

宮城ではコーノキ，岩手ではオコーノキなどと呼ばれる　1992.10.29　埼玉県両神村

カツラ科 CERCIDIPHYLLACEAE

カツラ属
Cercidiphyllum

カツラ（2）
C. japonicum

分布／北海道、本州、四国、九州。日本固有。
樹形／落葉高木。大木では高さ30m、直径2mに達するものがある。幹のまわりにひこばえがでて、株立ちになることが多い。
樹皮／暗灰褐色。縦に浅い割れ目が入り、老木では薄くはがれる。
枝／新枝は赤褐色〜褐色で無毛。まるい皮目が多い。短枝がよくできる。
冬芽／対生。長さ3〜5㍉の長楕円状卵形で2個の芽鱗に包まれ、上部はすこし内側に曲がる。仮頂芽と側芽はほぼ同形。葉痕はV字形〜三日月形で隆起する。維管束痕は3個。
葉／長枝では対生。短枝につく葉は1枚だが、

おびただしい雄花をつけていた。カツラの雄花はフサザクラに似ているが、枝に

カツラ科 CERCIDIPHYLLACEAE

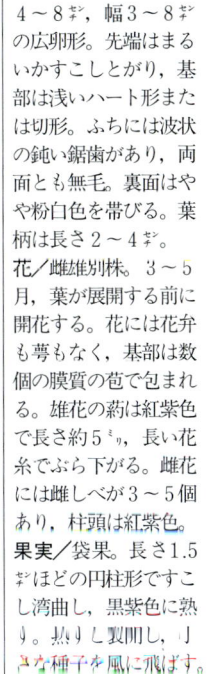

短枝が対生するので,葉も対生しているように見える。葉身は長さ4～8㌢,幅3～8㌢の広卵形。先端はまるいかすこしとがり,基部は浅いハート形または切形。ふちには波状の鈍い鋸歯があり,両面とも無毛。裏面はやや粉白色を帯びる。葉柄は長さ2～4㌢。

花／雌雄別株。3～5月,葉が展開する前に開花する。花には花弁も萼もなく,基部は数個の膜質の苞で包まれる。雄花の葯は紅紫色で長さ約5㍉,長い花糸でぶら下がる。雌花には雌しべが3～5個あり,柱頭は紅紫色。

果実／袋果。長さ1.5㌢ほどの円柱形ですこし湾曲し,黒紫色に熟す。熟すと裂開し,小さな種子を風に飛ばす。種子は扁平で片側に翼が発達する。長さは翼を含めて5㍉ほど。

植栽用途／庭木,公園樹

用途／建築材,家具材,器具材,船舶材,楽器材のほか,鎌倉彫りなどの彫刻材,ベニヤ板,鉛筆。黄葉した葉には甘い独特な香りがあるので,抹香にした。

してつくので簡単に見分けられる 1981.4.6 群馬県下仁田町 撮影／熊田達夫

❶仮頂芽。❷短枝の仮頂芽。葉痕が5個ある6年目の枝。❸正面から見た側芽。❹側芽は対生し,上部はずかに内側に曲がる。葉痕は隆起する。❺雄花。白い花糸と紅紫色の葯がなかなか鮮やか。❻雌花。3～個の花が集まった花序とする考えもある。紅紫色の頭が目立つ。❼若い果実。熟すと黒紫色になり,裂する。❽種子には翼がある。❾もとは1本の木。細いのはひこばえ。❿⓫葉には2形ある。❿基部がハート形の葉。⓫基部が切形の葉。ふちには特徴のある波の鈍い鋸歯がある。⓬葉裏はやや粉白色を帯びる。

カツラ科 CERCIDIPHYLLACEAE

カツラ属
Cercidiphyllum

ヒロハカツラ
C. magnificum
(山梨山)

分布／本州（中部地方以北）

生育地／亜高山帯の渓流沿いやくぼ地

樹形／落葉高木だが，雪の多いところに生えるので，低木状になるものが多い。ふつう高さ5㍍，直径5㌢。まれに高さ15㍍に達するものもある。ひこばえによる更新で，複数の幹が株立ちしていることが多い。

樹皮／黒褐色。カツラのようには割れ目は入らない。

枝／新枝は黒褐色で楕円形の皮目が多い。

冬芽／長さ5～6㍉の長楕円形で，先端はとがり，2個の芽鱗に包まれる。仮頂芽は2個並んでつき，側芽とほぼ同形。葉痕はV字形またはU字形。

葉／長枝では対生。短枝には1枚ずつつく。葉身は長さ幅ともに5～10㌢の円形。先端はまるく，基部は深いハート形。ふちにはまるみを帯びた波状の鋸歯がある。鋸歯はカツラ

雪渓の雪解けとともに花が咲きはじめていた 1991.7.6 南ア北岳大樺沢

❶短枝の冬芽。葉痕が4個あるので5年目の短枝。❷雄花。葯はすこし赤みを帯びた黄緑色。花糸は細い。❸亜高山帯に生えるので，ブッシュ状になるものも多い。❹葉。カツラより葉の先端がまるい。❺❻秋には黄色や赤色に色づく。❼葉裏はやや粉白色を帯びる。基部の湾入はカツラより深い。❽果実。熟すと裂開する。❾種子。❿上はヒロハカツラの細片，下はカツラ。ヒロハカツラは種子の両端に翼がある。⓫樹皮。楕円形の皮目が多い。

カツラ科 CERCIDIPHYLLACEAE

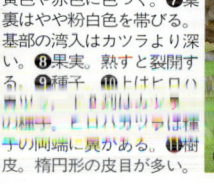

よりはっきりしている。葉柄は長さ1.5〜4㌢。
花／雌雄異株。葉の展開と同時に開花する。花には花弁も萼もなく，基部を数個の膜質の苞が包む。雄花の葯は長さ3〜4㍉ですこし赤みがかった黄緑色。雌花の柱頭は黄緑色。
果実／袋果。長さ2㌢ほどの円柱形で上部はすこし曲がる。黒紫色に熟す。熟すと裂開し，風で種子を飛ばす。種子は長さ6〜7㍉，両端に翼が発達する。
類似種との区別点／カツラとは，樹皮にあまり割れ目が入らないことや，葉は先がまるく，基部の湾入が深い，花と葉が同時に展開する，種子の翼が両端に発達することなどで区別できる。

栽培用途／庭木
用途／建築材，器具材，彫刻材

カツラより高所に生え，個体数はぐっと少ない　1991.7.6　南ア北岳大樺沢

カツラ科 CERCIDIPHYLLACEAE　465

ハスノハギリ科
HERNANDIACEAE

小高木や小低木が知られている。(担当／石井英美)

ハスノハギリ属
Hernandia

約20種が亜熱帯、熱帯の海岸に分布する。

ハスノハギリ
H. nymphaeifolia
〈蓮の葉桐／別名ハマギリ〉
分布／九州（鹿児島県沖永良部島以南），沖縄，小笠原，熱帯各地
生育地／沿海地
樹形／常緑高木。高さ15～20mになる。
葉／互生。葉身は長さ10～30cmの卵円形で，やわらかい革質。全縁。
花／雌雄同株。7～9月，直径3～5mmの白色～黄白色の花が3個ずつつく。中央に雌花，両側に雄花が2個つく。花のあと雌花の苞は袋状になって果実を包む。
果実／堅果。やや肉質の黒い花被片に包まれ，8本の縦筋がある。
植栽用途／防風林
用途／材は軽くやわらかいのでカヌーや浮子，下駄などに利用された。
名前の由来／葉柄が蓮のように楯状につき，材がキリに似ていることによる。

ハスノハギリ。おいしそうな果物に見えるが，なかはからっぽ　1997.3.29　石垣

フウチョウソウ科
CAPPARIDACEAE

世界の熱帯、亜熱帯に約45属700種が分布。
（担当／石井英美）

ギョボク属 Crataeva

熱帯を中心に約10種が知られている。

ギョボク
C. religiosa

〈魚木／別名アマキ〉

分布／九州（鹿児島県）、沖縄、東南アジア、オーストラリア、アフリカ

生育地／沿海地の林内

樹形／落葉高木。高さ7～15㍍になる。

葉／互生。3出複葉。小葉は長さ7～15㌢の楕円形または長楕円形。葉柄は赤褐色。

花／5～7月、枝先に直径4～6㌢の花が集まってつく。花弁は卵形で4個、白色から黄色に変わる。雄しべは多数あり、花弁よりはるかに長くつきでる。

果実／液果。長さ約5㌢の卵円形。

植栽用途／街路樹など

用途／細工物、下駄、マッチの軸

名前の由来／材が軽くやわらかいので、魚の形をしたイカ釣り用の餌木をつくるのに用いられたため。

ギョボク。ツマベニチョウの食草として知られる　1997.7.1　屋久島

❶～❹ハスノハギリ。❶樹皮。ひも状の皮目がある。❷葉の上に置いた果実。果実は黒い花被片にぴったり包まれ、その外側を袋状の苞がおおっている。葉は大きく、葉柄が楯状につく。❸黒い花被片が腐ると長さ1.5～2㌢の堅果が現われる。❹樹形。❺～❽ギョボク。❺葉は3出複葉。側小葉は左右が不同。赤褐色の葉脈が目立つ。❻葉裏。両面とも無毛。❼樹皮。小さな楕円形の皮目が多い。❽冬芽。葉痕はまるい。

コショウ科
PIPERACEAE
精油やアルカロイドを含み、香辛料や薬用に利用されるものが多い
（担当／石井英美）

コショウ属 Piper

フウトウカズラ
P. kadzura
〈風藤葛〉

分布／本州（関東地方南部以西），四国，九州，沖縄，朝鮮半島南部，台湾，中国
生育地／沿海地の林内
樹形／常緑つる性木本。つるは長さ10m以上になり，節から気根をだして，岩や木に付着してはい登る。
葉／互生。葉身は長さ6〜12cmの卵形〜長卵形。先はとがり，基部は浅いハート形。全縁。
花／雌雄別株。4〜5月，葉と対生する位置に長さ3〜8cmの穂状花序を垂らし，小さな花を多数つける。花に

フウトウカズラ。関東地方では伊豆半島の海岸に多い　1999.6.15　静岡県南伊豆

468　コショウ科 PIPERACEAE

は花弁も萼もない。
果実／液果。直径3〜4㍉の球形で、11〜3月に赤く熟す。

センリョウ科
CHLORANTHACEAE

日本にはセンリョウやヒトリシズカなど4種が分布する。

（担当／太田和夫）

センリョウ属
Chloranthus

センリョウ
C. glaber
〈千両〉

分布／本州（東海地方, 紀伊半島）, 四国, 九州, 沖縄, アジア東南部
生育地／暖地の林内
樹形／常緑小低木。高さ50〜100㌢になる。
葉／対生。葉身は長さ10〜15㌢, 幅4〜6㌢の長楕円形〜卵状楕円形。先はとがり、ふちには鋭い鋸歯がある。
花／両性。6〜7月, 枝先に小さな花が集まってつく。花には花弁も萼もなく、子房の横に雄しべが1個つく。
果実／核果。直径5〜7㍉の球形で、12〜3月に朱赤色に熟す。
類似種との区別点／ヤブコウジ科のマンリョウの葉は鋸歯が波状。
用途／庭木、鉢植え。果実を花材にする。

センリョウ。庭木や花材としてなじみ深い植物　1994.12.2　屋久島

〜❺フウトウカズラ。❶雄花序。雄花には雄しべが固まる。❷雌花序。雌花には雌しべが1個あり、柱は3〜4個に分かれる。❸果実は11〜3月に赤く熟。❹葉は厚く、5本の脈が目立つ。❺葉裏。軟毛が主する。❻〜❾センリョウ。❻枝先に小さな花が集まって咲く。❼花はごくシンプル。子房と雄しべが1ずつつくだけ。❽果実。❾核は直径3〜4㍉。

センリョウ科 CHLORANTHACEAE

バラ科
ROSACEAE

バラ科は北半球を中心にほぼ世界中に分布し、草本・木本あわせて約126属3400種が知られている。日本には30属約250種が自生し、そのほかに観賞用や果樹として、園芸品種や外国産樹種が多数植えられている。バラ科の木本類は落葉するものと常緑のものがあり、大きさも低木から高木まで多様。葉は互生し、ふつう葉柄の基部に托葉が1対つく。また葉柄の上部には蜜腺があることが多い。花はふつう両性で放射相称。花弁と萼片の数は5個が多い。萼の下部は合着して筒状になっている。子房は上位、下位または半下位で、多くは1室。ふつうサクラ亜科、バラ亜科、ナシ亜科、シモツケ亜科の4つのグループに区分される。

（担当／石井英美）

マメザクラ。きりりとしまったうつむきかげんの小形の花を多数つける。標高の高いところでは比較的長く

ていて，散る間際になると花の中心部が濃い紅色を帯びて美しい　1998.4.21　富士宮市

バラ科 ROSACEAE　　471

サクラ属 Prunus

サクラ属の分類については……いくつかの見解があるが、……(ここではPrunusを採用し、さらにサクラ亜属、ウワミズザクラ亜属、バクチノキ亜属、スモモ亜属、モモ亜属の5つの亜属に分類した。サクラ亜属はさらにカンヒザクラ群、エドヒガン群、マメザクラ群、チョウジザクラ群、ヤマザクラ群、ミヤマザクラ群などに細分される。

サクラ属の果実

核果。熟すと黄色、赤色、黒色になるが、日本産のサクラ亜属はふつう黒く熟す。果実の外側は薄い外果皮に包まれ、その内側にやわらかい中果皮（果肉）がある。種子のように見えるのは骨質化した内果皮。これはふつう核と呼ばれ、なかに種

ヤマザクラの果実と核 　　作出種とはいえ、ソメイヨシノはやはり美しい。もしこの桜がなかったとしたら

バラ科 ROSACEAE

子がふつう1個入っている。サクラ属の分類では果実や核の形態が重要。スモモ亜属とモモ亜属の果実は縦方向に浅い溝があり、核にもくぼみやしわがある。サクラ亜属やウワミズザクラ亜属、バクチノキ亜属は果実の表面に溝がなく、核の表面にも共通する特徴は見られない。

蜜腺の位置

蜜腺は葉柄の上部や葉身の基部にあり、若葉のうちは蜜を分泌する。蜜腺の位置は群や種によって異なっている。

サクラ亜属の花期

①カンヒザクラ群やエドヒガン群などのように「葉の展開前に開花するグループ」、②ソメイヨシノ群のように「葉の展開するすこし前かほぼ同時に開花するグループ」、③ヤマザクラ群のように「葉の展開とほぼ同時に開花するグループ」、④ミヤマザクラ群のように「葉の展開後に開花するグループ」に分けられる。ウワミズザクラやイヌザクラなど、ウワミズザクラ亜属も葉の展開後に開花する。

見の興が大きくそがれることだろう　1994.4.5　横浜市

オオシマザクラの蜜腺

バラ科 ROSACEAE

野生のサクラの見分け方(1)
花は葉の展開前に咲く

| | 花柄と萼 | 萼片 | 花の断面 |

エドヒガン P486
花は淡紅色まれに白色、直径約2.5㌢。萼筒は壺形。本州、四国、九州に分布。

花柄と萼は有毛／鋸歯がある／花柱の下半部に毛が多い

ソメイヨシノ P490
花は淡紅色、直径約4㌢。各地に植えられている。

花柄と萼は有毛／鋸歯がある／花柱の下部は有毛

カンヒザクラ P482
花は濃紅紫色、ときに淡紅紫色〜白色、直径約2㌢。沖縄で野生化。

花弁は平開しない／花弁と萼はいっしょに落ちる

バラ科 ROSACEAE

	葉柄と蜜腺	葉の鋸歯	冬芽
面とも有毛	葉柄には毛が密生	粗い重鋸歯	軟毛が密生する
面は無毛。裏面は散生	葉柄は有毛	重鋸歯。単鋸歯もまじる	軟毛が密生する
面とも無毛	葉柄は無毛	単鋸歯。重鋸歯もまじる	無毛

バラ科 ROSACEAE

野生のサクラの見分け方（2）
花は葉の展開前またはほぼ同時に咲く

	花柄と萼	萼片	花の断面
マメザクラ P494 花は白色～淡紅色、直径約2センチ。関東・中部地方の主に太平洋側に分布。フォッサ・マグナ要素の植物。	 花柄は有毛	 全縁	 花柱は無毛
キンキマメザクラ P498 花は白色～淡紅色、直径約2センチ。富山県～広島県の主に日本海側に分布。	  花柄は無毛か毛が散生	全縁	 花柱は無毛
チョウジザクラ P506 花は白色～淡紅色、直径約1.5センチ。岩手県～広島県の太平洋側、熊本県に分布。	  花柄には毛が密生	鋸歯がある	 花柱の下部は有毛
オクチョウジザクラ P505 花は白色～淡紅色、直径1.8～2.4センチ。青森県～滋賀県の日本海側に分布。	 花柄には毛が散生	全縁	花柱はふつう無毛

バラ科 ROSACEAE

| | 葉柄と蜜腺 | 葉の鋸歯 | 冬芽 |

面とも有毛 | 葉柄は有毛 | 欠刻状の重鋸歯 | 芽鱗は粘らない

面とも有毛 | 葉柄は有毛 | やや欠刻状の重鋸歯 | 芽鱗は粘らない

面とも有毛 | 葉柄は毛が密生する | 欠刻状の重鋸歯 | 芽鱗は無毛で粘る

面は有毛, 表面は散生 | 葉柄は毛がやや密生する | 欠刻状の重鋸歯 | 芽鱗は無毛で粘らない

バラ科 ROSACEAE

野生のサクラの見分け方（3）
花は葉の展開と同時に咲く

| | 花柄と萼 | 萼片 | 花の断面 |

ヤマザクラ P508
花は淡紅色，直径2.5〜3.5㌢。本州の宮城・新潟県以西，四国，九州に分布。

無毛。花序に柄がある 　全縁 　花柱は無毛

オオヤマザクラ P512
花は紅色〜淡紅色，直径3〜4.5㌢。北海道，本州（標高の高いところ），四国（石鎚山）に分布。

無毛。花序に柄がない 　全縁 　花柱は無毛

カスミザクラ P516
花は白色，直径2〜3㌢。北海道，本州，四国に分布。

花柄は有毛 　全縁 　花柱は無毛

オオシマザクラ P520
花は白色，直径3〜4㌢。房総半島，三浦半島，伊豆半島，伊豆諸島に分布。

無毛 　鋸歯がある 　花柱は無毛

478　バラ科 ROSACEAE

	葉柄と蜜腺	葉の鋸歯	冬芽
両面無毛。裏面は帯白色	葉柄は無毛	単鋸歯と重鋸歯がまじる	無毛。芽鱗がやや開く
両面無毛。裏面は帯白色	葉柄は無毛。基部はハート形	単鋸歯と重鋸歯がまじる	無毛。芽鱗は粘る
両面とも無毛か毛が散生	葉柄はふつう有毛	単鋸歯と重鋸歯がまじる	無毛
両面とも無毛	葉柄は無毛	重鋸歯、鋸歯の先は芒状	無毛

バラ科 ROSACEAE

野生のサクラの見分け方(4)
花は葉の展開後に咲く

	花序	葉	葉柄と蜜腺
ミヤマザクラ P526 花序は総状。花軸には葉状の苞がつく。花は白色、直径1.5〜2センチ。北海道、本州、四国、九州に分布。	 雄しべは花弁とほぼ同長	 両面とも有毛	 葉柄は有毛
ウワミズザクラ P532 花序は長い総状。花序の下に葉がつく。花は白色、直径約6ミリ。北海道（石狩平野以南）、本州、四国、九州（熊本県南部まで）に分布。	 雄しべは花弁より長い	 ふつう両面とも無毛	 葉柄は無毛
シウリザクラ P536 花序は長い総状。花序の下に葉がつく。花は白色、直径7〜9ミリ。北海道、本州の中部地方以北、隠岐島に分布。	 雄しべは花弁とほぼ同長	 葉の基部はハート形	 葉柄は無毛
イヌザクラ P538 花序は長い総状。花序の下に葉はつかない。花は白色、直径5〜7ミリ。本州、四国、九州に分布。	 雄しべは花弁より長い	 ふつう両面とも無毛	 葉柄は無毛

バラ科 ROSACEAE

の鋸歯	果実	樹皮	冬芽
刻状の重鋸歯	果軸に苞が残る	横長の皮目が目立つ	芽鱗のふちはギザギザ
芒状	萼片は脱落	横長の皮目が目立つ	落枝痕が目立つ
端が芒状にのびる	萼片は脱落	縦に割れ目が入る	先がとがる
て浅い	萼片が残る	薄片になってはがれる	紅紫色で光沢がある

バラ科 ROSACEAE

サクラ属 Prunus

カンヒザクラ群のサクラは中国からヒマラヤにかけて4種が分布する。日本には野生種はないが、東京以南の暖地でカンヒザクラが栽培されている。この仲間のサクラは花の色がふつう濃い紅紫色で、萼筒が大きいなどの特徴がある。

カンヒザクラ
P. campanulata

〈寒緋桜／別名ヒカンザクラ〉

分布／台湾、中国南部の浙江省、広東省、広西チュワン族自治区などの山地に自生する。沖縄の石垣島や久米島の一部に生えているものは、自生という説と、自生ではなく、台湾または中国から導入されたものが野生化したという説がある。

観察ポイント／沖縄では各地に植えられており、1月下旬には満開になる。野生化しているものも多い。

樹形／落葉小高木。高さ5～7㍍になる。

樹皮／紫褐色。

葉／互生。葉身は長さ8～13㌢、幅2～5㌢

サクラの花便りの一番がカンヒザクラ。沖縄では1月に開花　1999.3.16　横浜

❶～❿カンヒザクラ。❶樹皮は紫褐色。❷冬芽。❸花は半開のままで全開しない。蜜が多い。❹花弁は1枚ずつ散らず、萼筒に花弁と雄しべがついたまま落ちる。❺花柱は無毛。❻葯は花糸の上部に1～2個つく。❼鋸歯は単鋸歯に重鋸歯がまじる。❾果実は直径約1㌢。紅色に熟す。❿核の表面には浅い稜紋がある。⓫リュウキュウカンヒザクラ。花はやや平開する（撮影／川崎哲也）。

バラ科 ROSACEAE

の長楕円形〜楕円形。先端は短く尾状にとがり、基部は心形または円形で、ふちには細かい鋸歯がある。鋸歯は単鋸歯に重鋸歯がすこしまじる。両面とも無毛。葉柄は紅紫色を帯びることが多い。蜜腺は葉柄の上部にある。
花／1〜3月、葉が展開する前に開花する。前年枝の葉腋に直径約2㌢の花が2〜3個下向きにつく。満開時でも花弁は半開きで、花は鐘形。花の色は濃紅紫色のものが多く、ときに淡紅紫色〜白色のものもある。花弁は5個、長さ約1㌢の卵状楕円形で先端に切れ込みがある。雄しべは多数、雌しべは1個。萼筒は長さ5㍉ほどで壺状筒形で濃紅紫色。花柄は長さ1〜2㌢。
果実／核果。直径約1㌢の球形で、5〜6月に紅色に熟す。核の表面には浅い稜紋がある。
備考／花弁が平開し、花の色がやや淡いものを**リュウキュウカンヒザクラ**（琉球寒緋桜）cv. Ryukyu‑hizakura という。
植栽用途／庭木、公園樹、街路樹など

リュウキュウカンヒザクラ。花弁が平開し、色がやや淡い　1988.3.23　横浜市

バラ科 ROSACEAE

カンヒザクラ系の園芸品種

オオカンザクラ
Prunus × Kanzakura
cv. Oh-Kanzakura
〈大寒桜〉

片方の親はカンヒザクラ，もう一方はおそらくオオシマザクラではないかと考えられている品種。成葉は長さ6～12㌢，幅3～6㌢の楕円形または楕円状倒卵形。花は淡紅色，直径2.5～3.5㌢。花弁は5個，先端には切れ込みがあり，ふちには細かいギザギザがある。

類似種との区別点／カンザクラに似ているが，枝が横に広がって，先のほうが波打つこと，花期が遅く，また花がやや大きいことなどで区別できる。カンザクラより寒さに強い。

カンザクラ
cv. Kanzakura
〈寒桜〉

カンヒザクラとヤマザクラ系のサクラの雑種。古くから各地に植えられている。葉は長さ6～10㌢，幅3～4㌢の倒卵形～倒卵状楕円形。裏面はやや白色を帯びる。花は直径2.5～3.5㌢。花弁は5個，淡紅色で，ふちのほうがやや色が濃い。

カワヅザクラ
cv. kawazu-zakura
〈河津桜〉

カンヒザクラを片親とする品種。原木は野生の状態で発見され，現在では伊豆半島南部の河津町や石廊崎などに植えられている。花は直径約3㌢，淡紅紫色，ふちのほうが色が濃い。

オオカンザクラ。見ごたえのある花をつけ，黒い樹皮が印象的　1989.3.12　台

カンザクラ。花はやや小形でやさしい感じがする　1990.3.16　多摩森林科学園

484　バラ科 ROSACEAE

ワヅザクラ。この花が咲くと、河津町は多くの人でにぎわう　1999.2.24　静岡県河津町

(左)オオカンザクラ。〈中〉カンザクラ。〈右〉カワヅザクラ。撮影／木原浩（3点とも）

バラ科 ROSACEAE

ウワミズザクラ属

日本にはサクラ節の野生種はエドヒガンだけだが、ソメイヨシノをはじめ栽培品種の数は多い。この仲間は萼筒がまるくふくれ、上部がくびれて壺形になるのが特徴。

エドヒガン
P. pendula
　f. ascendens
〈江戸彼岸／別名アズマヒガン・ウバヒガン〉

分布／本州、四国、九州、済州島、中国、台湾

生育地／山地

樹形／落葉高木。高さ15〜20㍍、直径1㍍ほどになる。

樹皮／暗灰褐色。縦に浅く裂ける。

枝／新枝は灰褐色で小さな皮目が多く、軟毛が生える。

冬芽／花芽は長さ4〜5㍉の長卵形。葉芽はほっそりしている。

葉／互生。葉身は長さ6〜12㌢、幅3〜5㌢の長楕円形〜狭倒卵形。先端はとがり、基部は広いくさび形。ふちには鋭い重鋸歯がある。葉柄は長さ2〜2.7㌢、上向きの毛が密生する。蜜腺はふつう葉身の基部につくが、葉柄の上

花の色は純白のものからピンクの濃いものまで連続的にある　1998.3.28　横浜市

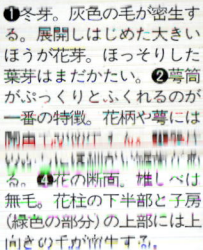

❶冬芽。灰色の毛が密生する。展開しはじめた大きいほうが花芽。ほっそりした葉芽はまだかたい。❷萼筒がぷっくりとふくれるのが一番の特徴。花柄や萼には開出した軟毛が多い。❸花柄や萼にはさらに細かい腺毛が密生する。❹花の断面。雌しべは無毛。花柱の下半部と子房（緑色の部分）の上部には上向きの毛が密生する。

486 バラ科 ROSACEAE

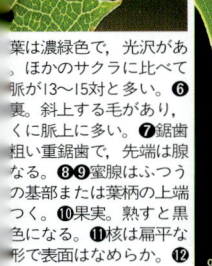

園や植物園では花の色の濃いものを選んで植えることが多い　1993.4.2　横浜市

葉は濃緑色で，光沢があ．ほかのサクラに比べて脈が13〜15対と多い。❻裏。斜上する毛があり，くに脈上に多い。❼鋸歯粗い重鋸歯で，先端は腺なる。❽❾蜜腺は，ふつうの基部または葉柄の上端つく。❿果実。熟すと黒色になる。⓫核は扁平な形で表面はなめらか。⓬皮。縦に割れ目が入る。

端につくものもある。蜜腺のないものもある。
花／3〜4月，葉が展開する前に開花する。淡紅色まれに白色の花が散形状に2〜5個つく。花は直径約2.5㌢。花弁は5個，楕円形〜倒卵形で先端に切れ込みがある。萼筒は紅紫色でまるくふくらみ，上部がくびれた壺形。花柄は長さ1〜1.4㌢。萼と花柄には開出毛が密生する。
果実／核果。直径約1㌢の球形。5〜6月に黒紫色に熟す。
類似種との区別点／壺形の萼筒が大きな特徴。葉柄や葉身，花柄，花柱の下部などに毛が多いのも見分けるときのポイント。
備考／有名な員しだが，天然記念物に指定されている名木や巨木が多い。
植栽用途／公園樹，記念樹など。日当たりがよく，適度に湿ったところを好むが，やや乾燥したところでも育つ。繁殖は実生や接ぎ木。
用途／建築材，器具材。
名前の由来／春の彼岸のころに咲き，東京に多く植えられていたことからこの名がついた。

バラ科 ROSACEAE　487

春風になびくシダレザクラの花を見ていると，思わず深呼吸したくなる　1989.3.30　新宿御苑　撮影／木原

ベニシダレの花。上品でたいへん美しい。公園や庭園，植物園でよく見かける　1988.4.2　東京都内

バラ科 ROSACEAE

エドヒガン系の園芸品種

シダレザクラ
Prunus pendula
　cv. Pendula

〈枝垂桜/別名イトザクラ〉

細い枝がしだれるものをいう。ほかの形質はエドヒガンと同じ。花は淡紅色。花弁は変異が多く個体によって形や色、大きさなどがかなり異なる。

備考/枝がしだれる原因について、これまでは枝の上側と下側の生長速度の違いによって起こるとされてきたが、最近の研究で、枝や葉の生長速度が、しだれない種類より速いために、自重によって枝が垂れ下がり、その後、木質化が起こり、しだれが固定されるということがわかってきた。

ベニシダレ
cv. Pendula-rosea

〈紅枝垂〉

花の色が濃い品種。ほかの形質はシダレザクラと同じ。

ヤエベニシダレ
cv. Plena-rosea

〈八重紅枝垂〉

花弁の数が多く、15～20個、まれに30個ぐらいのものもある。

コヒガン
Prunus × subhirtella
　cv. Subhirtella

〈小彼岸/別名ヒガンザクラ〉

マメザクラとエドヒガンの雑種と推定されている。広く栽培されている品種。花は淡紅色～淡紅白色、直径2～2.5㌢。花柄には斜上する毛がある。

エベニシダレ。重弁特有の重苦しさがない　1990.4.1　神代植物園　撮影/木原

ヒガン。子房がふくれエドヒガンの特徴を受け継いでいる　1988.4.2　上野公園

バラ科 ROSACEAE

サクラ属 Prunus

ソメイヨシノ（1）
P. × yedoensis

（染井吉野）

エドヒガンとオオシマザクラの雑種と考えられている。北海道から九州までの公園や川の堤防などに広く植えられ、各地に名所が多い。

樹形／落葉高木。高さ10〜15m、直径1.5〜2mになる。成木になると枝は横に広がり、傘状の樹形になる。

樹皮／暗灰色。皮目が横に並ぶ。成木では凹凸が目立ち、縦に裂け目が入る。

植栽条件／日当たりがよく、肥沃で水はけのよい土地が適している。広い場所に植栽したほうがよい。繁殖は一般に接ぎ木。天狗巣病などの病虫害が多い。寿命は短く、樹齢30〜40年が最盛期。

名前の由来／江戸時代末期に江戸染井村（現在の東京都豊島区）で吉野桜の名前で売りだされた。その後、1900年（明治33年）に出版された雑誌の論文で、染井吉野という和名がはじめてつけられた。

樹皮

バラ科 ROSACEAE

声をあげる者，酒を飲み歌う者，すべて解放的。これもまた桜のもつ魔力のためか？　1995.4.10　横浜市

バラ科 ROSACEAE

491

サクラ属 Prunus
ソメイヨシノ（2）
P. × yedoensis

枝や新枝は褐色〜紫褐色で、軟毛が密生する。

冬芽／花芽は長さ5〜8㍉の卵形〜長卵形。葉芽は花芽よりほっそりした紡錘形。芽鱗は12〜16個あり、軟毛が多い。葉痕は半円形で隆起する。維管束痕は3個。

葉／互生。葉身は長さ8〜12㌢，幅5〜7㌢の広卵状楕円形。先端は鋭くとがり，基部は円形〜切形。ふちには重鋸歯があり，ときに単鋸歯がまじる。質はやや厚く，表面は無毛，裏面はやや白色を帯び，まばらに毛がある。葉柄は長さ2〜3㌢で有毛。蜜腺は葉柄の上部または葉身の基部に1対つく。

花／3〜4月，葉が展開する前に開花する。

日一日とふくらんでゆくつぼみの愛らしさ，咲いたときのうれしさ，満開の豪華さ

❶❷花は直径約4㌢。花柄は長さ2〜2.5㌢で有毛。筒の下部はふくらむ。❸片のふちに腺歯がある。花の断面。雌しべと雄しべはほぼ同高。花柱の下部には毛がある。葉表には光沢がある。側脈は8〜10対。❻葉裏は淡緑色で，葉脈上や脈腋に毛がある。❼葉のふちは鋭い重鋸歯。❽蜜腺は葉柄の上部や葉身の基部につく。

バラ科 ROSACEAE

前年枝の葉腋に淡紅色の花が散形状に3～5個つく。花序には柄はほとんどない。花は直径約4㌢。花弁は5個、倒卵状楕円形または広楕円形で先端には切れ込みがある。雄しべは30～35個。萼には毛が多い。萼筒は壺形で、下部がふくらむが、上部はエドヒガンほどくびれない。萼片は披針形で、ふちには鋸歯がある。ともに毛が多い。花柄は長さ2～2.5㌢で有毛。
果実／核果。直径約1㌢の球形で、5～6月に黒紫色に熟す。めったに結実しない。
類似種との区別点／ヤマザクラは葉の裏面が白っぽく、鋸歯が細かく、葉柄や花の各部が無毛。オオシマザクラは萼が無毛。花序は散房状で花が白色、各部が無毛。

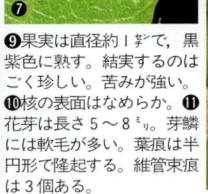

して散ってゆくはかなさ，そのどれもが美しい 1995.4.4 横浜市

❾果実は直径約1㌢で，黒紫色に熟す。結実するのはごく珍しい。苦みが強い。❿核の表面はなめらか。⓫花芽は長さ5～8㍉。芽鱗には軟毛が多い。葉痕は半円形で隆起する。維管束痕は3個ある。

バラ科 ROSACEAE　493

サクラ属 Prunus

〔サクラ属〕の多くは葉より展開前または同時に開花する。アリアケザクラの仲間とタカネザクラの仲間の2つのグループに分けられる。マメザクラの仲間は葉の鋸歯の先の腺が目立たないが、タカネザクラの仲間は鋸歯の腺がはっきりしている。

マメザクラ（1）
P. incisa
〈豆桜／別名フジザクラ〉

分布／本州（関東・中部地方の主に太平洋側）。フォッサ・マグナ要素の植物。

生育地／丘陵から山地の林縁や明るい樹林などに生える。

観察ポイント／富士山や箱根を中心とする山地に多い。八ガ岳周辺、伊豆半島、神奈川県西部の山地、三浦半島、房総半島でも見られる。

樹形／落葉小高木。高さは3〜8㍍、直径は太いもので30㌢になる。基部から分岐することが多い。

名前の由来／ほかのサクラに比べて、葉も花も小さいことによる。富士山の山麓に多いので富士桜ともいう。

〈左〉葉芽より早く展開しはじめた花芽。〈下〉全体の姿も花も葉も小形で端正。繊細な枝を放状に広げる。標

バラ科 ROSACEAE

いによる開花期のずれが大きい。写真は丹沢湖畔のもの 1999.3.25 神奈川県山北町

バラ科 ROSACEAE 495

サクラ属 Prunus
マメザクラ (L)
P. incisa

樹皮／暗灰色で、ざらつき、横に並んだ皮目が点在する。

枝／若い枝は無毛、まれに毛がある。

冬芽／卵形。花芽は葉芽より大きい。

葉／互生。葉身は長さ2～5㌢、幅1.5～3㌢の倒卵形～卵形。サクラの仲間ではもっとも小さい。先端は尾状に長くとがり、基部はまるく、ふちには欠刻状の重鋸歯がある。葉柄は長さ5～9㍉、斜上する毛が多い。蜜腺は葉身側につくことが多い。蜜腺にはしばしば柄があり、カニの目のようになる。托葉は長さ4～5㍉の狭披針形。

花／3月下旬～5月上旬、葉の展開前またはほぼ同時に開花する。前年枝の葉腋に白色または淡紅色の花が散形状に1～3個つく。花序には柄はほとんどない。花は直径約2㌢、ふつう下向きに咲く。花弁は5個、長さ約1㌢の広楕円形～倒卵形で、先端には切れ込みがある。花柄は長さ8～15㍉、斜上する毛が

樹高は2㍍くらいだが、小さな花をびっしりつけていた　1997.5.6　富士宮市

❶大きな花芽の間に小ぶな葉芽がついている。❷側の芽鱗が展開すると内のやわらかい芽鱗がのびる。ふちには腺状の突がある。❸苞。長さ3～㍉、ふちに鋸歯がある。❹萼筒は長さ5～6㍉。花には斜上する毛が生える。❺萼片は全縁。❻花の断、花柱と子房は無毛。

バラ科 ROSACEAE

多い。雄しべは約38個。雌しべの柱頭は雄しべと同長かすこしつきでる。萼筒は長さ5〜6㍉の鐘状筒形。萼片は，卵状楕円形で，先端は鈍く，ふちは全縁。苞は長さ3〜4㍉，ふちには鋸歯がある。

果実／核果。直径約8㍉の扁球形で，6月に黒く熟す。甘みがある。核は長さ6〜7㍉の扁平な卵形で，表面はなめらか。

類似種との区別点／タカネザクラやチシマザクラは，関東地方では標高1000㍍以上に分布することや，葉の鋸歯の先端がはっきりした腺になること，蜜腺が葉柄の上部につき，蜜腺に柄がないことなどで区別できる。イヌザクラは側脈の鋸歯の先端の腺がほとんど目立たない。

植栽用途／庭木，公園樹。若木のころから花をつけ，樹形も整っているので，盆栽にも利用される。日当たりがよく，適度に湿り気のある土地を好むが，やや乾燥したところでも育つ。生長はやや遅い。繁殖は実生または挿し木で，挿し木は容易。

熟した果実は甘くてうまい。苦みはまったくない　1988.6.19　山梨県山中湖村

❼葉の表面は緑色で全面に伏毛がある。❽葉裏は淡緑色。とくに脈上に斜上する毛が生える。❾鋸歯は欠刻状の重鋸歯でよく目立つ。❿蜜腺は葉身の基部近くにあることが多く，しばしば柄があってカニの目のようになる。⓫樹皮は暗灰色でざらつき，横並びの皮目が点在する。⓬核は長さ6〜7㍉，表面はなめらか。

バラ科 ROSACEAE　497

サクラ属 Prunus
キンキマメザクラ
P. incisa var. kinkiensis
いぬなしさくら別名 マアヒガン)

分布／本州（長野・富山・石川・福井・愛知県，近畿・中国地方）

生育地／日本海側に多い。南に下がるにつれて，個体数は少なくなり，生育地は露岩上や蛇紋岩地，石灰岩地などに限られる。

樹形／落葉小高木。高さ5〜7㍍になる。

葉／互生。葉身は長さ5〜6㌢，幅2〜5㌢の倒卵形〜広倒卵形。先端は尾状に長くのび，ふちには欠刻状の重鋸歯がある。葉柄は長さ6〜8㍉。蜜腺は葉柄の上端か葉身の基部につく。

花／4〜5月，葉の展開前またはほぼ同時に開花する。花は白色または淡紅色で直径1.5〜2㌢，下向きに咲く。花弁は5個。柱頭は雄しべの葯より長くつきでることが多い。萼筒は長さ7〜10㍉の細長い鐘形。萼片は長さ3〜5㍉の披針形または楕円形，全縁でふちに毛がある。

キンキマメザクラ。標高1400㍍付近の個体。花は淡紅色だった　1997.4.22　勝山

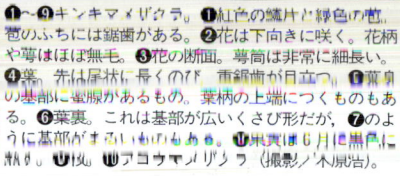

❶〜❾キンキマメザクラ。❶紅色の鱗片と緑色の萼，萼のふちには鋸歯がある。❷花は下向きに咲く。花柄や萼はほぼ無毛。❸花の断面。萼筒は非常に細長い。❹葉。先は尾状に長くのび，重鋸歯が目立つ。❺葉身の基部に蜜腺があるもの。葉柄の上端につくものもある。❻葉裏。これは基部が広いくさび形だが，❼のように基部がまるいものもある。❽果実は6月に黒色に熟す。❾花。⓫アコウヤメザクラ（撮影／木原浩）。

ハラ科 ROSACEAE

ブコウマメザクラ
P. incisa
　var. bukosanensis
〈武甲豆桜〉

分布／本州（埼玉県秩父，群馬県南部，東京都奥多摩）

生育地／石灰岩地に多いが，石灰岩地でない妙義山などにも生える。かつては武甲山に多かったが，石灰岩採掘のため生存が脅かされている。

樹形／落葉小高木。

葉／互生。葉身は長さ5〜8ボの広倒卵形。先端は急に短くとがり，ふちには欠刻状の重鋸歯がある。鋸歯の先はあまりとがらない。蜜腺は葉身の基部にある。

花／4月，葉の展開前またはほぼ同時に開花する。花は1〜3個，長さ約1ボ，かすかに紅色を帯びた白色または淡紅紫色で，しばしば先端部の色が濃い。萼筒は長さ8〜10ミリ。

類似種との区別点／マメザクラより葉が大きく，まるみがある。また萼筒は細長く，柱頭は雄しべの葯よりも長くつきでることが多い。マメザクラの柱頭は雄しべの葯とほぼ同位置かすこしつきでる。

ブコウマメザクラ。絶滅が心配されている　1990.4.24　埼玉県秩父　撮影／木原

バラ科 ROSACEAE　499

サクラ属 Prunus

タカネザクラ(1)
P. nipponica
〈高嶺桜/別名 ミネザクラ〉

分布/北海道,本州(中部地方以北),南千島,サハリン

生育地/北海道では低地にも見られるが,中部地方では標高1000～2800mの山地から高山に生える。サクラの仲間ではもっとも標高の高いところに生育する。

樹形/落葉小高木。高さ2～8m,直径20cmほどになる。幹は基部から枝分かれする。

備考/変種の**チシマザクラ** var. kurilensisは,葉の両面,葉柄,花序の柄,花柄,萼筒に開出毛がある。タカネザクラとの中間型が多く,変異は連続している。花柄が有毛で,萼は無毛のものをケタカネザクラという。

〈左上〉タカネザクラの葉柄は,ふつう無毛。〈左下〉チシマザクラの葉柄は開出毛が多い。〈上〉タカネザクラはも

バラ科 ROSACEAE

も標高の高いところに分布するサクラ。麦草峠の標高2000㍍付近で撮影　1995.5.26　長野県小海町

バラ科 ROSACEAE

サクラ属 Prunus
タカネザクラ（2）
P. nipponica

樹皮／紫褐色。若木は
横に長い皮目が並ぶ。

枝／新枝は無毛。横に
広がってのびる。

冬芽／長さ4〜5㍉の
卵形で、先端はまるい。
頂芽と側芽はほぼ同形。
芽鱗は6〜9個あり、
先端には小さな鋸歯が
ある。葉痕は三角形
〜三日月形。維管束痕
は3個。

葉／互生。葉身は長さ
4〜9㌢、幅3〜6㌢
の倒卵形〜倒卵状楕円
形。先端は尾状に長く
とがり、基部は円形ま
たは鈍形、ふちには欠
刻状の重鋸歯がある。
鋸歯の先端には小さな
腺がある。質は薄く、
ふつう両面とも無毛。
若葉は赤褐色。葉柄は
長さ約1㌢、ふつう無
毛。蜜腺はふつう葉柄
の上部につく。

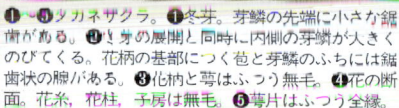

タカネザクラ。こんもりとした樹形になり、花は下向きに咲く　1995.5.26　茅

❶〜❺タカネザクラ。❶冬芽。芽鱗の先端に小さな鋸歯がある。❷芽の展開と同時に内側の芽鱗が大きくのびてくる。花柄の基部につく苞と芽鱗のふちには鋸歯状の腺がある。❸花柄と萼はふつう無毛。❹花の断面。花糸、花柱、子房は無毛。❺萼片はふつう全縁。

バラ科 ROSACEAE

花／5～7月、葉の展開とほぼ同時に開花する。前年枝の葉腋に白色～淡紅色の花が散形状に1～3個つく。花は直径1.5～3㌢。花弁は5個、長さ1～1.5㌢の広倒卵形～広楕円形で先端はくぼむ。花序の柄は長さ約2㍉、花柄は長さ2～3㌢、ふつう無毛。萼筒は長さ約6㍉の筒状鐘形～鐘形で無毛。萼片は5個、披針形で全縁または鋸歯がすこしある。

果実／核果。直径7～8㍉の球形で、7～8月に黒紫色に熟す。酸味がある。核は扁平な卵形。

イシヅチザクラ
P. × shikokuensis
〈石鎚桜〉

タカネザクラとチョウジザクラの自然交雑種。四国の石鎚山から東赤石山の岩石地帯に分布する。

シヅチザクラ。石鎚山系にのみ分布する 1991.5.19 石鎚山 撮影／木原

❻～⓫タカネザクラ。❻葉表。質は薄い。❼葉裏は淡緑色。ふつう両面とも無毛。❽鋸歯は欠刻状の重鋸歯。鋸歯の先端には小さな腺がある。❾蜜腺はふつう葉柄の上部にある。❿果実は黒紫色に熟す。⓫樹皮は光沢があり、横長の皮目が目立つ。⓬イシヅチザクラ。花柄には開出毛がある。萼筒はほとんど無毛。萼片はほぼ全縁（撮影／木原浩）。

バラ科 ROSACEAE

サクラ属 Prunus

フユザクラ
P. × parvifolia
cv. Parvifolia
〈冬桜/別名コバザクラ〉

マメザクラとサトザクラのある種またはヤマザクラとの雑種といわれている。冬と春の年2回開花する。

観察ポイント／群馬県鬼石町の桜山公園に植えられているものは,「三波川の冬桜」として国の天然記念物に指定されている。

樹形／落葉小高木。

葉／互生。葉身は長さ3〜8㌢の卵形〜倒卵形。ふちには重鋸歯があり,単鋸歯がすこしまじる。葉柄は長さ8〜12㍉,暗紅紫色で毛が密生する。蜜腺は葉柄の上部にふつう2個つく。

花／冬の花は10〜12月,春の花は4月に咲く。花ははじめわずかに淡紅色を帯び,のちに白色。花弁は長さ約1.5㌢の広卵形。萼筒は長さ5〜6㍉の筒形で紅紫色。花柄は春の花で長さ1〜2㌢,冬の花は長さ3〜4㍉。

植栽用途／公園樹,庭園樹。耐寒性がある。

フユザクラ。マメザクラの血を引くだけに可愛らしい　1997.11.7　群馬県鬼石町

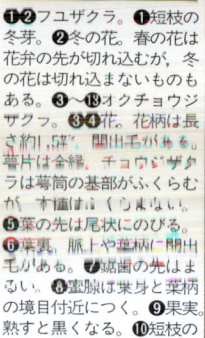

❶❷フユザクラ。❶短枝の冬芽。❷冬の花。春の花は花弁の先が切れ込むが,冬の花は切れ込まないものもある。❸〜⓭オクチョウジザクラ。❸❹花。花柄は長さ約1.5㌢,開出毛がある。萼片は全縁。チョウジザクラは萼筒の基部がふくらむが,本種はふくらまない。❺葉の先は尾状にのびる。❻葉身,脈上や葉柄に開出毛がある。❼鋸歯の先はまるい。❽蜜腺は葉身と葉柄の境目付近につく。❾果実。熟すと黒くなる。❿短枝の冬芽。⓫⓬側芽。⓭樹皮。

バラ科 ROSACEAE

サクラ属 Prunus

チョウジザクラ群のサクラにはチョウジザクラ、オクチョウジザクラなどがある。

オクチョウジザクラ
P. apetala var. pilosa
〈奥丁字桜〉

分布／本州（青森県～滋賀県の日本海側）

樹形／落葉低木～小高木。下部から枝分かれして、高さ3～5mになる。

樹皮／紫褐色。横に長い皮目が多い。

葉／互生。葉身は長さ2.5～7.5cmの倒卵形～倒卵状楕円形。鋸歯は欠刻状の重鋸歯で、先はまるみを帯びる。蜜腺は葉身の基部または葉柄との境にある。葉柄には開出毛が生える。花／4～5月、葉の展開前またはほぼ同時に開花する。花は白色または淡紅色。花弁は長さ約1cm。花柱はふつう無毛。萼筒は長さ8～10mmの長い筒形。

備考／母種のチョウジザクラは花がやや小さく、花柱に毛がある。また葉や萼の毛が多く、萼片には鋸歯がある。

果実／核果。直径約8mmの球形で、6～7月に黒く熟す。甘い。

オクチョウジザクラ。低い木だったが立派に花をつけていた 1997.4.14 糸魚川市

バラ科 ROSACEAE

サクラ属 Prunus

チョウジザクラ
P. apetala
〈丁字桜/別名 メジロザクラ〉

分布／本州（岩手県～広島県の太平洋側）,九州（熊本県）

生育地／山地。熊本県では石灰岩地に見られる。

樹形／落葉低木～小高木。高さは3～6㍍。幹は基部から分岐して,傘形の樹形になる。

樹皮／灰褐色。皮目が点在する。

枝／新枝には開出毛が多い。

冬芽／長さ3～5㍉の卵形。芽鱗は10～12個,無毛。葉痕は三角形～三日月形。

葉／互生。葉身は長さ5～8㌢の倒卵形～倒卵状楕円形。先端は尾状に長くとがり,基部は円形～切形で,左右は不ぞろい。ふちには欠刻状の重鋸歯があり,鋸歯の先端には赤い乳頭状の腺がある。蜜腺は葉身の基部または葉柄の上端につく。葉柄は長さ6～14㍉で,開出毛が密生する。

花／3～4月,葉の展開前またはほぼ同時に開花する。前年枝の葉

花は萼筒が細長く,横から見ると丁字形に見える　1997.4.26　軽井沢植物園

❶短枝の冬芽。❷側芽。❸花の断面。柱頭は雄しべより長くつきだし,花柱の下部に開出毛がある。❹花の萼部の毛。萼筒は細長い。萼裂片の基部にふくらむ。葉の表面は立毛におおわれている。❺葉面の脈上に開出毛が密生する。❼鋸歯は欠刻状の重鋸歯。先端乳頭状の腺がある。❽蜜腺が葉身の基部についたも葉柄の上端につくものもある。❾葉柄は毛深い。托は長さ7～12㍉,鋸歯の先は腺になる。❿核。⓫樹

バラ科 ROSACEAE

腋に白色または淡紅色の花が散形状に1～3個下向きにつく。花は直径約1.5㌢。花弁は5個，長さ6～8㍉の広倒卵形で，先端は切れ込む。雌しべの花柱の下半部には開出毛がある。萼筒は長さ7～10㍉の筒状で，腺のある開出毛が密生して粘る。萼筒の基部はすこしふくらむ。萼片のふちには鋸歯がある。花柄は長さ1～2㌢で開出毛が密生する。苞は緑色で，鋸歯の先端に腺があって粘る。

果実／核果。直径約8㍉の卵球形で，6月に黒く熟す。果肉は甘い。核は長さ6～7㍉の扁平な卵形。

備考／ミヤマチョウジザクラvar. monticolaは，葉に鋭い鋸歯があり，萼筒と果柄の毛はよはばらで，花はやや大きい。長野県伊那地方と岐阜県に分布する。

最近，チョウジザクラの葉や樹皮には，抗ガン物質のひとつであるゲニスタインというイソフラボノイドが含まれていることが確認された。

い果柄が特徴。葉はビロードのように毛深い　1992.6.12　軽井沢植物園

バラ科 ROSACEAE

サクラ属 Prunus

ヤマザクラ群のヤマザクラ、オオヤマザクラ、カスミザクラ、オオシマザクラなどは、葉の展開と同時に開花する。葉の展開前に花が咲くソメイヨシノのような派手さはないが、このグループのほうが落ち着いていていいという人も多い。

ヤマザクラ（1）
P. jamasakura
〈山桜〉

分布／本州（宮城・新潟県以西）、四国、九州
生育地／山地に広く自生する。植栽も多い。
樹形／落葉高木。高さ15〜25㍍、直径50〜60㌢になる。
備考／ソメイヨシノより開花は遅い。古くはサクラというとヤマザクラを指した。吉野のサクラもヤマザクラ。寿命が長く、巨木も多い。秋の紅葉も美しい。

〈左上・下〉新葉の色は変異が多い。〈上〉「さまざまの事おもひ出す桜かな」（芭蕉）、じつにうまい句だ。「し

バラ科 ROSACEAE

は花の上なる月夜かな」。これも芭蕉　1990.4.10　高知県物部村

バラ科 ROSACEAE

サクラ属 Prunus

ヤマザクラ (E)
P. jamasakura

樹皮／紫褐色または暗褐色。横に長い皮目が多い。

枝／新枝は赤褐色で無毛。褐色のふくらんだ皮目が目立つ。

冬芽／長さ6〜9㍉の長卵形で無毛。芽鱗の先端はやや開く。葉痕は三角形〜三日月形。

葉／互生。葉身は長さ8〜12㌢, 幅3〜5㌢の長楕円形〜卵形。先端は尾状に長くのび, 基部は広いくさび形〜円形。ふちには細くて鋭い単鋸歯または重鋸歯がある。表面は無毛で, 裏面は白色を帯びる。葉柄は長さ2〜2.5㌢, 無毛で赤みを帯びる。上部に赤い蜜腺が2個ある。新芽の色は赤, 茶色, 黄色, 緑色と変異が多い。

花／3月下旬〜4月中旬, 葉の展開とほぼ同時に開花する。前年枝の葉腋に淡紅色の花がふつう散房状に2〜5個つく。花序の柄は長さ5〜15㍉。花は直径2.5〜3.5㌢。花弁は5個, 長さ1.1〜1.9㌢の円形〜広楕円形で先端は切れ込む。雄しべは

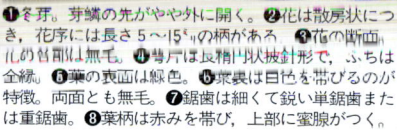

ヤマザクラは花そのものの美しさもさることながら, 同時に展開する茶色や緑色

❶冬芽。芽鱗の先がやや外に開く。❷花は散房状につき, 花序には長さ5〜15㍉の柄がある。❸花の断面。萼筒は無毛。❹萼片は長楕円状披針形で, ふちは全縁。❺葉の表面は緑色。❻葉裏は白色を帯びるのが特徴。両面とも無毛。❼鋸歯は細くて鋭い単鋸歯または重鋸歯。❽葉柄は赤みを帯び, 上部に蜜腺がつく。

バラ科 ROSACEAE

35～40個。雌しべは1個。萼筒は長さ5～7㍉の長い鐘形。萼片は長楕円状披針形。花糸，花柱，子房，萼は無毛。花柄は長さ1.4～3.2㌢で無毛。

果実／核果。直径7～8㍉の球形で，5～6月に黒紫色に熟す。

類似種との区別点／オオヤマザクラは葉の基部が浅いハート形，花序は散形状で柄がなく，花の色が濃い。またヤマザクラの芽鱗は粘らないが，オオヤマザクラの芽鱗は粘るなどの点で区別できる。

植栽用途／庭木，公園樹，街路樹など。日当たりのよい肥沃地を好む。繁殖は実生または接ぎ木。

用途／材は赤褐色で緻密，いい香りがする。古くは浮世絵の版木に使われた。現世も本格的な版木にはヤマザクラを用いる。建築材，家具材，器具材，楽器材。樹皮は樺細工などの細工物に利用される。

葉が彩りを添え，味わいをいっそう深めている　1992.4.3　愛知県田原町

❾果実は黒紫色に熟し，苦みがある。本年枝には大きくふくらんだ皮目がある。❿核は扁平な卵形で表面はなめらか。⓫樹皮。横に長い皮目が目立つ。

バラ科 ROSACEAE

サクラ属 Prunus

オオヤマザクラ (1)
P. sargentii
〈大山桜〉別名エゾヤマザクラ、ベニヤマザクラ〉

分布／北海道，本州，四国(石鎚山)，南千島，サハリン，朝鮮半島

生育地／山地の疎林や林縁などに生える。

観察ポイント／東北地方の北部や北海道の代表的な野生のサクラ。中部地方や関東地方では標高800㍍以上に見られ，ヤマザクラやカスミザクラより高いところに生える。

樹形／落葉高木。高さ10〜15㍍，直径40〜50㌢になる。大きいものでは高さ20〜25㍍，直径1㍍ほどになる。

用途／材は赤褐色で緻密。建築材，家具材，楽器材，彫刻材（版木など）。樹皮は樺細工に使われる。

〈左上〉花序に柄がないのが特徴。〈左下〉苞と芽鱗。ふちに腺があり，芽鱗の内側は有毛。〈上〉花の色は上品

バラ科 ROSACEAE

。山で見る汚れないその姿は，人ごみのなかで咲くソメイヨシノと対照的　1996.5.11　群馬県水上町

バラ科 ROSACEAE

サクラ属 Prunus
オオヤマザクラ（？）
P. sargentii

樹皮／暗紫褐色。横に長い皮目がある。

枝／新枝は栗褐色または赤褐色で無毛。2年枝は灰色のロウ質をかぶる。

冬芽／花芽は長さ6〜8㍉、直径3〜4㍉の卵形〜長卵形。葉芽は長さ5〜6㍉とやや小さい。芽鱗は8〜10個あり、粘る。葉痕は半円形〜三日月形。維管束痕は3個。

葉／互生。葉身は長さ8〜15㌢、幅4〜8㌢の楕円形〜倒卵状楕円形。先端は尾状に長くのび、基部はハート形〜円形。ふちには粗い単鋸歯があり、重鋸歯がまじる。鋸歯の先端には腺がある。質はやや厚く、裏面は無毛で白色を帯びる。葉柄は長さ1.5〜3㌢で無毛、赤みを帯び、上部に蜜腺が2個ある。托葉は線形で早落性。

花／4〜5月、葉の展開とほぼ同時に開花する。前年枝の葉腋に紅色〜淡紅色の花が散形状に2〜3個つく。花

関東地方や中部地方以北の標高の高いところに多い　1997.4.20　山梨県足和田村

❶冬芽。芽鱗が粘るのが特徴。❷花序には柄がない。❸花の断面。花柱や子房は無毛。萼は無毛、萼片は全縁。❹葉の先端は尾状に長くのびる。基部はハート形。❺葉裏は無毛で白色を帯びる。❻鋸歯は芒状にとがり、先端には腺がある。❽葉柄は赤みを帯び、上部に蜜腺が2個ある。❾果実は黒紫色に熟す。❿核は扁平な卵形。⓫樹皮は横に長い皮目が目立つ。

バラ科 ROSACEAE

序には柄はほとんどない。花は直径3〜4.5㌢。花弁は5個、長さ1.5〜2㌢の広倒卵形〜広楕円形で、先端はへこむ。雄しべは35〜38個。雌しべは1個。萼筒は長さ5〜7㍉の筒状鐘形。萼片は5個、長楕円形で、ふちは全縁。花糸、花柱、子房、萼は無毛。花柄は長さ2〜4㌢で無毛。

果実／核果。直径約1㌢の球形で、5〜6月に黒紫色に熟す。核は扁平な楕円形。

備考／芽鱗や新芽が粘るという特徴はヒマラヤザクラに似ている。

植栽用途／庭木、公園樹。日当たりのよい適潤地がいい。やや乾燥したところでも生育するが、暖地ではよく育たない。繁殖は実生または接ぎ木。

名前の由来／ヤマザクラより葉や花が大きいことによる。別名のエゾヤマザクラ（蝦夷山桜）は、北海道に多く見られることによる。ベニヤマザクラ（紅山桜）は、ヤマザクラに比べて花の色が濃いことによる。

う紅葉の最盛期は過ぎ、まもなく落葉する　1989.10.27　日光市

バラ科 ROSACEAE

サクラ属 Prunus

カスミザクラ（1）
P. verecunda
〈霞桜／別名ケヤマザクラ〉

分布／北海道, 本州, 四国, 朝鮮半島, 中国東北部〜東部

生育地／山地

観察ポイント／四国では非常にまれ。垂直分布でみると, ヤマザクラより標高の高いところに見られる。

樹形／落葉高木。高さ15〜20㍍, 直径30〜50㌢になる。

備考／アサギリザクラ f. intermedia はカスミザクラの品種で, 花の各部分や葉柄にまったく毛がなく, 葉の両面にもほとんど毛がないタイプ。北海道南部や本州の日光地方などに分布する。

植栽用途／公園樹, 街路樹など。寒い地方に適している。

用途／建築材, 器具材, 彫刻材, 家具材など。

名前の由来／開花時の花の様子を霞にたとえたもの。別名のケヤマザクラ（毛山桜）は, 各部が無毛のヤマザクラに対して, 花柄や葉柄などに毛があるものが多いことによる。

花は白っぽい

標高500㍍以上の山岳地帯に多い。ヤマザクラに似ているが, 花柄に毛があるの

バラ科 ROSACEAE

…がわかる。また苞の大きさや形状にも微妙な違いがあり，判別点になる　1996.5.14　山梨県御坂町

バラ科 ROSACEAE

サクラ属 Prunus

カスミザクラ(♮)
P. verecunda

樹皮ノ灰褐色。横に長い皮目が目立つ。
枝／新枝は灰褐色で、無毛または軟毛がある。皮目は小さい。
冬芽／長さ3〜5㍉の紡錘形〜長楕円形で、先はとがる。芽鱗は7〜10個、無毛。葉痕は三角形〜半円形。維管束痕は3個。
葉／互生。葉身は長さ8〜12㌢、幅4〜6㌢の倒卵形〜倒卵状楕円形。先端は尾状に鋭くとがり、基部は円形〜くさび形。ふちには単鋸歯と重鋸歯がまじり、鋸歯の先端は鋭くとがる。表面は緑色、裏面は淡緑色で、光沢がある。両面または片面に軟毛がまばらにあるものや両面とも無毛のものなど、毛の生え方は変異が多い。葉柄は長

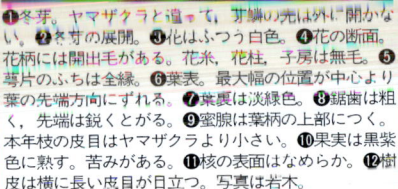

花が霞のように見えるというのが和名の由来。確かにそう見えるときもあるが、

❶冬芽。ヤマザクラと違って、芽鱗の先は外に開かない。❷冬芽の展開。❸花はふつう白色。❹花の断面。花柄には開出毛がある。花糸、花柱、子房は無毛。❺萼片のふちは全縁。❻葉表。最大幅の位置が中心より葉の先端方向にずれる。❼葉裏は淡緑色。❽鋸歯は粗く、先端は鋭くとがる。❾蜜腺は葉柄の上部につく。本年枝の皮目はヤマザクラより小さい。❿果実は黒紫色に熟す。苦みがある。⓫枝の表面はなめらか。⓬樹皮は横に長い皮目が目立つ。写真は若木。

バラ科 ROSACEAE

さ1.5〜2ボ、わずかに赤みを帯び、ふつう開出毛があるが、無毛のこともある。蜜腺は葉柄の上部につく。

花／4〜5月、葉の展開と同時に開花する。同じ場所ではヤマザクラよりかなり花期が遅い。前年枝の葉腋に白色またはわずかに紅色を帯びた花が、散形状または散房状に2〜3個つく。花序の柄は長さ約1ボ、花柄は長さ1.5〜2.5ボ。花序の柄と花柄にはふつう開出毛がある。花は直径2〜3ボ。花弁は5個、長さ1.2〜1.9ボの広倒卵形〜広楕円形で、先端に切れ込みがある。雄しべは約40個、雌しべは1個。花糸、花柱、子房は無毛。萼筒は長さ5〜6ボの鐘井筒形で、無毛または基部に毛がある。萼片は卵状披針形または長楕円形で、ふちは全縁。苞は緑色で、ふちには鋸歯がある。

果実／核果。直径8〜10ボのほぼ球形で、6月頃に黒紫色に熟す。苦みがある。核は扁平な楕円形。

サクラ属 Prunus
オオシマザクラ (1)
P. lannesiana
var. speciosa
(大島桜)

分布／本州(房総半島、三浦半島、伊豆半島、伊豆諸島)。伊豆諸島以外のものは、かつて薪炭用に栽培されていたものが野生化したものという説もある。

生育地／沿海地の丘陵や低い山地

観察ポイント／伊豆大島の桜株は国の特別天然記念物。房総半島から伊豆半島の海岸沿いで見られ、公園などにもよく植えられている。

樹形／落葉高木。高さ8〜10m、直径50cmになる。大きいものは高さ15m、直径2mにもなる。

用途／葉は塩漬けにして桜餅を包むのに使う。実生苗はサトザクラの台木に用いられる。材はほかのサクラよりやわらかい。建築材、器具材、機械材、楽器材、家具材。生長が早いので薪炭材にされた。

名前の由来／伊豆諸島の大島などに多く産することによる。

鋸歯の先は芒状になる

紅葉の鮮やかさは昼夜の温度差が大きく影響する。写真は自生地とはかけ離れ

バラ科 ROSACEAE

のやや高いところに植えられたもので，通常よりも美しく色づいていた　1992.11.9　山梨市

サクラ属 Prunus
オオシマザクラ（2）
P. lannesiana
　var. speciosa

樹皮／暗灰色。濃褐色の皮目が目立つ。

枝／新枝は太く，淡褐色で無毛。

冬芽／花芽は長さ7～9㍉の卵形～長卵形。葉芽は長卵形～紡錘形。ともに無毛。葉痕は半円形。維管束痕は3個。

葉／互生。葉身は長さ8～13㌢，幅5～8㌢の倒卵状長楕円形～倒卵状楕円形。先端は尾状にのび，基部は円形，ときにハート形。ふちには重鋸歯がある。鋸歯の先端は芒状に長くのびる。質はやや厚く，表面は濃緑色で光沢があり，裏面は淡緑色。両面とも無毛。葉柄は長さ1.5～3㌢で無毛。上部に蜜腺が2個ある。

花／3月下旬～4月上旬，葉の展開とほぼ同時に開花する。前年枝の葉腋に白色の花が散形状または散房状に3～4個つく。花序の柄は長さ1.5～2.5㌢。花は直径3～4㌢。花弁は5個，長さ1.5㌢ほどの広楕円形で先端は切れ込む。雄しべは24～32個，雌しべは1個。

サクラの仲間では花は大きいほうで見ごたえがある　1994.3.1　横浜市

❶冬芽。花芽は卵形～長形。葉芽はほっそりしてる。芽鱗は無毛。❷❸花はふつう白色だが、淡いピンクのものも見られる。花や萼は無毛。❹花の断面。花の各部は無毛。❺萼片ふちには鋸歯がある。❻表。先端は尾状に長くのびる。❼葉裏は淡緑色。基はふつう円形。❽鋸歯の端は芒状に長くのびる。蜜腺は葉柄の上部につく❿核の表面はなめらか。樹皮。横長の皮目が目立つ

バラ科 ROSACEAE

萼筒は長さ7〜8㍉の長鐘形。萼片は長さ6〜7㍉の披針形、ふちには鋸歯がある。花糸、花柱、子房、萼は無毛。花柄は長さ2〜4㌢で無毛。苞は倒卵形で、中間から上部に鋸歯がある。

果実／核果。直径1.2㌢ほどの球形で、5〜6月に黒紫色に熟す。核は扁平な楕円形。

類似種との区別点／カスミザクラはオオシマザクラより花が小さく、萼片は全縁。また花柄や葉柄にふつう毛があり、鋸歯の先端が芒状にのびない。ソメイヨシノは花が淡紅色で、葉柄、花柄、萼筒、萼片、花柱、冬芽に毛があるので区別できる。

栽培用途／庭木、公園樹、街路樹。ほかのサクラに比べて刈込みに強く、大気汚染に強い。繁殖は実生、接ぎ木、挿し木。

く熟したものは甘い。ときどき食べている人を見かける　1997.5.25　伊勢市

バラ科 ROSACEAE

サトザクラ

野生種の突然変異品や自然雑種、人為的に交配してつくられた種類がいろいろ種被育成されたサクラの園芸品種を一般にサトザクラと呼んでいる。品種の育成は古くから行なわれ、江戸時代後期が品種の蓄積の最盛期。すでに絶滅したものもあるが、新たに作出された品種も含めて200種類以上が知られている。サトザクラはオオシマザクラの影響がもっとも大きいといわれ、ヤマザクラ、オオヤマザクラ、カスミザクラ、エドヒガン、マメザクラ、チョウジザクラ、カンヒザクラなどが複雑に関係して多彩な品種群ができあがった。

フゲンゾウ〈普賢象〉

室町時代からあったといわれる古い品種。名前の由来は、葉化した2本の雌しべを普賢菩薩の乗っている普賢象の鼻にたとえたもの。若芽は紅紫色を帯びた褐色。成葉は長さ8〜16㌢、幅4〜8㌢の楕円形〜倒卵形。花ははじめ淡紅色、のちにほとんど白色となる。花弁は21〜50個、萼片は鋸歯があり、そり返る。

カンザン〈関山〉

セキヤマともいう。古くから知られているサトザクラの代表的品種。花が濃紅色の大輪で美しいため各地に植えられている。若芽は赤茶色。成葉は長さ7〜15㌢、幅4〜8㌢の楕円形〜倒卵形。花弁は20〜45個、先端は不ぞろ

フゲンゾウ。かなりポピュラーなサトザクラ。よく見かける　1989.4.19　横浜市

❶❷カンリン。ヤマザクラの影響が見れるサトザクラ。❸イチヨウ。オオシマザクラ系のサトザクラ。❹ウコン。大次三郎は純オオシマザクラ系としたが川崎哲也はヤマザクラの影響が見られと指摘している。❶❷❸撮影／木原浩

バラ科 ROSACEAE

いに切れ込み，不規則にねじれる。雌しべは2個あり，ふつう葉化している。萼片は全縁。

イチヨウ 〈一葉〉

雌しべがふつう1個で下半部が葉化しているのでこの名がある。若芽は褐色を帯びた黄緑色。成葉は長さ6〜10 ㌢，幅4〜6㌢の楕円形〜倒卵形。花ははじめ淡紅色だが，満開になるとほとんど白色になる。花弁は20〜25個，先端は2裂または細かく切れ込む。萼片はふつう全縁でそり返る。

ウコン 〈鬱金〉

古くから栽培され，欧米でも人気のある品種。花の色が淡黄緑色で，ウコンの根茎を使って染めた色に似ていることからこの名がある。苞片はすこし紅紫色を帯びた褐色。成葉は長さ6〜12㌢の楕円形〜長楕円状倒披針形。花弁は7〜18個，外側の花弁は水平に開き，内側の花弁は直立する。萼片は全縁。

チヨウ。つぼみは濃紅色，開くと淡くなる　1987.4.17　新宿御苑　撮影／木原

バラ科 ROSACEAE　525

サクラ属 Prunus

ミヤマザクラ群のサクラは葉がすっかり展開しながら開花する。ミヤマザクラ群の分布の中心は中国南西部で、雲南省から四川省にかけての地域に5種類ほど知られている。日本に自生するのはミヤマザクラ1種だけ。ミヤマザクラ群の特徴は、花が総状の花序につき、花弁がまるく、先端に切れ込みがないこと、苞が果期まで残り、核の表面にしわ状の隆起があることなどで、ほかのサクラ亜属のサクラとは大きく異なっている。

ミヤマザクラ（1）
P. maximowiczii
〈深山桜／別名シロザクラ〉

分布／北海道，本州，四国，九州，サハリン，ウスリー，朝鮮半島，中国東北部

生育地／山地から亜高山帯下部にかけて生育する。北国や標高の高いところに多い。

観察ポイント／ほかのサクラに比べて花期が遅く，5〜6月に関東地方北部や中部地方の

つぼみ。花序は総状

美しくない桜ベスト3に入るといったら怒られそうだが、花が目立たないことに

526 バラ科 ROSACEAE

山で咲いている。西日本では深山で見られる。
樹形／落葉高木。高さ5～10㍍、直径10～20㌢になる。大きいものでは高さ15㍍、直径60～90㌢に達するものもある。

類似種との区別点／マメザクラやタカネザクラとは，花の時期なら花序が総状で，花弁に切れ込みがないことで見分けられる。葉で見分けるときは，ミヤマザクラの葉は鋸歯の先端が腺になること，蜜腺は葉身の基部につくこと，葉柄や葉裏の主脈上に伏毛が多いことなどがポイント。マメザクラは葉の鋸歯の先の腺が目立たず，タカネザクラは蜜腺が葉柄の上部にあることで区別される。

栽植用地／日当りのよい所。腐植質の少ないところではよく育たない。繁殖は実生。

用途／材は重くてかたく，家具材，器具材，彫刻材，運動具などに用いられる。山梨県の郡内地方では，樹皮を郡内織の染料（焦げ茶色）として利用する。

。そのかわり果実は被写体としておもしろい　1989.6.19　韮崎市

鋸歯の先は腺になる

バラ科 ROSACEAE　527

サクラ属 Prunus

ミヤマザクラ (い)
P. maximowiczii

樹皮／紫褐色。横長の皮目が横に並ぶ。

枝／新枝には褐色の伏毛が密生する。2年枝は灰褐色で、白い皮目が点在する。

冬芽／花芽は長さ4〜5ミリの卵形。葉芽はやや細い。芽鱗は7〜10個。ふちには鋸歯状のギザギザがある。葉痕は三角形〜三日月形。

葉／互生。葉身は長さ4〜8センチ、幅2〜6センチの倒卵状長楕円形。先端は尾状に鋭くとがり、基部は広いくさび形〜切形。ふちには欠刻状の重鋸歯がある。鋸歯の先端は腺になる。表面は光沢がなく、斜上する毛がまばらにある。裏面は脈上に伏毛が多い。葉柄は長さ1〜1.5センチ、淡褐色の毛が密生する。蜜腺は葉身の基部につく。

花／5〜6月、葉が完全に展開したあと開花する。長さ4〜8センチの総状の花序に白色の花が4〜10個つく。花は直径1.5〜2センチ。花弁は5個、長さ6〜8ミリの

アズキナシやウラジロノキの花によく似ている　1997.5.29　韮崎市

❶冬芽。まるっこいのが花芽、葉芽はすこし細い。芽鱗のふちには鋸歯状のギザギザがある。❷花序。葉状の苞が目立つ。❸花の断面。花柱に毛のないタイプ。萼筒は鐘形、萼片はそり返る。萼と花柄は有毛。❹萼片のふちには細かい鋸歯があり、先端は腺になる。

バラ科 ROSACEAE

広楕円形で、先端は切れ込まない。雄しべは34〜38個で、花柱とほぼ同長。雌しべは長さ約1㌢。花柱の下半部に毛があるものとないものがある。萼には伏毛がある。萼筒は長さ約3.5㍉の鐘形。萼片は長さ2.5〜3㍉の長楕円形で、ふちには鋸歯がある。鋸歯の先には小さな腺がある。花柄は長さ1〜1.5㌢で、全体に斜上する毛が生える。花柄の基部には長さ5〜8㍉の葉状の苞がある。苞は緑色で、ふちには歯牙がある。苞は果期まで残る。

果実／核果。直径1㌢ほどの球形で、7〜8月に黒色く熟す。果柄は赤みを帯び、褐色の毛がある。果柄の基部には葉状の苞が残る。核は扁平な楕円形で、表面にはしわ状の隆起がある。

花期の遅いサクラで、高所では6月下旬まで見られる　1995.5.27　軽井沢植物園

❺葉。表面には斜上する毛がまばらにある。鋸歯は欠刻状の重鋸歯。❻葉裏。脈上に伏毛が多い。❼葉柄には淡褐色の毛、新枝には濃い褐色の毛が密生する。❽蜜腺は葉身の基部につく。❾果実は黒く熟す。果柄は紅色を帯び、緑色の苞が目立つ。❿核の表面にはしわ状の隆起がある。⓫樹皮。横に長い皮目がある。

バラ科 ROSACEAE

サクラ属 Prunus

ユスラウメの仲間は中国原産。日本ではユスラウメやニワウメ、ニワザクラが古くから栽培されている。ほかのサクラ亜属では側芽は1個ずつつくが、ユスラウメの仲間は3個並んでつくのが特徴。

ユスラウメ
P. tomentosa

〈梅桃・山桜桃〉

高さ3～4mになる落葉低木。日本には17世紀以前に渡来したといわれ、各地の庭園や公園などに植えられている。葉は長さ4～7cmの倒卵形。花は白色～淡紅色で、直径1.5～2cm。果実は直径1～1.2cm、6月に紅色に熟す。甘酸っぱい。

ニワウメ
P. japonica

〈庭梅〉

種小名に日本の名がついているが、原産地は中国。古い時代に渡来した。高さ1～2mになる落葉低木。株立ち状になる。葉は長さ4～6cmの卵形～卵状披針形。ふちには細かい重鋸歯がある。花は直径約1.3cm、ふつう淡紅色、まれに白色。果実は直径約1cm、6～

ユスラウメ。果実の味は中級。薄甘くて酸味が少ない　1989.5.28　横浜市

バラ科 ROSACEAE

7月に濃紅色に熟す。完熟した果実を乾燥したものを郁李仁(いくりにん)と呼び，利尿などの薬用にする。切り花にも使われる。

ニワザクラ
P. glandulosa
 cv. Alboplena

〈庭桜〉

室町時代から栽培の記録があり，現在でも庭や公園などに植えられている。高さ1.5mほどになる落葉低木。葉は長さ5〜9cmの長楕円形〜長楕円状披針形で細長く，ふちには波状の鋸歯がある。花は白色または淡紅色。日本で栽培されているものはふつう八重咲きで，結実しない。

セイヨウミザクラ

セイヨウミザクラ(西洋実桜)は，いわゆるサクランボのことで西アジア原産。ヨーロッパ東部では野生状態で生えている。日本には明治時代初期に渡来し，山形・福島・長野・山梨県などで栽培されている。高さ20mになる落葉高木。果実は直径約2cm，6月に黄赤色または紫黒色に熟す。**佐藤錦**はナポレオンと黄玉の交雑によって偶然にできた実生品。

ニワザクラ。可愛いらしい花をつける。ピンクもある　1997.4.8　小石川植物園

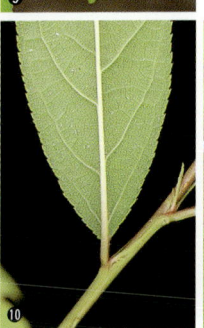

〜❹ユスラウメ。❶ユスラウメの仲間は側芽が3個ぶのが特徴。中央は葉芽，両わきは花芽。❷花は白または淡紅色。❸葉裏。細い毛がある。鋸歯は単鋸歯。❹葉裏。縮れた毛が密生する。❺〜❽ニワウメ。葉表。鋸歯は重鋸歯。❻葉裏。脈上にわずかに毛がある。❼果実。底の部分がくぼむ。❽花。❾❿ニワザクラ。❾葉表。鋸歯は波状で細かい。❿葉裏。脈上にがある。⓫セイヨウミザクラ(佐藤錦)。

バラ科 ROSACEAE

サクラ属 Prunus

クリ／サザザ／ウアル／ス／リリナラ、イヌザクラなどのウワミズザクラ亜属のサクラは小さい白い総状の花序に密集してつくのが特徴。

ウワミズザクラ（1）
P. grayana
〈上溝桜／別名ハハカ〉

分布／北海道（石狩平野以南），本州，四国，九州（熊本県南部まで），中国中部

生育地／日当たりのよい谷間や沢の斜面など

樹形／落葉高木。高さ15〜20ｍ，直径50〜60㎝になる。

樹皮／若い樹皮は紫色を帯びた褐色。成木になると暗紫褐色になる。横に長い皮目がある。

備考／樹皮を傷つけるとクマリンの強い香りがする。新潟ではつぼみを塩漬けにしたものを杏仁香（あんにんご）と呼んで食用にする。

〈左〉花芽の展開。赤みを帯びた苞が目立つ。苞は早落性。〈上〉紅葉も美しい。個体によって黄葉するものと紅

バラ科 ROSACEAE

るものがある。甘利山の中腹から，富士山を遠望しつつ撮影　1993.11.2　韮崎市

サクラ属 Prunus

ウワミズザクラ
P. grayana

枝／新枝は褐色〜赤褐色で無毛。側にはまばらになるとほとんど脱落し、翌年の春に葉の展開とともに同じ節からのびだすので、小枝は節くれだってジグザグになる。2年枝は黒紫色で光沢がある。

冬芽／冬芽は長さ3〜6㍉の卵形。芽鱗は5〜8個、赤褐色〜紅紫色で無毛。葉痕は三日月形〜半円形で、つきでる。維管束痕は3個。

葉／互生。葉身は長さ8〜11㌢の卵形〜卵状長楕円形。先端は尾状にとがり、基部は鈍形〜円形。ふちには細くて鋭い芒状の鋸歯がある。両面ともふつう無毛だが、まれに裏面の脈上に毛があることがある。蜜腺は葉身の基部にある。葉柄は長さ7〜10㍉。

花／4〜5月、葉の展開後に開花する。新枝の先からのびた長さ8〜15㌢の総状花序に白い花が多数密集してつく。花序の下部には葉が3〜5個つく。花は直径約6㍉。花弁は5個、長さ約3㍉の倒卵

花穂の形がおもしろい。コップ洗いのブラシのようだ　1996.5.30　新潟県入広瀬

❶〜❾ウワミズザクラ。❶冬芽。円形の褐色の部分は落枝痕。❷花序。長くつきでた雄しべが目立つ。❸葉表。❹葉裏。ふつう無毛。まれに裏面の脈上に毛がある。基部は鈍形または円形。❺鋸歯は鋭い芒状。❻蜜腺は葉身の基部にある。❼果実は直径約8㍉。萼片は雄しべといっしょに落ち、果期には残らない。❽核。❾樹皮。❿エゾノウワミズザクラ。花の大きさはウワミズザクラの2倍以上あり、雄しべは花弁より短い。蜜腺は葉柄の上部につく（撮影／永田芳男）。

バラ科 ROSACEAE

形で先はまるく，ふちに歯牙状の鋸歯がすこしある。萼筒は長さ約2.5㍉の鐘形で無毛。萼片は小さく長さ1〜1.5㍉。雄しべは約30個，花弁より長くつきでる。雌しべは無毛。花柄は長さ4〜6㍉，無毛。苞は披針形で，ふちに腺状の鋸歯がある。開花時に落ちる。
果実／核果。直径約8㍉の卵形。8〜9月に赤色から黒色に熟す。食べられる。果実酒にすると，香りと色が美しい。核は卵形。
植栽用途／庭木
用途／床柱や器具材，彫刻材。樹皮は桜皮細工。根は染料。

エゾノウワミズザクラ
P. padus
〈蝦夷の上溝桜〉
日本では北海道にだけ自生するが，アジアからヨーロッパにかけて広く分布する。ウワミズザクラとは，花の直径が2倍以上あること，雄しべが花弁より短いこと，葉の基部が円形またはややハート形になること，蜜腺が葉柄の上部につくことなどで区別できる。

実はイヌザクラに似ているが，萼の形が違う 1989.9.27 群馬県片品村

バラ科 ROSACEAE

サクラ属 Prunus

ウワミズザクラ
P. grayana

〈別名ミヤマイヌザクラ、ソメイザクラ〉

分布／北海道、本州(中部地方以北、隠岐島)、千島、サハリン、アジア東北部

生育地／川沿いや谷間などに多い。

樹形／落葉高木。高さ10～15㍍、直径30～40㌢になる。

樹皮／やや紫色を帯びた淡褐色。老樹では縦に裂け目が入る。

枝／新枝は紫褐色で無毛。

冬芽／狭卵形で先端はとがる。葉痕は半円形。

葉／互生。葉身は長さ7～16㌢、幅3～7㌢の長楕円形または卵形。先端は尾状にとがり、基部はハート形。ふちには細くて鋭い鋸歯がある。鋸歯の先端は芒状または刺状で、小さ

北海道に多い。関東地方では産地は限られる　1990.6.25　群馬県片品村

❶冬芽。❷側芽、芽鱗のふちには鋸歯がある。葉痕半円形で維管束痕は3個。❸花芽の展開、若葉は赤い。❹雄しべと花弁の長さはほぼ同じ。❺葉表、基部がハート形なのが特徴。葉柄表側は赤い。❻葉裏、脈わきに褐色の毛叢がある。❼鋸歯は芒状にとがり、端は腺になる。❽蜜腺は柄の上部にある。

536　バラ科 ROSACEAE

な腺がある。表面は無毛、裏面は無毛または脈のわきに毛がある。葉柄は長さ2〜4㌢で無毛。蜜腺は葉柄の上部にある。

花／5〜6月、葉の展開後に開花する。新枝の先からでた長さ15〜20㌢の総状花序に白い花が多数つく。花序の下部には葉がある。花は直径7〜9㍉。花弁は5個、長さ4〜5㍉の円形。雄しべは多数。雌しべは無毛。萼筒は長さ3㍉ほどの杯状。萼片のふちには腺毛状の鋸歯がある。苞は淡紅色で早落性。

果実／核果。直径8〜10㍉の卵形で、8〜9月に黒く熟す。核には2本の線が入り、わずかにしわがある。

類似種との区別点／ウワミズザクラは葉が小形で、基部が鈍形または円形、蜜腺は葉身の基部にある点などで区別できる。エゾノウワミズザクラは葉の基部が円形またはやや心形で、雄しべが花弁より短い。

植栽用途／まれに庭木、公園樹

実は赤から黒に熟す。完熟しても苦みが強い　1997.9.18　群馬県片品村

❾果実。完全に熟すと黒くなる。❿核。表面には2本の線がある。わずかだがしわもある。⓫樹皮。縦の浅い割れ目が見える。

バラ科 ROSACEAE　537

サクラ属 Prunus

イヌザクラ
P. buergeriana
〈犬桜〉/別名シロザクラ〉

分布／本州，四国，九州，済州島

生育地／日当たりのよい谷間などに多い。

樹形／落葉高木。高さ10～15㍍，直径20～30㌢になる。

樹皮／灰白色で光沢があり，淡褐色の横長の皮目がある。老木になると小さな薄片になってはがれる。

枝／新枝は灰白色。無毛または微毛がある。

冬芽／長さ2～5㍉の卵形で先はとがる。芽鱗はふつう5個，紅紫色で光沢があり，無毛。葉痕は半円形～腎臓形。維管束痕は3個。

葉／互生。葉身は長さ5～10㌢，幅2.5～3.5㌢の長楕円形。先端は尾状に長くとがり，基部はくさび形。ふちは波打ち，やや浅い鋸歯がある。洋紙質で，ふつう両面とも無毛だが，裏面の主脈に毛が生えることもある。蜜腺は葉身の基部にある。葉柄は長さ1～1.5㌢で無

花はウワミズザクラに似ているが，花穂はだいぶ小形　1989.5.24　山梨県足和田

❶冬芽。芽鱗は紅紫色で光沢がある。❷冬芽の展開。❸托葉。線形でふちにまばらに鋸歯がある。葉が展開すると落ちる。❹前年枝の節から総状花序がでる。花序の下には葉はつかない。❺葉は長楕円形でふちは波打つ。❻葉裏。主脈に沿って毛がまばらに生えることがある。❼鋸歯。❽蜜腺は葉身の基部につくが，あまり目立たない。❾果実の基部には萼片が残る。❿枝。⓫樹皮。老木になると薄片になってはがれ落ちる。

538　バラ科 ROSACEAE

毛。托葉は線形で、ふちにまばらに鋸歯がある。早落性。

花／4〜5月、葉の展開後に開花する。前年枝の節からでた長さ5〜10cmの総状花序に白い花が多数つく。花序の軸には短毛が密生し、葉はつかない。花は直径5〜7㍉。花弁は5個、長さ約2㍉の倒卵形で先端はまるい。雄しべは12〜20個、花弁より長い。雌しべは無毛。萼筒は長さ約1.5㍉の杯形で、細毛があるか無毛。萼片は長さ約1㍉の広卵形で細かい鋸歯がある。

果実／核果。直径8㍉ほどの卵円形。7〜9月に黄赤色から黒紫色に熟す。果肉は苦みが強い。萼片が花のあと落ちずに、果期にも残るのが特徴。核は扁平な卵形。

類似種との区別点／ウワミズザクラは樹皮が紫褐色、葉の鋸歯が細かく鋭い、花序は新枝の先端につく、花序の下部に葉がある点などで区別できる。

備考／葉や枝をもむと青くさいにおいがする。

実は熟しても苦い。基部に萼片が残っている　1998.7.30　山梨県足和田村

バラ科 ROSACEAE

サクラ属 Prunus

バクチノキ亜属は常緑のサクラで、日本にはバクチノキとリンボクの2種が自生する。花は総状の花序につく。

バクチノキ
P. zippeliana
〈博打の木／別名ビランジュ〉

分布／本州(関東地方南部以西)、四国、九州、沖縄、台湾

生育地／谷間やすこし湿り気のある斜面など。

観察ポイント／太平洋側の沿海地の樹林内に多い。東京周辺では千葉県の鋸山で見られる。

樹形／常緑高木。高さ10〜15㍍、直径30〜40㌢になる。

樹皮／灰褐色で鱗片状にはがれ、あとか紅黄色の斑紋になる。

枝／新枝は紫褐色で無毛。

葉／互生。葉身は長さ10〜20㌢、幅4〜7㌢の長楕円形。先端はとがり、基部は円形または広いくさび形。ふちには鋭い鋸歯があり、鋸歯の先は腺になる。両面とも無毛で、ふちは裏側にそり返る。葉柄は長さ約1㌢で無毛。上部に蜜腺がある。

花／9月頃、新枝の葉

沿海地を好み、関東では伊豆半島に比較的多い　1988.9.17　小田原市

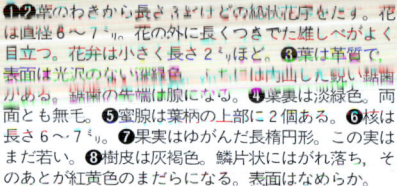

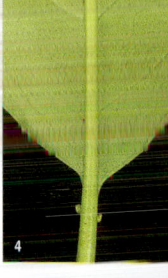

❶❷葉のわきから長さ5㌢ほどの穂状花序をだす。花は直径6〜7㍉。花の外に長くつきでた雄しべがよく目立つ。花弁は小さく長さ2㍉ほど。❸葉は革質で、表面は光沢のない緑色。ふちには内曲した鋭い鋸歯がある。鋸歯の先端は腺になる。❹葉裏は淡緑色。両面とも無毛。❺蜜腺は葉柄の上部に2個ある。❻核は長さ6〜7㍉。❼果実はゆがんだ長楕円形。この実はまだ若い。❽樹皮は灰褐色。鱗片状にはがれ落ち、そのあとか紅黄色のまだらになる。表面はなめらか。

バラ科 ROSACEAE

のわきから長さ約3cmの短い総状花序をだし,白色の花を多数つける。花序の軸や花柄には短毛がある。花序の下部には葉はつかない。花は直径6～7mm。花弁は5個,長さ約2mmの円形。雄しべは30～50個,花弁より長くつきでる。萼筒は浅い杯形。**果実**／核果。長さ1.5cmほどの長楕円形。翌年の5月頃に熟す。

類似種との区別点／ヨーロッパ東南部から西アジアにかけて分布するセイヨウバクチノキ P. laurocerasu は常緑低木で,花期が4月。ハイノキ科のカンザブロウノキは葉がバクチノキとよく似ているが,葉柄に蜜腺がない。

用途／マホガニーの代用材として家具材,器具材などに使われる。葉を水蒸気蒸留して,杏仁水(ばくち水)をつくり,咳止め薬などにする。樹皮から黄色の染料がとれる。

名前の由来／樹皮が次々にはがれ落ちるのを,博打に負けて身ぐるみはがれるのにたとえたものという。

実は5月頃,紫黒色に熟す。写真のものはまだ若い　1997.2.17　鹿児島市

バラ科 ROSACEAE

サクラ属 Prunus
リンボク
P. spinulosa
〈高木/別名ヒイラギカシ・カタザクラ〉

分布／本州（太平洋側は関東地方以西，日本海側は福井県以西），四国，九州，沖縄

生育地／山地の谷間などの照葉樹林内などに生える。湿り気の多いところを好む。

観察ポイント／東京周辺では千葉県の清澄山周辺で見られる。

樹形／常緑高木または小高木。高さ5～10㍍，直径30㌢ほどになる。

樹皮／紫色を帯びた黒褐色。横に長い皮目がある。老木になると細かくはがれる。

枝／若い枝は紫褐色で無毛。まるい皮目が多い。

冬芽／円錐形で濃褐色。芽鱗のふちには細かい鋸歯がある。

葉／互生。葉身は長さ5～8㌢，幅2～3㌢の狭長楕円形または狭倒卵形。先端は尾状にとがり，基部は広いくさび形。ふちは波打つ。若い木では針状の鋭い鋸歯があるが，老木では全縁。表面は光沢があり，裏面は無毛。蜜

開花時期は個体差が大きく，9月上旬から10月下旬まで 1997.10.9 高知市

❶冬芽。❷花序の下には葉はつかない。❸❹若い木の葉には針状の鋭い鋸歯がある。❹はヒイラギの葉によく似ている。❺成木になると葉は全縁になる。いちじるしく波打つ。❻葉裏は無毛。葉身の基部に蜜腺がかすかに見える。❼若い果実(11月に撮影)。翌年の5～6月に黒熟する。❽樹皮。横に長い皮目が多い。

バラ科 ROSACEAE

腺は葉身の基部に1対あるが、あまり目立たない。葉柄は長さ8〜10㍉で無毛。
花／花期は9〜10月、新枝の葉のわきから長さ5〜8㌢の総状花序をだし、白い小さな花を多数つける。花序の軸や花柄には短毛が密生する。花序の下部には葉はつかない。花は直径約5㍉。花弁は円形で5個、ふちには歯牙がすこしある。雄しべは多数あり、花弁より長くつきでる。萼筒は長さ約1.5㍉の杯形。
果実／核果。長さ1㌢ほどの楕円形。翌年の5〜6月に紫褐色から黒紫色に熟す。
類樹種との区別点／花はバクチノキとよく似ているが、樹皮ははがれない。また、葉はバクチノキより小さく、鋸歯の様子や密腺の位置などでも区別できる。
用途／材はかたく、細工物、器具材などに利用される。樹皮は染料、根と葉は薬用。
名前の由来／若い木の葉がヒイラギに似ていることから、ヒイラギカシの別名がある。

実が熟すころ、古い葉は紅葉して落葉する　1995.4.25　高知県伊野町

バラ科 ROSACEAE

サクラ属 Prunus

などはスモモ亜属に分類されている。サクラ亜属にもと思うサクラの果実には縦方向の浅い溝がある。モモも果実に溝があるが，核に大きくぼみがあることなどからモモ亜属に分けられている。

アンズ
P. armeniaca

〈杏・杏子／別名カラモモ〉

分布／中国北部原産
生育地／果樹として各地に植えられている。主産地は長野県の更埴市や長野市。
樹形／落葉小高木～高木。高さ5～15㍍になる。
樹皮／赤みを帯びた褐色。縦に割れ目が入る。
枝／新枝は紫褐色で無毛。すこし光沢がある。
冬芽／花芽は長さ約4㍉の広卵形。葉芽は花芽より小さい。葉痕は腎形～扁円形で，いちじるしくふくらむ。
葉／互生。葉身は長さ6～9㌢，幅4～7㌢の卵円形～広楕円形。先端は短くとがり，基部は円形。ふちにはやや不ぞろいの細かい鈍鋸歯がある。葉柄は長

満開のアンズの花を見るために多くの人が更埴市を訪れる。この日もカメラ片手

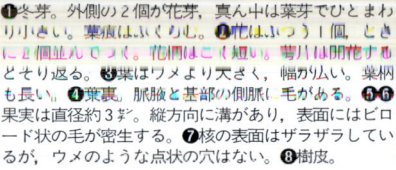

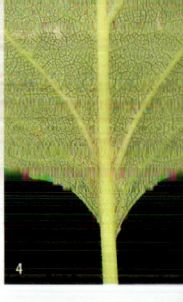

❶冬芽。外側の2個が花芽，真ん中は葉芽でひとまわり小さい。葉痕はいくらむ。❷花はふつう1個，ときには2個並んでつく。花柄はごく短い，萼片は開花すとそり返る。❸葉はウメより大きく，幅も広い。葉柄も長い。❹葉裏。脈腋と基部の側脈に毛がある。❺❻果実は直径約3㌢。縦方向に溝があり，表面にはビロード状の毛が密生する。❼核の表面はザラザラしているが，ウメのような点状の穴はない。❽樹皮。

バラ科 ROSACEAE

さ2〜3㌢と長い。蜜腺は葉身の基部にある。

花／3〜4月、葉が展開する前に開花する。花は淡紅色、直径2.5〜3㌢。花弁は円形〜広卵形で5個。雄しべは多数。花糸、花柱、子房には毛が密生する。萼は紅紫色、萼片は広楕円形で、そり返る。花柄はごく短い。

果実／核果。直径約3㌢の球形で、6月に橙黄色に熟す。縦に溝が入り、表面にはビロード状の毛が密生する。果肉と核は分離しやすい。核は直径2㌢ほどの扁平な円形。表面には網目状の模様がある。

備考／いつごろ日本へ渡来したかはよくわかっていない。平安時代にはすでに唐桃の名で呼ばれていたという資料がある。アンズという名がはじめて現れた文献は林道春の『多知識編』(1612年)。

植栽用途／庭木、果樹。栽培地域はリンゴの栽培適地とほぼ一致する。

用途／果実をシロップ漬け、ジャムなどにする。種子は杏仁と呼ばれ、咳止めなどの薬用。

間と飛びまわるミツバチたちの姿が目立った　1997.4.11　更埴市

バラ科 ROSACEAE

サクラ属 Prunus

ウメ
P. mume
(梅)

分布／中国中部原産。全国で栽培され、九州の一部では野生化している。

樹形／落葉小高木〜高木。高さ5〜6m、直径20〜30cmになる。

樹皮／暗灰色で不ぞろいな割れ目が入る。

枝／新枝は緑色で無毛またはわずかに毛がある。ルーペで見ると白っぽい細点が無数にある。

冬芽／花芽は扁球形。葉芽は小さな円錐形。葉痕は扁円形ですこし隆起する。維管束痕は3個。

葉／互生。葉身は長さ4〜9cm、幅3〜5cmの倒卵形または楕円形。先端は急に狭くなってとがり、基部は広いくさび形〜円形。ふちには細かい鋸歯がある。両面とも微毛がある。葉柄は長さ1〜2cmで、微毛がある。蜜腺は葉身の基部または葉柄の上部にある。

花／2〜3月、葉の展開前に開花する。前年枝の葉腋に直径2〜3cmの花が1〜3個つく。

これほど日本的な趣をもつ植物はほかにはそうない。ところがウメはもともと日

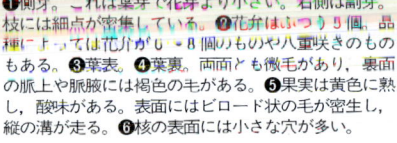

❶側芽。これは葉芽で花芽より小さい。右側は副芽。枝には細点が密集している。❷花芽はふつう5個、品種によっては花介が6〜8個のものや八重咲きのものもある。❸葉表。❹葉裏。両面とも微毛があり、裏面の脈上や脈腋には褐色の毛がある。❺果実は黄色に熟し、酸味がある。表面にはビロード状の毛が密生し、縦の溝が走る。❻核の表面には小さな穴が多い。

バラ科 ROSACEAE

花には芳香があり、ふつう白色。紅色や淡紅色のものもある。花弁は広倒卵形～広卵形でふつう5個。先端は円形、基部は広いくさび形でごく短い爪状の柄がある。雄しべは多数あり、花弁より短い。花糸は無毛。雌しべは1個。子房には毛が密生する。萼筒は広い鐘形。萼片は広楕円形で、アンズと違ってそり返らない。花柄はほとんどない。

果実／核果。直径2～3㌢のほぼ球形。6月頃、黄色に熟す。表面にはビロード状の毛が密生する。核は直径約1㌢の扁平な楕円形で、表面には小さな穴が多い。果肉と核は離れにくい。

植栽用途／庭木、公園樹、盆栽、果樹。日当たりのよい腐植質の肥沃な土壌を好む。自家不稔性のものが多いので、授粉樹の混植が必要。

用途／材は床柱、櫛、そろばんの珠、念珠、洋傘の柄、彫刻材などに利用する。果実は食用、薬用のほか、染色の媒染剤に使う。

あったものではなく、奈良時代に大陸から移入されたという　1995.2.6　横浜市

❼紅梅系の鹿児島紅。ウメの園芸品種は、野梅系、紅梅系、豊後系、杏系に分けられている。野梅系には梅酒に適した白加賀、枝の髄が赤いのが特徴の紅梅系には鹿児島紅、豊後系には実梅として栽培が多い豊後などがある。❽樹皮。不ぞろいな割れ目が入る。

バラ科 ROSACEAE　547

サクラ属 Prunus

スモモ
P. salicina
〈酸桃〉

中国、川四ト部原産
樹形／落葉小高木。高さは7～8㍍になる。
葉／互生。葉身は長さ5～14㌢、幅3～5㌢の長楕円形～倒披針形。葉柄は長さ1～2㌢で有毛。
花／4～5月、葉の展開前に開化する。花は直径1.5～2㌢で白色。花弁は5個。萼片は平開するが、アンズと違ってそり返らない。花柄は長さ約1.5㌢。
果実／核果。直径4～5㌢の球形～広卵形で、表面は無毛。6～7月に熟す。
備考／現在栽培されているものは、江戸時代後期にアメリカに渡り、アメリカで改良されて里帰りした品種が多い。サンタローザやソルダムなどがある。
植栽用途／庭木、果樹。繁殖は接ぎ木。日本ではモモを台木にすることが多い。
用途／果実を生食、ジャムなどに利用する。
名前の由来／果実が酸味が強いことによる。李は中国名。

スモモ。山梨県や長野県ではかなり野生化している　1998.4.24　長野県白馬村

548　バラ科 ROSACEAE

モモ
P. persica
〈桃〉

分布／中国北部原産。
樹形／落葉小高木。高さは3〜8㍍になる。
枝／白い細点が多い。
冬芽／長卵形で，灰白色の毛が多い。
葉／互生。葉身は長さ7〜16㌢の広倒披針形〜楕円状披針形。葉柄は長さ1〜1.5㌢。
花／4月，葉の展開前に開花する。花は直径2.5〜3.5㌢で，芳香がある。花の色は白色，淡紅色，紅色。花弁は5個。萼片は5個。花柄はほとんどない。
果実／核果。7〜8月，黄白色〜紅色に熟す。表面はビロード状の毛におおわれている。
備考／果実を食用にする代表的な品種には大久保，白桃，山根白桃，白鳳，倉方早生などがある。ネクタリンは果実の表面が無毛のモモ。花が八重咲き，菊咲きの観賞用の品種を一般にハナモモといい，枝がしだれるもの，箒立ちのものなど多くの品種がある。
植栽用途／庭木，果樹，切り花
用途／食用，薬用

モモの花は楊貴妃を思わせる華やかな美しさがある　1987.4.27　山梨県足和田村

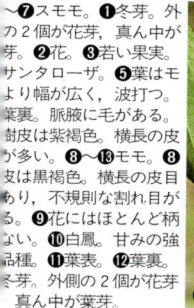

〜❼スモモ。❶冬芽。外の2個が花芽，真ん中が葉芽。❷花。❸若い果実。サンタローザ。❺葉はモモより幅が広く，波打つ。葉裏。脈腋に毛がある。樹皮は紫褐色。横長の皮目が多い。❽〜⓭モモ。❽枝は黒褐色。横長の皮目あり，不規則な割れ目がある。❾花にはほとんど柄がない。❿白鳳。甘みの強い品種。⓫葉表。⓬葉裏。⓭冬芽。外側の2個が花芽，真ん中が葉芽。

バラ科 ROSACEAE　549

バラ属 Rosa

低木ときにつる性。ふつう鋭い刺がある。葉は奇数羽状複葉で互生する。葉柄の基部には托葉がある。花は両性。花弁と萼片はふつう5個。萼筒は球状または壺状。雌しべは萼筒の内部の花床に多数つく。果実のように見えるのは、萼筒が多肉質または液質になった偽果で、バラ状果と呼ばれ、なかに種子のように見えるそう果が入っている。日本には野生種が13種あり、托葉のつき方、花柱の形態、萼筒の刺の有無などで、いくつかのグループに分けられる。ノイバラの仲間やハマナス、タカネバラの仲間はいずれも托葉が葉柄に合着する。ノイバラの仲間は、花柱の上方が合着して柱状になり、萼筒ののどの部分からつきでるのに対し、ハマナスやタカネバラの仲間は、花柱が離生し、萼筒ののどの部分をふさぐ。花の色はノイバラの仲間は白色、ハマナスやタカネバラの仲間はふつう紅紫色または淡紫色。リンショウバラの仲間は萼筒に鋭い刺が密生するのが特徴。托葉は葉柄に合着し、小葉が9〜19個と多い。日本のサンショウバラのほか、中国に1種ある。日本では先島諸島にだけ分布するカカヤンバラは托葉が葉柄と合着せず、早く落ちる。

花の大きさや色で判別の容易な種もあるが、バラ属は見分けのむずかしいグルー

ひとつ。なかでもノイバラの仲間はよく似ている。写真はノイバラ　1992.7.11　山梨県高根町

バラ属 Rosa

ノイバラ
R. multiflora
〈野薔薇／別名ノバラ〉

分布／北海道, 本州, 四国, 九州, 朝鮮半島

生育地／河原, 原野, 林縁などにふつうに生える。

樹形／落葉低木。高さ2mほどになる。茎はよく枝分かれし, 直立するが, ほかのものに寄りかかってはい登ることも多い。

樹皮／黒紫色。

枝／新枝は緑色。托葉の基部に, 対になった鋭い刺がある。

冬芽／長さ2.5mmほどの三角状。

葉／互生。長さ10cmほどの奇数羽状複葉。葉軸には軟毛と小さな刺がある。小葉は3～4対, 長さ2～5cmの卵形または長楕円形。頂小葉は側小葉よりすこし大きい。ふちには鋭い鋸歯がある。表面にはしわがあり, 光沢はない。裏面には軟毛が生える。葉柄は長さ約1.5cm。

托葉／葉柄に合着し, ふちはクシの歯状に深く切れ込み, 先端は腺

ノイバラ特有の甘酸っぱい香りがあたりに漂っていた　1992.7.11　山梨県高根町

❶側芽と刺。刺は鉤状。❷花弁をとり除いた花。花柱は無毛, 柱状に合着している。❸花は円錐状に集まってつく。❹葉にできた虫えい。あまり見かけない。形成した昆虫は不明。❺複葉。長さ10cmほど。小葉は半円形に近い。❻葉裏には軟毛が生える。❼葉軸には軟毛のほかに小さな刺もある。❽托葉。葉柄に合着し, クシの歯状に切れ込む。赤い腺が目立つ。❾赤熟した偽果。直径1cmに満たない。❿そう果。長さ3～4mm。偽果のなかに5～12個入っている。⓫樹皮は無毛。

552　バラ科 ROSACEAE

実は霜にあたるとやわらかくなって甘みが増す　1994.10.17　山梨県高根町

になる。腺毛もまじる。
花／5〜6月、枝先の円錐花序に芳香のある白い花を多数つける。花は直径約2㌢。花弁は倒卵形で、ふつう5個。雄しべは多数。雌しべは無毛、花柱はゆるやかに合着して柱状になり、花ののどの部分からつきでる。萼筒は壺状で、萼片は広披針形。萼、小花柄、花序の軸には軟毛と腺毛が生える。苞は早落性。
果実／果実のように見えるのは偽果で、萼筒が肥大して液果状になったもの。直径6〜9㍉の卵球形で、9〜11月に赤く熟す。なかには長さ3〜4㍉のそう果が5〜12個入っている。完熟した果実は甘くて香りがよい。
北海道から九州までふつうに見られるが、沖縄には分布しない。
植栽用途／庭木。耐寒性、耐暑性、耐病性、耐湿性、耐乾性がある。
用途／バラの園芸品種の台木にされる。花は香りがいいので、香水の原料に利用され、果実は利尿剤などの薬用にする。

バラ科 ROSACEAE　553

バラ属 Rosa

ツクシイバラ
R. multiflora var. adenochaeta
〈筑紫薔薇〉

母種のノイバラより全体にやや大きい。四国、九州、朝鮮半島南部、中国中西部に分布する。花は淡紅色または白色で、直径3〜5㌢と大きい。花序や花柄、萼に紅色の長い腺毛が密生するのが特徴。葉裏の毛は少なく、葉軸は無毛で腺毛が生える。

ミヤコイバラ
R. paniculigera
〈都薔薇〉

分布／本州（新潟・長野県以西）、四国（北部）、九州（北部）。中央構造線より北に分布。
生育地／低山や丘陵の乾いたところ
樹形／落葉低木。主幹は直立する。
枝／新枝は緑色。大きな鉤形の刺に小さな刺

ツクシイバラ。花はノイバラより大きく品のいいピンク　1996.6.6　宮崎県国富町

❶〜❺ツクシイバラ。❶冬芽は三角状。刺は鉤形。❷托葉。赤い脈が目立つ。❸小葉はノイバラよりやや大きく、❹葉裏の毛は少ない。❺葉軸には腺毛がある。❻〜⑫ミヤコイバラ。❼頂小葉と側小葉はほぼ同大。❼葉裏は白っぽい。❽葉軸には刺と腺毛がある。❾托葉。上部に鋸歯がある。❿枝には大小の鉤形の刺と腺毛がある。⓫偽果。⓬そう果。種子のように見える。

バラ科 ROSACEAE

ミヤコイバラ。中央構造線を境にヤブイバラとすみ分けている　1995.6.26　大津市

がまじり、しばしば腺毛がある。
葉／互生。長さ5〜12㌢の奇数羽状複葉で、小葉は2〜4対ある。葉軸には小さな刺と腺がある。頂小葉と側小葉はほぼ同じ大きさで、長さ2〜3㌢の倒卵形状楕円形または長楕円形。頂小葉の先端はとがり、側小葉の先端はややまるい。ふちには鋭い鋸歯があり、基部は広いくさび形または円形で、両面とも無毛。裏面は白みを帯びる。
托葉／葉柄と合着し、上部のふちには先端が腺になった鋸歯がある。
花／6〜7月、枝先の円錐花序に白い花が多数つく。花は直径2〜3㌢。花弁は倒卵形で5個。雄しべは多数。雌しべの花柱は合着して柱状になり、外側には毛が多い。花序に腺毛があるものと、ないものがある。萼の内面全体と背面のふちには綿毛が密生する。
果実／偽果。直径6〜7㍉の卵球形で、10〜11月に赤く熟す。
類似種との区別点／オオフジイバラに似ているが、オオフジイバラは枝などに腺毛がない。

バラ科 ROSACEAE　555

バラ属 Rosa

オオフジイバラ
R. luciae
〈大富士薔薇/別名ヤマテリハノイバラ・アオノイバラ〉

分布／本州（関東地方～愛知県豊川市）

生育地／低山や丘陵の林縁

樹形／落葉低木。高さ2mほどになる。幹は細く、直径1～2cmどまり。直立するが、ほかのものに寄りかかってのびるものが多い。

枝／長さ5mmほどの鉤形の刺がある。

葉／互生。長さ5～8cmの奇数羽状複葉で、小葉は2～3対ある。頂小葉は長さ2～4cmの卵状楕円形で、側小葉より大きい。ふちには鋭い鋸歯がある。質はやや厚く、表面はすこし光沢がある。両面とも無毛。

托葉／葉柄に合着し、上部がすこし裂ける。ふちには腺毛がある。

花／5～6月、枝先の円錐花序に直径2～3cmの白い花が咲く。雌しべの花柱は合着して柱状、毛が密生する。

果実／偽果。直径7～8mmの球形で、10～11月に赤く熟す。

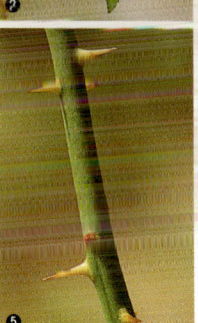

オオフジイバラ。大きな株にならず、花数も少ない　1989.6.6　神奈川県山北町

①～⑫オオフジイバラ。托葉。ふちには腺毛がある。②頂小葉は側小葉より大きい。③葉裏はやや白っぽい。④葉軸には腺毛が散生する。⑤枝と刺。⑥果実は液果の偽果。がくに包まれている。⑦～⑫オオフジイバラ。花柱にはすこし毛が出る。萼片にも毛がある。頂小葉と側小葉はほぼ同じ。⑨葉裏は白色を帯びる。葉軸。⑪托葉、上部がそり返るのが特徴。⑫果実。冬芽は小さないぼ状。

556　バラ科 ROSACEAE

フジイバラ。幹は直径10㎝以上になり、花数も多い　1998.6.17　神奈川県箱根町

フジイバラ

R. luciae
　var. fujisanensis

〈富士薔薇〉

分布／本州（中部、紀伊半島）、四国（北部）

生育地／バラ属のなかでは標高の高いところに生える種類のひとつ。日当たりのよい林縁や疎林内などに多い。

観察ポイント／御坂山地、富士山、箱根、丹沢一帯に多く、北は秩父山地、西は大峰山地、石鎚山などに点々と見られる。

樹形／幹は太くなり、ふつう直径10㎝ほどになる。大きいものでは20㎝にも達し、小高木状になるものもある。

葉／互生。奇数羽状複葉。小葉は3〜4対。頂小葉も側小葉もほぼ同じ大きさで、長さ2〜5㎝。ふちには細かく鋭い鋸歯がある。表面は光沢があり、側脈が目立つ。

花／6〜7月、直径約2.5㎝の白い花が咲く。

備考／オオフジイバラの変種。独立種とする見解もある。オオフジイバラより幹が太くなる。小葉の数もオオフジイバラより多く、鋸歯が細かい。

バラ科 ROSACEAE

バラ属 Rosa

ノイバラ
R. onnei
〈藪薔薇／別名ニオイイバラ〉

分布／本州（近畿地方以西），四国，九州。中央構造線より南に分布する。

生育地／林内

樹形／落葉低木。高さ2mほどになる。幹はほかのものに寄りかかってのびる。寄りかかるものがない場合は横に広がり，藪状の樹形になる。

枝／無毛。長さ3～5mmの鉤形の刺がある。

冬芽／小さないぼ状。

葉／互生。長さ3～5cmの奇数羽状複葉で，小葉は2～3対。頂小葉は側小葉より大きい。頂小葉は長さ1.5～3cmの卵状披針形～披針形。先端は尾状に長くとがり，ふちには鋭い鋸歯がある。表面は無毛，裏面の主脈上と葉軸にはふつう伏毛がある。

托葉／葉柄と合着し，ふちには腺毛がある。

花／5～6月，枝先に芳香のある白い花が数個ずつ集まって咲く。花序の軸や花柄には腺毛と伏毛がある。花は直径約1.5cmと小さい。花弁は5個。雄しべは多数。雌しべの花柱は合着し，綿毛が密生する。萼片は卵状披針形で伏毛がある。

果実／偽果。直径4～6mmのほぼ球形で，10～11月に赤く熟す。

類似種との区別点／モリイバラは葉や花序，萼の外面は無毛で，花はふつう1個ずつつく。

四国や九州に多く，海岸近くから山地まで見られる　1987.12.14　土佐市

❶

❷

❸

558　バラ科 ROSACEAE

ニオイイバラともいうが，花の香リは他種と同程度　1994.5.30　鹿児島県牧園町

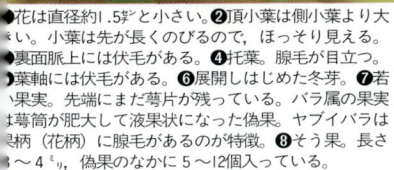

❶花は直径約1.5㌢と小さい。❷頂小葉は側小葉より大
きい。小葉は先が長くのびるので，ほっそり見える。
❸裏面脈上には伏毛がある。❹托葉。腺毛が目立つ。
❺葉軸には伏毛がある。❻展開しはじめた冬芽。❼若
い果実。先端にまだ萼片が残っている。バラ属の果実
は萼筒が肥大して液果状になった偽果。ヤブイバラは
果柄（花柄）に腺毛があるのが特徴。❽そう果。長さ
３〜４㍉，偽果のなかに５〜12個入っている。

バラ科 ROSACEAE

バラ属 Rosa
モリイバラ
R. jasminoides
(森茨)

月市)小川(御前崎)以西の太平洋側)、四国、九州

生育地／山地

樹形／落葉低木。高さ1mほどになる。

枝／無毛。長さ3～7mmの細長い刺がある。

葉／互生。長さ4～10cmの奇数羽状複葉で、小葉は2～3対。小葉は長さ2.5～4cmの楕円形～広卵形。頂小葉は側小葉よりやや大きい。ふちには鋭い鋸歯がある。両面とも無毛、裏面は白い。葉軸は無毛、小葉の柄は短い。

托葉／葉柄と合着し、ふちには腺毛がある。

花／5～6月、枝先に直径約2.5cmの白い花がふつう1個ずつつく。花柱は合着し、毛が密生する。花柄は腺毛が多く、果期には目立つ。萼片の内面全体と背面のふちには綿毛があり、腺毛がまばらにまじる。

果実／偽果。長さ7～11mmの楕円形で、10～11月に赤く熟す。

類似種との区別点／葉の裏面がバラ属のなかではもっとも白い。

モリイバラ。花はふつう1個ずつつき、花柄には腺毛が多い 1989.6.18 河口湖

バラ科 ROSACEAE

ヤマイバラ
R. sambucina
〈山薔薇〉

分布／本州（愛知県以西）、四国、九州
生育地／山地にまれに生える。
樹形／落葉低木。半つる性で、崖などをよじ登る。鉤形の強い刺が多い。
葉／互生。長さ11～15㌢の奇数羽状複葉。ノイバラ仲間ではもっとも大きい。小葉は2～3対、長さ5～10㌢の長楕円形または楕円形で、先は鋭くとがり、ふちには鋭い鋸歯がある。表面は深緑色で光沢があり、裏面はやや白い。頂小葉は側小葉よりやや大きい。
托葉／幅が狭く、ほぼ全開か葉柄に合着し、ふちには腺毛がまばらにある。
花／5～6月、枝先に白い花が10～20個集まって咲く。花は直径4～5㌢と大きい。花弁は5個、花柱には毛。花柄は長さ3～5㌢と長く、軟毛と短い腺がある。萼片には綿毛と腺がある。
果実／偽果。直径8～10㍉の扁球形で、11月に赤く熟す。

ヤマイバラ。ノイバラの仲間では最人の葉をつける　1995.6.26　大津市

～❼モリイバラ。❶冬芽と刺。刺は長さ3～7㍉。葉は長さ4～10㌢。頂小葉は側小葉よりすこし大き，❸葉裏。ほかのノイバラの仲間よりとびぬけて白，❹葉軸は無毛。❺托葉。ふちに腺毛がある。❻❼実。ふつう枝先に1個ずつつく。果柄は長さ2～3.5で腺毛が多い。❽～⓫ヤマイバラ。❽果実。果柄は長さ3～5㌢。❾葉は長さ11～15㌢と大きい。小葉は～3対つき、表面は光沢がある。❿葉裏はやや白っ⓫托葉。幅が狭く、ほかの仲間と区別しやすい。

バラ科 ROSACEAE　561

バラ属 Rosa

テリハノイバラ
R. wichuraiana
〈照葉野薔薇／別名ハイイバラ〉

分布／本州，四国，九州，沖縄，朝鮮半島，中国，台湾

生育地／日当たりのよい草地や河原。海岸から標高1000㍍を超えるブナ帯まで分布する。

樹形／つる性の落葉低木。

枝／無毛。長さ3～5㍉の鉤形の刺がある。

冬芽／小さないぼ状。

葉／互生。長さ4～9㌢の奇数羽状複葉で，小葉は2～4対ある。頂小葉と側小葉はほぼ同じ大きさ。小葉は長さ1～2㌢の楕円形または広倒卵形で，ふちには粗い鋸歯がある。先端はまるいものが多いが，とがるものもある。革質で厚みがあり，両面とも無毛。表面は

ひたすら地面をはいまわる。海岸や河原のものはもちろん，山地の草むらなどに

バラ科 ROSACEAE

濃緑色で光沢があり、裏面は淡緑色。側小葉には柄はほとんどない。
托葉／緑色で上部まで葉柄と合着し、ふちには先端が腺になった鋸歯がある。
花／6〜7月、枝先に芳香のある白い花が数個集まってつく。花は直径3〜3.5㌢。花弁は5個。雄しべは多数。花柱は柱状に合着し、有毛。萼片の内面には短毛が密生する。
果実／偽果。直径6〜8㍉の卵球形で、10〜11月に赤く熟す。
備考／九州の南部や沖縄には花柄や萼に腺毛が多いものがあり、リュウキュウテリハノイバラ var. glandulifera という。
用途／バラの園芸品種の接ぎ木の台木にする。
名前の由来／葉の表面に光沢があることに由来する。

るものも、立ち上がらず、草に隠れるようにはっている　1994.6.2　屋久島

花は直径3〜3.5㌢。❷小はまるっこい。❸葉裏。面とも無毛で、ふちには鋸歯がある。❹葉軸や裏の主脈には腺毛がまばに生える。❺托葉は幅がく、ふちに腺状の鋸歯がる。❻枝は無毛。刺は長3〜5㍉。冬芽はいぼ状小さい。❼❽果実。萼筒肥大した偽果で、先端に主や萼片の一部が残る。偽果のなかに入っているう果。長さ4〜5㍉。

バラ科 ROSACEAE　563

主なノイバラの仲間の見分け方(1)

ノイバラの仲間は離生心皮が合着して柱状になっている。花柱はノイバラだけが無毛で、ミヤコイバラやオオフジイバラ、フジイバラ、ヤブイバラ、モリイバラ、テリハノイバラなどは有毛

	複葉	小葉の裏面	葉軸
ノイバラ P552 小葉の裏面と葉軸には軟毛が生える。果柄には毛や腺毛がある。			
ミヤコイバラ P554 果柄に腺毛があるものとないものがある。枝には腺毛がある			
オオフジイバラ P556 小葉は2〜3対。頂小葉は側小葉より大きい。			
フジイバラ P557 小葉は3〜4対。頂小葉と側小葉はほぼ同じ大きさ。			

564 バラ科 ROSACEAE

葉	果実	枝と刺	分布
			北海道，本州，四国，九州。山野にふつうに生える。
			本州（新潟・長野県以西），四国（北部），九州（北部）。中央構造線より北に分布する。低山や丘陵に生える。
			本州（宮城県〜愛知県豊川市）。低山や丘陵に生え，関東地方ではふつうに見られる。
			御坂山地，富士山，箱根，丹沢一帯に多く，北は秩父山地，西は紀伊半島の大峰山地，四国の石鎚山などに点々と見られる。

バラ科 ROSACEAE

キカ/ノイバラの仲間の見分け方(2)

| | 複葉 | 小葉の裏面 | 葉軸 |

ヤブイバラ P558
小葉の裏面の脈上や葉軸は有毛。果柄には腺毛と伏毛がある。

モリイバラ P560
小葉はまるっこく、裏面は白っぽい。花や果実はふつう1個ずつつく。果柄には腺毛が多い。

ヤマイバラ P561
托葉の幅が狭い。果柄は長い。

テリハノイバラ P562
葉に光沢がある。托葉は緑色。

バラ科 ROSACEAE

葉	果実	枝と刺	分布
			本州（近畿地方以西），四国，九州。中央構造線より南に分布する。
			本州（関東地方以西），四国，九州。日本海側には分布しない。
			本州（愛知県以西），四国，九州。個体数は少ない。
			本州，四国，九州，沖縄

バラ科 ROSACEAE

バラ属 Rosa

タカネバラ
R. nipponensis
〈高嶺薔薇〉別名タカネイバラ

分布／本州, 四国（剣山など）。日本固有。
生育地／高山や亜高山帯の日当たりのよいところに生える。
樹形／落葉低木。高さ1〜2㍍ほどになる。
葉／互生。長さ6〜11㌢の奇数羽状複葉で, 小葉は3〜4対。小葉は長さ1〜3㌢の長楕円形または楕円形で, 上部のものほど大きい。先端はまるく, ふちには鋭い鋸歯がある。葉軸には小さな刺や腺毛が多い。質は薄く, 葉の表面は緑色, 裏面は白色を帯びる。裏面の主脈にはやわらかい伏毛があり, 細い刺や腺毛もまばらに生える。
托葉／なかほどまで葉柄に合着し, 上部は耳

タカネバラ。美しい花だが虫に食われていることが多い　1991.7.12　富士山5合

バラ科 ROSACEAE

のように広がる。ふちには先端が腺になった鋸歯がある。
花／6〜7月、枝先に淡紅色の花が1〜2個ずつつく。花は直径4〜5㌢。花弁は5個。雌しべには白い毛が密生し、花柱は花ののどの部分をふさぐ。萼は暗紅紫色を帯びる。萼筒は紡錘形。萼片は内面全体とふちに白い綿毛が密生する。花柄にはふつう腺毛が多いが、少ないものもある。
果実／偽果。洋ナシに似た形で長さ約1.5㌢。8〜9月に赤く熟す。
名前の由来／高山に生えるバラの意味。

オオタカネバラ
R. acicularis
〈大高嶺薔薇／別名オオタカオイバラ、オオミヤマバラ〉
分布／北海道、本州(東北地方、中部地方北部)、北半球北部

タカネバラによく似ている。小葉は2〜3対で、長さ2〜4㌢とやや大きく、先端はとがり、鋸歯は粗い。花と果実も大きい。托葉の上部はとがる。タカネバラの染色体数は14、オオタカネバラは28と56のものがある。

オオタカネバラ。タカネバラより花が大きく優美　1998.5.24　長野県白馬村

〜❾タカネバラ。❶冬芽は小さい。枝にはまっすぐ大小の刺が多い。❷主幹。直径1㌢ほどで刺が密生していた。❸花は直径3〜4㌢。❹花柄には腺毛が多い。萼筒は紡錘形。❺複葉は長さ6〜11㌢。小葉は3〜4対。❻小葉は長さ2〜3.5㌢、先はまるい。❼葉裏は白っぽく、主脈や葉軸には腺毛や小さな刺が散生す。❽托葉。上部はまるみがあり、ふちには先端が腺になった鋸歯がある。❾偽果は長さ約1.5㌢。先端に萼片が残る。❿偽果に入っているそう果。長さ4〜5㍉。⓫⓬オオタカネバラ。⓫複葉は長さ6〜17㌢。小葉は2〜3対、長さ5〜7㌢で先はとがる。⓬葉裏。

バラ科 ROSACEAE

バラ属 Rosa

ハマナス
R. rugosa

(別名/利名ハマナシ)
分布／北海道、本州（太平洋側は茨城県まで、日本海側は島根県まで）、朝鮮半島、沿海州、中国東北部〜北部
生育地／海岸の砂地
樹形／落葉低木。幹は叢生し、高さ1〜1.5mになる。地下茎をのばしてふえ、しばしば大群落をつくる。
枝／軟毛があり、太い扁平な刺と針のように小さな刺が混生する。刺にも短毛が密生する。
冬芽／卵形。葉痕は馬蹄形で上を向く。
葉／互生。長さ9〜11cmの奇数羽状複葉で、3〜4対の小葉がある。小葉は長さ2〜3cmの楕円形または卵状楕円形で、先端はまるく、基部は広いくさび形または円形。ふちには鈍い鋸歯がある。脈は表面でへこみ、しわが多い。裏面には短い軟毛が密生し、腺がまじる。
托葉／膜質で幅が広く、なかほどまで葉柄に合着する。先はとがる。
花／6〜8月、枝先に

ハマナス。海辺に大群落をつくり、香りのよい花が咲く　1998.7.14　北海道標津

❶冬芽は卵形。枝には扁平な刺と針のような刺が混生する。❷花。ノイバラの仲間に比べて花柱が短く、花ののど部をふさいでいる。❸複葉は長さ9〜11cm。❹托葉は幅が広く、耳のようにはりだす。❺小葉。しわが目立つ。葉軸や葉柄には軟毛が多い。❻葉裏。軟毛が密生し、白い小さな腺がまじる。❼偽果。直径2〜3cm。先端に萼片が残る。❽そう果は長さ5〜6mm。

570　バラ科 ROSACEAE

紅色または紅紫色の花が1〜3個ずつつく。花は直径5〜8㌢と大きい。花弁は5個。花柱は有毛、離生し、花ののどの部分をふさぐ。萼筒はほぼ球形。萼片は長さ3〜4㌢で、背面に軟毛と細い刺があり、ときに腺毛がまじる。花柄は長さ1〜3㌢で、小さな刺がある。

果実／偽果。直径2〜3㌢の扁球形で、8〜9月に赤く熟す。先端には萼片が残り、なかには長さ5〜6㍉のそう果が入っている。

備考／花が白色のものがあり、**シロバナハマナス** f. albifloraという。

植栽用途／庭木、鉢植え、公園樹。日当たりのよいところを好む。

用途／花弁を陰干しにして、目薬や頭痛薬とし、また花は香水の原料に、樹皮や根皮は染色に用いる。果実はビタミンCが多く、食べられる。

名前の由来／果実をナシにたとえた「浜梨」が東北地方でなまってハマナスになったという説のほか、ナスにたとえた「浜茄子」に由来するという説もあるが、よくわからない。

コバナハマナス。自生はほとんど見かけない　1990.7.14　北海道中標津町植栽

バラ科 ROSACEAE

バラ属 Rosa

カラフトイバラ
R. marretii
（千島刺薔薇／別名タカネハマナス）

分布／北海道，本州（長野・群馬県），サハリン，朝鮮半島北部
生育地／寒冷地や高山
観察ポイント／本州では群馬県浅間山山麓の鹿沢高原，長野県の菅平高原や霧ヶ峰でまれに見られる。
樹形／落葉低木。高さ1㍍ほどになる。
葉／互生。長さ6〜11㌢の奇数羽状複葉で，3〜4対の小葉がある。葉軸には軟毛が密生し，小さな刺がまじる。小葉は長さ3〜4㌢の長楕円形。ふちには細かい鋸歯があるが，基部近くではまばらになる。裏面はやや灰白色で，脈上に軟毛があり，ときに黄色の腺がまじる。
托葉／全縁でふちには腺毛と毛がある。
花／6〜7月，直径3〜4㌢の淡紅色の花が咲く。萼筒は球形。花柄はふつう無毛。
果実／偽果。直径約1㌢の球形または卵形で，8〜9月に熟す。なかに長さ3〜4㍉のそう果が入っている。

カラフトイバラ。タカネバラと似ているが，腺毛はない 1997.6.17 軽井沢植物園

❶〜❻カラフトイバラ。❶冬芽と刺。❷枝葉。長さ6〜11㌢，葉軸には軟毛が密生し，小さな刺も混生する。❸萼筒，脈上に軟毛。❹偽果。先端に長い萼片が残る。❺そう果は長さ3〜4㍉。❻枝幹，根元近く直径1㌢ほど。刺が多い。❼〜❽サンショウバラ。花は直径5〜6㌢。❾葉は長さ7〜15㌢。サンショウに似ている。❾小葉。裏面の主脈には軟毛がある。⓫若い偽果。10〜月に熟す。⓬そう果は長さ5〜6㍉。⓭冬芽はいが刺は扁平で大きい。

バラ科 ROSACEAE

サンショウバラ
R. hirtula

〈山椒薔薇／別名ハコネバラ〉

分布／本州（神奈川・山梨・静岡県）。富士・箱根地方特産で，分布する範囲は狭い。

生育地／山地

樹形／落葉小高木。幹は太く，よく分枝して高さ5～6㍍になる。

樹皮／灰褐色で，古くなるとはがれる。

葉／互生。長さ7～15㌢の奇数羽状複葉で，小葉が4～9対ある。小葉は長さ1～3㌢の楕円形または卵状長楕円形。ふちには鋭い鋸歯がある。両面とも毛がまばらに生え，裏面の脈上と葉軸には軟毛が密生する。

花／6月，直径5～6㌢の淡紅色の花が咲く。萼筒は扁球形で刺が密生する。萼片は広卵形で，ふちには大きな裂片がある。花柄にも強い刺がある。

果実／偽果。直径2㌢ほどの扁球形で，針状の刺が多く，先端に萼片が残る。

植栽用途／庭木。

名前の由来／葉や刺がサンショウに似ていることによる。

サンショウバラ。箱根に多く，ハコネバラとも呼ばれる　1999.6.9　軽井沢植物園

バラ科 ROSACEAE

バラ属 Rosa

モッコウバラ
R. banksiae
〈木香薔薇〉

分布／中国中南部原産。
樹形／つる性の常緑低木。全体に無毛で，刺もない。
葉／互生。長さ5〜8cmの奇数羽状複葉で，小葉が1〜2対つく。小葉は長楕円形で，表面は光沢がある。
托葉／線形で早落性。
花／花期は4〜5月。花は淡黄色で八重咲き，直径約2cmと小さく，芳香はない。花が白色のものは**シロモッコウ**と呼ばれ，芳香がある。
果実／結実しない。
植栽用途／庭木，盆栽。花つきをよくするには枝を斜めにするといい。
名前の由来／芳香があることからつけられた。

ナニワイバラ
R. laevigata
〈難波薔薇〉

分布／中国・台湾原産。関西や四国，九州では野生化している。
樹形／つる性の常緑低木。鉤形の強い刺がある。
葉／互生。長さ5〜10cmの奇数羽状複葉で，小葉はふつう3個。葉軸と葉柄には刺がある。小葉は長さ3〜7cmの楕円形で両面とも無毛。表面は光沢がある。
托葉／離生し，早落性。
花／花期は5月。花は白色で直径5〜9cm，芳香がある。萼筒や花柄には刺が密生する。花が淡紅色のものを**ハトヤバラ** var. rosea という。
果実／偽果。長さ3.5〜

モッコウバラ。花が可愛らしく，刺がないので栽培に最適　1996.5.10　横浜市内

バラ科 ROSACEAE

4㌢の洋ナシ形で小さな刺が密生する。8～10月に暗橙赤色に熟す。
植栽用途／庭木
名前の由来／江戸時代に大阪の植木屋が普及させたことに由来する。

カカヤンバラ
R. bracteata
〈別名ヤエヤマノイバラ〉

分布／沖縄（先島諸島）、中国東部、台湾
生育地／海岸
樹形／常緑低木。匍匐または直立する。
枝／綿毛が密生し、葉柄の基部に刺が1対ある。
葉／互生。長さ3～8㌢の奇数羽状複葉で、小葉が3～4対ある。小葉のふちには波状の低い鋸歯がある。表面は光沢があり、裏面の主脈や葉軸には短毛が生える。
托葉／離生し、早落性。
花／春～秋、枝先に直径5～7㌢の白い花が1個ずつつく。萼には綿毛が密生し、萼片はそり返る。花柄は短い。
果実／偽果。直径2～3㌢の球形。
名前の由来／八丈島の船がフィリピンのカカヤン川付近から持ち帰ったことによるという。

リイバラ。花は大形で、栽培種とは思えない野性味がある。 1995.5.2 宿毛市

❶シロモッコウ。❷❸モッコウバラ。❷葉は光沢がある。托葉はもう落ちている。❸葉裏。脈上に短毛がある。❹❺ナニワイバラ。❹偽果。萼筒が肥大してそう果を包んでいる。❺展開しはじめた冬芽。基部に早落性の托葉が見えている。❻❼カカヤンバラ。❻花弁の先は切れ込む。❼偽果。先端に萼片がへばりつき、薄茶色の綿毛におおわれ、バラ属の果実としては異色。

バラ科 ROSACEAE

バラの園芸品種

バラの栽培の歴史は古く、紀元前にすでに薬用や香料として利用されていたといわれる。今日、栽培されているバラの主流はモダン・ローズ（現代バラ）と呼ばれ、19世紀後半までにヨーロッパで栽培されていた古い系統のバラ（オールド・ローズ）と区別されている。現代バラの作出に大きくかかわってきた原種は、ヨーロッパ原産のR. gallica、西アジアからヨーロッパ南部、北アフリカ原産のR. moschata、中央アジア原産のR. foetida、中国原産のR. chinensis（コウシンバラ）、東アジアや日本原産のノイバラやテリハノイバラなどである。複雑な交配で生まれた現代バラは、植物学的な系統で分類するのがむずかしいため、便宜上、樹形や花の大小で分類している。つる性になるつるバラと、灌木状になる木バラの系統に大きく分けられ、さらに木バラはハイブリッド・ティー系（四季咲き大輪、現代の栽培バラの主流）、フロリバンダ系（四季咲き中輪）、ポリアンタ系（小輪房咲き）、ミニチュア系（矮性小輪房咲き）などに分けられている。現在では、上記の系統の中間型のタイプなど、系統別にはっきり分けられない品種が次々と生まれている。

ハイブリッド・ティー
〈クリスチャン・ディオ

カクテル。花は一重で小ぶり。野性味がある　1991.5.21　横浜市こども植物園

バラ科 ROSACEAE

ール〉明るい赤色の剣弁高芯咲きで花もちがよい品種。切り花にも向く。1958年，フランスで作出。〈マリア・カラス〉色調が美しく，直径15㌢になる。丈夫で育てやすい。1965年，フランスで作出。〈パスカリ〉乳白色の剣弁高芯咲き，直立性で花つきがよく，丈夫で育てやすい。1963年，ベルギーで作出。〈聖火〉白地に濃桃色の覆輪が入る剣弁杯状咲きの大輪。1967年，日本で作出。〈モダン・タイムス〉絞りの代表品種。1957年，オランダで作出。

フロリバンダ

〈エウロペアナ〉オトメツバキのような花形で深紅色。房咲きの多花性。1963年，オランダで作出。〈プリンセスミチコ〉フロリバンダ系のなかでも有名な品種。半直立性で高さ1㍍ほどの株になり，病気に強い。1966年，イギリスで作出。〈ミッチィ'81〉花は濃黄色で半剣弁咲き。直径約8㌢。5〜6輪の房咲き。1981年，フランスで作出。〈ミニュエット〉乳白色の地に花弁の先が紅色の覆輪となる。5〜8輪の房咲き。1969年，アメリカで作出。

つるバラの系統

〈カクテル〉紅色の一重で中心部は黄色。四季咲き性が強い。1957年，フランスで作出。

❶エウロペアナ。❷ミニュエット。❸プリンセスミチコ。❹ミッチィ'81。❺クリスチャン・ディオール。❻モダン・タイムス。❼マリア・カラス。❽パスカリ。

キイチゴ属 Rubus

主に低木。茎は直立するもの、匍匐するものつる状になるもの、草本もあるがある。地上部はふつう2年で枯れる。1年目の茎には葉だけつく。2年目に横に枝をだして、開花結実し、そのあと枯死するものが多い。花はほとんどが両性。花弁と萼片はふつう5個。雄しべは多数。雌しべは離生し、花床の上に多数つく。果実は果床の上に小さな核果が多数集まった集合果で、キイチゴ状果と呼ばれる。北半球の温帯を中心に数百種が知られ、果樹として栽培されているものも多い。雑種が多い。

〈上〉カジイチゴの花。雄しべははじめ内側に折れ曲がっているが、しだいにのびて花粉をだし、最後は平開する。〈下〉ニガイチゴの果床。果床に小さな核果が多数つく。萼の上に雌しべの残骸が残っている。

キイチゴの仲間は地上部が2年ほどで枯死するため、大木にはならない。その

バラ科 ROSACEAE

地下茎をのばし, 盛んに範囲を広げる。写真のオオバライチゴは超大株だった　1996.3.12　屋久島

キイチゴ属 Rubus

ナガバモミジイチゴ
R. palmatus
〈長葉紅葉苺〉
分布／本州（中部地方以西），四国，九州
生育地／山野の日当たりのよい林縁などに生える。
樹形／落葉低木。高さ2mほどになる。
茎や枝／茎や新枝は無毛で、まっすぐな刺が多い。
冬芽／長さ5～10mmの紡錘形で、赤みを帯びた芽鱗が5～7個ある。
葉／互生。葉身は長さ3～7cmの長卵形で、切れ込みのないものと3～5裂するものがある。中央の裂片はとくに長く、先はとがる。基部はややハート形で、ふちには重鋸歯がある。両面とも脈沿いに毛がある。葉柄や裏面の脈上には鉤形の刺がある。葉柄は長さ1.5～4cm。

ナガバモミジイチゴ。西日本の山野にふつうに見られる　1995.6.22　石鎚山

❶ ❷ ❸ ❹ ❺ ❻ ❼

バラ科 ROSACEAE

托葉／長さ6～8㍉の披針形。
花／4月、直径約3㌢の白い花が下向きに咲く。花弁は楕円形または長楕円形で5個。萼筒は杯形。萼片は狭卵形で先はとがる。花柄は有毛。
果実／集合果。直径1～1.5㌢の球形で、6～7月に橙黄色に熟し、食べられる。
用途／花材、食用
名前の由来／葉の中央の裂片が非常に長いことによる。

モミジイチゴ
var. *coptophyllus*
〈紅葉苺〉
分布／本州（中部地方以北）
葉／葉身は長さ7～15㌢の卵形または広卵形で、掌状に3～5裂する。ナガバモミジイチゴのように中央の裂片は長くつきでない。
備考／ナガバモミジイチゴは中部地方以西の西日本に、モミジイチゴは中部地方以北の東日本にすみ分けている。木曽地方には葉の質が薄く、葉身が卵形～長卵形でほとんど切れ込まないキソイチゴ var. *kisoensis* が分布する。

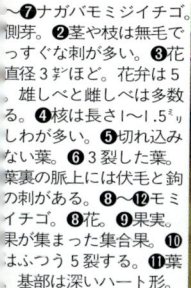

ミジイチゴ。果実は甘酸っぱく、おいしい　1998.6.2　愛知県田原町

〜❼ナガバモミジイチゴ。側芽。❷茎や枝は無毛でまっすぐな刺が多い。❸花直径3㌢ほど。花弁は5、雌しべと雄しべは多数ある。❹核は長さ1～1.5㍉しわが多い。❺切れ込みない葉。❻3裂した葉。葉裏の脈上には伏毛と鉤の刺がある。❽〜⓬モミジイチゴ。❽花。❾果実。❿果が集まった集合果。ふつう5裂する。⓫葉基部は深いハート形。側芽と托葉。

バラ科 ROSACEAE

キイチゴ属 Rubus

ハチジョウイチゴ
R. ribisoideus
（ハ丈苺／別名ビロードカジイチゴ）

分布／本州（伊豆諸島, 渥美半島, 紀伊半島, 山口県）, 四国, 九州

生育地／海岸に近い林縁などに生える。

樹形／落葉低木。高さ1〜1.5㍍になる。

茎や枝／新枝は有毛。ふつう刺はないが, まれに茎の下部につく。

葉／互生。葉身は長さ5〜7㌢の広卵形〜卵円形で, 3〜5裂する。ふちには不ぞろいな鋸歯がある。葉柄は長さ2〜5㌢。

托葉／線形で長さ4㍉ほど。

花／2〜4月、前年枝の葉腋からのびた短い枝に白い花が1〜3個下向きにつく。花は直径3〜4㌢。花弁は5個、ふちは波状で小さな切れ込みがある。萼筒は杯形。

果実／集合果。6月頃に橙黄色に熟し、食べられる。

備考／本年枝や花柄、葉などにビロード状の毛が多いのが特徴。ビロードカジイチゴの別名もこれに由来する。

ハチジョウイチゴ。西日本の沿海地に生える。数は少ない　1990.4.1　土佐清水

バラ科 ROSACEAE

リュウキュウイチゴ
R. grayanus
〈琉球苺／別名シマアワイチゴ〉

分布／九州（屋久島・種子島以南），沖縄
生育地／海岸から沿海の山地の林縁や道ばた
樹形／落葉低木。高さ1～2mになる。
茎や枝／無毛，刺もない。
葉／互生。葉身は長さ4～10cmの卵形～卵状楕円形。まれに3浅裂するものもあるが，ふつう切れ込まない。基部は浅いハート形，ふちには浅い鋸歯がある。質はやや厚い。脈や葉柄が赤みを帯びるものと帯びないものがある。葉柄は長さ1～3cm。
托葉／長さ4mmほどの披針形。
花／3～4月、直径2cmほどの白い花が下向きにつく。萼筒は杯形。
果実／集合果。直径約1cm，5～6月に橙黄色に熟す。おいしい。

備考／変種の**トゲリュウキュウイチゴ**（ツクシアワイチゴ）var. chaetophorus は茎に刺があり，葉が3裂する。鹿児島県に分布する。

リュウキュウイチゴ。花はキイチゴとしては大きめ 1996.3.12 屋久島

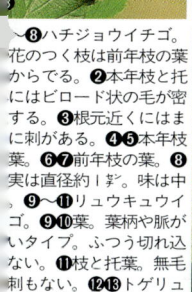

❶～❽ハチジョウイチゴ。花のつく枝は前年枝の葉からでる。❷本年枝と托にはビロード状の毛が密する。❸根元近くにはまに刺がある。❹❺本年枝葉。❻❼前年枝の葉。❽実は直径約1cm。味は中。❾～⓫リュウキュウイチゴ。❾❿葉。葉柄や脈がいタイプ。ふつう切れ込ない。⓫枝と托葉。無毛刺もない。⓬⓭トゲリュウキュウイチゴ。⓬葉は3する。⓭茎に刺がある。

バラ科 ROSACEAE　583

キイチゴ属 Rubus

ゴショイチゴ
R. chingii
〈御所苺〉

分布／本州（山口県）、四国（愛媛・高知県）、九州（福岡・大分県）、中国中部

生育地／山地の林縁などにまれに生える。

観察ポイント／西日本一の貯水量を誇る高知県の早明浦ダム周辺に多い。

樹形／落葉低木。高さ1.5～2㍍になる。

茎や枝／ほとんど無毛。やや鉤形の刺がある。

冬芽／紡錘形で無毛。

葉／互生。葉身は5～10㌢の円形で5～7裂する。裂片の先は長くとがり、ふちには重鋸歯がある。葉柄は長さ2～6㌢と長く無毛。

托葉／長さ5㍉ほどの線形。

花／4～5月、直径約3㌢の白色の花が下向きに咲く。花柄は長さ2～4㌢。萼筒は浅い皿状。萼片は長さ6～8㍉の長卵形で、先は急にとがる。

果実／集合果。直径1～1.5㌢の球形で、6月頃に赤橙色に熟す。核果の表面には短いビロード状の毛が生える。

ゴショイチゴ。大形のキイチゴで、果実は甘酸っぱくて美味　1997.6.19　土佐市

❶～⓬ゴショイチゴ。枝は無毛。刺はやや鉤形。托葉は線形。❷花は直径3㌢。❸葉表。長い葉柄が目立つ。❹葉裏。脈上に毛が多い。❺果実。表面に短毛がある。❻～⓬ビロードイチゴ。❻花は直径1～2㌢。❼萼や花柄にはロード状の毛が密生する。❽花がつく枝の葉。❾3した葉。⓾葉裏。脈上に毛が多い。⓫若い茎は毛が多いが、⓬古くなると無毛。この茎は直径2㌢ほど。

584　バラ科 ROSACEAE

ビロードイチゴ
R. corchorifolius
〈天鵞絨苺〉

分布／本州(静岡県東部以西)、四国、九州、朝鮮半島南部、中国
生育地／山地の林縁などに生える。中国地方や九州では点々と見られるが、個体数は少なく、比較的珍しい種類。
樹形／落葉低木。高さ1〜2㍍になる。立ち上がったり、はったり、いろいろな樹形になる。
茎や枝／新枝にはビロード状の毛が密生するが、のち無毛。やや上に曲がった刺がある。
葉／互生。葉身は長さ4〜10㌢の長卵形で、ときに浅く3裂する。ふちには鈍い鋸歯がある。両面とも有毛。葉柄は長さ1〜1.5㌢で有毛。柄には鈎形の刺がある。
花／4〜5月、前年枝からのびた短い枝に白色の花が下向きにつく。花は直径1.5〜2㌢。萼や花柄にはビロード状の毛が密生する。
果実／集合果。直径約1㌢の球形。5〜6月に黄赤色に熟す。
名前の由来／葉の毛の感触をビロードにたとえたもの。

ロードイチゴ。葉表の毛の量は枝によって異なる 1996.6.7 古口市

バラ科 ROSACEAE

キイチゴ属 Rubus

ウラジロウツギ
R. ulmifolius
(別名ウラジロマイチゴ)

分布／北海道，本州，四国，九州，朝鮮半島，中国東北部〜北部

生育地／日当たりのよい山地の林縁や荒れ地などでふつうに見られる。

樹形／落葉低木。高さ1〜2mになる。

茎や枝／赤紫色でほぼ無毛。太く扁平な刺がまっすぐ横にでる。

冬芽／長さ3〜6㍉の卵形。ふつう左右に副芽を伴う。芽鱗は暗紫紅色で3〜5個。葉痕は三角形〜三日月形。

葉／互生。葉身は長さ6〜10㌢の広卵形で，掌状に3〜5中裂する。裂片の先はとがり，基部はハート形。ふちには不ぞろいな重鋸歯がある。質はやや厚く，

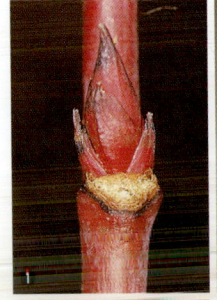

大形のキイチゴだが，花は小さくあまり目立たない　1989.6.18　山梨県河口湖町

バラ科 ROSACEAE

裏面脈上には細毛と小さな刺がある。葉柄は長さ3〜8cmで、刺と軟毛がある。
托葉／長さ1cmほどの線形で、下半部は葉柄に合着する。
花／5〜7月、直径1〜1.5cmの白い花が2〜6個集まってつく。花弁は細く、花弁と花がくの間にすき間がある。萼筒は杯形で短毛が密生する。萼片は狭卵形で内面とふちに軟毛が密生する。花のあと萼片はそり返る。花柄には軟毛が密生する。
果実／集合果。直径約1cmの球形。7〜8月に赤熟し、食べられる。
備考／全体に刺が多いのが特徴。葉の形には変異が多い。
名前の由来／熊のとおりそうなところには必ずあることから、熊が後ずさりイチゴといわれるようになったという説がある。

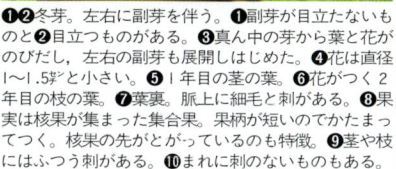

果実は香りはよいが、水気が少なく、うまくはない 1991.7.13 山梨県河口湖町

❶❷冬芽。左右に副芽を伴う。❶副芽が目立たないものと❷目立つものがある。❸真ん中の芽から葉と花がのびだし、左右の副芽も展開しはじめた。❹花は直径1〜1.5cmと小さい。❺1年目の茎の葉。❻花がつく2年目の枝の葉。❼葉裏。脈上に細毛と刺がある。❽果実は核果が集まった集合果。果柄が短いのでかたまってつく。核果の先がとがっているのも特徴。❾茎や枝にはふつう刺がある。❿まれに刺のないものもある。

バラ科 ROSACEAE

キイチゴ属 Rubus

カジイチゴ
R. trifidus
〈梶苺〉

分布／本州（関東地方以西の太平洋側）、伊豆諸島、四国、九州

生育地／海岸から沿海の山地に生える。

樹形／落葉低木。高さ2～3㍍になる。

茎や枝／新枝にははじめ軟毛や短い腺毛があるが、のち無毛。ふつう刺はない。

葉／互生。葉身は広卵形で長さも幅も6～12㌢と大きく、掌状に3～7中裂する。基部はハート形。裂片の先はとがり、ふちには重鋸歯がある。葉柄は長さ2.5～8㌢。

托葉／長さ1.5㌢ほどの狭楕円形。

花／4～5月、直径3～4㌢の白い花が上向きに咲く。花弁は広倒卵形。萼筒は浅い皿形。

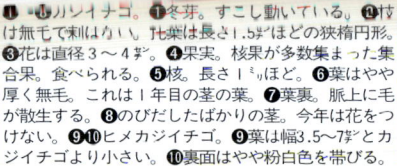

カジイチゴ。丈が高く葉も大きい。全体に刺がないのが特徴　1995.4.10　横浜市

❶～❽カジイチゴ。❶冬芽。すこし動いている。❷枝は無毛で刺はない。托葉は長さ1.5㌢ほどの狭楕円形。❸花は直径3～4㌢。❹果実。核果が多数集まった集合果。食べられる。❺核。長さ1㍉ほど。❻葉はやや厚く無毛。これは1年目の茎の葉。❼葉裏。脈上に毛が散生する。❽のびだしたばかりの茎。今年は花をつけない。❾❿ヒメカジイチゴ。❾葉は幅3.5～7㌢とカジイチゴより小さい。❿裏面はやや粉白色を帯びる。

バラ科 ROSACEAE

萼の外側には軟毛と腺毛が密生し、萼片の内面とふちには白毛が密生する。
果実／集合果。直径約1㌢の球形で、5月頃淡黄色〜橙黄色に熟す。
植栽用途／庭木
用途／芽吹いた枝を花材として利用する。
名前の由来／葉がクワ科のカジノキに似ていることによる。

ヒメカジイチゴ
R. × medius
〈姫梶苺〉

カジイチゴとニガイチゴの雑種と考えられている。関東地方の南西部と高知県に分布する。東京都、神奈川県、静岡県では珍しくない。カジイチゴより全体に小形で枝に刺がある。葉の裏面は脈上に少し毛があるが、葉の表側はほぼ無毛。花弁の形はニガイチゴに近い。めったに結実しない。

メカジイチゴ。カジイチゴより葉が小さく、刺がある 1998.4.8 小石川植物園

バラ科 ROSACEAE　589

キイチゴ属 Rubus

ニガイチゴ
R. microphyllus
(苦苺、別名コガメイチゴ)

分布／本州、四国、九州、中国
生育地／山野の林縁や荒れ地に生える。
樹形／落葉低木。高さ50〜100㌢になる。
茎や枝／白いロウ質の粉がつき、細い刺が多い。無毛。
葉／互生。葉は広卵形で、3裂することが多いが、切れ込みのないものもある。花のつかない枝の葉身は長さ6〜10㌢と大きく、花のつく枝の葉身は長さ2〜5㌢と小さい。ふちには不ぞろいな鋸歯がある。両面とも無毛。裏面は粉白色を帯び、脈上や葉柄には小さな刺がある。葉柄は長さ1.5〜4㌢。
托葉／長さ5㍉ほどの線形。
花／4〜5月、直径2〜2.5㌢の白い花が上向きに咲く。花弁は狭楕円形。萼筒は半球形。
果実／集合果。直径約1㌢の球形で、6〜7月に赤熟する。

ニガイチゴ。花弁が細く他種との区別は容易。果実は甘い　1992.4.6 豊橋市

バラ科 ROSACEAE

ミヤマニガイチゴ
R. microphyllus
　　var. subcrataegifolius

〈深山苦苺〉

分布／本州（近畿地方以北）

生育地／ニガイチゴより標高の高いところ。林縁など、日当たりのよいところに生える。

樹形／落葉低木。高さ1mほどになる。

茎や枝／無毛で、小さな刺がまばらにある。

葉／互生。葉身は長さ4～10cmの長卵形で、ふつう3裂し、中央の裂片は大きく長くとがる。基部はハート形または切形で、ふちには重鋸歯がある。裏面は粉白色を帯び、脈や葉柄に小さな刺がある。葉柄は長さ3～8cm。

托葉／長さ1cmほどの線形。

花／5～6月、前年枝の葉腋から長さ7～10cmの枝をのばし、直径2～2.5cmの白い花を1～3個つける。枝には小さな葉が3～4個つく。花弁は広楕円形。

果実／集合果。直径1～1.5cmの球形で、8～9月に赤く熟す。甘くておいしい。

ミヤマニガイチゴ。高所に生え、葉が鋭くとがる　1996.8.5　長野県小海町

❶～❼ニガイチゴ。❶茎は無毛で白いロウ質の粉がつく。刺が多い。❷花は直径2～2.5cm。花弁は細く、花と花弁の間に大きなすきまがある。❸果実は直径約1cm。❹核。長さ1～1.5mmで網目状のしわがある。❺花のつかない1年目の茎の葉は大きい。❻花のつく枝の葉は小さい。❼葉裏。粉白色を帯び、脈上に刺がある。❽～⓫ミヤマニガイチゴ。❽花は直径2～2.5cm。花弁は広楕円形。❾花のつかない1年目の茎の葉。裂片はほっそりしている。❿葉裏。粉白色を帯び、脈上に刺がある。⓫茎は無毛で刺はまばら。托葉は線形。

バラ科 ROSACEAE

キイチゴ属 Rubus

ミヤマモミジイチゴ
R. pseudoacer
〈深山紅葉苺〉
分布／本州（秩父山地以西〜紀伊半島）、四国
生育地／山地の薄暗い樹林内にまれに生える。
樹形／落葉小低木。高さ20〜40㌢になる。草のように見える。
茎や枝／無毛。ふつう刺はないが、ときにまばらに細い刺がある。
葉／互生。葉身は直径6〜10㌢の扁円形。掌状に深く5〜7裂し、裂片の先はとがる。質は薄く、基部はハート形。ふちには不ぞろいな鋭い鋸歯がある。脈以外はほとんど無毛。葉柄は長さ4〜7㌢で、まれに小さな刺がある。
托葉／長さ7㍉ほどの狭披針形。
花／7〜8月、枝先に小さな白い花が数個ずつ咲く。花柄は細く、長さ1.5〜4㌢。花弁は長さ4〜6㍉の倒卵状へら形で、平開しない。萼筒は半球形、萼片の先は尾状にとがる。
果実／集合果。直径約1㌢の球形で、9月に赤く熟す。

ミヤマモミジイチゴ。全体に小形だが葉は大きめ　1993.9.12　愛媛県面河村

❶〜❹ミヤマモミジイチゴ。❶茎は無毛、ふつう刺はない。❷葉は直径6〜10㌢と大きめ。カエデの仲間の葉に似ている。❸葉裏。脈上に軟毛が散生する。❹花は小さく、花弁は目立たない。できたての果実もみる。❺〜⓫ハスノハイチゴ。❺花は直径3〜5㌢と大きい。❻果実。色も形もキイチゴとしては異色。長さ3〜4㌢の円柱形で褐色の毛が目立つ。8〜9月に赤く熟す。❼葉。ふつう浅く5裂する。❽葉裏。葉柄は楯状につくのが特徴。❾托葉は大形でよく目立つ。⓫茎は粉白色を帯び、緑色のものや赤いものがある

バラ科 ROSACEAE

ハスノハイチゴ
R. peltatus
〈蓮の葉苺／別名ハスイチゴ〉

分布／本州（中部地方以西），四国，九州，中国中部

生育地／山地の樹陰などにまれに生える。

樹形／落葉低木。高さ60〜150㌢になる。

幹や枝／粉白色を帯び，短い刺がまばらに生える。無毛。

葉／互生。葉身は長さ10〜25㌢の五角形で，浅く3〜5裂する。裂片の先はとがり，ふちには不ぞろいな鋸歯がある。葉柄は長さ8〜10㌢で，刺があり，葉身に楯状につく。

托葉／長さ1㌢ほどの広卵形で，肉質。すこし赤みを帯びる。

花／5〜6月，枝先に3〜5㌢の白い花が1個下向きに咲く。花弁は円形。

果実／集合果。長さ3〜4㌢の円柱形で，8〜9月に白く熟す。表面には褐色の毛が密生する。

名前の由来／葉柄がハスの葉のように葉身に楯状につくことによる。

ハスノハイチゴ。果実には独特のよい香りがある　1996.7.24　愛媛県面河村

バラ科 ROSACEAE　593

キイチゴ属 Rubus

コジキイチゴ
R. sumatranus
(乞食苺)

分布／本州(東海地方
以西)、四国、九州、
朝鮮半島南部、中国、
台湾

生育地／山野の日当たりのよいところ

樹形／落葉低木。高さ1〜2㍍になる。

茎や枝／紅紫色の腺毛が密生し、鉤状の刺がまばらにある。

葉／互生。花のつかない1年目の茎の葉は長さ10〜20㌢の奇数羽状複葉で、小葉は2〜4対つく。頂小葉は長さ4〜8㌢の長卵形〜披針形。ふちには不ぞろいな重鋸歯がある。花のつく枝の葉は小形で3小葉になる。葉裏の脈上や葉軸には腺毛と刺がある。

托葉／長さ4㍉ほどの線形。

花／5〜6月、枝先に直径約2㌢の白い花が横向きに咲く。萼の外面や花柄には長い腺毛が密生する。

果実／集合果。長さ約1.5㌢の円柱形で、黄赤色に熟し、食べられる。

コジキイチゴ。美味だが、内部が空洞で食べではない　1999.7.15　岡山県川上町

❶〜❻コジキイチゴ。❶茎には紅紫色の腺毛が密生し、紅紫色の鉤状の刺がまばらにある。❷花弁は長さ約1㌢。萼片は尾状にとがり、花弁より長い。❸葉裏の脈上や葉柄、葉軸には紅紫色の腺毛や刺、白い開出毛がある。❹1年目の茎の葉。花のつく枝の葉より小葉の数が多い。❺果実は6〜8月に熟す。❻核。長さ2㍉ほど。❼〜⓫ヒメバライチゴ。❼花は直径約5㌢と大きい。❽1年目の茎の葉。花のつく枝の葉より大きく、小葉の数も3〜5対と多い。❾⓾葉裏。⓫茎。刺は上向きに曲がる。茎や葉裏には黄色の腺点がある。

バラ科 ROSACEAE

ヒメバライチゴ
R. minusculus
〈姫薔薇苺〉

分布／本州（千葉県以西の太平洋側），四国，九州

生育地／山地の日当たりのよいところ

樹形／落葉小低木。高さ20〜40㌢ほどになる。草のように見える。

葉／互生。花のつく枝の葉は長さ5〜11㌢の奇数羽状複葉で，小葉は2〜3対ある。小葉は長さ2〜3㌢の広披針形で質は薄い。ふちには重鋸歯がある。頂小葉が側小葉よりすこし大きい。花をつけない1年目の茎の葉は大きく，長さ20㌢を超えるものもある。小葉も3〜5対と多い。

花／4〜5月，枝先に直径約1.5㌢の白い花がふつう1個ずつ上向きに咲く。萼には軟毛と腺点があり，萼片は尾状に長くのびる。

果実／集合果。直径約1.5㌢の球形で，8〜9月に赤く熟す。

備考／茎，葉裏，萼，花柄などに腺点と軟毛があるのが特徴。腺点は黄色を帯びる。

ヒメバライチゴは，植物体全体に微細な腺点がある　1994.5.30　鹿児島県霧島町

バラ科 ROSACEAE　595

キイチゴ属 Rubus

バライチゴ
R. illecebrosus

〈薔薇苺〈別名〉ミヤマイチゴ〉

分布／本州（中部地方以西），四国，九州

生育地／山地の日当たりのよいところに生える。

樹形／落葉小低木。高さ20〜50㌢になる。草のように見える。

茎や枝／茎は無毛で角ばり，扁平な鉤形の刺がある。

葉／互生。長さ15〜25㌢の奇数羽状複葉で，小葉が2〜3対ある。小葉は長さ3〜8㌢の披針形で，側脈が多く目立つ。ふちには鋭い重鋸歯がある。葉軸は無毛で細い刺がある。

托葉／長さ1㌢ほどの線形。

花／6〜7月，枝先に直径4㌢ほどの白色の花が1〜数個つく。萼や花柄は無毛。花柄には小さな刺がある。

果実／集合果。長さ約1.5㌢の広楕円形で，8〜10月に赤く熟す。

備考／花が八重咲きのものをトキンイバラという。栽培されている。

バライチゴ。かなり小形のキイチゴだが，花は大きめ　1995.7.26　高知県物部村

❶〜❹バライチゴ。❶茎と托葉。無毛。❷葉は長さ〜㌢に達するものもある。小葉は側脈が目立ち，表面にわずかに軟毛がある。❸葉裏。ふちに鋭い重鋸歯がある。❹果実は長さ約1.5㌢と意外に大きく，食べてがある。❺〜⓫オオバライチゴ。❺❻上部の葉は単葉や小葉が多い。❼下部の葉の小葉は2〜3対。葉軸に紅紫色の腺毛が密生する。❽裏面脈上にも紅紫色の腺毛がある。❾果実は直径約1㌢。食べられる。❿托葉白い毛と腺毛が多い。⓫茎。紅紫色の腺毛が密生する

バラ科 ROSACEAE

オオバライチゴ
R. croceacanthus
〈大薔薇苺／別名リュウキュウバライチゴ〉

分布／本州（房総半島以西），四国，九州，沖縄，朝鮮半島南部，台湾
生育地／沿海の山地
樹形／落葉低木。高さ1〜1.5mになる。
茎や枝／紅紫色の腺毛が密生し，鉤形の刺がまばらにある。
葉／互生。奇数羽状複葉で，小葉は1〜3対ある。上部の枝には単葉もまじる。小葉は長さ2〜9cmの広披針形で，ふちには鋭い重鋸歯がある。
托葉／長さ5mmほどの狭楕円形。白い毛が生え，ふちには紅紫色の腺毛がある。
花／4〜6月。枝先に直径約4cmの白い花が1〜3個咲く。
果実／集合果。直径約1cmの球形で，5〜6月に赤く熟す。
備考／全体に紅紫色の腺毛が多く，軟毛がまばらに混生するのが特徴。腺毛の多少には変化があり，ほかの形質にも変異が多い。

オオバライチゴ。西日本に多く，関東人にはなじみがない　1990.4.1　土佐清水市

バラ科 ROSACEAE　597

キイチゴ属 Rubus

ベニバナイチゴ
R. vernus
〈紅花苺〉

分布／北海道（南西部）、本州（中部地方以北の日本海側）

生育地／亜高山から高山の林縁や渓流沿いに生える。水分の多いところを好む。

樹形／落葉低木。高さ1～1.5mになる。

茎や枝／刺はなく、軟毛がまばらに生える。まれに腺毛が生えるものもある。

葉／互生。3出複葉。頂小葉は長さ、幅ともに3～7cmの菱形状卵形で、先端はとがる。ふちには欠刻状の重鋸歯がある。両面に軟毛がまばらに生え、表面はしわが目立つ。葉柄や葉軸には軟毛が多い。

托葉／長さ1cmほどの狭披針形。

花／6～7月、直径2～3cmの濃紅色の花が下向きに咲く。花弁は長さ1.5～2cmの倒卵形で、平開しない。花柄や萼には軟毛が密生し、腺毛がまじる。

果実／集合果。直径約2cmの卵球形で、8月下旬～9月に赤く熟す。渋みが強い。

ベニバナイチゴ。これほどまずいキイチゴはほかにない　1990.7.7　秋田駒ガ岳

598　バラ科 ROSACEAE

サナギイチゴ
R. pungens
　　var. oldhamii
〈猿投苺〉

分布／本州,四国,九州,朝鮮半島

生育地／山地にややまれに生える。

樹形／落葉小低木。枝はつる状に横にのびる。草のように見える。

茎や枝／無毛。鉤形の刺がまばらにある。

葉／互生。長さ5〜15㌢の奇数羽状複葉で,小葉は2〜3対ある。頂小葉は長さ2〜5㌢の菱形状卵形で,しばしば浅く3裂する。質は薄く,ふちには欠刻状の重鋸歯がある。

托葉／長さ4〜8㍉の糸状。

花／5〜6月,短い枝の先に直径約2㌢の白色または淡紅色の花が1〜3個つく。萼の外面には軟毛と腺毛が生え,針状の刺が多い。

果実／集合果。直径約1.2㌢の球形で,7〜8月に赤く熟す。

名前の由来／愛知県の猿投山で採集されたことからサナギイチゴと呼ばれ,それがなまったといわれる。

～❼ベニバナイチゴ。❶側芽。❷托葉は狭披針形。芽もできている。❸茎にははじめ軟毛がある。写真わずかに腺毛がまじった珍しい個体。❹葉は3出複。小葉はしわが目立ち,ふちには欠刻状の鋸歯があ。❺葉裏。脈上や葉柄には軟毛が多い。❻果実は直約2㌢。❼核。長さ約3㍉。❽〜⓫サナギイチゴ。果実は直径約1.2㌢。❾葉の形や大きさは変異が多❿裏面の主脈と葉軸には小さな刺がある。⓫茎。じめ軟毛があるが,のち無毛。刺はまばら。

バラ科 ROSACEAE　599

キイチゴ属 Rubus
クサイチゴ
R. hirsutus
〈草苺／別名ワセイチゴ、ナベイチゴ〉

分布／本州，四国，九州，朝鮮半島，中国

生育地／山野にふつうに見られる。

樹形／落葉小低木。高さ20～60㌢になる。

茎や枝／短い軟毛と腺毛が生え，細い刺がまばらにある。

葉／互生。長さ10～18㌢の奇数羽状複葉で，小葉は1～2対。頂小葉は長さ3～7㌢の卵形～卵状長楕円形。ふちには細かい重鋸歯がある。表面には軟毛，裏面の脈上には軟毛と小さな刺がある。葉軸には軟毛と腺毛が混生し，細い刺がある。

花／4～5月，直径約4㌢の白い花が咲く。花柄や萼の外側には軟毛と腺毛が混生する。

果実／集合果。直径約1㌢の球形で，5～6月に赤く熟す。

名前の由来／丈が低く，草のように見えることによる。果期が早いことから早稲苺の名もある。また果床をとり除いた集合果を鍋に見立てて，鍋苺ともいう。

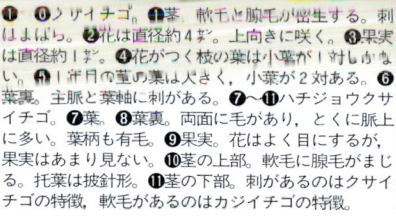

クサイチゴ。果実はわりにうまい。里山にごくふつうにある　1998.4.16　東京都

❶❷❸❹❺クサイチゴ。❶茎。軟毛と腺毛が密生する。刺はまばら。❷花は直径約4㌢。上向きに咲く。❸果実は直径約1㌢。❹花がつく枝の葉は小葉が1対しかない。❺1年目の茎の葉は大きく，小葉が2対ある。❻葉裏。主脈と葉軸に刺がある。❼～⓫ハチジョウクサイチゴ。❼葉。❽葉裏。両面に毛があり，とくに脈上に多い。葉柄も有毛。❾果実。花はよく目にするが，果実はあまり見ない。❿茎の上部。軟毛に腺毛がまじる。托葉は披針形。⓫茎の下部。刺があるのはクサイチゴの特徴，軟毛があるのはカジイチゴの特徴。

バラ科 ROSACEAE

ハチジョウクサイチゴ
R. × nishimuranus
〈八丈草苺／別名ニシムライチゴ・シマミツバキイチゴ〉

分布／本州（関東地方南部、伊豆諸島、山口県）、四国（高知県）、九州（北部）
生育地／沿海地
樹形／落葉低木。高さ1mほどになる。
茎や枝／上部には軟毛と腺毛が混生し、下部は微毛や腺毛があり、刺がまばらに生える。
葉／互生。3出複葉。頂小葉は長さ5〜8cmの卵状楕円形〜狭卵形。頂小葉と側小葉が基部で合着したり、側小葉が2裂することも多い。先端はとがり、ふちには重鋸歯がある。両面に毛があり、裏面に脈上に刺がある。
花／3〜5月、直径4cmほどの白い花が咲く。花弁は長さ1.5〜2cmの卵円形。萼には腺毛や短い軟毛がある。
果実／集合果。直径約1cmの球形で、5〜6月に赤く熟すが、結実しないものが多く、まれにしか見られない。
備考／クサイチゴとカジイチゴの自然雑種と考えられている。

ハチジョウクサイチゴ。見る機会の少ないキイチゴだ 1995.4.14 横浜市

バラ科 ROSACEAE

キイチゴ属 Rubus

ミヤマウラジロイチゴ
R. yabei

〈深山裏白苺〉

分布／本州（関東・中部・近畿地方）

生育地／山地の上部〜亜高山の林縁など。

樹形／落葉低木。高さ1mほどになる。

茎や枝／無毛。下向きの細い刺がある。

葉／互生。長さ8〜15cmの奇数羽状複葉で、小葉は1〜2対あり、薄く、裏面には白い綿毛が密生する。葉柄には刺と軟毛がある。葉軸は無毛で、刺がまばらに生える。

花／7〜8月、枝先や葉腋に白い花が咲く。花弁は長さ約5mmと小さく、平開しない。萼片には綿毛が密生する。

果実／集合果。直径約1cmの球形で、8〜9月に熟す。核果の表面には絨毛が密生する。

シナノキイチゴ
f. marmoratus

〈信濃木苺〉

ミヤマウラジロイチゴの品種。関東〜中部地方の山地に生える。葉裏に綿毛がなく、緑色。奥蓼科ではミヤマウラジロイチゴと混生している。

ミヤマウラジロイチゴ。針葉樹林帯に多く，真夏に実をつける　1994.8.12　茅野

バラ科 ROSACEAE

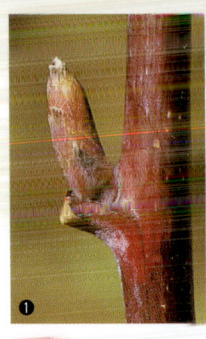

イシヅチイチゴ
var. shikokianus
〈石鎚苺〉

ミヤマウラジロイチゴの変種。石鎚山の特産。茎や枝に刺針と軟毛が密生し、上部には腺毛も多い。小葉は小さく、表面には伏毛がある。

エゾイチゴ
R. matsumuranus
〈蝦夷苺／別名カラフトイチゴ〉

分布／北海道、本州(中部地方以北にまれ)、北半球北部
生育地／山地～亜高山
樹形／落葉低木。高さ1mほどになる。
茎や枝／刺針が多い。
葉／互生。長さ8～17cmの奇数羽状複葉。小葉は1～2対、裏面には白い綿毛が密生する。裏面の脈上や葉柄には軟毛と腺毛が密生し、刺も散生する。
花／6～7月、白い花が咲く。花弁は長さ約5mmで、平開しない。萼には刺針がある。
果実／集合果。直径1～1.5cmの球形で、7～8月に赤く熟す。核果の表面には毛がある。
備考／小葉の裏面が緑色で、白い綿毛がないものを**カナヤマイチゴ** f. concolor という。

シヅチイチゴ。母種のミヤマウラジロイチゴより葉が端正　1996.7.24　石鎚山

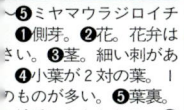

〜❺ミヤマウラジロイチゴ ❶側芽。❷花。花弁は小さい。❸茎。細い刺がある。❹小葉が2対の葉。1...のものが多い。❺葉裏。...綿毛におおわれる。❻...ナノキイチゴ。葉裏は...。❽イシヅチイチゴ。...は母種より小形で、まる...がある。❾〜⓬エゾイチゴ ❾花。萼には刺針がある。❿茎。刺針が多い。⓫...葉が2対の葉。1対のも...が多い。⓬葉裏は綿毛が...して白い。⓭カナヤマ...ゴ。葉裏は緑色。

バラ科 ROSACEAE　603

キイチゴ属 Rubus

ナワシロイチゴ
R. parvifolius
〈苗代苺/別名サツキイチゴ〉

分布／日本全土，朝鮮半島，中国，台湾

生育地／山野の日当たりのよいところにふつうに生える。

樹形／落葉小低木。枝はつる状にのびてはいまわる。

茎や枝／軟毛が密生し，下向きの刺がある。

葉／互生。長さ8〜14㌢の奇数羽状複葉。ふつう小葉は1対。1年目の茎の葉は大きく，小葉が2対のものもまじる。頂小葉は長さ3〜5㌢の菱形状倒卵形。先はまるく，ふちには欠刻状の重鋸歯がある。裏面は白い綿毛が密生する。葉柄は長さ3〜5㌢。葉柄と葉軸には軟毛と小さな刺がある。

花／5〜6月，枝先や葉腋に紅紫色の花が上向きにつく。花弁は長さ5〜7㍉の倒卵形で直立する。萼や花軸，花柄には軟毛が密生し，小さな刺がある。

果実／集合果。直径約1.5㌢の球形で，苗代をつくる6月頃に赤く熟し，食べられる。

ナワシロイチゴ。全国に分布するありふれたキイチゴ　1987.7.31　山梨県足和田

バラ科 ROSACEAE

キビナワシロイチゴ
R. yoshinoi
〈吉備苗代苺〉

分布／本州（福島・群馬・静岡・長野・岡山県など），九州（熊本県）

生育地／山野にまれに生える。

樹形／落葉小低木。枝はつる状にのびてはいまわり，草のように見える。

茎や枝／刺がまばらにあり，はじめは軟毛が生える。

葉／互生。長さ6～20㌢の奇数羽状複葉。ふつう小葉は1対。1年目の茎の葉は大きく，小葉が2対のものもまじる。小葉は菱形状卵形または菱形状長楕円形で，先端は急にとがり，ふちには欠刻状の鋸歯がある。裏面にはしみ状の斑もが散生する。葉柄と葉軸には軟毛と小さな刺がある。

花／5～6月，枝先に紅紫色の花が数個ずつ集まって上向きに咲く。花弁は長さ5㍉ほどで直立する。萼には綿毛が密生し，わずかに腺毛がまじる。刺はない。

果実／集合果。直径約1㌢の球形で，7～8月に赤く熟す。

ビナワシロイチゴ。まれにしか見られない 1996.6.18 軽井沢植物園

①～⑦ナワシロイチゴ。❶茎には白い軟毛と下向きの刺がある。托葉は長さ約5㍉。❷花弁は紅紫色。満開にも萼だけ開いて花弁は閉じたまま。❸展開したて葉。❹小葉はまるっこく，ふつう3個つく。❺葉裏白い。❻果実は直径約1.5㌢。❼核。長さ約1.5㍉。面には網状のしわがある。❽～⓫キビナワシロイチ。❽果実は直径約1㌢。❾花のつく枝の葉はふつう葉が3個。❿葉裏は白い。⓫茎。ほとんど無毛。

バラ科 ROSACEAE 605

キイチゴ属 Rubus
クロイチゴ
R. mesogaeus
(黒苺)

分布／北海道, 本州, 四国, 九州, 中国, 台湾, ヒマラヤ

生育地／山地

樹形／落葉低木。高さ1mになる。

枝や茎／白い軟毛とやや下向きの刺がある。

冬芽／紡錘形。軟毛がある。

葉／互生。奇数羽状複葉。花のつく枝の葉は小葉は1対、花のつかない1年目の茎の葉では小葉が2対のものもまじる。頂小葉は広卵形で, 側小葉より大きい。先端はとがり, ふちには欠刻状の重鋸歯がある。裏面には綿毛が密生する。葉柄と葉軸には細い毛が密生し, 小さな刺がある。

花／6～7月, 枝先や葉腋からでた花序に淡紅色の花が5～10個つく。花弁は長さ3㍉ほどの倒卵形で直立する。萼の両面や花序には白い軟毛が密生する。

果実／集合果。直径約1㌢の球形で, 8月頃紅色から紫黒色に熟す。

名前の由来／果実が黒く熟すことによる。

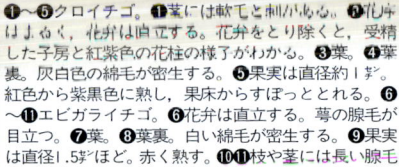

クロイチゴの実はかなり美味。ランク上位に入る　1992.8.11　山梨県河口湖町

❶～❺クロイチゴ。❶茎には軟毛と刺がある。❷花弁はよく, 花弁は直立する。花弁をとり除くと, 受精した子房と紅紫色の花柱の様子がわかる。❸葉。❹葉裏。灰白色の綿毛が密生する。❺果実は直径約1㌢。紅色から紫黒色に熟し, 果床からすぽっととれる。❻～⓫エビガライチゴ。❻花弁は直立する。萼の腺毛が目立つ。❼葉。❽葉裏。白い綿毛が密生する。❾果実は直径1.5㌢ほど。赤く熟す。❿枝や茎には長い腺毛がびっしりと生える。冬芽には白い軟毛が密生する。

606　バラ科 ROSACEAE

エビガライチゴ
R. phoenicolasius

〈海老殻苺／別名ウラジロイチゴ〉

分布／北海道，本州，四国，九州，朝鮮半島，中国

生育地／山地の日当たりのよいところ

樹形／落葉低木。茎や枝はつる状にのび，高さ2㍍以上になる。

茎や枝／赤紫色の長い腺毛が密生し，長さ4〜8㍉の細い刺がある。

葉／互生。長さ10〜20㌢の奇数羽状複葉。花のつく枝の葉は小葉が1対。1年目の茎には小葉が2対のものもまじる。小葉のふちには欠刻状の鋸歯がある。裏面は白い綿毛が密生し，脈上と葉柄には腺毛と刺がある。

花／6〜7月。枝先に淡紅紫色の花が数個集まってつく。花弁は長さ5㍉ほどで直立する。萼の外面には腺毛が密生し，軟毛もまじる。

果実／集合果。直径約1.5㌢の球形で，8月に赤く熟す。

名前の由来／腺毛の様子をエビに見立てたといわれるが，毛の生えたエビはいないので，よくわからない。

エビガライチゴ。枝や茎の長い腺毛にはぎょっとする　1988.7.21　河口湖町

バラ科 ROSACEAE

キイチゴ属 Rubus

ミヤマフユイチゴ
R. hakonensis
〈深山冬苺〉

分布／本州（関東地方以西），四国，九州

生育地／山地の林下などに生える。

樹形／つる性の常緑小低木。

茎や枝／無毛または軟毛が散生し，細い下向きの刺がある。

葉／互生。葉身は長さ5～8㌢の卵形または広卵形で，浅く3～5裂する。先端はとがり，ふちには歯牙状の細かい鋸歯がある。鋸歯の先端は小さな芒になる。葉柄は長さ3～7㌢，軟毛がすこし生え，小さな刺がまばらにある。

托葉／長さ5～9㍉。熊手のように深く裂け，落ちやすい。

花／9～10月，枝先や葉腋に白い花が数個集まって咲く。花弁は長さ5～6㍉の倒卵形で，萼片より短い。萼の外面はほとんど無毛で，内側とふちに白い毛がある。花序の軸と花柄には短毛が生える。

果実／集合果。直径8～9㍉の球形で，11～1月に赤く熟し，食べられる。

ミヤマフユイチゴ。花は葉の間からちょこっと顔をだす　1990.9.29　埼玉県越生

❶～❺ミヤマフユイチゴ　❶茎。短い軟毛と下向きの刺がある。無毛の茎も。左側の赤い方が日の当たる側。❷花弁が萼より短いが特徴。萼の外面はほとんど無毛。❸葉裏の脈上にわずかに毛がある。❹まっこいフユイチゴの葉とがとがったミヤマフユイチゴの葉。❺果実は直径8～9㍉。甘酸っぱくおいし

バラ科 ROSACEAE

フユイチゴ
R. buergeri

〈冬苺〉

分布／本州（関東地方南部・新潟県以西），四国，九州，朝鮮半島南部，中国，台湾

生育地／山野や沿海の山地の林縁や林下などにふつうに生える。

樹形／つる性の常緑小低木。

茎や枝／褐色の曲がった短毛が密生する。

葉／互生。葉身は長さ，幅ともに5〜10㌢のほぼ円形で，浅く3〜5裂する。ふちには細かい歯牙状の鋸歯がある。鋸歯の先端は小さな芒になる。裏面の脈上や葉柄には短毛が多い。

托葉／長さ1〜1.5㌢の披針形で羽状に細かく裂ける。落ちやすい。

花／10月，枝先や葉腋に白い花が5〜10個集まって咲く。花弁は長さ7〜8㍉，萼片とほぼ同長。萼の外面や花柄には淡褐色の短毛が密生する。

果実／集合果。直径約1㌢の球形で，11〜1月に赤く熟す。

備考／全体に毛が多く，刺は少ない。

名前の由来／果実が冬に熟すことによる。

ユイチゴ。実は美味。ミヤマフユイチゴとよく混生　1996.12.8　高知県土佐山村

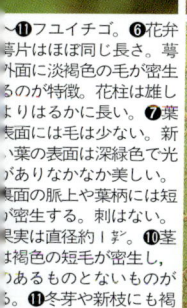

❶フユイチゴ。❻花弁萼片はほぼ同じ長さ。萼外面に淡褐色の毛が密生するのが特徴。花柱は雄しべよりはるかに長い。❼葉表面には毛は少ない。新葉の表面は深緑色で光沢がありなかなか美しい。裏面の脈上や葉柄には短毛が密生する。刺はない。果実は直径約1㌢。❿茎は褐色の短毛が密生し，刺のあるものとないものがある。⓫冬芽や新枝にも褐毛が密生する。

バラ科 ROSACEAE

キイチゴ属 Rubus
ホウロクイチゴ
H. sieboldii

(焙烙苺)

分布／本州（中部地方以西），四国，九州，沖縄，中国南部

生育地／沿海の山地の林縁に生える。

樹形／ややつる性の常緑低木。枝は太く，弓状に横にのびる。

茎や枝／淡褐色の綿毛が密生し，針状の刺がまばらに生える。

冬芽／淡褐色の綿毛におおわれる。

葉／互生。葉身は長さ8〜17ｷﾝの卵形または卵円形。先端はまるく，不ぞろいに浅く裂け，ふちには鈍い鋸歯がある。質は厚く，葉脈は裏面に網目状に隆起する。裏面や葉柄には淡褐色の軟毛が密生し，小さな刺がある。

托葉／長さ約1.5ｷﾝの楕円形で，羽状に細かく裂ける。落ちやすい。

花／4〜6月，葉腋に直径3ｷﾝほどの白い花が1〜数個つく。花弁は長さ2ｷﾝほどの広楕円形で，ふちは波打つ。萼や花柄には黄褐色の綿毛が密生する。

ホウロクイチゴ。沿海地に生え，葉も茎もフユイチゴより頑丈　1995.5.3　延岡

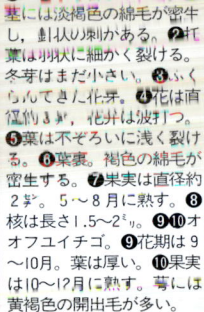

❶〜❽ホウロクイチゴ。❶茎には淡褐色の綿毛が密生し，針状の刺がある。❷托葉は羽状に細かく裂ける。冬芽はまだ小さい。❸ふくらんできた花芽。❹花は直径約3ｷﾝ，花弁は波打つ。❺葉は不ぞろいに浅く裂ける。❻葉裏。褐色の綿毛が密生する。❼果実は直径約2ｷﾝ。5〜8月に熟す。❽核は長さ1.5〜2ﾐﾘ。❾❿オオフユイチゴ。❾花期は9〜10月。葉は厚い。❿果実は10〜12月に熟す。萼には黄褐色の開出毛が多い。

バラ科 ROSACEAE

果実／集合果。直径約2㌢の球形で、5〜8月に赤く熟す。
名前の由来／果実を果床からはずして逆さにすると焙烙に似ていることによる。

オオフユイチゴ
R. pseudo-sieboldii
〈大冬苺〉

分布／本州(紀伊半島)、四国、九州
生育地／沿海の山地の林縁に生える。
樹形／つる性の常緑小低木。
茎や枝／黄褐色の開出毛が密生し、細い刺がまばらに生える。
葉／互生。葉身は長さ8〜13㌢のほぼ円形で、ときに浅く3〜5裂する。裂片の先はまるく、ふちには細かい鋸歯がある。葉はフユイチゴより大きく、質も厚い。
花／9〜10月、枝先や葉腋に白い花が数個集まって咲く。花柄や萼には黄褐色の開出毛が密生する。
果実／集合果。直径約1㌢の球形で、10〜12月に赤く熟す。
備考／フユイチゴとホウロクイチゴの雑種とする考えもあるが、ホウロクイチゴとは花期、果期ともにずれる。

ホウロクイチゴ。全体がごついわりに、果実は愛らしく小ぶり 1994.6.5 屋久島

バラ科 ROSACEAE

キイチゴ属 Rubus

コバノフユイチゴ
R. pectinellus

別名マルバフユイチゴ

分布／本州，四国，九州

生育地／山地の林内などに生える。沿海地では見かけない。

観察ポイント／関東地方では箱根芦ノ湖周辺，中部地方では戸隠山山麓や白馬岳猿倉周辺，四国では石鎚山山麓，横倉山山麓，屋久島では黒味岳の山頂付近。

樹形／つる性の常緑小低木。

茎や枝／白色の毛と上向きの刺がある。

葉／互生。葉身は長さ3〜8cmの円形で，ふちには鈍鋸歯がある。表面のふち，両面の脈上，葉柄には白い毛が生え，裏面の脈上と葉柄には細い刺がある。

花／5〜7月，枝先に直径2cmほどの白色の花が1個咲く。萼片は狭卵形で，外面に刺状の毛があり，ふちはクシの歯状に浅く切れ込む。

果実／集合果。直径約1cmの球形で，8〜9月に赤く熟し，食べられる。

コバノフユイチゴ。常緑のキイチゴで，比較的寒冷地を好む　1994.6.4　屋久島

❶〜❹コバノフユイチゴ。❶茎には白い毛が生え，上向きの刺がある。❷マルバフユイチゴという別名にふさわしく，葉はまるい。❸裏面の脈上には白い毛と短い刺がある。❹果実は8〜9月に赤く熟す。葉の主脈付近がときに黒色を帯びることがある。❺〜❾ゴショイチゴ。❺5個の小葉が鳥足状につく。❻裏面の主脈や葉柄には刺がある。❼つるを横にのばして広がる。❽茎には長い剛毛と刺がある。❾果実は直径約1cmで下向きにつく。❿⓫ヒメゴヨウイチゴ。❿果実はなく茎につく。⓫茎。白い軟毛が生え，剛毛や刺はない。

612　バラ科 ROSACEAE

ゴヨウイチゴ
R. ikenoensis
〈五葉苺／別名トゲゴヨウイチゴ〉
分布／本州（中部地方以北）
生育地／亜高山の林縁などに群生していることが多い。
樹形／つる性の落葉小低木。
茎や枝／長い剛毛と刺がある。
葉／互生。鳥足状複葉で小葉は5個。頂小葉は長さ5〜8㌢の菱形状狭倒卵形。
花／5〜7月，枝先に直径1.5〜2㌢の花が1〜3個下向きにつく。花弁は退化している。萼片は5個，外面には刺が密生する。
果実／集合果，直径約1㌢の球形で，8〜9月に赤く熟す。

ヒメゴヨウイチゴ
R. pseudo-japonicus
〈姫五葉苺／別名トゲナシゴヨウイチゴ〉
分布／北海道，本州(中部地方以北)
生育地／亜高山の林下や林縁に生える。ゴヨウイチゴに似ているが，全体にやや小形で，茎や萼に刺がない。花は上向きに咲き，花弁と萼片は7個ある。

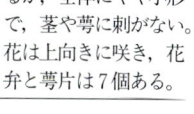

ヨウイチゴ。花は下向きに咲き，花弁は退化している　1994.7.7　茅野市

バラ科 ROSACEAE　613

新枝によるキイチゴ属の見分け方

枝は刺がなく無毛

リュウキュウイチゴ P583

カジイチゴ P588

はじめは有毛

ミヤマモミジイチゴ P592

枝は刺があり無毛

ナガバモミジイチゴ P580

モミジイチゴ P581

トゲリュウキュウイチゴ P583

ゴショイチゴ P584

クマイチゴ P586

ごくまれに刺のないものがある

ニガイチゴ P590

ミヤマニガイチゴ P591

ハスノハイチゴ P593

バライチゴ P595

リンギイチゴ P599

はじめは有毛

ミヤマウラジロイチゴ P602

バラ科 ROSACEAE

観察するにあたってはのびたての枝の新鮮な部分を選びたい。ここに掲載した写真もできるだけ新鮮な部分を撮影するように努力した。

枝は刺がなく有毛

ハチジョウイチゴ P582

茎の下部に刺がある

ベニバナイチゴ P598

はじめは有毛

枝は刺があり、毛または腺点がある

コジキイチゴ P594

ヒメバライチゴ P595

オオバライチゴ P597

ナワシロイチゴ P604

クロイチゴ P606

エビガライチゴ P607

フユイチゴ P609

ホウロクイチゴ P610

コバノフユイチゴ P612

刺のないものもある

バラ科 ROSACEAE　615

葉と果実によるキイチゴ属の見分け方（1）
葉は単葉で、果実は赤熟しない

	1年目の茎の葉	花のつく枝の葉	葉裏	果実
ナガバモミジイチゴ P580				
モミジイチゴ P581				
ハチジョウイチゴ P582				
カジイチゴ P585				

616　バラ科 ROSACEAE

| 1年目の茎の葉 | 花のつく枝の葉 | 葉裏 | 果実 |

ゴショイチゴ

ニガイチゴ

ミヤマウラジロイチゴ

バラ科 ROSACEAE

葉と果実によるキイチゴ属の見分け方(2)
葉は中葉で、果実は赤熟する

●落葉する

	1年目の基の葉	花のつく枝の葉	葉裏	果実
クマイチゴ P586				
ニガイチゴ P590				
ミヤマニガイチゴ P591				
ミヤマモミジイチゴ P593				

バラ科 ROSACEAE

●常緑

| | 葉表 | 葉裏 | 果実 |

ホウロクイチゴ P610
葉は長さ8〜17センチ

ミヤマフユイチゴ P608
葉は長さ5〜8センチ

フユイチゴ P609
葉は長さ5〜10センチ

コバノフユイチゴ P612
葉は長さ3〜8センチ

バラ科 ROSACEAE

葉と果実によるキイチゴ属の見分け方(3)
葉は複葉で，小葉の裏面は緑色

	葉	葉裏	果実
コジキイチゴ P594			
ヒメバライチゴ P595			
バライチゴ P596			
オオバライチゴ P597			

バラ科 ROSACEAE

| 葉表 | 葉裏 | 果実 |

ナナガイチゴ p599

ベニバナイチゴ p599

フユイチゴ p599

ヘビイチゴ (?)

バラ科 ROSACEAE

葉と果実によるキイチゴ属の見分け方(4)
葉は複葉で,小葉の裏面は白色〜灰白色

	葉表	葉裏	果実
ミヤマウラジロイチゴ P602			
エゾイチゴ P603			
ゴヨウイチゴ P613			
ヒメゴヨウイチゴ P613			

バラ科 ROSACEAE

葉表	葉裏	果実
ナワシロイチゴ		
キビナワシロイチゴ		
クロイチゴ		
エゾイチゴ		

バラ科 ROSACEAE 623

ヤマブキ属 Kerria

落葉低木。葉は単葉で互生する。花は両性。花弁と萼片は5個。雄しべは多数、花柱は5〜10個。果実はそう果。ヤマブキ1種だけからなる。

ヤマブキ
K. japonica
〈山吹〉

分布／北海道（南部），本州，四国，九州，中国

生育地／山地の谷川沿いなど，湿ったところにふつうに生える。

樹形／落葉低木。株立ちになり，高さは1〜2ｍ。

枝／新枝は緑色で稜がある。茎や枝はやがて褐色になり，3〜4年で枯れる。

冬芽／長さ4〜7㍉の長卵形で先端はとがる。芽鱗は緑色〜赤褐色で，5〜12個ある。

葉／互生。葉身は長さ4〜8㌢，幅2〜4㌢の倒卵形または長卵形で，質は薄い。先端は鋭くとがり，基部は円形またはやや ハート形。ふちには重鋸歯がある。葉脈は裏面にへこみ，裏面の脈上には白い伏毛がある。葉柄は長さ8〜10㍉，まばらに毛

俳句では春の季語。多くの俳人が名句を残している　1984.5.16　神奈川県山北町

❶側芽。長さは4〜7㍉。枝に稜があるのがわかる。❷花。花弁の先はわずかにへこむ。❸葉は薄く，葉脈は裏面にへこむ。裏面の脈上には白い伏毛がある。❺秋には黄葉する。❻若い果実。そう果が集まってつく。❼熟した果実。長さ約4㍉。❽果実にぴったりとくっついた果皮をはぐと，淡褐色の種子が現われた。

バラ科 ROSACEAE

がある。

托葉／長さ5〜10㍉の線形で、ふちに毛がある。花のあと脱落する。

花／4〜5月、新しくでた短い側枝の先端に鮮黄色の花が1個ずつ咲く。花は直径3〜5㌢、花弁は倒卵形で、先はまるく、わずかにへこむ。雄しべは多数、花柱は5〜8個ある。萼筒は杯形。萼片は長さ約4㍉の楕円形で、果期にも残る。

果実／そう果。長さ約4㍉の広楕円形。1〜5個集まってつき、9月頃に暗褐色に熟す。種子は長さ2.5〜3㍉の半円形で淡褐色。

備考／シロバナヤマブキ f. albescens は花がやや黄色を帯びた白色の品種。庭木用や公園樹として広く植えられている。

用途／花や葉を利尿薬などに利用する。髄は白くて太く、顕微鏡用の切片を切りとるピスにされる。

名前の由来／古くは山振という字があてられていた。しなやかな枝が風に揺れる様子から名づけられたといわれている。

実した果実の基部に、小さな不稔の実がついている　1996.10.10　山梨県道志村

バラ科 ROSACEAE

ヤマブキ属 Kerria

ヤエヤマブキ
K. japonica f. plena
〈八重山吹〉

ヤマブキの八重咲きの園芸品種。古くから庭や公園などに広く植えられている。株立ちになり、高さは1.5〜2mになる。4月、ヤマブキよりすこし遅れて開花する。雄しべは花弁に変化し、雌しべも退化しているので、結実しない。太田道灌の故事で有名な「な、へやへ……」の和歌にでてくる山吹は、このヤエヤマブキのことである。

シロヤマブキ属
Rhodotypos

落葉低木。葉が対生し、花は白色で、花弁と萼片が4個あることなどがヤマブキ属との相違点。萼片と萼片の間に小さな副萼片があるのも特徴。シロヤマブキ1種からなる。

シロヤマブキ
R. scandens
〈白山吹〉

分布／本州（広島・岡山・島根・福井県）、朝鮮半島南部、中国中部
生育地／日本では自生地は限られている。
樹形／落葉低木。株立ちになり、高さは1〜

ヤエヤマブキ。豪華な花が咲き、庭木などによく利用される　1994.4.21　横浜市

❶❽シロヤマブキ。❶側芽側面。葉痕は卵形、管束痕は3個。両側に托葉が残っている。❷側芽但古い枝は褐色で無毛。❸展開しかけた側芽。❹花弁4個。❺葉の表面。葉脈がへこみ、しわが目立つ。葉裏には絹毛が生える。❼❽❾果実はそう果。ひとの花に4個ずつつく。果皮は黒色で光沢がある。

626　バラ科 ROSACEAE

2花になる。
枝／新枝は緑色ではじめ白色の軟毛がある。
葉／対生。葉身は長さ4〜10㌢、幅2〜5㌢の卵形。先端は鋭くとがり、基部は円形またはややハート形。ふちには鋭い重鋸歯がある。葉脈は裏面にへこむ。裏面には絹毛が生える。葉柄は長さ2〜5㍉。
花／4〜5月、新しくでた側枝の先に直径3〜4㌢の白色の花が1個つく。花弁は広円形。萼片は長さ1〜1.5㌢の狭卵形で、ふちには鋸歯がある。萼片や副萼片、花柄には白い軟毛がある。
果実／そう果。長さ約7㍉の楕円形で、4個集まってつき、9〜10月に熟す。
○○○○○○○○○樹。乾燥したところを嫌う。実生でよく発芽し、生長は早い。

ロヤマブキ。ヤマブキの白花品ではなく、属も異なる　1989.4.15　横浜市植栽

バラ科 ROSACEAE　627

リンゴ属 Malus

多くは落葉する高木または低木。葉は互生。花は短枝の先の花序に集まってつく。花弁と萼片は5個。雄しべは15～50個。萼筒の頂部につく。花柱は3～5個あり、基部で合着する。子房は下位。果実は子房をとり巻く花床が肥大したナシ状果。ナシの果肉に多い石細胞はふつう含まない。北半球の温帯を中心に、約35種が分布する。日本には4種が自生し、リンゴやハナカイドウなどが栽培されている。

ズミ (1)
M. sieboldii

〈酸実／別名コリンゴ・コナシ・ミツバカイドウ〉

分布／北海道、本州、四国、九州、朝鮮半島、中国中南部

生育地／日当たりのよい山地の林縁や湿原など、やや湿り気のあるところに生える。

〈上〉ズミの若葉は2つ折りになってでてくる。
〈下〉エゾノコリンゴの若葉は巻いてでてくる。

ズミ。関東地方の高原に多い。果実は秋に熟し、ひと霜おりればやわらかくなー

みがとれ，うまくなる。果実酒には霜がおりる前のかたい実のほうがいい　1992.6.17　山梨県高根町

バラ科 ROSACEAE

リンゴ属 Malus

ズミ（2）
M. sieboldii

観察ポイント／東京周辺では長野県の上高地や八ケ岳山麓、日光の戦場ケ原、尾瀬などで見られる。

樹形／落葉小高木または高木。高さ6～10㍍、直径30～40㌢になる。よく枝分かれして、やや横に広がった樹形をつくる。

樹皮／灰褐色。縦に裂け、短冊状にはがれる。

枝／新枝は紫褐色で有毛。短枝は暗紫色で刺状になる。

冬芽／長卵形で先端はとがる。

葉／互生。葉身は長さ3～8㌢、幅2～4㌢の長楕円形または卵状長楕円形。長枝の葉は3～5つに切れ込むことが多い。先はとがり、基部は円形またはくさび形。ふちには重鋸歯

つぼみは赤い。開花すると真っ白な花が樹冠をおおう　1988.5.20　山梨県足和田

❶側芽。❷長枝の5裂葉。❸長枝の3裂葉。長枝は分裂葉が多いが、切れ込みのない葉もまじる。❹裏。❺短枝の葉は切れ込みのないものが多い。❻実。頂部に萼が残るが、萼片は落ちる。❼種子。長さ2～3㍉。❽樹形は横広で、数本の幹が株立ちになることが多い。❾樹皮。縦に裂け、短冊状にはがれる。

バラ科 ROSACEAE

または細かい鋸歯がある。葉柄は長さ1〜3㌢で、白い軟毛がある。
托葉／披針形で小さく、ふちは切れ込む。
花／5〜6月、短枝の先に散形花序をだし、直径2〜4㌢の白色の花を4〜8個つける。花弁は5個、長さ1〜1.5㌢の倒卵形で先はまるい。雄しべは多数、花柱はふつう3個、ときに4個、まれに5個のものもある。花柄は長さ2〜3.5㌢で、軟毛がある。萼筒は鐘形で、白い軟毛が生える。萼片は5個。萼筒と萼片の長さはほぼ同じ。
果実／ナシ状果。直径6〜10㍉の球形で無毛。9〜10月に赤色に熟す。
類似種との区別点／エゾノコリンゴは葉に切れ込みがなく、花柱は4、5個ある。
備考／果実が黄色に熟す品種を**キミズミ** f. toringo という。
植栽用途／庭木、公園樹
用途／かつてはリンゴの台木として用いられた。また、材は緻密でかたいため、クシや器具材などに使われた。樹皮からは黄色の染料がとれる。

実が黄色に熟すものをキミズミという 1988.10.13 山梨県山中湖村

バラ科 ROSACEAE　631

リンゴ属 Malus

オオウラジロノキ
M. tschonoskii

〈大裏白の木／別名オオズミ〉

本州，四国，九州（九重山）

生育地／山地のやや乾燥した尾根など。

樹形／落葉高木。高さ10〜15㍍，直径30〜40㌢になる。

枝／新枝は黄緑色で綿毛がある。生長すると紫褐色になり，まるい皮目ができる。

葉／互生。葉身は長さ5〜14㌢，幅4〜9㌢の広卵形〜楕円形。先端はとがり，基部は円形または浅いハート形。ふちには不ぞろいな鋸歯または重鋸歯がある。若葉は綿毛が多い。成葉では表面は無毛だが，裏面は白い綿毛がやや密生する。葉柄は長さ2〜4㌢，白または淡黄色の綿毛が密生する。

個体数が少なく，花も地味なので，なかなか出会えない　1999.5.17　軽井沢植物

バラ科 ROSACEAE

托葉／長さ1㍉ほどの線形で早く落ちる。
花／5月，短枝の先に散形花序をだし，直径2.5〜3㌢の花を数個つける。花は白色，まれに淡紅色を帯びる。花弁は楕円形〜円形で，先端はまるく，基部は細くなる。雄しべは多数。花柱は5個あり，下部には白い軟毛が生える。萼筒は長さ5〜7㍉の鐘形，萼片は卵状三角形で長さは萼筒とほぼ同じ。花柄は長さ2〜2.5㌢。萼や花柄には綿毛が密生する。
果実／ナシ状果。直径2〜3㌢の球形で，頂部に萼片が残って直立する。10月頃，黄褐色から淡紅色に熟す。表面には褐色の皮目が多く，果肉は緑色を帯びる。リンゴのような酸味があり，食べられる。
用途／器具材，家具材など。樹皮からは黄色の染料がとれる。
名前の由来／ナナカマド属のウラジロノキに似ていて，果実が大きいことによる。別名のオオズミもズミより果実が大きいことによる。

実は直径2〜3㌢もあって大きいが，数は少ない 1989.10.26 栃木県足尾町

❶短枝の頂芽。芽鱗のふちには白毛が密生する。❷花や萼，葉柄には軟毛が密生する。❸花は直径2.5〜3㌢。❹葉は長さ5〜14㌢。葉脈はほぼ平行。❺葉裏や内には白い軟毛が多い。❻落果。直径2〜3㌢で，面にはまるい皮目が多い。❼若い果実には軟毛がある。❽種子は長さ7㍉ほど。❾樹皮は紫褐色。小さな目が多く，クレーター状の落枝痕が目立つ。

バラ科 ROSACEAE

リンゴ属 Malus

エゾノコリンゴ
M. baccata
var. mandshurica
〈蝦夷の小林檎〉/別名 ヒロハオオズミ
分布/北海道、本州(中部地方以北)、南千島、サハリン、ウスリー、朝鮮半島、中国東北部
生育地/林縁や湿地、原野、川岸など
観察ポイント/東京周辺では、上高地や八ガ岳山麓に多い。
樹形/落葉小高木。高さ5〜10㍍になる。
樹皮/灰褐色。成木では縦に裂ける。
枝/新枝には軟毛がある。小枝は暗紫色で、先はしばしば刺になる。短枝が多い。
葉/互生。葉身は長さ4〜12㌢、幅2.5〜5㌢の広楕円形〜長楕円形。先端はとがり、基部は鈍形またはくさび形。ふちには不ぞろいな鋭

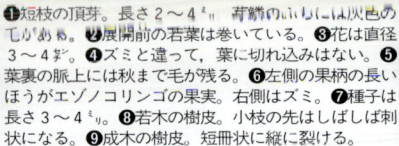

花はズミよりも大きく、花柄も長い。見慣れると区別は容易　1999.6.5　茅野市

❶短枝の頂芽。長さ2〜4㍉。苞鱗のふちには灰色の毛がある。❷展開前の若葉は巻いている。❸花は直径3〜4㌢。❹ズミと違って、葉に切れ込みはない。❺葉裏の脈上には秋まで毛が残る。❻左側の果柄の長いほうがエゾノコリンゴの果実。右側はズミ。❼種子は長さ3〜4㍉。❽若木の樹皮。小枝の先はしばしば刺状になる。❾成木の樹皮。短冊状に縦に裂ける。

バラ科 ROSACEAE

い鋸歯がある。花のころまでは両面に毛があるが、のちに表面は無毛。裏面の脈上や葉のふちには毛が残る。葉柄は長さ約3㌢、花期には軟毛があるが、のちにほとんど無毛。

花／5〜6月、短枝の先に散形花序をだし、直径3〜4㌢の白色の花を4〜6個つける。花弁は5個、ふちと内面に白い軟毛がまばらに生える。雄しべは約20個。花柱はふつう5個、ときに4個、まれに3個のものもある。萼筒は長さ4〜5㍉で無毛。萼片は萼筒よりやや長く、外面は無毛、内面には白い軟毛が密生する。

果実／ナシ状果。直径約8㍉の球形で、9〜10月に赤く熟す。

植栽用途／庭木、盆栽。ふつうの土壌で育つが、やや粘土質のほうが花つきがよい。繁殖は春まきか実生か挿し木。

用途／染料、リンゴの台木に用いられた。

名前の由来／コリンゴ（ズミの別名）に似ていて、北海道に多いことによる。

ミノ似ているが果柄が長い　個体数は少ない　1998.9.30　長野県川上村

バラ科 ROSACEAE　635

リンゴ属 Malus

ハナカイドウ
M. halliana

〈花海棠／別名カイドウ〉

分布／中国原産
樹形／落葉小高木。
葉／互生。葉身は長さ3〜8㌢の楕円形〜卵形で, 質はかたい。葉柄は長さ1〜2㌢で, 軟毛がある。
花／4月, 短枝の先に直径3〜3.5㌢の淡紅色の花が4〜6個垂れ下がって咲く。一重または半八重で, 花弁は5〜10個。
果実／ナシ状果。直径5〜9㍉の球形。10〜11月に黄色または暗紅褐色に熟す。雌しべが退化している花が多く, めったに結実しない。

ミカイドウ
M. micromalus

〈実海棠／別名カイドウ〉

分布／中国原産
樹形／落葉低木。
葉／互生。葉身は長さ4〜10㌢の楕円形〜長楕円形。葉柄は長さ2〜3㌢で, 軟毛がある。
花／4〜5月, 短枝の先に直径3〜4㌢の淡紅色の花が3〜7個つく。花弁と花柱は5個。萼は両面に軟毛がある。

ハナカイドウ。花がたいへん美しく庭木にはもってこい　1999.4.6　横浜市

バラ科 ROSACEAE

果実／ナシ状果。直径1.5～2㌢の球形で，10～11月に黄褐色に熟す。ふつう萼片が残る。
備考／あまり栽培されていないので，見る機会は少ない。

ノカイドウ
M. spontanea
〈野海棠〉
分布／九州（霧島山）。（日本固有）。
生育地／日当たりのよい疎林内や渓流の周辺などに生える。
観察ポイント／霧島山えびの高原のものは，国の天然記念物に指定されている。
樹形／落葉小高木。高さ5㍍ほどになる。
葉／互生。葉身は長さ3～5㌢の倒卵形または長楕円形。革質でふちには細かい鋸歯がある。両面の脈上に、軟毛がある。
花／5月。短枝の先に直径2～3㌢の花が4～5個つく。花弁は5個，わずかに赤みを帯びた白色。花柱は4個，基部に白い軟毛が密生する。萼の外面は無毛。萼筒の基部はふくれ，萼片は開出する。
果実／ナシ状果。直径7～9㍉の倒卵形で，10～11月に赤く熟す。

ノカイドウ。花や果実はズミによく似ている　1995.5.8　鹿児島県牧園町

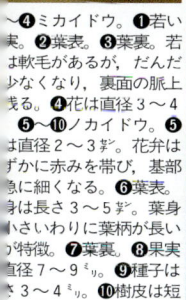

①～④ミカイドウ。①若い実。②葉表。③葉裏。若いうちは軟毛があるが，だんだん少なくなり，裏面の脈上に残る。④花は直径3～4㌢。
⑤～⑩ノカイドウ。⑤花は直径2～3㌢。花弁はわずかに赤みを帯び，基部は急に細くなる。⑥葉表。葉身は長さ3～5㌢。葉身の小さいわりに葉柄が長いのが特徴。⑦葉裏。⑧果実は直径7～9㍉。⑨種子は長さ3～4㍉。⑩樹皮は短冊状に薄くはがれる。

バラ科 ROSACEAE

リンゴ属 Malus

リンゴ
M. domestica
〈林檎／別名セイヨウリンゴ〉

中国〔?〕原産。一説には中央アジア原産。明治時代初期に多くの品種が導入され、現在では国内でも品質のよい新しい品種がつくられるようになった。北海道、東北地方、長野県などが主要な産地。

樹形／落葉高木。大きいものは高さ10㍍以上になるものもある。

樹皮／黒紫色からしだいに灰褐色になる。

枝／新枝には軟毛が密生する。

葉／互生。葉身は長さ6〜13㌢の楕円形〜卵形で、ふちには鈍い鋸歯がある。葉裏には短毛が密生する。

花／4〜5月、ふつう短枝の先に散形状の花序をだし、直径3〜4㌢の白色または淡紅色の花を数個つける。雄しべは約20個、花柱は5個あり、基部は合着して腺毛が密生する。子房は5室。萼筒は鐘形。萼片は卵状三角形で先端はとがり、綿毛が密生する。花柄は綿毛が密生する。

果実／ナシ状果。直径

紅玉。酸味、甘みのバランスがよく、ジュースやジャムに最適 1990.9.8 沼田

❶〜❹リンゴ。❶頂芽。冬芽は綿毛におおわれている。側芽は頂芽より小さい。❷つがるの花。リンゴは花も美しく、庭木としてもおもしろい。❸ふじ。大形のリンゴの代表。❹種子は長さ8㍉ぐらいで、果実1個に10個ほど入っている。❺ヒメリンゴの果実。直径は2〜2.5㌢。濃紅色から暗紫紅色に熟し、頂部には萼片が残る

4〜12cmの球形または扁球形で、10〜11月に熟す。
備考／欧米からリンゴが導入されるまでは、中国原産といわれるワリンゴ M. pumila var. dulcissima をリンゴと呼んで食べていた。

リンゴの栽培品種
〈つがる〉ゴールデン・デリシャスの実生から選抜された品種。果皮は黄緑色の地に紅色の縦縞がはいる。甘みが強い。〈紅玉〉アメリカ原産の品種。果皮は鮮やかな紅色になる。酸味がやや強い。〈ふじ〉国光とゴールデン・デリシャスの交雑実生から選抜された品種。果皮は紅色で、縞模様が入る。甘みが強くて多汁。

ヒメリンゴ
日本でヒメリンゴ（姫林檎）と呼ばれて植栽されているものの起源については、中国から導入されたイヌリンゴ M. prunifolia と同じものという説やエゾノコリンゴとイヌリンゴの雑種 M. × cerasifera という説などがある。
樹形／落葉小高木。
葉／葉身は長さ6〜10cmの楕円形〜広楕円形。表面にはしわがあり、はじめ両面とも有毛。
花／花期は5〜6月。花は直径3.5〜5cm。はじめは淡紅色で、満開になると白色になる。
果実／ナシ状果。直径2〜2.5cmの球形で、濃紅紫色から暗紫紅色に熟す。
栽培用途／庭木、鉢植え、盆栽

リンゴの花は小形で可愛らしい。公園などに植栽される　1987.4.8　横浜市

バラ科 ROSACEAE

ナシ属 Pyrus

落葉高木または低木。ときに小枝は刺状になる。果実はなし状果で果肉に石細胞が多い。

ヤマナシ
P. pyrifolia
〈山梨〉

分布／本州，四国，九州，朝鮮半島南部，中国。日本のものは古い時代に中国から渡来したという説もある。

生育地／山地や人家に近い山中

樹形／落葉高木。高さ10〜15㍍になる。

葉／互生。葉身は長さ6〜18㌢の卵形または狭卵形。ふちには芒状の鋭い鋸歯がある。はじめ褐色の綿毛があるがのち無毛。

花／4〜5月，短枝の先にでた散房花序に直径約3㌢の白色の花が5〜10個つく。雄しべは約20個，葯は紫色を帯びる。花柱は5個。萼片は狭卵形で腺状の鋸歯があり，内面には褐色の綿毛が密生する。花のあと脱落する。

果実／ナシ状果。直径2〜3㌢の球形で，9〜10月に黄褐色に熟す。表面には皮目が多い。

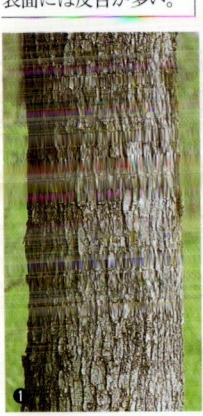

ヤマナシ。4〜5月に純白の花が樹冠をおおう　1999.5.11　長野県木祖村

640　バラ科 ROSACEAE

果肉はかたくて渋く、まずい。

ナシ
var. culta
〈梨〉

ヤマナシから改良されたと考えられている。果実は大形で、日本では古くから多くの品種が栽培されてきた。明治時代後半から長い間、長十郎と二十世紀の2大品種の時代が続いたが、最近ではより甘くて果肉がやわらかい幸水や新高、豊水などが多く栽培されている。

アオナシ
P. ussuriensis
var. hondoensis
〈青梨〉

本州の群馬県以西と四国に分布する。中部地方に多い。葉は長さ5〜8cmと小さく、ふちには毛状の鋸歯がある。果実は直径3cmほどで黄緑色に熟し、頂部に萼片が残る。かたくて渋く、酸味が強いので、生食には適さない。

備考／イワテヤマナシ var. aromatica は本州の東北地方から中部・北陸・山陰地方に分布する。果実は褐色に熟し、頂部に萼片が残る。

オナシ。果実は酸味と渋みが強く、果実酒に向く　1999.10.6　山梨県高根町

❶〜❺ヤマナシ。❶樹皮。❷花は直径3cmほど。❸短枝の冬芽。❹果実は直径2〜3cmと小さい。頂部には萼片は残らない。かたくてまずい。❺種子。長さは8〜9mm。❻❼ナシ。❻花。ナシ属の花は雄しべの葯が紫色または紅色を帯びる。❼果実は直径10〜12cmと大形。❽〜⓬アオナシ。❽葉。ややかたく、芒状の鋸歯がある。❾葉裏。❿果実の頂部には萼片が残る。⓫種子は長さ5〜7mm。⓬樹皮。

バラ科 ROSACEAE

ボケ属 Chaenomeles

落葉低木または高木で,小枝はしばしば刺になる。葉は互生し,托葉がある。花はふつう両性花だが, 雌雄異株になるものも知られる。果実は大形のナシ状果。種子は多数できる。アジア東部に4種が分布し,日本にはクサボケ1種が自生する。

クサボケ (1)
C. japonica

〈草木瓜／別名シドミ・ジナシ〉

分布／本州, 四国, 九州

生育地／山地や丘陵の明るい雑木林や草原などに生える。

樹形／落葉小低木。高さ30〜100㌢になり,幹は地面をはうか,斜上する。

花／両性花と雄花が混生する。4〜5月,葉腋に朱赤色の花が2〜5個ずつつく。花は直径2.5〜3㌢, 花弁は円形〜広倒卵形で,基部は細く爪状になる。雄しべは40〜60個, 花柱は5個あり, ともに無毛。萼筒は長さ5〜7㍉の鐘形で,外面は無毛。萼片は楕円形で先端はまるく, ふちに毛がある。花柄は無毛。

左が両性花, 右は雄花

バラ科にしては珍しく, クサボケの花は両性花と雄花がある。両性花は子房が

バラ科 ROSACEAE

るので萼筒が長い．果実は秋に黄熟し，すばらしい香りと酸味があり，果実酒に最適　1995.5.25　茅野市

バラ科 ROSACEAE

ボケ属 Chaenomeles

クサボケ（2）
C. japonica

枝／小枝は刺になる。若い枝には粗毛があり、のちに中部だけが残って片実毛となり、ややざらつく。

葉／互生。葉身は長さ2～5㌢の倒卵形～広倒卵形で、鈍頭または円頭。基部はくさび形。ふちには鈍い鋸歯がある。両面とも無毛。扇形の托葉が目立つ。

果実／ナシ状果。直径3～4㌢のゆがんだ球形で、果肉は木化してかたく、渋くて酸味がある。リンゴ酸、酒石酸、クエン酸を含み、いい香りがする。

備考／花が白色の品種をシロバナクサボケf. alba という。八重咲きのものはヤエクサボケ f. plena と呼ばれる。ともに自生する。

植栽用途／庭木。日当たりのよいところを好む。砂質土壌に腐葉土を多く加えて植えつけるとよい。

用途／果実酒などにする。また塩漬けや焼酎漬けにして食べる。

名前の由来／ボケに似ていて、小形の低木なので草の名がついた。

クサボケは平地から亜高山帯下部付近まで広い範囲で見られる　1994.4.1　横浜

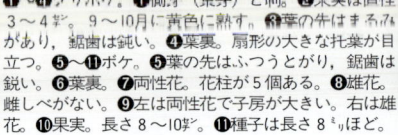

❶～❹クサボケ。❶側芽（葉芽）と刺。❷果実は直径3～4㌢。9～10月に黄色に熟す。❸葉の牛はまるみがあり、鋸歯は鈍い。❹葉裏。扇形の大きな托葉が目立つ。❺～⓫ボケ。❺葉の先はふつうとがり、鋸歯は鋭い。❻葉裏。❼両性花。花柱が5個ある。❽雄花。雌しべがない。❾左は両性花で子房が大きい。右は雄花。❿果実。長さ8～10㌢。⓫種子は長さ8㍉ほど。

バラ科 ROSACEAE

ボケ
C. speciosa

〈木瓜／別名カラボケ〉

分布／中国原産。平安時代に渡来したといわれ、日本各地で植栽されている。多くの園芸品種があり、同じ株に紅色や白色の花をつける東洋錦、緋色の花が咲く緋の衣、八重咲き大輪の白花が咲く大八洲などがある。

樹形／落葉低木。高さ2mほどになる。

枝／小枝には刺がある。

葉／互生。葉身は長さ4～8cmの楕円形または長楕円形。先はとがり、ふちには鋭い鋸歯がある。

花／両性花と雄花が混生する。3～4月、葉の展開前に開花する。花は直径2～5cm。

果実／ナシ状果。直径8～10cmの楕円形状で、7～8月に黄色に熟す。

植栽用途／庭木、公園樹、盆栽など。日当たりがよく、水はけのよい土壌を好む。

用途／砂糖煮、果実酒。干した果実は痛み止めなどの薬用にされる。

名前の由来／中国名の木瓜（モッカ）の音が変化したものといわれている。

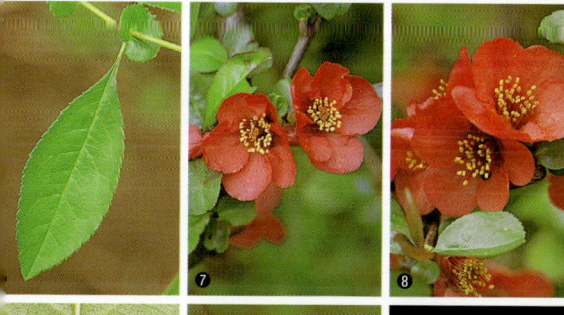

ケ（東洋錦）。果実は果実酒に向くが、虫の害を受けやすい　1994.4.6　横浜市

バラ科 ROSACEAE　645

ボケ属 Chaenomeles

カリン
C. sinensis
〈花梨〉

分布／中国原産。平安時代には渡来していたといわれている。東北地方や甲信越地方で多く栽培されている。
樹形／落葉高木。高さ6〜10mになる。
樹皮／成木では鱗片状にはがれる。
枝／刺はない。
葉／互生。葉身は長さ4〜8cmの倒卵形または楕円形。ふちには腺状の鋸歯がある。若葉は裏面に黄白色の軟毛があるが、のち無毛。
花／両性花と雄花が混生する。4〜5月、短枝の先に淡紅色の花が1個ずつつく。花は直径約3cm、花弁の基部は細くなって短い爪になる。花柱は5個。萼の外面は無毛で、萼片の内面には軟毛がある。
果実／ナシ状果。長さ10〜15cmの楕円形または倒卵形で、10〜11月に黄色に熟す。芳香があるが、果肉はかたく、渋みがあるので、生では食べられない。
植栽用途／庭木、盆栽。耐寒性が強く、冷涼な気候と水はけのよい肥

カリン。栽培種とはいえ、薄紅色の花は上品で印象的　1993.4.26　埼玉県両神林

バラ科 ROSACEAE

沃な土壌を好む。
用途／果実酒、ジャムやゼリー。陰干ししたものを咳止めの薬にする。材は赤褐色で光沢があり、緻密でかたく、床柱などに利用される。

マルメロ属 Cydonia

マルメロ
C. oblonga

分布／中央アジア原産。1634年（寛永11年）に、中国から長崎に渡来したという記録がある。東北地方や中部地方で栽培されており、長野県諏訪地方の特産品。
樹形／落葉小高木。高さ3～8㍍になる。
樹皮／カリンと違って鱗片状にはがれない。
葉／互生。葉身は長さ5～10㌢の卵形または楕円形で全縁。裏面には灰白色の綿毛が多い。
花／4～5月、短枝の先に白色または淡紅色の花が1個ずつ咲く。花は直径4～5㌢。萼には綿毛が密生する。
果実／ナシ状果。直径6㌢ほどの洋ナシ形～球形で、9～10月に黄色に熟す。表面は綿毛におおわれている。
用途／果実をシロップ漬け、ジャムにする。
名前の由来／ポルトガル語のmarmeloに由来。

リン。うまそうな実がなるが、木質でかたく、食えない　1993.11.2　韮崎市

～❼カリン。❶雄花。花弁がない。❷❸両性花。雌ベの中央に花柱が5個あり子房を包んでいる萼筒が長い。雄花では萼筒が短い。❹冬芽。長さ1～3㍉。❺樹皮。成木になると鱗片にはがれ、特徴のある斑になる。❻葉のふちに腺状の鋸歯がある。❼種子は長さ約1㌢。❽～❿マルメロ。❽花は直径4～5㌢。❾果実は直径約6㌢。9～10月に黄色に熟す。❿種子は長さ8～9㍉。

バラ科 ROSACEAE

カマツカ属 Pourthiaea
落葉低木または高木。
短枝がある。枝や花
序の軸にいぼ状の皮目
が多い。花は両性。花
がく筒片は5個。果木
は日本北部、アジア東
部に約15種が分布する。

カマツカ（1）
P. villosa
　　var. laevis

〈鎌柄／別名ウシコロ
シ〉
分布／北海道，本州，
四国，九州，朝鮮半島，
中国中南部，台湾
生育地／山地の日当た
りのよい林縁など。
樹形／落葉小高木。高
さ5〜7mになる。
樹皮／暗灰色。しわが
あって，斑紋状になる。
枝／若い枝は軟毛があ
るが，のちに無毛。

秋晴れの日に三ツ峠山に登った。さまざまに色づいた木々の間をぬって1時間ほど登り，稜線にでると，目

バラ科 ROSACEAE

まばゆいほどに黄葉したカマツカの葉が風にふるえていた　1990.10.19　山梨県西桂町

バラ科 ROSACEAE

カマツカ属 Pourthiaea
カマツカ (2)
P. villosa
var. laevis

冬芽/長さ2〜3㍉の円錐形。中間色の鱗片があろ。落葉後、葉柄の基部が残り、冬芽の基部を保護している。これはカマツカ属やナナカマド属, リンゴ属の特徴。

葉/長枝では互生, 短枝では輪生状につく。葉身は長さ4〜7㌢の広倒卵形〜狭倒卵形。洋紙質で, ふちには細かくて鋭い鋸歯がある。両面ともほとんど無毛だが, ときに裏面の主脈に白い軟毛がある。

花/4〜6月, 短枝の先の複散房花序に直径約1㌢の白色の花を10〜20個つける。花弁はほぼ円形で, 内側の基部にまばらに白い軟毛がある。雄しべは20個。花柱は3個, 基部は合

カマツカ。どこにでもある木だが, 花は清楚で美しい　1994.4.26　須崎市

バラ科 ROSACEAE

着して白い軟毛が密生する。花序の軸は花のあと無毛になる。萼の外面は無毛または白色の長い軟毛が散生する。
果実／ナシ状果。長さ8〜10㍉の倒卵形または楕円形で、10〜11月に赤く熟す。無毛で頂部に直立した萼片が残る。果柄にはいぼ状の皮目が多い。種子は長さ4〜6㍉の狭楕円形で、背面がふくれる。
備考／学名上の母種の**ワタゲカマツカ**は、カマツカより葉が厚くて大きく、長さ10㌢ほどの倒卵状長楕円形。若い枝、葉柄、葉の裏面、花序の軸、萼の外面などに白色の軟毛が密生し、花のあとも無毛にはならない。果実にも綿毛が残る。花序や葉にカマツカとワタゲカマツカの中間型もあり、ケカマツカ var. zollingeri というが、葉の形や毛の状態などは変異が多く、厳密な区別はむずかしい。
植栽用途／庭木、盆栽
用途／鎌や洋傘の柄、牛の鼻輪などの器具材
名前の由来／材が丈夫で折れにくく、鎌の柄などに用いられたため。

カマツカ。果実は薄甘い。果柄には皮目が多い 1995.10.14 山梨県高根町

❶〜❽カマツカ。❶短枝の冬芽。短枝は葉痕が重なって節くれだつ。冬芽は長さ2〜3㍉。❷樹皮。しわがある。❸花弁は長さ幅とも約5㍉。❹果実。果柄にはいぼ状の皮目が多い。❺種子。長さ4〜6㍉。❻葉は洋紙質。❼葉裏。無毛タイプ。❽葉裏。有毛タイプ。❾〜⓬ワタゲカマツカ。❾新葉と花序の展開。全体に白い軟毛をかぶっている。❿葉裏。10月下旬になっても軟毛が残る。⓫果実。表面に綿毛がある。⓬仮頂芽と側芽。葉痕の紅紫色の部分は落ちた葉の葉柄基部。

バラ科 ROSACEAE

カナメモチ属 Photinia

アジアとアメリカに60種ほど分布し、日本には3種が自生する。

カナメモチ
P. glabra
〈要糯/別名アカメモチ〉

分布／本州（東海地方以西）、四国、九州、中国南部、東南アジア
生育地／山地の斜面に多く、乾燥した尾根筋や沿海地にも生育する。
樹形／常緑小高木。高さ5～10㍍になる。
樹皮／暗褐色で、老木では縦に浅く裂ける。
葉／互生。葉身は長さ6～12㌢の長楕円形～倒卵状楕円形。先端は鋭くとがり、基部はくさび形、ふちには細かい鋸歯がある。革質で表面には光沢がある。若葉は赤くて美しい。
花／5～6月、直径10㌢ほどの複散房花序に白い小さな花を多数つける。花は直径約1㌢、花弁は5個。
果実／ナシ状果。直径5㍉ほどの卵形で、12月頃赤く熟す。頂部に萼片が残る。
備考／小笠原と沖縄に自生するシマカナメモチP. wrightianaは、葉の上部に粗い鋸歯があり、先端はまるい。
植栽用途／生け垣。湿気の多い場所は不適。出産/みかげかし、日本産の木材のなかでは最も比重が大きい木のひとつ。鎌の柄、扇の要などに利用する。名前の由来／モチノキに似ていて、材が扇の要に使われたからという説がある。

カナメモチ。西日本に自生するが、個体数は決して多くない 1996.12.19 東京都

❶

❷

❸

バラ科 ROSACEAE

オオカナメモチ
P. serrulata

〈大要黐／別名テツリンジュ〉

分布／本州（岡山県），四国（愛媛県），九州（奄美諸島），沖縄（西表島），中国中南部，台湾，インドネシア

生育地／山地にまれに生える。

樹形／常緑高木。高さ4〜6㍍，ときに10㍍以上になるものもある。

葉／カナメモチより大きく，葉身は長さ10〜20㌢。ふちには刺状の細かい鋸歯がある。新葉が展開したあと，古い葉は紅葉して落ちる。

花／花期は5〜6月。花序は直径約15㌢，花は直径6〜8㍉。果実は直径約6㍉。

備考／生け垣などによく植えられているレッド・ロビンはカナメモチとオオカナメモチの雑種。

オオカナメモチ。葉や花序がカナメモチより大形　1988.4.28　高知市牧野植物園

❶〜❻カナメモチ。❶1個の果実に種子が4個入っている。種子は長さ4〜5㍉。❷樹皮は暗褐色で，老樹では縦に浅く裂ける。❸花序は直径約10㌢。直径1㌢ほどの白い小さな花が多数集まって咲く。花弁は広倒卵形で，内側の基部には軟毛が生える。オオカナメモチの花弁は無毛。❹葉は長さ6〜12㌢，ふちには細かい鋸歯がある。❺葉裏。葉柄は長さ1〜1.5㌢。葉の両面，葉柄ともに無毛。❻カナメモチの若葉。❼レッド・ロビンの若葉。いずれも生け垣に利用され，春によく目立つ。

バラ科 ROSACEAE

シャリンバイ属
Rhaphiolepis

常緑低木〜小高木。花序は総状または円錐状。果実はナシ状果。アジアに十数種分布し、日本には1種が自生する。

シャリンバイ
R. indica
　　var. umbellata
〈車輪梅／別名タチシャリンバイ〉

分布／本州（宮城・山形県以南）、四国、九州、小笠原、沖縄、朝鮮半島、台湾、中国、フィリピン、ボルネオ

生育地／海岸や海岸に近い山地

樹形／常緑低木〜小高木。高さ1〜4㍍になる。

枝／若い枝には褐色の軟毛がある。小枝は密生して輪生状にでる。

葉／互生。葉身は長さ4〜8㌢、幅2〜4㌢の長楕円形〜倒卵形。革質で光沢があり、ふちには浅い鋸歯がまばらにある。先端はとがるものとまるいものがある。

花／5月頃、枝先に円錐花序をだし、直径1〜1.5㌢の白色の花を多数つける。花弁は長さ約1㌢、幅5〜8㍉の倒卵形、先端はまるく、しばしば歯牙がある。萼筒は漏斗形、萼片は長さ4〜5㍉の卵状三角形で先はとがる。萼や花序には褐色の軟毛が密生する。

果実／ナシ状果、直径約1㌢の球形で、10〜11月に黒紫色に熟す。表面は白い粉をかぶる。なかには直径7〜8㍉のまるい種子が1個入

公園や庭によく植えられる。花はよい香りがする　1995.5.7　鹿児島県喜入町

❶花は直径1〜1.5㌢。❷冬芽。❸葉が細いタイプ。葉がまるいタイプ。葉は厚くて光沢がある。❺葉裏 ❻11月下旬、屋久島にて。枝先には果実がびっしりつき、紅葉した葉も見える。❼種子は直径7〜8㍉。

654　バラ科 ROSACEAE

低地の沿海地の砂地によく自生する。果実は直径約1㌢　1998.10.30　湖西市植栽

っている。

備考／葉が細くて，ふち全体に鋸歯があり，幹が直立して小高木状になるものをシャリンバイ（タチシャリンバイ）R. umbellata とし，樹形が低く株立ち状で，葉がまるく，わずかに鋸歯があるものを変種のマルバシャリンバイ var. integerrima とする場合もあるが，葉の形には中間型があり，区別はむずかしい。沖縄の海岸に自生しているホソバシャリンバイ var. liukiuensis は，葉身が長さ5～10㌢，幅1～3㌢の狭長楕円形または倒披針形で，ふちに波状の鈍い鋸歯がある。

植栽用途／庭木，公園樹。道路の分離帯などにも植えられている。葉が小さいヒメシャリンバイや花の色が淡紅色の園芸品種もある。日当たりのよいところを好む。移植はやや困難。耐潮性がある。

用途／樹皮は大島紬を染める染料の材料に用いられる。

名前の由来／梅のような花が咲き，枝や葉が輪生状に出ることからつけられた。

バラ科 ROSACEAE　655

ビワ属 Eriobotrya

常緑低木〜高木。果実はナシ状果。ナシノ果部、東南アジア、ヒマラヤ山脈に25種ほどが○○○○、日本には1種が自生する。

ビワ
E. japonica
〈枇杷〉

分布／中国から渡来したといわれているが、大分県本匠村、山口県秋芳町、福井県大飯町冠者島などで野生が確認されている。原産説についてはいろいろ論議があるが、奈良時代にビワの記述があり、古くから日本にあったのは間違いない。

生育地／石灰岩地に野生がある。暖地で果樹として栽培されている。

樹形／常緑高木。高さ6〜10mになる。

樹皮／灰褐色。横じわがある。

枝／若い枝には褐色の綿毛が密生する。

冬芽／褐色の綿毛におおわれる。

葉／互生。葉身は長さ15〜20cmの広倒披針形〜狭倒卵形。先端はとがり、基部はしだいに狭くなって葉柄に続く。表面は無毛で光沢があり、ふつうふちの上半

果実の食べる部分は花床が肥厚したもの。気温の高い地域ほど熟期が早く、よい

バラ科 ROSACEAE

部に粗い鋸歯がある。裏面には褐色の綿毛が密生する。

花／11月から翌年の1月にかけて、長さ10〜20cmの円錐花序に芳香のある小さな花が100個前後つく。花は直径約1cm、花弁は白色で5個ある。花弁の内側の下部、萼、花序には褐色の綿毛が密生する。

果実／ナシ状果。直径3〜4cmの広楕円形で、5〜6月に黄橙色に熟す。果実ははじめ綿毛があるが、のちに無毛。果実の頂部には内側に曲がった萼片が残る。

備考／代表的な栽培品種は茂木と田中。最低気温が零下3度以下になるところでは寒さの害を受けやすい。日当たりがよく、冬期に北西の季節風が当たらない緩傾斜地が栽培に適している。

用途／葉は打ち身や捻挫、皮膚病などに効き、種子は杏仁水（ばくち水）の代用として、咳止め、去痰に用いられる。材は弾力性があり、木目も美しいので、クシ、印材、木刀、杖などに使われる。

実ができる。皮はへその方からむくとむきやすい　1989.6.13　裾野市

❶葉芽。褐色の綿毛におおわれる。❷花は晩秋から初冬に咲くので、あまり知られていない。❸ひとつの花序に100個前後の花がつく。萼、花柄、花序には褐色の綿毛が密生する。❹芽だし。葉脈は裏面に隆起する。❺葉の表面は無毛で光沢がある。❻葉裏。褐色の綿毛が密生する。❼種子は長さ2〜3cm。なかには白い肉質の子葉が入っている。❽樹皮。横じわがある。

バラ科 ROSACEAE

ザイフリボク属
Amelanchier

落葉低木、高木。果実はナシ状果。北アメリカを中心に、北半球に約20種分布する。日本には1種が自生する。

ザイフリボク
A. asiatica
〈采振木／別名シデザクラ〉

分布／本州（岩手県以南），四国，九州，朝鮮半島，中国
生育地／雑木林の林縁など
樹形／落葉小高木。高さ5〜10mになる。
樹皮／灰褐色〜暗褐色。成木になると，褐色のすじが多くなる。
枝／若枝は赤褐色で皮目が多い。
冬芽／長さ6〜10㍉の披針形。芽鱗は5〜9個，赤色〜紅紫色で光沢があり，美しい。しばしば冬の間に芽鱗がすこし開き，白毛が現

個体数は少なくないのだが，花の時期を逃すとなかなか見つからない。果実は紫。

❶短枝の冬芽。長さ6〜10㍉。冬でも芽鱗が開くことが多い。❷雄しべは20個くらい。花粉をたし終わると花糸は直立する。❸花の様子は采配にそっくり。❹葉表。❺葉裏の主脈と葉柄には，白い軟毛が生える。❻果実は直径6〜10㍉。❼熟すと黒紫色になる。❽種子は長さ3〜4㍉。❾成木の樹皮は褐色のすじが多い。

バラ科 ROSACEAE

帯び、珍しい色だ。海岸近くから標高1000㍍付近まで生える　1990.4.7　高知市

われることがある。
葉／互生。葉身は長さ4〜9㌢、幅2.5〜4㌢の楕円形。先端は鋭くとがり、基部は円形〜鈍形。ふちには浅く細かい鋸歯がある。若葉の裏面には白い軟毛が密生するが、のちに主脈を除いてほとんど無毛になる。葉柄は長さ1.5〜2.5㌢で白い軟毛が生える。
花／4〜5月、枝先に白色の花が10個ほど集まって咲く。花弁は5個、長さ1〜1.5㌢の線形。雄しべは20個。花柱は5個、下部は合着して基部に毛が密生する。萼筒は鐘形、外面には軟毛が密生する。萼片は長さ5〜8㍉の披針形でそり返る。
果実／ナシ状果。直径6〜10㍉の球形で、9〜10月に紫色から黒紫色に熟し、白い粉をかぶる。
植栽用途／庭木、公園樹、盆栽、花材など。強健だが乾燥地は嫌う。
用途／器具材など
名前の由来／花の様子を采配に見立てて采振木の名がある。別名の四出桜は花を玉串などにつける四手に見立てたもの。

バラ科 ROSACEAE　659

サンザシ属 Crataegus

落葉低木または小高木。小枝は刺になる。果実はナシ状果。北半球に200種以上が分布し、日本には3種が自生する。

クロミサンザシ
C. chlorosarca

〈黒実山樝子／別名エゾサンザシ〉

分布／北海道（根室地方），長野県（菅平），サハリン，中国東北部
生育地／山野などにややまれに生える。
樹形／落葉小高木。高さ3〜8mになる。
樹皮／灰褐色。
枝／長さ1cmほどの太い刺がまばらにある。
葉／互生。葉身は長さ5〜10cm，幅4〜9cmの広卵形〜卵形。ふちは羽状に浅く切れ込み，欠刻状の鋸歯がある。長枝の葉の基部には粗い鋸歯の目立つ托葉がある。
花／5〜6月，枝先に直径1〜1.5cmの白い花が集まって咲く。花序ははじめ白い軟毛が密生するが，果期にはほぼ無毛になる。
果実／ナシ状果。直径6〜9mmの球形で，8〜9月に黒く熟す。
備考／花序や萼，花柱の基部，果実に白い軟

クロミサンザシ。葉形に特徴があり，おぼえやすい　1995.5.27　軽井沢植物園

❶〜❽クロミサンザシ。❶短枝のふ芽と刺。冬芽は紫色で無毛。刺は長さ約1cm。❷花は直径1〜1.5cm。❸樹皮は短冊状にはがれる。❹長枝につく葉は大形となり裂する。托葉が目立つ。❺短枝の葉。❻葉裏には白い軟毛がある。❼果実は直径6〜9mm，頂部に花柱が残っている。❽種子は長さ約6mm。❾〜⓫サンザシ。❾花は直径1.5〜2cm。❿果実は直径1.5〜2cmで，頂部に萼片が残る。赤く熟す。⓫中裂した葉と托葉。

バラ科 ROSACEAE

毛が密生し、果期まで残るものをエゾサンザシ C. jozana として区別することがある。北海道の根室には、果実が赤く熟すオオバサンザシ C. maximowiczii が分布する。

サンザシ
C. cuneata
〈山樝子・山査子〉

分布／中国中南部原産。日本には1734年（享保19）に薬用として導入された。

樹形／落葉低木。高さ～3mになる。

枝／灰黒色。小枝が変化した長さ3～8mmのまっすぐな刺が多い。

葉／互生。葉身は長さ2～7cmの倒卵形または広倒卵形。上部はふつう3～5浅裂、ときに深裂し、ふちには不ぞろいな鋸歯がある。葉身の下部は全縁。枝先の葉腋の基部には細い鋸歯が目立つ托葉がある。

花／4～5月、枝先に直径1.5～2cmの白い花を2～6個つける。

果実／ナシ状果。直径1.5～2cmの扁球形で、9～10月に赤く熟す。

用途／果実を健胃・消化、止血などの薬用にする。

サンザシ。中国原産で植栽も少なく、見る機会は少ない　1993.5.8　小石川植物園

バラ科 ROSACEAE

トキワサンザシ属
Pyracantha

常緑低木で、枝の変化した鋭い刺がある。葉は互生。花は白色、花弁は5個。果実はナシ状果。ヨーロッパ東南部からアジアに6種が分布する。日本ではタチバナモドキ、ヒマラヤトキワサンザシ、トキワサンザシなどが植栽されている。この仲間を総称して、ピラカンサと呼ぶことが多い。

タチバナモドキ
P. angustifolia
〈別名ホソバトキワサンザシ〉
中国原産。果実の形や色がミカン科のタチバナに似ているのでこの名がつけられた。葉は長さ5～6cmの狭長楕円形～狭倒卵形。葉裏に灰白色の毛が密生するのが特徴。花期は5～6月。果実は橙黄色に熟す。

ヒマラヤトキワサンザシ
P. crenulata
〈別名カザンデマリ〉
ヒマラヤ原産。花や果

トキワサンザシ。ピラカンサ類は雑種も多くつくられている　1999.5.15　横浜

❶　❷　❸

バラ科 ROSACEAE

実が美しいので、庭や生け垣によく植えられる。葉は無毛で長さ2〜5㌢の長楕円形〜披針形。トキワサンザシより幅が狭い。花期は5〜6月。花序は無毛。果実は鮮紅色または橙紅色に熟す。

トキワサンザシ

P. coccinea

〈常磐山樝子〉

西アジア原産。葉は幅が広く、長さ2〜4㌢の倒披針形〜狭倒卵形で、両面とも無毛。花期は5〜6月。花序には細毛がある。果実は鮮紅色に熟す。

シャリントウ属

Cotoneaster

ベニシタン

C. horizontalis

〈紅紫檀〉

中国原産。枝は横に広がり、刺はない。葉は長さ5〜15㍉の倒卵形で、厚くて光沢がある。花期は5〜6月。花は直径約6㍉、白色または紅色を帯びる。果実は直径5㍉ほどの球形で、秋に紅色に熟す。

ヒマラヤトキワサンザシ。日本に入ったのは昭和初期　1987.12.10　高知県大月町

❶タチバナモドキの果実。色といい形といい、確かにミカン科のタチバナに似ている。❷ヒマラヤトキワサンザシの果実。❸トキワサンザシの果実。❹ヒマラヤトキワリンザシの種子。❺トキワサンザシの種子。種子はゴマにそっくり。❻ベニシタンの花。

バラ科 ROSACEAE　663

ナナカマド属 Sorbus

落葉低木～高木。葉は互生。花序は複散房状で枝先につく。花は両性。花弁と萼片は5個。果実はナシ状果。種間雑種をつくりやすい。
北半球に約80種知られ、このうち中国からヒマラヤ、カラコルム、天山山脈にかけて約50種が分布している。日本には6種が自生する。
ナナカマド属は葉が奇数羽状複葉のナナカマドの仲間と葉が単葉のアズキナシの仲間に大きく分けられる。ナナカマドの仲間は果実の表面に皮目がなく、頂部に萼片が残る。アズキナシの仲間は果実の表面に皮目があり、萼片は残らない。両者を別属にする見解もある。

ナナカマド（1）
S. commixta
〈七竃〉

分布／北海道、本州、四国、九州、南千島、サハリン、朝鮮半島
生育地／山地
樹形／落葉高木。高さ6～10mになる。
樹皮／若木の樹皮は淡褐色で楕円形の皮目があり、ややなめらか。成木になると暗灰色で浅く裂ける。

ナナカマド。ナナカマドの仲間ではもっとも花序が大きく、また高木になる。秋の紅葉や果実の美しさはよく

バラ科 ROSACEAE

られているが，タカネナナカマドやウラジロナナカマドとしばしば混同される　1992.10.10　富士吉田市

バラ科 ROSACEAE

ナナカマド属 Sorbus

ナナカマド（R）

枝／若い枝は紅紫色または暗紫色，無毛で光沢がある。

**冬芽／頂芽は長さ1.2～1.8㌢の長楕円形で先端はとがる。芽鱗は2～4個，樹脂のために粘ることがある。葉痕は三日月形。

葉／互生。長さ13～20㌢の奇数羽状複葉。小葉は4～7対あり，長さ3～9㌢，幅1～2.5㌢の披針形～長楕円形。先端は鋭くとがり，基部は左右がやや不ぞろい。ふちには浅く鋭い単鋸歯または重鋸歯がある。両面ともほとんど無毛。葉の中央部の小葉がもっとも大きい。葉軸の節には褐色の軟毛がある。

花／5～7月，枝先に複散房花序をだし，直径6～10㍉の白い花を

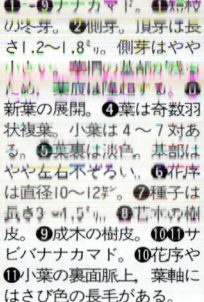

寒冷地に多く，高所伝いに屋久島まで分布している　1995.6.2　富士吉田市

❶〜❾ナナカマド。❶短枝の終芽。❷側芽。頂芽は長さ1.2～1.8㌢。側芽はやや小さい。葉痕は基部がやや膨らむ。❸新葉の展開。❹葉は奇数羽状複葉。小葉は4〜7対ある。❺葉裏は淡色。基部はやや左右不ぞろい。❻花序は直径10〜12㌢。❼種子は長さ3〜4.5㍉。❽若木の樹皮。❾成木の樹皮。❿サビバナナカマド。❿❶花序や❶小葉の裏面脈上，葉軸にはさび色の長毛がある。

バラ科 ROSACEAE

多数つける。花弁は円形〜卵円形で、表面の中部以下に早落性の白い軟毛がある。雄しべは20個。花柱は3〜4個あり、基部に軟毛が密生する。花序は無毛または花期にまばらに褐色の軟毛がある。萼筒は杯形で、はじめ褐色の軟毛がある。萼片は小さく、長さ1ミリほどの三角形。

果実／ナシ状果。直径5〜6ミリの球形で、9〜10月に赤く熟す。頂部には内側に曲がった萼片が残る。種子は長さ3〜4.5ミリの卵形または卵状楕円形。

植栽用途／庭木、公園樹、街路樹。暖地は不適。日当たりがよく、水はけのよい肥沃なところを好む。

用途／材は緻密でかたく、器具材、機械材、薪炭材などにする。樹皮は染料。

名前の由来／材が燃えにくく、7度かまどに入れても燃え残ることから名づけられたという説が一般的。

サビバナナカマド
var. rufo-ferruginea
小葉の裏面や花序、萼筒にさび色の長い軟毛が生える。

実はまとまってつくのでよく目立つ。落葉後も残る 1993.10.28 富士吉田市

バラ科 ROSACEAE

ナナカマド属 Sorbus

ウラジロナナカマド
O. matsumurana
〈裏白七竃〉
分布／北海道,本州(中部地方以北)
生育地／亜高山~高山
樹形／落葉低木。高さ1~2mになる。
葉／互生。長さ10~20cmの奇数羽状複葉。小葉は4~6対あり,長さ4~6cmの長楕円形。上半部には鋸歯があり,下半部は全縁。表面は緑色で光沢はなく,裏面は粉白色。
花／花期は6~8月。花序は直径6~8cmで直立し,直径1~1.5cmの白い花を多数つける。花柱は5個。
果実／ナシ状果。直径8~10mmで,9~10月に赤く熟す。果実の頂部には内側に曲がった萼片が残る。

タカネナナカマド
S. sambucifolia
〈高嶺七竃／別名オオミナナカマド〉
分布／北海道,本州(中部地方以北),アジア東北部
生育地／亜高山~高山
樹形／落葉低木。高さ1~2mになる。
葉／互生。長さ7~17cmの奇数羽状複葉。小

ウラジロナナカマド。花序は直立し,小さい花が多数つく　1990.7.20　北岳

バラ科 ROSACEAE

葉は3〜5対，長さ4〜6㌢の卵状長楕円形。先端は鋭くとがり，ふちは下部から鋭い鋸歯がある。表面はやや光沢があり，脈が目立つ。
花／花期は6〜7月。花序は斜上し，やや淡紅色を帯びた花を10個ほどつける。
果実／ナシ状果。9〜10月に赤く熟し，頂部に直立した萼片が残る。

ナンキンナナカマド
S. gracilis
〈南京七竃／別名コバノナナカマド〉
分布／本州（関東地方以西），四国，九州
生育地／山地
樹形／落葉低木。高さ2〜3㍍。幹は細く，ひょろひょろしている。
葉／互生。長さ7〜16㌢の奇数羽状複葉。小葉は3〜4対，長さ2〜5㌢の長楕円形で，上半部に鈍い鋸歯がある。裏面は粉白色。
花／花期は5月頃。花は淡黄白色で，直径1㌢ほど。
果実／ナシ状果。直径6〜8㍉のほぼ球形で，9〜10月に赤く熟す。
名前の由来／ナンキンは小形のものに冠する語で，中国の南京のことではない。

カネナナカマド。1花序の花数は少なく，せいぜい10個程度　1992.7.25　八ガ岳

❶〜❻ウラジロナナカマド。❶冬芽。長さ約1.5㌢。鮮やかな青紫色で目立つ。❷混芽の展開。❸花は直径1〜1.5㌢。❹葉は奇数羽状複葉。長さ10〜20㌢。❺小葉。上半部に鋸歯があり，下半部は全縁。❻果実。赤熟しても苦い。❼❽タカネナナカマド。❼果実は甘酸っぱく美味。頂部に小さな萼片が直立して残る。❽側芽。❾〜⓫ナンキンナナカマド。❾短枝の冬芽。長さ6〜10㍉。❿花序の基部に扇形の大きな托葉があり，果期にも残る。⓫花弁は長さ4〜5㍉でそり返る。

バラ科 ROSACEAE

ナナカマド属 Sorbus
アズキナシ（1）
S. alnifolia

〈小豆梨／別名ハカリノメ〉

分布／北海道，本州，四国，九州，南千島，ウスリー，朝鮮半島，台湾，中国中部〜東北部

生育地／乾燥した尾根筋や斜面などの落葉樹林に多い。

樹形／落葉高木。高さ10〜15㍍，直径20〜30㌢になる。

樹皮／灰黒褐色でざらざらする。若木では枝と同じように白い皮目が目立ち，老木になると縦に細長い浅い裂け目が入る。

名前の由来／果実がナシの果実に似ていて，小さいためにつけられた。別名のハカリノメは「秤の目」で，枝の皮目を秤の目盛りに見立てたもの。

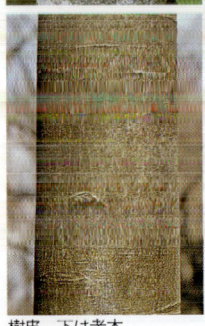

樹皮。下は老木

全国的に広く分布し，50以上の地方名がある。知名度が高いのは枝の皮目に由

バラ科 ROSACEAE

\カリノメという呼び方だが，むしろ材のかたさを表現した地方名のほうが多い　1988.10.28　韮崎市

バラ科 ROSACEAE

ナナカマド属 Sorbus
アズキナシ (上)
S. alnifolia

枝/若い枝は紫黒色で光沢があり、白い皮目が目立つ。

冬芽/長卵形で先はとがる。頂芽は長さ4〜6㍉、側芽より大きい。葉柄の基部が残り、葉痕は隆起する。

葉/互生。葉身は長さ5〜10㌢、幅3〜7㌢の卵形または楕円形。先端は短くとがり、基部は円形または切形、ふちには浅い重鋸歯がある。はじめ両面に軟毛が散生するが、のちに無毛。葉柄は長さ1〜2㌢で赤みを帯び、軟毛がすこしある。

花/5〜6月、枝先に複散房花序をだし、直径1〜1.5㌢の白い花を5〜20個つける。花弁は円形で、平開する。雄しべは約20個。花柱は無毛で2個。花序は無毛または白い軟毛が散生する。萼片は長さ2〜3㍉の三角形で、内側に綿毛が生える。

果実/ナシ状果。長さ8〜10㍉の楕円形で、10〜11月に赤く熟す。表面には白い皮目がまばらにある。花のあと萼片は脱落し、頂部に

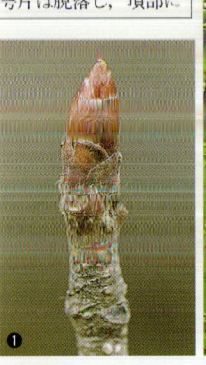

青森県や福島県では、本種をナナカマドと呼ぶ地域もある 1988.6.23 韮崎市

❶短枝の冬芽。長さ4〜6㍉で、側芽より大きい。かなり古い木でないと花をつけない。❸花は直径1〜1.5㌢。花弁は円形で平らに開く。花柱は花弁とほぼ同長。❹萼片は長さ5〜10㍉。❺萼筒は無毛。❻若い枝は皮目が目立つ。「杯の目」という和名の出処。❼秋には黄葉して目立つ。❽❾果実は10〜11月に熟す。表面にはナシのような白色の皮目がある。❿種子は長さ約6㍉

バラ科 ROSACEAE

まるい跡が残る。果肉には石細胞とタンニンが多く、じゃりじゃりしている。種子は4個、長さ6㍉ほどの半球形。
備考／葉が浅く切れ込み、基部がハート形のものをフギレアズキナシ f. lobulata という。東北・関東・中部地方、対馬、朝鮮半島、中国に分布する。葉の裏面に白い軟毛が密生するものはオクシモアズキナシと呼ばれ、北海道や本州の日光、赤城山などに分布する。八ガ岳にまれに分布するナガバアズキナシは葉が長楕円形で、側脈が10〜13対と多く、葉や葉柄に毛が多い。果実もやや長い。
植栽用途／まれに庭木にする。高温期や西日の当たるところは避ける。アブラムシがつきやすい。
用途／建築材、器具材

実は酸味、甘み、渋みがほどよく、果実酒に向く　1990.10.21　山梨県高根町

バラ科 ROSACEAE　673

ナナカマド属 Sorbus

ウラジロノキ
S. japonica
〈裏白の木〉
分布／本州、四国、九州
生育地／海岸近くの低山
地から深山

樹形／落葉高木。高さ10～15mになる。

樹皮／若木は紫褐色、成木は灰黒褐色、老木になると鱗片状にはがれる。

枝／若い枝は赤褐色や褐色、紅紫色。古い枝は紫黒色。はじめ白い綿毛が密生するが、のちにはほぼ無毛。皮目が点在する。

冬芽／長さ5ミリほどの卵形。芽鱗は赤褐色～紅紫色で光沢がある。

葉／互生。葉身は長さ6～13cm、幅4～9cmの卵円形または広倒卵形。ふちには欠刻状の鋸歯があり、8～11対の側脈が目立つ。裏面や葉柄には白い綿毛が密生する。表面にもはじめ白い軟毛があるが、のちに無毛。葉柄は長さ1～2cm。

花／5～6月、短枝の先や葉のわきから複散房花序をだし、直径1～1.5cmの白い花を多数つける。花弁はほぼ円形で、表面の基部には

ヤマハンノキの葉に似ているが、葉裏が真っ白　1991.6.11　静岡県小山町

674　バラ科 ROSACEAE

白い軟毛がある。雄しべは約20個、花弁よりすこし短い。花柱は2個。花序や萼には綿毛が密生する。萼片は長さ3〜4㍉の狭卵形で、先はとがる。

果実／ナシ状果。長さ約1㌢の楕円形で、10〜11月に赤く熟し、白い皮目が目立つ。果肉には石細胞が多い。種子は4個、長さ5〜8㍉の卵状楕円形。

備考／果実がやや大きく、長さ1.5㌢ほどあり、橙黄色に熟すものをキミノウラジロノキ var. calocarpa という。日光や八ガ岳などに分布する。

植栽用途／まれに庭木にする。暖地では夏に葉が日焼けするので西日は避ける。

用途／柄や杖器、柄などに利用される。

名前の由来／葉裏が白いのでつけられた。

垂直分布域が広く、海岸近くの山から深山まで生える　1995.10.7　長野県川上村

短枝の冬芽。❷側芽正面。❸側芽側面。葉柄の基部浅り、葉痕は隆起する。本年枝には楕円形の皮目が存在する。❹花序の軸や花柄には綿毛が密生する。❺花柱は2個、雄しべは花弁よりやや短い。❻葉、刻状の鋸歯がある。❼葉裏や葉柄には白い綿毛が密する。❽葉裏ははっとするほど白い。❾種子は長さ〜8㍉。❿若木の樹皮は紫褐色。皮目が目立つ。⓫木は灰黒褐色。⓬老木では鱗片状にはがれる。

バラ科 ROSACEAE　675

ホザキナナカマド属
Sorbaria

落葉低木。葉は奇数羽状複葉。花は両性で、雌しべは5個。果実は袋果で裂開する。アジアと北アメリカに10種ほどが分布し、日本には1種自生する。

ホザキナナカマド
S. sorbifolia
var. stellipila
〈穂咲七竈〉

分布／北海道、本州（下北半島）、朝鮮半島、中国東北部、モンゴル
生育地／山地や丘陵
樹形／落葉低木。高さ2～3m、株立ちになる。
葉／互生。長さ15～30cmの奇数羽状複葉。小葉は7～11対、長さ4～10cmの広披針形～披針形。ふちに重鋸歯がある。裏面ははじめ長い軟毛と星状毛がある。
花／7～8月、枝先に円錐花序をだし、直径5～6mmの白い花を多数つける。雄しべは40～50個、花弁より長くつきでる。花序の軸と花柄には微毛が密生し、星状毛がまじる。
果実／袋果。長さ4～6mmの長楕円形で、9～10月に熟す。
植栽用途／庭木

ホザキナナカマド。北海道では7月中旬頃から開花する　1998.6.13　横浜市植栽

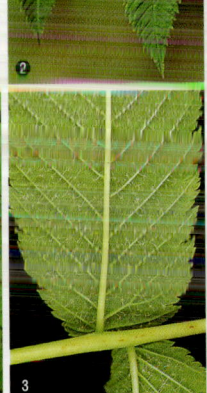

バラ科 ROSACEAE

ニワナナカマド
S. kirilowii

〈庭七竈／別名チンシバイ〉

分布／中国北部原産
樹形／落葉低木。高さ3〜4㍍、株立ちになる。
葉／互生。長さ13〜20㌢の奇数羽状複葉。小葉は7〜11対、長さ4〜7㌢の披針形で、先端は尾状にとがる。ふちには内側に曲がった鋸歯がある。表面は無毛。裏面は主脈の基部に毛があるほかは無毛。
花／6〜8月、枝先に円錐花序をだし、直径5〜6㍉の白い花を多数つける。雄しべは約20個、花弁と同長またはすこし短い。花序は無毛。
果実／袋果、円柱形で10〜11月に熟す。
植栽用途／庭木、切り花。繁殖はひこばえを株分けする。

ワナナカマド。優美な植物だが、意外にも花は悪臭がある 1995.6.28 佐久市

〜❹ホザキナナカマド。❶葉は奇数羽状複葉。長さ〜30㌢。❷小葉は無柄で、長さ4〜10㌢。❸葉裏。じめは長い軟毛と星状毛がある。❹花は直径5〜6㍉。雄しべは花弁より長い。❺〜❾ニワナナカマド。花は直径5〜6㍉。雄しべは花弁と同長またはすこし短い。❻葉は奇数羽状複葉、長さ13〜20㌢。❼小葉、長さ4〜7㌢。先端が尾状に長くとがる。❽葉裏。の基部に毛があるほかは無毛。❾果実は袋果。

バラ科 ROSACEAE

シモツケ属 Spiraea

落葉低木。葉は互生し、托葉はない。花は小さく両性。花弁と萼片は5個、雄しべは多くて5個。果実は5個の袋果が集まってつく。バラ科では袋果は珍しく、シモツケ属のほか、ホザキナナカマド属とコゴメウツギ属の果実が袋果。北半球に120種ほど知られている。日本には10種が自生する。

シモツケ（1）
S. japonica

〈下野／別名キシモツケ〉

分布／本州、四国、九州、朝鮮半島、中国
生育地／岩礫地など日当たりのよいところ
樹形／落葉低木。高さは1㍍ほど、株立ちになる。
名前の由来／下野（栃木県）産のものが、古くから栽培されていたことによるという。

〈右〉果実は長さ2～3㍉の袋果が5個集まってつく。熟すと縫合線にそって裂開する。〈右〉小形の樹木な

ふだんは目立たないが、花期には上品な色あいの花に目を奪われてしまう　1989.7.8　山梨県足和田村

バラ科 ROSACEAE　679

シモツケ属 Spiraea

シモツケ (2)
S. japonica

樹皮／暗褐色。縦に裂
り……
冬芽／長さ1〜4ミリの
紡錘形または長卵形。
芽鱗は紅紫色を帯び，
ふちには白色の微毛が
ある。葉痕は隆起する。
葉／互生。葉身は長さ
3〜8ｾﾝﾁ，幅2〜4ｾﾝ
ﾁの狭卵形〜卵形または
広卵形。先端はとがり，
基部は円形〜くさび形，
ふちには不ぞろいな重
鋸歯がある。裏面は淡
緑色または粉白色，有
毛または無毛と変異が
多い。葉柄は有毛。
花／5〜8月，枝先に
半球形の複散房花序を
だし，直径3〜6ﾐﾘの
小さな花を多数つける。
花弁は広卵形〜円形で，
淡紅色，紅色，濃紅色，
まれに白色と変異が多
い。雄しべは25〜30個，
花弁より長い。雌しべ
は5個。萼の内面には
縮れた短い軟毛がある。
果実／袋果。長さ2〜
3ﾐﾘの卵形で，5個集
まってつく。表面は光
沢があり，頂部に花柱
が残る。9〜10月に熟
すと裂開する。
植栽用途／庭木，公園
樹，盆栽，切り花など

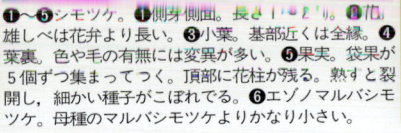

シモツケ。庭木もよいけれど，一度は野生状態を見てみたい　1988.7.21　河口湖

❶〜❺シモツケ。❶冬芽側面。長さ1〜4ﾐﾘより。❷花。雄しべは花弁より長い。❸小葉。基部近くは全縁。❹葉裏，色や毛の有無には変異が多い。❺果実。袋果が5個ずつ集まってつく。頂部に花柱が残る。熟すと裂開し，細かい種子がこぼれでる。❻エゾノマルバシモツケ。母種のマルバシモツケよりかなり小さい。

バラ科 ROSACEAE

マルバシモツケ
S. betulifolia
〈丸葉下野〉

分布／北海道,本州(中部地方以北),千島,サハリン,カムチャッカ,東シベリア

生育地／山地から高山の日当たりのよい岩場などに生える。

樹形／落葉低木。高さ30～100㌢になる。

葉／互生。葉身は長さ1.5～5㌢の倒卵形または広卵形。先端はまるく,ふちには基部を除いて欠刻状の鋸歯がある。裏面は淡緑色。

花／6～7月,複散房花序に直径7㍉ほどの白い花を多数つける。花序は無毛。

果実／袋果。ほぼ無毛。

備考／北海道の高山に生えるエゾノマルバシモツケ var. aemiliana は,全体に小形で,若枝や花序,袋果に毛がある。

マルバシモツケ。岩礫地を好む高山植物　1997.7.17　秋田駒ガ岳

バラ科 ROSACEAE　681

シモツケ属 Spiraea

ホザキシモツケ
S. salicifolia

〈穂咲下野／別名アカバナシモツケ〉

分布／北海道，本州（日光，霧ガ峰），北半球北部

生育地／日当たりのよい山地の湿原。地下茎をのばしてふえ，群生することが多い。

樹形／落葉低木。高さ1～2㍍になる。

枝／赤褐色。若い枝は軟毛がある。

葉／互生。葉身は長さ5～8㌢の楕円状披針形。先端はとがり，基部は鋭形。ふちには鋭い単鋸歯または重鋸歯がある。葉の両面やふち，葉柄には縮れた短い軟毛が生える。主脈は裏面に隆起する。葉柄は長さ1～3㍉。

花／6～8月，枝先に長さ6～15㌢の円錐花序をだし，直径5～8㍉の淡紅色の花を多数つける。花弁は長さ2～3㍉の円形または広楕円形で，先端はまるく，無毛。雄しべは約50個と多く，花弁の2倍近い長さがある。花糸は淡紅色で無毛。雌

本州では珍しい植物で，日光の戦場ガ原と霧ガ峰にしかない。北海道ではふつう

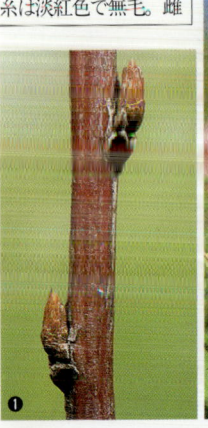

バラ科 ROSACEAE

しべは5個あり，長さ1.5〜2ミリで無毛。萼は両面とも軟毛が密生する。萼片は長さ1〜1.5ミリの三角形。花序の軸や花柄には短い軟毛が密生する。

果実／袋果。長さ4〜5ミリで，5個ずつ集まってつく。内側の縫合線上に白い軟毛がまばらに生えるほかは無毛。頂部には花柱が残り，外側に曲がる。9〜10月に褐色に熟して裂開する。種子は長さ2ミリほどの線形で表面は網目状。萼の内側の毛は果期にも目立つ。

植栽用途／庭木，花材。日当たりのよいところを好む。繁殖は挿し木，株分け，実生。

名前の由来／ほかのシモツケの仲間は半球形の花序をつくるのに対し，本種は花序が円錐状なので，穂咲の名がついた。

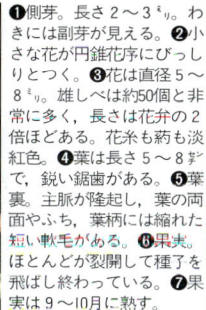

られ，牧場や原野，道ばたなどでよく見かける　1996.8.6　戦場ガ原

❶側芽。長さ2〜3ミリ。わきには副芽が見える。❷小さな花が円錐花序にびっしりとつく。❸花は直径5〜8ミリ。雄しべは約50個と非常に多く，長さは花弁の2倍ほどある。花糸も萼も淡紅色。❹葉は長さ5〜8センチで，鋭い鋸歯がある。❺葉裏。主脈が隆起し，葉の両面やふち，葉柄には縮れた短い軟毛がある。❻果実。ほとんどが裂開して種子を飛ばし終わっている。❼果実は9〜10月に熟す。

バラ科 ROSACEAE　683

シモツケ属 Spiraea

アイヅシモツケ
S. chamaedryfolia var. pilosa
〈会津下野〉〈別名シロバナシモツケ〉

分布／北海道，本州（中部地方以北），九州（熊本県），アジア東北部
生育地／山地の日当たりのよいところ
樹形／落葉低木。高さ1〜1.5mになる。
樹皮／灰黒紫色。縦に割れてはがれる。
枝／若い枝は紫褐色で稜がある。
葉／互生。葉身は長さ3〜5cmの広卵形〜狭卵形。先端は鋭くとがり，基部は円形。ふちには基部を除いて欠刻状の重鋸歯がある。両面とも軟毛がある。葉柄は長さ3〜8mm。
花／5〜6月，枝先に直径3cmほどの散房花序をだし，直径約1cmの白い花を多数つける。雄しべは約40個あり，花弁より長い。萼片は三角形でふちと内側に縮れた短い軟毛がある。
果実／袋果。長さ約3mmで，5個ずつ集まってつく。8〜9月に熟す。頂部には直立した花柱が残り，萼片は開出するか，そり返る。

アイヅシモツケ。なかなか野性味があり，花は香りがよい　1999.6.5　茅野市

❶❷❸アイヅシモツケ。❶側芽正面。❷側芽側面。外稜が目立つ。❸花は散房花序につく。下部の花は花柄が長い。❹花序は直径約3cm。雄しべは長さ約3mm。❺葉のふちには基部を除いて欠刻状の重鋸歯がある。❻葉裏。❼果実。長さ約3mmの袋果が5個ずつまる。❽エゾシモツケの葉。展開して間もないので葉や茎には絹毛が密生している（撮影／梅沢俊）

バラ科 ROSACEAE

エゾシモツケ
S. media
　var. sericea

〈蝦夷下野〉

分布／北海道,本州(下北半島),アジア東北部
生育地／日当たりのよい岩礫地。蛇紋岩地にも生育する。
樹形／落葉低木。高さ1ｍほどになる。
枝／若い枝は赤褐色,稜はなく,軟毛がある。
樹皮／灰黒色。
葉／互生。葉身は長さ2〜4㌢,幅6〜20㍉の長楕円形または楕円形で,先端はまるみがある。全縁または上部に3〜5個の鋭い鋸歯がある。はじめ両面に絹毛があるが,成葉はほとんど無毛。葉柄は短く,絹毛が生える。
花／6〜7月。枝先に直径2〜3㌢の散房花序を出し,直径5〜6㍉の白い花を多数つける。雄しべは20個ほどあり,花弁より長い。萼片は楕円形で,ふちに毛がある。花序には短毛がある。
果実／袋果。長さ約3㍉で,5個ずつ集まってつく。9〜10月に熟す。表面には短毛がある。萼片は果期にも残り,そり返る。

エゾシモツケ。葉はまるみがある　1997.6.28　北海道島牧村　撮影／梅沢俊

バラ科 ROSACEAE　685

シモツケ属 Spiraea

イワシモツケ
S. nipponica
〈岩下野〉

分布／本州（山陰地方以北）

生育地／高い山地の蛇紋岩地や石灰岩地
樹形／落葉低木。高さ1～2㍍になる。
枝／若い枝は赤褐色，稜があって無毛。古い枝は灰黒色。
冬芽／扁平。残った葉柄の基部におおわれる。
葉／互生。葉身は長さ1～2.5㌢の倒卵状長楕円形～円形で，変異が多い。先端はまるく，基部は円形～切形。全縁または先端に鈍い鋸歯が数個ある。質は厚く，両面とも無毛。
花／5～7月，枝先に直径3～3.5㌢の散房花序をだし，直径7～10㍉の白い花を多数つける。花弁は広倒卵形で，先端はへこむ。雄しべは約20個，花弁とほぼ同長。萼片は卵状三角形で，内側に褐色の毛が密生する。果期にも直立したまま残る。
果実／袋果。長さ3～4㍉，8～9月に熟す。
備考／マルバイワシモ

イワシモツケ。亜高山帯の植物。名前のように岩場に生える　1996.7.6　白馬岳

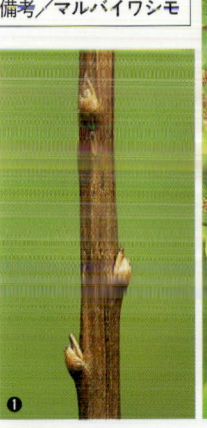

❶～❸イワシモツケ。❶冬芽。扁平で残った葉柄の基部におおわれている。❷果実。袋果が5個ずつ集まってつく。❸葉は長さ1～2.5㌢。❹❺マルバイワシモツケ。❶葉は丸く，先端に鈍い鋸歯がある。❺萼片は白色。❻❼花をつけない枝の葉。葉裏は粉白色。❽花序は直径2～3㌢。花は直径7㍉ほど。❾若い果実。❿側はイワシモツケ同様，若い枝は赤褐色で稜がある。

バラ科 ROSACEAE

ツケ f. rotundifolia は、葉が円形で先はまるく、先端にはふつう鈍い鋸歯がある。石灰岩地などに生え、東北地方に多い。

トサシモツケ
var. tosaensis
〈土佐下野〉

分布／四国（高知・徳島県）

生育地／日当たりのよい川岸の岩の上など

樹形／落葉低木。高さ2㍍ほどになる。

観察ポイント／高知県の四万十川、徳島県の那賀川、勝浦川沿いの川岸に自生。

葉／互生。母種のイワシモツケより幅広く、長さ1.5〜5㌢、幅3〜7㍉の倒披針形で、全縁または上半部に鋸歯がある。洋紙質で裏面は粉白色。

花／5月、枝先に直径2〜3㌢の散房花序をだし、直径7㍉ほどの白い花を多数つける。

果実／袋果。長さ約3㍉。7〜8月に熟す。

植栽用途／庭木、公園樹、切り花。日当たりのよいところを好む。移植は株分けや挿し木で容易。

トサシモツケ。勢いよく空へのびるほうき状の枝が特徴　1997.6.17　軽井沢植物園

バラ科 ROSACEAE　687

シモツケ属 Spiraea

イブキシモツケ
S. nervosa
〈伊吹下野〉

分布／本州（近畿地方以西）、四国、九州、朝鮮半島、中国

生育地／山地の日当たりのよい岩礫地。石灰岩や超塩基性岩地でもよく生育する。

樹形／落葉低木。高さ1〜1.5mになる。

枝／若い枝は黄褐色で、短毛が密生する。稜はない。古くなると灰黒紫色になり、縦に裂けてはがれる。

冬芽／楕円形で開出する。葉痕はまるい。

葉／互生。葉身は長さ3〜5cmの卵形または菱形状長楕円形。先端は鈍いかやや鋭く、基部は広いくさび形または円形。基部を除いて単鋸歯または重鋸歯があり、上部はしばしば浅く3裂する。表面は若葉のときには軟毛があるが、成葉はほぼ無毛。裏面は白や黄褐色の軟毛が生え、葉脈が網目状に隆起する。葉柄は長さ5〜15mm、軟毛が生える。

花／4〜6月、枝先に

葉の表面にしわが多いので類似種との見分けは容易　1995.4.24　高知市牧野植物園

バラ科 ROSACEAE

直径2.5〜3.5センチの散房花序をだし、直径7ミリほどの白い花を多数つける。花弁は直径2〜4ミリの円形で無毛。雄しべは20個ほどあり、花弁と同長。雌しべは5個、長さ約1.5ミリ。萼筒は杯形で有毛。萼片は三角形で、ふちには毛があり、果期にはそり返る。花柄には縮れた白い軟毛がある。

果実／袋果。長さ2ミリほどで、7〜8月に褐色に熟す。先端には外側に曲がった花柱が残る。種子は長さ約1ミリ、両端がとがる。

備考／袋果の表面に粗毛があるものをホソバノイブキシモツケ var. angustifolia として区別する場合もあるが、中間型があるので、明確には区別できない。名前の由来／滋賀県伊吹山で最初に発見されたことによる。

他の植物が苦手とする石灰岩や蛇紋岩などの岩場を好む　1998.5.29　高知県越知町

❺側芽。イワシモツケと違って扁平にはならない。開出するのも特徴。❷花序は直径2.5〜3.5センチ。❸葉。しわが目立つ。葉裏。白色または黄褐色の軟毛が密生し、葉脈がいちじるしく隆起する。❺❻若い果実。長さ約2ミリの袋果が5個ずつ集まってつく。花柱は外側を向く。❼袋果は熟すと縫合線にそって裂け、長さ1ミリほどの小さな種子をだす。

バラ科 ROSACEAE　689

シモツケ属 Spiraea

コデマリ
S. cantoniensis
〈小手鞠〉

分布／中国中部原産。古い時代に渡来し、江戸時代初期には小手鞠と呼ばれていたという。

樹形／落葉低木。高さ1.5〜2㍍になり、枝先は垂れ下がる。

枝／若い枝は赤褐色で無毛。稜はない。

冬芽／長さ1.5〜2㍉の長卵形。芽鱗は褐色で、ふちには白色の微毛がある。葉痕は隆起する。

葉／互生。葉身は長さ2.5〜4㌢の菱形状披針形または菱形状長楕円形。先端はとがり、基部はくさび形。ふちの上半部には欠刻状の鋸歯がある。裏面は粉白色を帯びる。葉柄は長さ4〜7㍉で無毛。

花／4〜5月、枝先に直径2.5〜3㌢の散房花序をだし、直径1㌢ほどの白い花を多数つける。雄しべは約20個あり、花弁より短い。

果実／袋果。長さ約2㍉、6〜8月に熟す。

植栽用途／庭木、公園樹、切り花。

名前の由来／球形の花序を小形の手まりに見立てたもの。

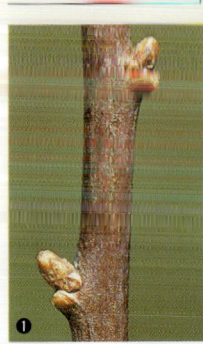

コデマリ。シモツケ属では庭木としてもっとも普及している　1996.5.6　東京都

バラ科 ROSACEAE

イワガサ
S. blumei
〈岩傘〉

分布／本州（近畿地方以西），四国，九州，朝鮮半島，中国

生育地／山地や海岸の岩場。石灰岩や蛇紋岩地でもよく生育する。

樹形／落葉低木。高さ1～1.5mになる。

枝／若い枝は褐色で，ふつう無毛，ときに毛がある。古くなると縦に裂けてはがれる。

葉／互生。葉身は長さ2～4cmの菱形状卵形～広倒卵形。先端はまるく，基部は広いくさび形。ふちの上半部にはふぞろいな鋸歯がある。ときに3～5中裂するものがある。質は厚くて無毛。

花／5月、枝先に直径2～4cmの散房花序をだし、直径約7mmの白い花を20～40個つける。花弁は長さ2～3mmの円形。雄しべは20個ほどあり、花弁とほぼ同長。萼片は三角形、花のあともそり返らない。

果実／袋果。長さ約2mm、7～8月に熟す。

植栽用途／庭木など

名前の由来／岩場に生え、傘のような花序をつけることによる。

イワガサ。イブキシモツケに似ているが、葉が無毛 1999.4.22 高知市牧野植物園

❶～❹コデマリ。❶側芽。長さは1.5～2mmで、開出する。葉痕は隆起する。❷花序は直径2.5～2cm。雄しべは花弁より短い。❸葉は長さ2.5～4cm。❹葉裏。粉白色を帯び、脈が隆起する。❺～❽イワガサ。❺葉、これは5中裂しているが、切れ込みのないものもある。❻葉裏は青白く、脈が隆起する。❼花序は直径2～4cm。❽若い果実。散房状につき、下部ほど柄が長い。

バラ科 ROSACEAE

シモツケ属 Spiraea
ユキヤナギ（1）
S. thunbergii

〈雪柳／別名コゴメバナ〉

分布／本州（東北地方南部以南の主に太平洋側）、四国、九州、中国

生育地／川岸の岩壁の割れ目や岩礫地。大雨で増水すると水没して激流に洗われるようなところに生える。

樹形／落葉低木。高さ1〜2mになり、枝先は垂れ下がる。

樹皮／暗灰色。

枝／若い枝は褐色で縦にすじがある。はじめ白色の短い軟毛があるが、のちにほぼ無毛。

備考／日本に自生するものは栽培品が野生化したとする説もある。

名前の由来／葉がヤナギを、花が雪を思わせることからつけられた。別名の小米花は花を米粒に見立てたもの。

ユキヤナギは園芸植物と思っている人が多いのではないだろうか。埼玉県の長瀞にはかなり多く自生してい

692　バラ科 ROSACEAE

い川の流れをバックに白い花が咲き乱れる。花は前年枝の葉腋に散形状につく　1988.4.12　埼玉県長瀞町

バラ科 ROSACEAE

シモツケ属 Spiraea

ユキヤナギ（2）
S. thunbergii

冬芽／長さ1〜2㍉の卵形。9〜11鱗片で無毛または繊毛。芽鱗のふちには白色の微毛がある。

葉／互生。葉身は長さ2〜4.5㌢、幅5〜12㍉の狭披針形。先端は鋭くとがり、基部はくさび形。ふちには小さな鋭い鋸歯がある。表面は無毛、裏面は脈上にわずかに軟毛がある。葉柄はほとんどない。秋には黄葉する。

花／4月、前年枝に柄のない散形花序を多数つける。花序には直径約8㍉の白い花が2〜7個ずつつく。花弁は5個、長さ2〜4㍉の円形または広倒卵形。雄しべは約20個あり、基部の内側に黄色の蜜腺がある。萼は無毛、萼片は卵状三角形。花柄は長さ6〜12㍉で無毛、基部には小形の葉が数個ある。

果実／袋果。長さ約3㍉、5〜6月に熟す。

植栽用途／庭木、公園樹、切り花。日当たりがよく、水はけのいいところを好む。寒さには強い。繁殖は挿し木、株分け。

ユキヤナギ。栽培品は野生種より花が大きくて立派　1987.4.6　横浜市植栽

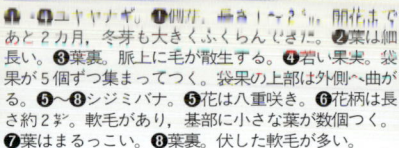

❶・❹ユキヤナギ。❶側芽、長さ1〜2㍉。開花から あと2カ月、冬芽も大きくふくらんできた。❷葉は細長い。❸葉裏。脈上に毛が散生する。❹若い果実。袋果が5個ずつ集まってつく。袋果の上部は外側へ曲がる。❺〜❽シジミバナ。❺花は八重咲き。❻花柄は長さ約2㌢。軟毛があり、基部に小さな葉が数個つく。❼葉はまるっこい。❽葉裏。伏した軟毛が多い。

バラ科 ROSACEAE

シジミバナ
S. prunifolia
〈蜆花／別名ハゼバナ・コゴメバナ〉

分布／中国原産。古くから導入され、庭園などに植えられている。
樹形／落葉低木。高さ1〜2mになる。
樹皮／灰黒色。縦に裂けてはがれる。
枝／若い枝は褐色で軟毛が密生する。稜はほとんどない。
葉／互生。葉身は長さ2〜3.5cmの卵状楕円形。先端は鈍く、基部はくさび形。ふちには基部を除いて細かい鋸歯がある。表面ははじめ軟毛があるが、のちにはとんど無毛。裏面には伏した軟毛が生える。葉柄は長さ2〜4mm。
花／4月、前年枝に straight ない 状花序を数つけ、花には直径8〜10mmの白い花が3〜10個ずつつく。花は八重咲きで、雄しべと雌しべは弁化している。花柄は長さ約2cm、軟毛が生え、基部に小さな葉が数個つく。
植栽用途／庭木、公園樹、切り花
名前の由来／花の形をシジミの身に見立てたものといわれている。

シジミバナ。ユキヤナギに似ているがこちらは八重咲き　1998.4.17　小石川植物園

バラ科 ROSACEAE

コゴメウツギ属
Stephanandra

落葉低木。葉は互生し、托葉は宿存する。花は両性、白色、萼片は5個、雌しべは1個。果実は袋果で熟すと裂開する。東アジアに3種が分布し、日本には2種が自生する。

コゴメウツギ
S. incisa
〈小米空木〉

分布／北海道、本州、四国、九州、朝鮮半島、中国、台湾

生育地／太平洋側の山地にふつうに生え、日本海側ではやや少ない。蛇紋岩地でも生育する。

樹形／落葉低木。叢生し、高さ1〜2mになる。

樹皮／灰褐色。

枝／若い枝は赤褐色〜灰褐色で、軟毛が散生する。よく枝分かれし、側生する枝は短枝化しやすい。

海岸付近から山間部にかけてやたらに生えている　1997.6.11　神奈川県箱根町

バラ科 ROSACEAE

冬芽／長さ2〜3㍉の卵形。芽鱗は赤褐色。葉痕との間にしばしば副芽がある。
葉／互生。葉身は長さ2〜4㌢, 幅1〜3㌢の三角状広卵形。葉の形は変異が多く, 浅裂または中裂する。先端は尾状にとがり, 基部は切形またはハート形。ふちには重鋸歯がある。裏面の脈上と葉柄には軟毛が生える。葉柄は長さ3〜7㍉, 托葉は長さ約5㍉の披針形。
花／5〜6月, 円錐状または散房状の花序に直径4〜5㍉の白色の花をつける。花弁はへら形。雄しべは10個, 花弁より短く, 内側に曲がる。萼片は卵円形で, 先は鈍く, ふちに細毛がある。子房には毛がある。
果実／裂果。長さ2〜3㍉の卵形で, 萼に包まれ, 表面には軟毛がある。9〜10月に熟す。種子は直径約1.5㍉。
類似種との区別点／カナウツギは葉が大きくて長さ5〜10㌢, 萼片は卵状三角形, 雄しべは約20個と多い。
植栽用途／庭木など
名前の由来／ウツギに似た白い小さな花を小米に見立てたもの。

品のよい黄葉は捨てがたい味がある 1988.10.26 山梨県大和村

❶芽正面。❷側芽側面。さ2〜3㍉, 三日月形の痕との間にしばしば副芽ある。❸花は直径4〜5。花弁は5個, 萼片も白て花弁のように見える。弁や萼片は白いが, 萼筒内側が黄色いので, 遠くら見ると花は黄白色に見。❹中裂した葉。❺浅した葉。葉の形は変異が。❻葉裏。脈上と葉柄軟毛がある。❼黄葉したは山肌が暖くまぶしい。果実は萼に包まれる。

バラ科 ROSACEAE 697

コゴメウツギ属
Stephanandra

カナウツギ
S. tanakae
(別名ヤマウツギ)

分布／関東地方から中部地方の太平洋側の山地に多く、日本海側は新潟県と秋田県にわずかに分布する。

生育地／山地の林縁

観察ポイント／富士山や箱根周辺に多い。

樹形／落葉低木。高さ1〜2㍍になる。

枝／若い枝は赤褐色で無毛。古くなると暗灰色になる。

葉／互生。葉身は長さ5〜11㌢、幅3.5〜7㌢の三角状広卵形で、浅く3〜5裂し、先端は尾状にとがる。基部は浅いハート形または切形。ふちには欠刻状の鋭い鋸歯がある。表面は無毛。裏面は脈上と脈腋に軟毛がある。葉柄は長さ1〜1.5㌢で無毛。托葉は長さ1〜1.2㌢の長卵形で、先はとがり、ふちには鋸歯がある。

花／6月、長さ5〜10㌢の円錐花序に直径約5㍉の白い花を多数つける。花弁は長さ約2㍉のほぼ円形。雄しべは約20個。萼筒は杯形。

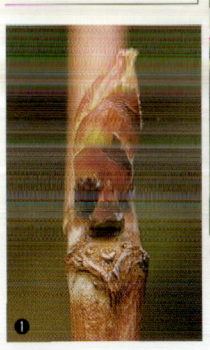

カナウツギ。コゴメウツギによく似た風情だが、全体に大柄　1992.7.22　河口湖

❶〜❺カナウツギ。❶側芽。葉痕との間に副芽がある。❷花は直径約5㍉。花弁萼片も白色。萼片の先はとがる。雄しべは約20個。❸若い果実。長さ約3㍉。❹は長さ5〜11㌢。欠刻状の鋭い鋸歯が目立つ。托葉にも鋸歯がある。❺葉裏。脈上と脈腋に軟毛がある。❻〜❾リキュウバイ。❻葉、上部に鋸歯のあるタイプ。全ての葉もある。❼葉裏は粉白色。❽果実は長さ1〜1.2㌢。5個の稜が目立つ。❾冬

バラ科 ROSACEAE

萼片は無毛。
果実／袋果。長さ3㍉ほどの楕円形、萼に包まれ、表面には短毛が生える。9〜10月に熟す。種子は長さ1.5㍉ほどの卵形。
用途／昔は髄を灯心にした。

ヤナギザクラ属
Exochorda

落葉低木。葉は互生。托葉はないか、早く落ちる。花は両性、花弁と萼片は5個。果実は蒴果。種子には翼がある。中国を中心に4種が知られている。

リキュウバイ
E. racemosa
〈利休梅／別名ウメザキウツギ・バイカシモツケ〉

分布／中国原産。明治時代に渡来し、観賞用に栽培されている。
樹形／落葉低木。高さ3〜4㍍になる。
葉／互生。葉身は長さ4〜6㌢、幅1〜2㌢の楕円形。先端はまるく、基部は広いくさび形。全縁または上部に鋸歯がある。質は薄く、両面とも無毛。裏面は粉白色。
花／4〜5月、枝先に円錐花序をだし、直径4㌢ほどの白い花を6〜10個つける。花弁は円形で基部は急に細くなる。雄しべは15〜25個あり、3〜5個ずつ花弁の基部に束になってつく。花柱は5個。
果実／蒴果。長さ1〜1.2㌢の倒卵形で5稜があり、8〜9月に熟す。種子には翼がある。
植栽用途／庭木、公園樹、切り花など

キュウバイ。中国原産。最近よく見かけるようになった　1999.4.6　横浜市

バラ科 ROSACEAE

学名索引

A

Alnus	156
Alnus fauriei	178
Alnus firma	158
Alnus firma var. hirtella	159
Alnus hirsuta	170
Alnus hirsuta var. sibirica	171
Alnus inokumae	172
Alnus japonica	166
Alnus matsumurae	174
Alnus maximowiczii	164
Alnus pendula	162
Alnus serrulatoides	176
Alnus sieboldiana	160
Alnus trabeculosa	168
Amelanchier	658
Amelanchier asiatica	658
Aphananthe	298
Aphananthe aspera	298

B

Beilschmiedia	406, 413
Beilschmiedia erythrophloia	413
Betula	128
Betula apoiensis	145
Betula chichibuensis	140
Betula corylifolia	151
Betula davurica	138
Betula ermanii	134
Betula globispica	150
Betula grossa	148
Betula maximowicziana	152
Betula ovalifolia	144
Betula platyphylla var. japonica	120
Betula schmidtii	142
BETULACEAE	122
Boehmeria	351
Boehmeria spicata	351
Broussonetia	320
Broussonetia kaempferi	325
Broussonetia kazinoki	322
Broussonetia kazinoki × papyrifera	324
Broussonetia papyrifera	320
Buckleya	359
Buckleya lanceolata	359

C

CALYCANTHACEAE	454
Calycanthus	455
Calycanthus fertilis	455
Calycanthus floridus	455
CAPPARIDACEAE	467
Carpinus	182
Carpinus cordata	190
Carpinus japonica	188
Carpinus laxiflora	196
Carpinus tschonoskii	192
Carpinus turczaninovii	198
Cassytha	439
Cassytha filiformis	439
Castanea	278
Castanea crenata	278
Castanopsis	267, 274
Castanopsis cuspidata	276
Castanopsis sieboldii	274
CASUARINACEAE	354
Celtis	300
Celtis biondii	306
Celtis boninensis	307
Celtis jessoensis	304
Celtis sinensis	300
CERCIDIPHYLLACEAE	460
Cercidiphyllum	460
Cercidiphyllum japonicum	460
Cercidiphyllum magnificum	464
Chaenomeles	642
Chaenomeles japonica	642
Chaenomeles japonica f. alba	644

| Chaenomeles japonica f. plena 644
Chaenomeles sinensis 646
Chaenomeles speciosa 645
Chimonanthus 454
Chimonanthus f. concolor 455
Chimonanthus praecox 454
CHLORANTHACEAE 469
Chloranthus 469
Chloranthus glaber 469
Chosenia 110
Chosenia arbutifolia 112
Cinnamomum 394
Cinnamomum camphora 394
Cinnamomum daphnoides 400
Cinnamomum doederleinii 403
Cinnamomum japonicum 398
Cinnamomum okinawense 399
Corylus 204
Corylus sieboldiana 206
Corylus heterophylla
　var. thunbergii 204
Cotoneaster 663
Cotoneaster horizontalis 663
Crataegus 660
Crataegus chlorosarca 660
Crataegus cuneata 661
Crataegus jozana 660
Crataegus maximowiczii 661
Crataeva 467
Crataeva religiosa 467
Cydonia 647
Cydonia oblonga 647

D

Debregeasia 352
Debregeasia edulis 352

E

Eriobotrya 656
Eriobotrya japonica 656
Eucommia 355
Eucommia ulmoides 355
EUCOMMIACEAE 355
Euptelea 458
Euptelea polyandra 458
EUPTELEACEAE 458
Exochorda 699
Exochorda racemosa 699

F

FAGACEAE 208
Fagus 216
Fagus crenata 216
Fagus japonica 223
Ficus 330
Ficus ampelas 340
Ficus bengtensis 341
Ficus carica 340
Ficus erecta 338
Ficus erecta f. sieboldii 339
Ficus irisana 340
Ficus microcarpa 336
Ficus nipponica 342
Ficus pumila 344
Ficus septica 341
Ficus superba var. japonica 334
Ficus thunbergii 343
Ficus variegata 341
Ficus virgata 340

G

Gale 10
Gale belgica 18

H

Helicia 356
Helicia cochinchinensis 356
Hernandia 466
Hernandia nymphaeifolia 466
HERNANDIACEAE 466
Hyphear 362
Hyphear tanakae 362

I

ILLICIACEAE 391
Illicium 391
Illicium anisatum 391

J

JUGLANDACEAE 20
Juglans mandshurica
　var. cordiformis 33
Juglans mandshurica
　var. sieboldiana 30
Juglans regia var. orientis 35

K

Kadsura	390
Kadsura japonica	390
Kerria	624
Kerria japonica	624
Kerria japonica f. albescens	625
Kerria japonica f. plena	626
Korthalsella	363
Korthalsella japonica	363

L

LAURACEAE	392
Laurus	438
Laurus nobilis	438
Lindera	414
Lindera erythrocarpa	426
Lindera glauca	424
Lindera lancea	432
Lindera obtusiloba	414
Lindera praecox	420
Lindera sericea	430
Lindera sericea var. glabrata	431
Lindera strychnifolia	433
Lindera triloba	418
Lindera umbellata	428
Lindera umbellata var. membranacea	429
Liriodendron	386
Liriodendron tulipifera	386
Lithocarpus	266
Lithocarpus edulis	268
Lithocarpus glabra	270
Litsea	440
Litsea acuminata	446
Litsea citriodora	440
Litsea coreana	448
Litsea japonica	444
LORANTHACEAE	360

M

Machilus	406
Machilus japonica	412
Machilus thunbergii	408
Maclura	328
Maclura cochichinensis var. gerontogea	328
Maclura tricuspidata	329
Magnolia	372
Magnolia grandiflora	383
Magnolia heptapeta	376
Magnolia hypoleuca	380
Magnolia praecocissima	372
Magnolia praecocissima var. borealis	373
Magnolia quinquepeta	377
Magnolia quinquepeta var. gracilis	377
Magnolia salicifolia	374
Magnolia sieboldii ssp. japonica	382
Magnolia tomentosa	378
MAGNOLIACEAE	366
Malus	628
Malus baccata var. mandshurica	634
Malus domestica	638
Malus halliana	636
Malus micromalus	636
Malus prunifolia	639
Malus pumila var. dulcissima	639
Malus sieboldii	628
Malus sieboldii f. toringo	631
Malus spontanea	637
Malus tschonoskii	632
Michelia	384
Michelia compressa	384
Michelia figo	385
MORACEAE	312
Morus	314
Morus alba	314
Morus australis	317
Morus bombycis	316
Morus cathayana	319
Morus kagayamae	318
Myrica	16
Myrica rubra	16
MYRICACEAE	16

N

Neolitsea	450
Neolitsea aciculata	452
Neolitsea sericea	450

O

OLACACEAE	358
Ostrya	208
Ostrya japonica	208

P

Photinia ·· 652
Photinia glabra ···································· 652
Photinia serrulata ································ 653
Photinia wrightiana ······························ 652
Piper ··· 468
Piper kadzura ······································· 468
PIPERACEAE ······································ 468
Pipturus ·· 350
Pipturus arborescens ··························· 350
Platycarya ·· 22
Platycarya strobilacea ························· 22
Populus ·· 114
Populus alba ·· 121
Populus maximowiczii ························· 118
Populus sieboldii ································· 116
Pourthiaea ·· 648
Pourthiaea villosa ································ 651
Pourthiaea villosa var. laevis ·············· 648
Pourthiaea villosa var. zollingeri ········ 651
PROTEACEAE ···································· 356
Prunus ·· 472
Prunus apetala ····································· 506
Prunus apetala var. monticola ············ 507
Prunus apetala var. pilosa ··················· 507
Prunus armeniaca ································ 544
Prunus buergeriana ······························ 538
Prunus campanulata ···························· 482
Prunus campanulata
　cv. Ryukyu-hizakura ························ 483
Prunus glandulosa cv. Alboplena ······· 531
Prunus grayana ···································· 532
Prunus incisa ······································· 494
Prunus incisa var. bukosanensis ········· 499
Prunus incisa var. kinkiensis ··············· 498
Prunus jamasakura ······························· 508
Prunus japonica ··································· 530
Prunus × kanzakura
　cv. Kanzakura ··································· 484
Prunus × kanzakura
　cv. kawazu-zakura ··························· 484
Prunus × kanzakura
　cv. Oh-kanzakura ····························· 484
Prunus lannesiana var. speciosa ········· 520
Prunus laurocerasus ···························· 541
Prunus maximowiczii ·························· 526
Prunus mume ······································· 546
Prunus nipponica ································· 500
Prunus nipponica var. kurilensis ········· 500
Prunus padus ······································· 535
Prunus × parvifolia cv. Parvifolia ······· 504
Prunus pendula cv. Pendula ··············· 489
Prunus pendula cv. Pendula-rosea ····· 489
Prunus pendula cv. Plena-rosea ········· 489
Prunus pendula f. ascendens ············· 486
Prunus persica ····································· 549
Prunus salicina ···································· 548
Prunus sargentii ·································· 512
Prunus × shikokuensis ························ 503
Prunus spinulosa ································· 542
Prunus ssiori ·· 536
Prunus × subhirtella
　cv. Subhirtella ·································· 489
Prunus tomentosa ······························· 530
Prunus verecunda ······························· 516
Prunus × yedoensis ····························· 490
Prunus zippeliana ································ 540
Pterocarya rhoifolia ···························· 25
Pterocarya stenoptera ························ 28
Pyracantha ··· 662
Pyracantha angustifolia ······················ 662
Pyracantha coccinea ··························· 663
Pyracantha crenulata ·························· 662
Pyrus ·· 640
Pyrus pyrifolia ····································· 640
Pyrus pyrifolia var. culta ····················· 641
Pyrus ussuriensis var. aromatica ········ 641
Pyrus ussuriensis var. hondoensis ····· 641

Q

Quercus ·· 226
Quercus acuta ····································· 248
Quercus acutissima ····························· 240
Quercus aliena ····································· 232
Quercus crispula ································· 234
Quercus crispula var. horikawae ········ 237
Quercus dentata ·································· 238
Quercus gilva ······································ 264
Quercus glauca ··································· 256
Quercus hondae ·································· 254
Quercus miyagii ··································· 263
Quercus myrsinaefolia ························ 260
Quercus phillyraeoides ······················· 246
Quercus salicina ·································· 262
Quercus serrata ··································· 229
Quercus sessilifolia ····························· 252
Quercus takaoyamensis ······················ 259
Quercus variabilis ······························· 244

R

Rhaphiolepis	654
Rhaphiolepis indica var. liukiuensis	655
Rhaphiolepis indica var. umbellata	654
Rhaphiolepis umbellata	655
Rhaphiolepis umbellata var. integerrima	655
Rhodotypos	626
Rhodotypos scandens	626
Rosa	550
Rosa acicularis	569
Rosa banksiae	574
Rosa bracteata	575
Rosa chinensis	579
Rosa foetida	578
Rosa gallica	576
Rosa hirtula	573
Rosa jasminoides	560
Rosa laevigata	574
Rosa laevigata var. rosea	574
Rosa luciae	556
Rosa luciae var. fujisanensis	557
Rosa marretii	572
Rosa moschata	577
Rosa multiflora	552
Rosa multiflora var. adenochaeta	554
Rosa nipponensis	568
Rosa onoei	558
Rosa paniculigera	554
Rosa rugosa	570
Rosa rugosa f. albiflora	571
Rosa sambucina	561
Rosa wichuraiana	562
Rosa wichuraiana var. glandulifera	563
ROSACEAE	470
Rubus	578
Rubus buergeri	609
Rubus chingii	584
Rubus corchorifolius	585
Rubus crataegifolius	586
Rubus croceacanthus	597
Rubus grayanus	583
Rubus grayanus var. chaetophorus	583
Rubus hakonensis	608
Rubus hirsutus	600
Rubus ikenoensis	613
Rubus illecebrosus	596
Rubus matsumuranus	603
Rubus matsumuranus f. concolor	603
Rubus × medius	589
Rubus mesogaeus	606
Rubus microphyllus	590
Rubus microphyllus var. subcrataegifolius	591
Rubus minusculus	595
Rubus × nishimuranus	601
Rubus palmatus	580
Rubus palmatus var. coptophyllus	581
Rubus palmatus var. kisoensis	581
Rubus parvifolius	604
Rubus pectinellus	612
Rubus peltatus	593
Rubus phoenicolasius	607
Rubus pseudo-acer	592
Rubus pseudo-japonicus	613
Rubus pseudo-sieboldii	611
Rubus pungens var. oldhamii	599
Rubus ribisoideus	582
Rubus sieboldii	610
Rubus sumatranus	594
Rubus trifidus	588
Rubus vernus	598
Rubus yabei	602
Rubus yabei f. marmoratus	602
Rubus yabei var. shikokianus	603
Rubus yoshinoi	605

S

SALICACEAE	38
Salix	77
Salix alopochroa	54
Salix babylonica	102
Salix bakko	66
Salix chaenomeloides	104
Salix eriocarpa	101
Salix futura	52
Salix gilgiana	62
Salix gracilistyla	42
Salix gracilistyla var. melanostachys	4
Salix hukaoana	66
Salix hultenii	65
Salix integra	4
Salix japonica	7
Salix jessoensis	9
Salix kinuyanagi	7
Salix koriyanagi	4
Salix × leuconithecia	4
Salix matsudana var. tortuosa	10
Salix miyabeana	6
Salix nakamurana	8

Salix pet-susu	70
Salix pierotii	100
Salix reinii	84
Salix rorida	73
Salix rupifraga	80
Salix sachalinensis	57
Salix serissaefolia	90
Salix shiraii	78
Salix sieboldiana	82
Salix subfragilis	98
Salix subopposita	49
Salix taraikensis	50
Salix vulpina	51
Salix yezoalpina	87
Salix yoshinoi	94
SANTALACEAE	359
Schisandra	388
Schisandra chinensis	389
Schisandra nigra	388
SCHISANDRACEAE	388
Schoepfia	358
Schoepfia jasminodora	358
Scurrula	365
Scurrula yadoriki	365
Sorbaria	676
Sorbaria kirilowii	677
Sorbaria sorbifolia var. stellipila	676
Sorbus	664
Sorbus alnifolia	670
Sorbus alnifolia f. lobulata	673
Sorbus commixta	664
Sorbus commixta var. rufo-ferruginea	667
Sorbus gracilis	669
Sorbus japonica	674
Sorbus japonica var. calocarpa	675
Sorbus matsumurana	668
Sorbus sambucifolia	668
Spiraea	678
Spiraea betulifolia	681
Spiraea betulifolia var. aemiliana	681
Spiraea blumei	691
Spiraea cantoniensis	690
Spiraea chamaedryfolia var. pilosa	684
Spiraea japonica	678
Spiraea media var. sericea	685
Spiraea nervosa	688
Spiraea nervosa var. angustifolia	689
Spiraea nipponica	686
Spiraea nipponica f. rotundifolia	686
Spiraea nipponica var. tosaensis	687
Spiraea prunifolia	695
Spiraea salicifolia	682
Spiraea thunbergii	692
Stephanandra	696
Stephanandra incisa	696
Stephanandra tanakae	698

T

Taxillus	364
Taxillus kaempferi	364
Toisusu	106
Toisusu urbaniana	108
Toisusu urbaniana var. chneideri	109
Trema	308
Trema orientalis	308
TROCHODENDRACEAE	456
Trochodendron	456
Trochodendron aralioides	456

U

ULMACEAE	282
Ulmus	290
Ulmus davidiana var. japonica	290
Ulmus davidiana var. japonica f. suberosa	293
Ulmus laciniata	296
Ulmus parvifolia	294
URTICACEAE	346

V

Villebrunea	346
Villebrunea frutescens	348
Villebrunea pedunculata	346
Viscum	360
Viscum album f. rubro-aurantiacum	360
Viscum album var. coloratum	360

Z

Zelkova	284
Zelkova serrata	284
Zelkova serrata f. stipulacea	284

五十音総合索引

細い文字は別名，*は解説のみのもの

ア

アイヅシモツケ ……………684
アオカゴノキ ……………446
アオガシ ……………412
アオナシ ……………641
アオナラガシワ* ……………233
アオモジ ……………440
アカガシ ……………248
アカカンバ ……………134
アカシデ ……………196
アカダモ ……………290
アカヂシャ ……………418
アカヌマシモツケ ……………682
アカハダクスノキ ……………413
アカハダクスノキ属……………406, 413
アカミヤドリギ ……………360
アカメイヌビワ* ……………341
アカメモチ ……………652
アカメヤナギ ……………104
アカメヤナギ（フリソデヤナギ）……………44
アキニレ ……………294
アコウ ……………334
アサギリザクラ* ……………516
アサダ ……………202
アサダ属 ……………202
アズキナシ ……………670
アズキヤナギ ……………40
アズサ ……………148
アズサカンバ ……………148
アズサミネバリ ……………148
アズマシャクナゲ ……………330
アズマヒガン ……………486
アツシ ……………296
アツニ ……………296
アブラチャン ……………420
アベマキ ……………244
アポイカンバ ……………145
アマギ ……………467
アメリカロウバイ ……………455

アラカシ ……………256
アンズ ……………544
杏仁香 ……………532

イ

イシゲヤキ ……………294
イシデ ……………188
イシヅチイチゴ ……………603
イシヅチザクラ ……………503
イシヤナギ ……………76
イソビワ ……………444
イタジイ ……………274
イタビ ……………338
イタビカズラ ……………342
イチイガシ ……………264
イチジク ……………340
イチジク属 ……………330
イチョウ（一葉） ……………52
イトザクラ ……………489
イトヤナギ ……………102
イヌガシ ……………452
イヌグス ……………408
イヌコリヤナギ ……………4
イヌザクラ ……………531
イヌシデ ……………192
イヌビワ ……………338
イヌブシ ……………152
イヌブナ ……………222
イヌリンゴ* ……………63
イノキシモツケ ……………68
イマメハリ ……………24
イレナ ……………64
イラクサ科 ……………343
イワガサ ……………69
イワガネ ……………34
イワシデ ……………194
イワシモツケ ……………68
イワテヤマナシ* ……………64
イワヤナギ ……………5

706　五十音総合索引

ウ

ウケザキオオヤマレンゲ	383
ウコン（鬱金）	525
ウコンバナ	414
ウシコロシ	648
ウシブドウ	388
ウスゲクロモジ	431
ウダイカンバ	152
ウバヒガン	486
ウバメガシ	246
ウマメガシ	246
ウメ	546
ウメザキウツギ	699
ウヤク	433
ウラジロイチゴ	607
ウラジロエノキ	308
ウラジロエノキ属	308
ウラジロガシ	262
ウラジロカンバ	151
ウラジロナナカマド	668
ウラジロノキ	674
ウラジロヨシノヤナギ*	95

エ

エウロペアナ	577
エゾイチゴ	603
エゾエノキ	304
エゾサンザシ	660
エゾシモツケ	685
エゾノウワミズザクラ	535
エゾノカワヤナギ	64
エゾノキヌヤナギ	70
エゾノクマイチゴ	586
エゾノコリンゴ	634
エゾノタカネヤナギ	87
エゾノダケカンバ	134
エゾノバッコヤナギ	65
エゾノマルバシモツケ	681
エゾノヤマネコヤナギ	65
エゾヤナギ	73
エゾヤマザクラ	512
エゾヤマナラシ	117
エゾヤマモモ	18
エノキ	300
エノキ属	300
エビガライチゴ	607
エルム	290

オ

オオイタビ	344
オオイワガネ	350
オオウラジロノキ	632
オオガシ	248
オオカナメモチ	653
オオカンザクラ	484
オオキツネヤナギ	52
大久保*	549
オオシマザクラ	520
オオシロヤナギ	101
オオズミ	632
オオタカネイバラ	569
オオタカネバラ	569
オオタチヤナギ	100
オオツクバネガシ	253
オオテマリ	234
オオネコヤナギ	52
オオバイヌビワ	341
オオバオオヤマレンゲ	382
オオバコ	240
オオバシロモジ	429
オオバサンザシ*	661
オオハシバミ	204
オオバブナ	220
オオバヤシャブシ	160
オオバヤドリギ	365
オオバヤドリギ属	365
オオバヤナギ	108
オオバヤナギ属	106
オオバライチゴ	597
オオフジイバラ	556
オオフユイチゴ	611
オオミナナカマド	668
オオミヤマバラ	569
大八州*	645
オオヤマザクラ	512
オオヤマレンゲ	382
オガサワラエノキ	307
オガサワラグワ	354
オガタマノキ	384
オガタマノキ属	384
オキナワウラジロガシ	263
オクシモアズキナシ*	673
オクチョウジザクラ	505
オクヤマヤナギ*	63
オコーノキ	461

五十音総合索引　707

オニグルミ	30
オノエヤナギ	57
オノオレ	142
オノオレカンバ	142
オヒョウ	298
オヒョウニレ	298
オヒョウハシバミ	204

カ

カイドウ（ハナカイドウ）	636
カイドウ（ミカイドウ）	636
カカツガユ	328
カカヤンバラ	575
カクテル	577
カゴガシ	448
鹿児島紅	547
カゴノキ	448
カザンデマリ	662
カシ	259
カジイチゴ	588
カシグルミ	35
カジノキ	320
ガジュマル	336
カシワ	238
カシワギ	238
カシワナラ	232
カスミザクラ	516
カタザクラ	542
カタシデ	188
カツラ	460
カツラ科	460
カツラ属	460
カナウツギ	698
カナクギノキ	426
カナメモチ	652
カナメモチ属	652
カナヤマイチゴ	603
カバノキ科	122
カバノキ属	128
カマツカ	648
カマツカ属	648
カミコウチヤナギ*	110
カムシバ	374
カラタネオガタマ	385
カラフトイチゴ	603
カラフトイバラ	572
カラフトヤナギ	57
カラボケ	645
カラムシ属	351
カラモモ	544
カラヤマグワ	314
カリン	648
カワグルミ	25
カワシロ	348
カワヅザクラ	484
カワヤナギ	62
カワラゲヤキ	294
カワラハンノキ	176
カンサイエノキ	304
カンザクラ	484
カンザン（関山）	524
カンニングハムモクマオウ*	354
カンヒザクラ	482
カンポウフウ	28

キ

キイチゴ属	578
キシモツケ	678
キソイチゴ*	581
キタコブシ*	373
キツネヤナギ	51
キヌゲシバヤナギ	77
キヌヤナギ	72
キビナワシロイチゴ	605
キミズミ	631
キミノウラジロノキ*	675
ギョボク	467
ギョボク属	467
ギランイヌビワ	341
キンキマメザクラ	498
ギンドロ*	121
キンメヤナギ	52

ク

クサイチゴ	600
クサボケ	642
クス	392
クスタブ	392
クスノキ	392
クスノキ科	392
クスノキ属	392
クヌギ	240
クマイチゴ	596
クマシデ	186
クマシデ属	186
グラウカモクマオウ	354
倉方早生*	542
クリ	270
クリスチャン・ディオール	577

クリ属	278
クルミ科	20
クルミ属	30
クロイチゴ	606
クロダモ	398
クロバナロウバイ	455
クロバナロウバイ属	455
クロブナ	223
クロミサンザシ	660
クロモジ	428
クロモジ属	414
クロヤナギ	45
クワ（マグワ）	314
クワ（ヤマグワ）	316
クワノハエノキ	307
クワ科	312
クワ属	314

ケ

ケアブラチャン*	423
ケイジュ	444
ケカマツカ*	651
ケクロモジ	430
ケクワ	311
ケショウヤナギ	114
ケショウヤナギ属	110
ケタカネザクラ*	500
ゲッケイジュ	438
ゲッケイジュ属	438
ケヤキ	284
ケヤキ属	284
ケヤマザクラ	516
ケヤマハンノキ	170

コ

コアカソ	351
紅玉	639
コウシンバラ*	576
幸水*	641
コウゾ	324
コウゾ（ヒメコウゾ）	322
コウゾ属	320
コウチニッケイ	400
コオノオレ	138
コーノキ	461
コガツイチゴ	590
コゴメヤナギ	448
コゴノハトリギ	365
コゴメイチゴ	352

コゴメウツギ	696
コゴメウツギ属	696
コゴメバナ	692
コゴメバナ	695
コゴメヤナギ	90
コジイ	276
コジキイチゴ	594
コシデ	198
ゴショイチゴ	584
コショウノキ	440
コショウボク	348
コショウ科	468
コショウ属	468
コソネ	196
コデマリ	690
コナシ	628
コナラ	229
コナラ属	226
コバザクラ	504
コバノチョウセンエノキ	306
コバノナナカマド	669
コバノフユイチゴ	612
コバノヤマハンノキ	172
コハブナ	220
コブシ	489
コブシ	704
コブニレ	293
コマイワヤナギ	80
コメヤナギ	90
ゴヨウイチゴ	613
コリヤナギ	48
コリンゴ	628
コルククヌギ	244

サ

サイコクキツネヤナギ	54
サイハダカンバ	152
ザイフリボク	658
ザイフリボク属	658
サキシマエノキ	306
サクラバハンノキ	168
サクランボ	531
サクラ属	472
サツキイチゴ	604
サツマガシ	254
サツマジイ	268
佐藤錦	531
サトザクラ	524
サナギイチゴ	599
サネカズラ	390

五十音総合索引　709

サネカズラ属	390
サビバナナカマド	667
サワグルミ	25
サワグルミ属	25
サワフタギ	190
サワシバ	190
サンザシ	661
サンザシ属	660
サンショウバラ	573
サンタローザ	548

シ

シイ属	267, 274
シウリザクラ	536
シオリザクラ	536
シキミ	391
シキミ科	391
シキミ属	391
シジミバナ	695
ジゾウカンバ	150
シダレエノキ*	303
シダレケヤキ*	284
シダレザクラ	489
シダレヤナギ	102
シデコブシ	378
シデザクラ	658
シデノキ	196
シドミ	642
シナサワグルミ	28
ジナシ	642
シナノキイチゴ	602
シバグリ	278
シバニッケイ	403
シバヤナギ	76
シマアワイチゴ	583
シマカナメモチ*	652
シマグリ*	317
シマミツバハイチゴ	601
シモツレン	377
シモツケ	678
シモツケ属	670
シャクナンショ	444
ジャヤナギ	101
シャリントウ属	653
シャリンバイ	654
シャリンバイ属	654
ショウガノキ	440
シライヤナギ	78
シラカシ	260
シラカバ	128

シラカンバ	128
山根白桃*	549
シリブカガシ	270
白加賀*	547
シロザクラ	526
シロザクラ	538
シロシデ	192
シロタブ	450
シロダモ	450
シロダモ属	450
シロヂシャ	414
シロバナクサボケ*	644
シロバナシモツケ	684
シロバナハマナス	571
シロバナヤマブキ*	625
シロブナ	216
シロモジ	418
シロモッコウ	574
シロヤナギ	92
シロヤマブキ	626
シロヤマブキ属	626

ス

ズサ	420
スダジイ	274
スナヅル	439
スナヅル属	439
ズミ	628
スモモ	548

セ

聖火	577
セイヨウバクチノキ*	541
セイヨウハコヤナギ*	114
セイヨウハンバミ*	205
セイヨウミザクラ	531
セイヨウヤドリギ*	360
セイヨウリンゴ	638
セイヤマ	524
センリョウ	469
センリョウ科	469
センリョウ属	469

ソ

ソウシカンバ	134
ソシンロウバイ	455
ソネ	192
ソバグリ	216

ソメイヨシノ	490
ソルダム*	548
ソロ（アカシデ）	196
ソロ（イヌシデ）	192

タ

タイサンボク	383
ダイシコウ	384
ダイセンヤナギ*	83
タカネイバラ	568
タカネイワヤナギ	86
タカネザクラ	500
タカネナナカマド	668
タカネバラ	568
ダケカンバ	134
タチシャリンバイ	654
タチバナモドキ	662
タチヤナギ	98
田中*	657
タニアサ	351
タニガワハンノキ	172
タニガワヤナギ	42
タニグワ	458
タブノキ	400
タブノキ属	406
タムシバ	374
タライカヤナギ	50
ダンコウバイ	414
ダンバグリ*	281

チ

チシマザクラ	500
チシャ	420
チチブミネバリ	140
チューリップツリー	386
チョウジザクラ	506
長十郎*	641
チョウセンゴミシ	389
チンシバイ	677

ツ

つがる	639
ツキ	284
ツクシアワイチゴ	583
ツクシイバラ	554
ツクバネウツギ*	83
ツクバネ	359
ツクバネガシ	252

ツクバネ属	359
ツノハシバミ	206
ツブラジイ	276
ツルコウゾ	325

テ

テウチグルミ	35
テツリンジュ	653
テリハコナラ	231
テリハノイバラ	562
デロ	118
テンダイウヤク	433

ト

トウオガタマ	385
トウノキ	340
トウシキミ*	391
トウモクレン	377
東洋錦	645
トカチヤナギ*	109
トキワサンザシ	663
トキワサンザシ属	662
トキワバノキ*	398
トクサバモクマオウ	354
トゲゴヨウイチゴ	613
トゲナシゴヨウイチゴ	613
トゲリュウキュウイチゴ	583
トサシモツケ	687
トチュウ	355
トチュウ科	355
トチュウ属	355
トビヅタ	360
トリモチノキ	456
トロシバ	425
ドロノキ	118
ドロヤナギ	118

ナ

ナガジイ	274
ナガバアズキナシ*	673
ナガバカワヤナギ	62
ナガハシバミ	206
ナガバモミジイチゴ	580
ナガバヤナギ	57
ナガバノヤマヤナギ*	83
ナシ	641
ナシ属	640
ナツコガ	426

五十音総合索引　711

ナナカマド	664	バイカシモツケ	699
ナナカマド属	664	ハカリノキ	670
ナニワイバラ	574	ハクチノキ	540
ナベイチゴ	600	白桃*	549
ノブ	290	白鳳	549
ナラガシワ	232	ハクモクレン	376
ナワシロイチゴ	604	ハクレン	376
ナンキンナナカマド	669	ハクレンボク	383
		ハゲシバリ	162
ニ		ハコネバラ	573
		ハコヤナギ	116
新高*	641	ハシカエリヤナギ	82
ニオイイバラ	558	ハシバミ	204
ニオイコブシ	374	ハシバミ属	204
ニオイロウバイ	455	ハスイチゴ	593
ニガイチゴ	590	パスカリ	577
ニシムライチゴ	601	ハスノハイチゴ	593
二十世紀*	641	ハスノハギリ	466
ニッケイ	399	ハスノハギリ科	466
ニレ	290	ハスノハギリ属	466
ニレ科	282	ハゼバナ	695
ニレ属	290	ハチジョウイチゴ	582
ニワウメ	530	ハチジョウクサイチゴ	601
ニワザクラ	531	ハチジョウグワ	318
ニワナナカマド	677	バッコヤナギ	66
		ハドノキ	346
ヌ		ハドノキ属	346
		ハトヤバラ*	574
ヌノマオ	350	ハナカイドウ	636
ヌノマオ属	350	ハナガガシ	254
		ハナノキ	39
ネ		ハナモモ*	549
		ハネカワ	202
ネクタリン*	549	ハハカ	533
ネコシデ	151	ハハソ	226
ネコヤナギ	42	ハマイヌビワ	346
		ハマギリ	466
ノ		ハマグリ*	317
		ハマナシ	576
ノイバラ	552	ハマナス	576
ノカイドウ	637	ハマビワ	444
ノグルミ	22	ハマビワ属	444
ノグルミ属	22	バライチゴ	593
ノグワ	319	バラ科	471
ノハラ	552	バラ属	551
ノリウツギ	22	ハリグワ	321
ノヤナギ	49	ハリグワ属	321
		ハリノキ	161
ハ		バリバリノキ	441
		ハルニレ	291
ハイイバラ	562	ハンテンボク	381

ハ

ハンノキ	166
ハンノキ属	156

ヒ

ヒイラギカシ	542
ヒカンザクラ	482
ヒガンザクラ	489
ヒダカカンバ	145
ビナンカズラ	390
ヒノキバヤドリギ	363
ヒノキバヤドリギ属	363
緋の衣*	645
ヒマラヤトキワサンザシ	662
ヒメイタビ	343
ヒメオノオレ	144
ヒメカジイチゴ	589
ヒメグルミ	33
ヒメクロモジ	432
ヒメコウゾ	322
ヒメコブシ	378
ヒメゴヨウイチゴ	613
ヒメサワシバ	190
ヒメシャリンバイ*	655
ヒメバライチゴ	777
ヒメモクレン	377
ヒメシャラ	102
ヒメヤナギ	49
ヒメリンゴ	639
ビャクダン科	359
ピラカンサ	662
ビランジュ	540
ビロードイチゴ	585
ビロードカジイチゴ	582
ヒロハオオズミ	634
ヒロハカツラ	464
ビワ	656
ビワ属	656

フ

フイリケヤキ*	284
フウチョウソウ科	467
フウトウカズラ	468
フギレアズキナシ*	673
フゲンゾウ（普賢象）	524
ブコウマメザクラ	499
フサザクラ	458
フサザクラ科	458
フサザクラ属	458
ふじ	639
フジイバラ	557
フジグルミ	25
フジザクラ	494
ブナ	216
ブナ科	208
ブナ属	216
フユイチゴ	609
フユザクラ	504
フリソデヤナギ	44
プリンセスミチコ	577
豊後*	547

ヘ

ベイリーフ	439
ベニコブシ*	379
ベニシダレ	489
ベニシタン	663
ベニバナイチゴ	598
ベニヤマザクラ	512

ホ

豊水*	641
ホウノキ	379
ホウロクイチゴ	610
ホオノキ	380
ホガシワ	380
ボケ	645
ボケ属	642
ホザキシモツケ	682
ホザキナナカマド	676
ホザキナナカマド属	676
ホザキヤドリギ	362
ホザキヤドリギ属	362
ホソバイヌビワ	339
ホソバシャリンバイ*	655
ホソバタブ	412
ホソバトキワサンザシ	662
ホソバノイブキシモツケ*	689
ホソバムクイヌビワ	340
ポプラ*	114
ホヤ	360
ボロボロノキ	358
ボロボロノキ科	358
ボロボロノキ属	358

マ

マカバ	152
マカンバ	152

マグワ	314
マタシイ	268
マツグミ	364
マツグミ属	364
マツコ	481
マツコノキ	481
マツブサ	388
マツブサ科	388
マツブサ属	388
マツラニッケイ（イヌガシ）	452
マツラニッケイ（ヤブニッケイ）	398
マテバシイ	268
マテバシイ属	266
マメザクラ	494
マリア・カラス	577
マルバイワシモツケ	686
マルバシモツケ	681
マルバシャリンバイ*	655
マルバニッケイ	400
マルババッコヤナギ	65
マルバフユイチゴ	612
マルバヤナギ（アカメヤナギ）	104
マルミカンバ	145
マルメロ	647
マルメロ属	647

ミ

ミカイドウ	636
ミズナラ	234
ミズメ	148
ミチコレンゲ*	383
ミッチィ'81	577
ミツバカイドウ	628
ミニュエット	577
ミネザクラ	500
ミネバリ	142
ミネヤナギ	84
ミノカブリ	202
ミヤコイバラ	554
ミヤマイチゴ	596
ミヤマイメザクラ	516
ミヤマウラジロイチゴ	602
ミヤマカワラハンノキ	178
ミヤマクロモジ	431
ミヤマザクラ	526
ミヤマチョウジザクラ*	507
ミヤマナラ	237
ミヤマニガイチゴ	591
ミヤマハンノキ	164
ミヤマフユイチゴ	608
ミヤマモミジイチゴ	592
ミヤマヤシャブシ	159
ミヤマヤナギ	84
ミヤマレンゲ	382

ム

ムキミカズラ	325
ムク	298
ムクイヌビワ*	340
ムクエノキ	298
ムクノキ	298
ムクノキ属	298
ムニンエノキ	307
ムラダチ	420

メ

メグサリ	352
メゲヤキ*	284
メジロザクラ	506

モ

茂木*	657
モク	298
モクエノキ	298
モクマオウ科	354
モクマオウ属	354
モクレン	377
モクレン科	366
モクレン属	372
モダン・タイムス	577
モチガシワ	238
モチギ	424
モッコウバラ	574
モミジイチゴ	581
モモ	549
モリイバラ	560

ヤ

ヤエガワカンバ	138
ヤエクサボケ*	644
ヤエベニシダレ	489
ヤエヤマガシ	263
ヤエヤマノイバラ	575
ヤエヤマブキ	626
ヤジナ	296
ヤシャブシ	158
ヤチカンバ	144

ヤチヤナギ	18
ヤチヤナギ属	18
ヤドリギ	360
ヤドリギ科	360
ヤドリギ属	360
ヤナギイチゴ	352
ヤナギイチゴ属	352
ヤナギザクラ属	699
ヤナギ科	38
ヤナギ属	42
ヤハズハンノキ	174
ヤブイバラ	558
ヤブニッケイ	398
ヤマイバラ	561
ヤマグルマ	456
ヤマグルマ科	456
ヤマグルマ属	456
ヤマグワ	316
ヤマコウバシ	424
ヤマコショウ	424
ヤマゴショウ	441
ヤマザクラ	508
ヤマテリハノイバラ	556
ヤマドウシン	698
ヤマナシ	410
ヤマナシ	116
ヤマナラシ属	114
ヤマネコヤナギ	66
ヤマハマナス	572
ヤマハンノキ	171
ヤマヒガン	498
ヤマブキ	624
ヤマブキ属	624
ヤマミカン	328
ヤマモガシ	356
ヤマモガシ科	356
ヤマモガシ属	356
ヤマモモ	16
ヤマモモ科	16
ヤマモモ属	16
ヤマヤナギ	82

ユ

ユキヤナギ	692
ユスラウメ	530
ユビソヤナギ	60
ユリノキ	386
ユリノキ属	386

ヨ

ヨグソミネバリ	148
ヨシノヤナギ	94

リ

リキュウバイ	699
リュウキュウイチゴ	583
リュウキュウエノキ	307
リュウキュウカンヒザクラ	483
リュウキュウテリハノイバラ*	563
リュウキュウバライチゴ	597
リンゴ	638
リンゴ属	628
リンボク	542

ル

ルクタマカンバ	144

レ

レッド・ロビン	653
レンゲツツジヤナギ	86

ロ

ロウバイ	454
ロウバイ科	454
ロウバイ属	454
ローレル	438

ワ

ワセイチゴ	600
ワタクヌギ	244
ワタゲカマツカ	651
ワリンゴ*	639

著者紹介

■写真

茂木 透（もぎとおる）

1949年宮城県生まれの東京育ち。冨成忠夫氏に写真と油絵を師事。写真の作風は，油絵の制作から学んだ「丁寧に丁寧にもっと丁寧に」。また同時に写真の写実性をとことん追求し，ひたすらわかりやすい表現を心がけている。植物のなかでも，とくに樹木に対する興味が強く，今でも樹木たちの四季折々の姿を観察し続けている。とにかく唖然とするほど，気の長い人間である。写真は各種図鑑や雑誌などへの提供が主で，まとまったものは今回がはじめて。ロングや中ロングの写真キャプションの多くは本人が書いた。

■監修・解説

高橋秀男（たかはしひでお）

1935年長野県大町市生まれ。元神奈川県立博物館学芸部部長，横浜植物会会長。専門は植物分類学。中部地方の高山の植物相を解明した論文のほか，タカネスミレ類，シロウマリンドウ類などの研究がある。本書ではニレ科（第1巻），グミ科（第2巻），ツツジ科（第3巻）などのほか，全体の監修も担当。主な著書に「高山植物」（日本交通公社），「日本アルプスの花」（小学館・共著），「神奈川県植物誌1988」（神奈川県立博物館・分担執筆），「横浜植物誌」（横浜植物会・分担執筆）などがある。

勝山輝男（かつやまてるお）

1955年神奈川県生まれ。東京農工大学卒業。学生時代は山岳部に所属。現在，神奈川県立生命の星・地球博物館学芸員。神奈川県の植物相を調べるところから植物の世界に入ったので，維管束植物であれば平均して手がけている。どちらかというとカヤツリグサ科など，花が目立たない植物が好きらしい。本書でもクワ科（第1巻）やモチノキ科（第2巻），アカネ科（第3巻）など，地味な科を担当した。写真が樹木のさまざまなステージに及んだので，自館の植物標本がおおいに役立ったようだ。全体の監修も担当。著書に「神奈川県植物誌1988」（神奈川県立博物館・分担執筆），「樹木大図鑑」（北隆館・分担執筆）などがある。

■解説（50音順）

石井英美（いしいひでみ）
1952年千葉県生まれ。東京農業大学造園学科卒業。在学中より故林弥栄氏に師事，樹木の分類などの指導を受ける。現在，造園会社を営むかたわら，日本産樹木を中心に植物の分類と造園的利用を調査・研究。最近は台湾や中国南部などの樹木にも興味を持っている。本書ではバラ科（第1巻），カエデ科（第2巻）などを担当。主な著書に山渓ポケット図鑑「春の花」「夏の花」「秋の花」（山と渓谷社・分担執筆），「原色樹木大図鑑」（北隆館・分担執筆），「ビオガーデン入門」（農文協・共著）などがある。

太田和夫（おおたかずお）
1946年静岡県生まれ。中央大学卒業。元埼玉県立自然史博物館学芸員。フクジュソウやカタクリなどの春植物の生育環境，群落構成種の研究，荒川・富十川・大井川などの河川の渓畔の植生調査，キタミソウをはじめ，埼玉県内に生育する絶滅危惧種の分布や生態について調査研究中。本書ではクスノキ科（第1巻），ユキノシタ科（第2巻），クマツヅラ科（第3巻）などを担当。著書に「1998年版埼玉県植物誌」（埼玉県教育委員会・分担執筆），「秩父両神山の自然観察」（財団法人日本自然保護協会・共著）などがある。

城川四郎（きがわしろう）
1926年福岡県生まれ。三重農林専門学校農科卒業。神奈川県植物誌調査会代表，神奈川キノコの会会長。今回はスイカズラ科とイネ科タケ・ササ類など（いずれも第3巻）を担当。一時スイカズラ科のタニウツギ属やガマズミ属の調査・研究に夢中になって，各地の野山を歩きまわったことがある。現在興味を持っているのはヤブマオ属，タケ・ササ類，オトギリソウ属など。著書に「神奈川県植物誌1988」（神奈川県立博物館・分担執筆），「樹木大図鑑」（北隆館・分担執筆），「猿の腰掛け類きのこ図鑑」（地球社）などがある。

崎尾　均（さきおひとし）
1955年大阪府生まれ。静岡大学大学院理学研究科修士課程（生物学）修了。博士（理学）。新潟大学農学部附属フィールド科学教育研究センター教授。現在，佐渡島の演習林で，学生や院生とともに水辺林の更新機構や樹木の生活史などを研究中。特に，樹木の性表現や種子生産に興味を持っている。本書ではカバノキ科・ブナ科（第1巻），モクセイ科（第3巻）などを担当。著書に「水辺林の生態学」（東京大学出版会・共編者），「ニセアカシアの生態学」（文一総合出版・編著），「日本樹木誌1」（日本林業調査会・共編著）などがある。

著者紹介

中川重年（なかがわしげとし）

1946年広島県生まれ。横浜国立大学卒業。神奈川県自然環境保全センター研究部専門研究員。静岡大学農学部非常勤講師。樹木の薪炭利用，人と木のかかわりについての調査・研究のほか，森林の管理，里山の保全活動についての研究をしている。現在は全国の市民参加の森づくりグループと連携して，里山ルネッサンスを繰り広げている。本書では植栽用途や用途の項目全般と裸子植物（第3巻）などを担当。主な著書に「木ごころを知る」（はる書房），検索入門「針葉樹」（保育社），フィールド・ガイド「日本の樹木」全2巻（小学館）などがある。

吉山　寛（よしやまひろし）

1928年東京都生まれ。1983年まで私立八王子高等学校に勤務。現在，財団法人自然史科学研究所研究員，八王子自然友の会幹事，高尾自然体験学習林の会代表。ヤナギ学の泰斗，木村有香博士から「ヤナギの研究には生きた株を身近に置くことが必要だ」といわれ，ヤナギ属35種とその自然雑種37種類を集め，多摩森林科学園に植栽した。補充用も含めて苗だけで1000本を超える。管理の手間はかかるが，いつでも見られるのは便利で，花期を逃すこともない。雑種を含めた「ヤナギ図鑑」をつくるのが夢だとか。本書ではヤナギ科（第1巻）を担当した。主な著書に「原色樹木大図鑑」（北隆館・分担執筆），「落葉図鑑」（文一総合出版），「私の高尾山」（高尾山自然保護実行委員会編著）などがある。

参考文献

佐竹義輔ほか編「日本の野生植物」木本Ⅰ・Ⅱ（平凡社）
北村四郎ほか共著「原色日本植物図鑑」木本編Ⅰ・Ⅱ（保育社）
岩槻邦男・大場秀章ほか監修　週刊朝日百科「植物の世界」（朝日新聞社）
上原敬二著「樹木大図説」（有明書房）
大井次三郎著「新日本植物誌」顕花編（至文堂）
倉田　悟著「原色日本林業樹木図鑑」全5巻（地球出版）
林　弥栄編　山渓カラー名鑑「日本の樹木」（山と溪谷社）
林　弥栄編「有用樹木図説」（誠文堂新光社）
林　弥栄ほか監修「原色樹木大図鑑」（北隆館）
牧野富太郎著「新日本植物図鑑」（北隆館）
杉本順一著「新日本樹木総検索誌」改訂増補（井上書店）
神奈川県植物誌調査会編「神奈川県植物誌1988」（神奈川県立博物館）
長野県植物誌編纂委員会「長野県植物誌」（信濃毎日新聞社）
阿部近一「徳島県植物誌」（教育出版センター）

宮部金吾ほか著「北海道主要樹木図譜」(北海道大学図書刊行会)
堀田　満ほか編「世界有用植物事典」(平凡社)
柴田桂太編「資源植物事典」(北隆館)
文化庁文化財保護部監修「天然記念物事典」(第一法規出版)
環境庁編「日本の巨樹・巨木林」(大蔵省印刷局)
渡辺典博著「巨樹・巨木」(山と溪谷社)
我が国における保護上重要な植物種および植物群落研究委員会植物群落分科会編著「植物群落レッドデータ・ブック」((財)日本自然保護協会・(財)世界自然保護基金日本委員会)
四手井綱英・斉藤新一郎著「落葉広葉樹図譜」(共立出版)
吉山　寛・石川美枝子著「落葉図鑑」(文一総合出版)
村田　源監修・平野弘二著「冬の樹木」検索入門 (保育社)
尼川武正・長田武正著「樹木①」(保育社)
アレン・コーンビス著・濱谷稔夫訳「木の写真図鑑」(日本ヴォーグ社)
亀山　章監修・馬場多久男著「冬の落葉樹図鑑」(信濃毎日新聞社)
石川茂雄「原色日本植物種子写真図鑑」(石川茂雄図鑑刊行委員会)
貴島恒夫・岡本省吾・林　昭三著「原色木材大図鑑」(保育社)
矢萩信夫著「有毒植物」(ニュー・サイエンス社)
辻井達一著　中公新書「日本の樹木」(中央公論社)
川崎哲也ほか著「日本の桜」(山と溪谷社)
本田正次・林　弥栄著「日本のサクラ」(誠文堂新光社)
林　弥栄著「サクラ100選」(ニュー・サイエンス社)
前川文夫著「植物の名前の話」(八坂書房)
深津　正・小林義男著「木の名の由来」(東京書籍)
園芸大百科事典「ノルール」(講談社)
塚本洋太郎総監修「園芸植物大事典」(小学館)
林　弥栄監修「夏の山野草と樹木550種」(講談社)
林　弥栄監修「秋の山野草と樹木550種」(講談社)
薄葉　重著「虫こぶ入門」(八坂書房)
湯川惇一・桝田　長著「日本原色虫えい図鑑」(全国農村教育協会)
藍野祐久ほか著「改訂　庭木・花木の病気と害虫」(誠文堂新光社)
初島住彦著「日本の樹木」(講談社)
初島住彦著「琉球植物誌」(沖縄生物教育研究会)
初島住彦著「北琉球の植物」(朝日印刷書籍出版)
川原勝征著「屋久島の植物」(八重岳書房)
豊田武司編「小笠原植物図鑑」(アポック社)
原　秀男・須田　輝著「北海道　庭と庭木のすべて」(北海道新聞社)
河野昭一監修「植物の世界―ナチュラルヒストリーへの招待」第1号・第4号 (教育社)
澤岻安喜　シリーズ沖縄の自然 (27)「木の実・木の種」(新星図書出版社)
黒島寛松　カラー百科シリーズ①「沖縄の自然・植物」(新星図書出版社)
安間繁樹著「マヤランド西表島Ⅲ　野外に出よう　マングローブと海」(新星図書出版社)
K, Iwatsuki, David E, Boufford, H, Ohba「Flora of Japan」(講談社)
中国科学院中国植物志編纂委員会「中国植物志」(科学出版社)

写真提供	梅沢　俊　　勝山輝男　　川崎哲也　　木原　浩　　熊田達夫
	高橋秀男　　永田芳男　　藤井　猛
お世話になった方々	軽井沢町立植物園　　高知県立牧野植物園　　多摩森林科学園
	東京大学大学院附属小石川植物園　　横浜市こども植物園
	石橋国男　　木原　浩　　熊田達夫　　佐藤邦雄　　高橋弓子
	西田尚道　　萩原澄夫　　菱山忠三郎　　藤井　猛　　南谷忠志

装丁・レイアウト／中野達彦
製版指導／新井雅行
植物画／石川美枝子
編集／川畑博高・小堀民惠　編集協力／高橋礼子

山溪ハンディ図鑑3

樹に咲く花　離弁花❶

2000年 4月10日　　初版1刷発行
2019年10月15日　　第4版5刷発行⑩

写　　真——茂木　透
発行人——川崎深雪
発行所——株式会社　山と溪谷社
住　　所——〒101-0051
　　　　　　東京都千代田区神田神保町1丁目105番地
　　　　　　http://www.yamakei.co.jp/
　　　　■乱丁・落丁のお問合せ先
　　　　　山と溪谷社自動応答サービス
　　　　　電話 03-6837-5018
　　　　　受付時間／10:00〜12:00、
　　　　　　　　　　13:00〜17:30（土、祝日を除く）
　　　　■内容に関するお問合せ先
　　　　　山と溪谷社
　　　　　電話 03-6744-1900（代表）
　　　　■書店・取次様からのお問合せ先
　　　　　山と溪谷社受注センター
　　　　　電話 03-6744-1919　FAX 03-6744-1927
印刷所　　大日本印刷株式会社
製本所　　株式会社　明光社

定価はカバーに表示してあります　　　　禁無断転載

ISBN978-4-635-07003-4

Copyright©2000 Yama-Kei Publishers Co.,Ltd. All rights reserved.
Printed in Japan